高等职业教育土建类专业系列教材

建筑安防与消防技术

JIANZHU ANFANG YU XIAOFANG JISHU

主编 葛慧杰 耿青涛

西安电子科技大学出版社

内 容 简 介

本书主要介绍了建筑智能化中常见的安防和消防系统两大类中的常用系统,包含系统的安装、调试、应用等知识和技能。本书采用项目—任务方式编写,内容编排符合高等职业教育学生的认知规律。全书分为建筑安防技术和建筑消防技术两个项目,共 14 个任务,主要内容包括安防技术认知、可视对讲门禁与室内安防系统的构成、可视对讲门禁与室内安防系统的安装与调试、视频监控技术认知、视频监控系统的安装与调试、网络视频监控系统的安装与调试、火灾的基本认知、建筑防火及相关区域划分认知、火灾自动报警系统认知、火灾自动报警系统的安装与调试、自动喷水灭火系统、消火栓系统、气体灭火系统和防排烟系统。本书结构清晰,内容实践性强,各任务中所介绍的设备、系统等均为建筑智能化行业广泛实际应用的设备和系统。

本书可作为高等职业教育建筑智能化工程技术、建筑电气工程技术、建筑设备工程技术等专业核心课程的教材,也可作为高等职业教育电气自动化技术、工业设备安装工程技术、机电设备技术、建设工程管理等相关专业课程的教材或辅导书,还可作为建筑安防和消防领域工程技术人员的学习参考书。

图书在版编目(CIP)数据

建筑安防与消防技术 / 葛慧杰,耿青涛主编. -- 西安 : 西安电子科技大学出版社, 2025. 7. -- ISBN 978-7-5606-7668-5

Ⅰ. TU89

中国国家版本馆 CIP 数据核字第 2025W6D910 号

策　　划　刘小莉
责任编辑　刘小莉
出版发行　西安电子科技大学出版社(西安市太白南路 2 号)
电　　话　(029) 88202421　88201467　　　邮　　编　710071
网　　址　www.xduph.com　　　　　　　　电子邮箱　xdupfxb001@163.com
经　　销　新华书店
印刷单位　陕西天意印务有限责任公司
版　　次　2025 年 7 月第 1 版　　　　　　2025 年 7 月第 1 次印刷
开　　本　787 毫米×1092 毫米　1/16　　印　　张　19.5
字　　数　462 千字
定　　价　50.00 元

ISBN 978-7-5606-7668-5

XDUP 7969001-1

前 言
PREFACE

    中国共产党第二十次全国代表大会的主题是：高举中国特色社会主义伟大旗帜，全面贯彻新时代中国特色社会主义思想，弘扬伟大建党精神，自信自强、守正创新，踔厉奋发、勇毅前行，为全面建设社会主义现代化国家、全面推进中华民族伟大复兴而团结奋斗。高等职业教育肩负着为经济社会建设与发展培养高技术技能人才的使命。随着经济社会的飞速发展，我国现代建筑智能化程度也越来越高，越来越多的强弱电系统在现代建筑中得到了广泛应用。其中安防系统和消防系统已经成为现代建筑不可或缺的两大系统，为现代建筑的安全舒适提供重要保障。随着安防系统和消防系统的广泛应用，建筑企业、商场、写字楼、医院、学校等场所都急需大量安防和消防从业人员；物业公司、安防与消防施工单位则需要大量安防与消防管理人员和施工人员。

    本书针对建筑智能化领域和建筑设备领域的典型职业岗位群——安防系统从业人员和消防系统从业人员的职业岗位能力需求，依托典型的各类安防系统和消防系统的设计、施工、安装、调试等工作任务编写。本书内容编排上既符合当今高等职业教育学生的认知规律，又有利于任务驱动式教学的开展。

    本书分为建筑安防技术和建筑消防技术两个项目。建筑安防技术包含任务1～任务6，其主要内容是：任务1主要介绍安全防范技术与系统的组成分类、相关技术，通过任务的实施学习安防技术手段、系统分类等知识；任务2和任务3进行可视对讲门禁系统的组成、工作原理、常用设备、安装调试等知识的学习和技能训练；任务4～任务6进行视频监控系统的组成、工作原理、常用设备、安装调试等知识的学习和技能训练。建筑消防技术包含任务7～任务14，其主要内容是：任务7和任务8通过任务的实施学习火灾发生和灭火的基本原理及建筑物尤其是高层建筑的消防知识；任务9和任务10进行火灾报警系统的组成、工作原理、常用设备、安装调试等知识的学习和技能训练；任务11～任务14通过任务的实施进行常用灭火系统和灭火辅助系统的组成、工作原理、常用设备、安装调试等知识的学习和技能训练。

　　本书项目 1 由耿青涛编写，项目 2 由葛慧杰编写，全书策划、统稿等由葛慧杰完成。在编写本书的过程中，我们得到了海湾安全技术有限公司、天地伟业技术有限公司的大力支持，在此表示衷心的感谢。

　　由于编者水平有限，书中难免有疏漏之处，敬请广大读者批评指正。

编　者
2025 年 3 月

目　录
CONTENTS

项目 1

建筑安防技术

任务 1 安防技术认知

▶ 任务目标

(1) 了解安全防范的概念、本质、手段和要素。
(2) 了解安防系统的特点。
(3) 掌握安防系统的组成与功能。

▶ 任务描述与分析

在日常生活、学习和工作中，我们常常会接触到视频监控、门禁以及防盗等有关内容，这些都与一门技术有关，那就是安防技术。

安防技术是安全防范技术与系统的简称，有时也称安防自动化系统，是现代化楼宇、物业管理的必备技术与系统。随着科学技术的发展和人们生活水平的提高，安防技术的应用与普及越来越广，科技含量越来越高，尤其是随着信息时代的来临，安全防范技术与系统已由分离的各种安全防范系统走向集成化安全防范自动化系统。

那么，什么是安防技术，它的本质、手段、要素是什么，应用场景及发展趋势有哪些？本任务将带读者走进安防，了解安防技术的基本知识。

▶ 相关知识

一、安全防范的一般概念

1. 安全防范的概念

根据现代汉语词典的解释：所谓安全，就是没有危险、不受侵害、不出事故；所谓防范，就是防备、戒备，而防备是指做好准备以应对攻击或避免受害，戒备是指防备和保护。

综合上述，安全防范是指做好准备和保护，以应对攻击或者避免受害，从而使被保护对象处于没有危险、不受侵害、不出现事故的安全状态。安全是目的，防范是手段，通过防范手段实现安全目的。

2. 安全防范的本质

在西方，不使用"安全防范"这个概念，而是使用"预防损失和预防犯罪"(Loss Prevention & Crime Prevention)这个概念。Loss Prevention 通常是社会保安业的工作重点，Crime Prevention 则是警察执法部门的工作重点。这两者的有机结合，才能保证社会的安定与安全。从这个意义上说，安全防范的本质就是预防损失和预防犯罪。

3. 综合安全

综合安全是为社会公共安全提供时时安全、处处安全的综合性安全服务。社会公共安全服务保障体系是由政府发动、政府组织、社会各界联合实施的综合安全系统工程和管理服务体系。公众所需的综合安全,不仅包括以防盗、防劫、防入侵、防破坏为主要内容的狭义"安全防范",而且还包括防火安全、交通安全、通信安全、信息安全以及人体防护、医疗救助等诸多安全防范内容。

二、安全防范的手段、要素、组成与功能

1. 安全防范的手段

安全防范是社会公共安全的一个组成部分,安全防范行业是社会公共安全行业的一个分支。根据防范手段的不同,安全防范包括人力防范、实体(物)防范和技术防范三个方面。

人力防范(简称人防)是利用人体自身的传感器(眼、耳、鼻等)进行探测,发现妨害或破坏安全的目标,做出反应。用警告、恐吓、设障、武器还击等手段来延迟或阻止危险的发生,在自身力量不足时还要发出求援信号,以期待做出进一步的反应,制止危险的发生或处理已发生的危险。

实体防范(简称物防)是利用实物(盔甲、盾牌、沟、栏、墙等)进行防护,主要作用在于推迟危险的发生,为"反应"提供足够的时间。现代的实体防范已经不是单纯物质屏障的被动防范,而是越来越多地使用科技手段,既会使得实体屏障被破坏的可能性变小,增加延迟时间,也会使实体屏障本身增加探测和反应的功能。

技术防范(简称技防)是应用安全防范技术,以人防为基础,以物防为手段,所建立的具有探测、延迟、反应有机结合的安全防范服务保障体系。技防是人防手段与物防手段的补充和加强。

2. 安全防范的要素

安全防范的三个基本要素是探测、延迟与反应。探测是指感知显性或隐性风险事件的发生并发出报警;延迟是指延长或拖延风险事件发生的进程;反应是指组织力量,为制止风险事件的发生所采取的快速行动。在安全防范的三种基本手段中,要实现防范的最终目的,都需围绕探测、延迟和反应这三个基本防范要素开展,预防和阻止风险事件的发生。

3. 建筑安防系统的组成与功能

安防系统涵盖多种应用场景,而建筑安防系统则是安防系统在建筑这一特定场景下的具体应用和细化。建筑安防系统是安防系统的一个分支和具体表现形式,是安防系统在建筑领域的具体呈现和延伸。建筑安防是安防系统的一个特定类型,其组成和功能会根据建筑的特点、需求和技术条件有所侧重。本书讨论的安防系统均指建筑安防系统。

1) 建筑安防系统的组成

常用的建筑安防系统有视频监控系统、防盗报警系统、对讲系统、门禁管理系统、电子巡更系统、停车管理系统等。

(1) 视频监控系统:主要任务是对建筑内重要部位进行监视、控制,以便对各种异常情况进行实时取证、复核,具有及时性与实时性。

(2) 防盗报警系统:利用探测设备对建筑物内的重要地点和区域进行布防。当盗情发

生时，通过警报器报警并做出相应的处理。

(3) 对讲系统：适用于高层及多层公寓、小区的物业管理，是保障住户安全的必备设施。

(4) 门禁管理系统：又称出入口控制系统，对建筑正当出入通道进行管理，控制人员出入，控制人员在楼内或相关区域的行动。

(5) 电子巡更系统：安全防范工作人员在建筑物相关区域建立巡更点，按所规定的路线进行巡逻检查，以防止异常事态的发生，同时便于安防工作人员及时了解安防区域内的情况，防患于未然。

(6) 停车管理系统：对车辆进行出入控制、停车位与计时收费管理等，为加强安全管理而设置。

2) 建筑安防系统的功能

建筑中常用的安防系统主要有以下功能。

(1) 图像监控功能：采用各类摄像机和闭路电视技术、模拟或数字技术，对图像进行监控、捕捉和识别。

(2) 探测报警功能：系统配置的各类感应器(红外探测器、玻璃破碎报警器、门磁、光纤、电容开关、微波等)可以进行内部防卫探测、边界防卫探测和报警点定位监控。

(3) 联动控制功能：安防系统的探测感应信息通过通信技术传送到中央处理单元后进行处理，再通过控制系统进行相应的联动处理，如进行图像的显示、切换、记录控制，门禁控制，车辆出入控制，报警联动控制等。

(4) 自动化辅助功能：在完成基本控制功能的同时还完成一些辅助功能，如内部通信、有线广播、巡更管理、员工考勤等。

三、智能小区的5道安全防线

要使我们居住的小区变得智慧、安全，需要给它安上"眼睛"，装上"神经系统"，植入"大脑"让它思考，让它能自我防范。因此，可视对讲门禁、室内安防、视频监控、消防系统、网络及综合布线、DDC控制系统、组态软件应用是智能小区的最基本应用。在这些系统的安装调试中，必须遵循基本工艺与规范，来保障智能小区的正常运行。

越来越多的高楼大厦、越来越多的流动人口，使得居住安全和生活方便已经成为人们最基本、最迫切的需求。

为了生命财产安全，给智能小区建立一个多层次、全方位、科学的安全防范系统就显得越来越重要。为了给小区居民提供安全、舒适、便捷的生活环境，一般来说可构建5道安全防线，如图1-1-1所示。

第一道安全防线：由周界防范报警系统构成，以防范周边进入社区的非法入侵者，一般采用感应线缆或主动红外线对射器。

第二道安全防线：由视频监控系统构成，对出入社区和主要通道上的车辆、人员及重点设施进行监控管理。

第三道安全防线：由保安巡更管理系统构成，通过住宅区保安人员对住宅区内可疑人员、事件进行监管。

第四道安全防线：由可视对讲门禁系统构成，可将闲杂人员拒至楼梯口外，防止外来人员四处游窜。

第五道安全防线：由室内安防系统构成，可以提前报告各种危险因素，保证小区住户的家庭安全。这是整个安全防范系统最重要的一环，也是最后一个环节。

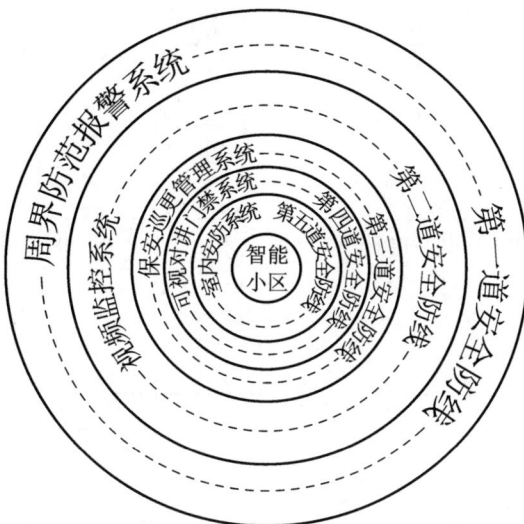

图 1-1-1　智能小区安全防线

学生活动

安全防范是指在建筑物或建筑群内(包括周边地域)，或特定的场所、区域，通过采用人力防范、技术防范和实体防范等方式综合实现对人员、设备、建筑或区域的安全防范。试根据已学知识完成安全防范的概念、安全防范的手段等方面的认知任务书。

安防技术认知任务书
根据要求完成下列内容
1. 安全防范的概念
2. 安全防范的手段
3. 安全防范的要素

4. 建筑安防系统的组成与功能

5. 简述智能小区的 5 道安全防线

6. 简述我们生活、学习和工作的周围有哪些安防系统, 它们在我们的生活中分别起什么作用

任务评价

根据学生对安全防范的概念、安全防范的手段、安全防范的要素、建筑安防系统的组成与功能等任务完成情况进行评分。

安防技术认知评分表					
序号	重点检查内容	评分标准	分值	得分	备 注
1	对概念的准确理解	错误一项扣 2 分	10		
2	对每种手段的正确理解	错误一项扣 2 分	10		
3	对每种要素的正确理解	错误一项扣 2 分	10		
4	对各类建筑安防系统功能的准确理解	错误一项扣 4 分	20		
5	智能小区的 5 道安全防线	错误一项扣 4 分	20		
6	能准确归纳生活中所用到的安防系统	错误一项扣 5 分	30		
总 计					

任务拓展

2023 年全球安防 50 强: 行业新一轮洗牌开始?

回顾过去一年, 2022 年安防产业在全球通货膨胀、地缘政治局势紧张、疫情后复苏等因素下减缓前行。从全球宏观经济来看, 根据世界银行的数据, 2022 年全球平均 GDP 增长率为 4.1%, 低于 2021 年的 5.5%。美国和欧元区等发达经济体 2022 年增长 3.8%, 低于 2021 年的 5%, 而新兴市场的增长率为 4.6%, 低于 2021 年的 6.3%。

在中国市场, 除了上述挑战之外, 房地产市场的低迷与美国设置的贸易壁垒与限制等

因素，对国内制造商形成了巨大的压力。

1. 安防市场的变化

那么，以上的客观因素是否会对安防行业造成影响呢？从今年的全球安防 50 强榜单看，几乎没有带来实质性的变化。在 2023 年全球安防 50 强排名中，全球门禁和视频监控领域前 10 名的制造商分别是海康威视、大华股份、亚萨合莱、安讯士、摩托罗拉解决方案、安朗杰、天地伟业、韩华 Vision(原韩华 Techwin)、宇视科技和爱峰。海康威视和大华股份延续全球领先位置，2022 年安防产品/设备销售额分别达到 98 亿美元和 45 亿美元(基于美国国税局 2022 年的平均货币汇率)。中国智能家居解决方案提供商觅睿科技(MEARI)和韩国生物识别解决方案提供商 Union Community 为榜单新入选企业。

然而在今年的榜单中，令人惊讶的是收入的变化。在 2021—2022 年营收下降的 17 家公司中，有 12 家是中国企业，虽然受种种客观因素的影响，中国企业收入下降一定程度上是意料之中的，但下降的企业数量和下降幅度(高达 40.2%)却仍然让人震惊。

Noviraa Insights 创始人 Josh Woodhouse 与首席分析师 Jon Cropley 表示："疫情期间，中国政府的支出聚焦在疫情防控上，导致安防相关的项目进展缓慢或延期。"据统计，2022 年全球视频监控市场下降了 3.4%，而其中由于疫情的影响，中国市场下降了 18.6%，但中国仍将是视频监控设备全球最大的市场，其占全球市场的 44%(2021 年为 52%)。而除中国以外，大多数区域市场继续增长(2022 年中国以外的全球市场增长了 13.2%)。

与此同时，美国《国防授权法案》(NDAA)禁止美国政府购买某些中国品牌的设备产品，导致西方和非中国品牌 2022 年的收入出现增长，其中包括 VIVOTEK(晶睿)，其销售额增长了 82.48%，韩华 Vision 增长了 47.52%，安讯士增长了 36.01%，Milestone 增长了 30.43%，IDIS 增长了 22.17%。值得引起注意的是其它国家，也有部分国家开始效仿美国制定相应的法案。

"不仅在美国，在北欧以及包括日本和韩国在内的国家，对中国供应商的转移仍在继续。"IDIS 欧洲高级销售总监 Jamie Barnfield 表示："在某种程度上，许多组织和系统集成商希望在符合 NDAA 的设备上实现标准化，以确保在美国现有及未来的业务正常运行，而最终用户则对欧盟与亚洲即将出台的相应法规、网络安全、个人隐私等表示关注。"

2023 年，尽管还没有完全摆脱困境，但预计中国企业的表现会更好一些，Josh Woodhouse 与 Jon Cropley 表示："预计中国市场将在 2023 年略有复苏，但仍远低于 2021 年的峰值，市场需求的增长远低于疫情前的水平，与此同时，人民币与美元之间的汇率走低也会抑制市场增长。"

2. 回顾与展望

对于今明两年全球安防市场的发展，Noviraa Insights 预测，2023 年和 2024 年视频监控设备市场将分别增长 11.8% 和 10.2%，业内许多厂商也同意这一观点。

"2023 年全球经济出现了增长和扩张，尽管在不同地区和行业分布不均，但对安防行业产生了深远的影响。"韩华 Vision 首席销售和营销官 Choong Hoon Ha 表示，"尽管经济影响喜忧参半，但随着终端用户对智能摄像头等先进系统需求的不断增长，社会和个人安全的需求仍在上升，更多企业用户愿意投入加大安防解决方案，以保护其员工和资产安全，甚至有的企业通过这些方案为用户提供业务决策和分析，提升效率和生产力。"

"长期且可持续的增长是我们业务规划的核心，我们计划平均每年增长 15%，预计未来市场仍会继续增长，但安讯士的增长速度将会超过市场。为了实现这一目标，我们将继续扩大产品组合，进入到新的领域，如对讲、门禁、音频解决方案等。"安讯士首席执行官 Ray Mauritsson 说。

(1) 人工智能、云和移动凭证更加引人瞩目。

就目前的安防行业的主要技术趋势而言，人工智能和云仍然位居首位。

"人工智能将持续为行业创造新的机会。将人工智能应用于传感器，融合数据使安防解决方案主动性提升，从而带来新的价值。目前人工智能对于行业的影响才刚刚开始，可以明确未来充满潜力。"安朗杰高级副总裁兼首席技术官 Vince Wenos 表示。

Genetec 视频产品线经理 William Hinton 表示："今年，我们看到客户不断增长的需求，他们希望最大限度地提升相机和传感器的功能，并高度重视智能分析。随着越来越多摄像机制造商扩大对该技术的支持，边缘侧分析将成为业内主流。"

据韩华 Vision 有关人士介绍，客户正在寻找能够帮助他们提升检测准确性，使监控系统更具可扩展性和成本效益，并从视频分析中获益的技术。"换句话而言，这些需求正是人工智能和云将给行业带来的效益，许多客户仍处于采用基于人工智能和云的视频监控方案的早期阶段，随着技术的成熟，预计未来几年采用率会加速提升。"Choong Hoon Ha 表示。

与此同时，移动身份凭证也成为 2023 年的热门趋势。Vince Wenos 表示："电子技术继续推动硬件和解决方案的发展，移动身份凭证和相关读卡器吸引了客户的关注，与传统方案相比，可为最终用户与系统运营商提供更大的价值。"

作为移动门禁的分支，数字钱包也越来越受欢迎。HID 门禁控制解决方案商务总监 Prabhu Patel 说："在大型的办公建筑里，人们对于数字钱包的兴趣度正在上升。例如在伦敦的某些大楼中，员工只需使用 iPhone 或 Apple Watch 就可以访问办公室以及大楼的所有设施。"

随着越来越多的设备网络化，网络安全便成为绕不开的话题。Ray Mauritsson 表示："近年来，人们越来越关注解决方案的安全性，客户对于网络风险的意识逐渐成熟，安防系统需要有健全的流程，确保警惕性和透明度，当发生事故时，供应商需及时公开信息，让客户能够尽快降低损失。"

(2) 灵活的付款方式。

今年，a&s 观察到至少有两家企业为客户提供灵活的支付方式。一是 i-PRO，他们宣布了 FlexPay 融资，二是 Eagle Eye Networks，他们推出了 Eagle Eye Camera Direct Complete。这些项目旨在帮助客户实现更大的支付灵活性，减少初始投资，并在总体上提高竞争力。Josh Woodhouse 与 Jon Cropley 表示："在一些用户单位里，越来越多的安防运营由 IT 部门负责，与安防行业典型的设备支出相比，更倾向于运营支出，这种类型的转变也表明了云业务模式的转变，这也可能与供应商自身的竞争对手的产品有关。"

3. 行业整合 vs 初创企业

当前，行业巨头的整合和初创企业的布局，成为当前安防市场的重头戏。一方面是行业的持续整合，最近整合案例包括 ACRE 和 Cisco、Motorola Solutions 和 Rave Mobile Safety、IDIS 和 Costar 之间的收购交易，另一方面，专注于云和人工智能的初创企业在行业内也频频冒头，目前这些后起之秀是否会撼动产业格局仍需进一步观察。

然而，规模经营及行业壁垒在市场竞争中的优势是不可忽视的。"每个监控场景都是独一无二的，变量包括环境、路数、天气等，不同地区的渠道在服务上又有差异，而大企业一般都会有充足的经验及产品满足不同的情况，并确保不同地区的渠道服务质量。"Josh Woodhouse 与 Jon Cropley 表示。

▶ 任务小结 ◀

安防技术是指以维护社会公共安全和预防灾害事故为目的的报警、视频监控、通信、出入口控制、防爆、安全检查等技术。

安全防范的本质就是预防损失和预防犯罪。

安全防范的手段包括人力防范、实体(物)防范和技术防范三个方面。

安全防范的三个基本要素是探测、延迟与反应。在安全防范的三种基本手段中，要实现防范的最终目的，都需围绕探测、延迟和反应这三个基本防范要素开展，预防和阻止风险事件的发生。

常用的建筑安防系统有视频监控系统、防盗报警系统、门禁管理系统、对讲系统、电子巡更系统、停车管理系统等。

智能小区建设一般建立5道安全防线，分别是周界防范报警系统、视频监控系统、保安巡更管理系统、可视对讲门禁系统和室内安防系统。

任务 2　可视对讲门禁与室内安防系统的构成

子任务 1　可视对讲门禁系统的认知

▶ 任务目标 ▶

(1) 了解可视对讲门禁系统的构成。

(2) 了解可视对讲门禁各构成部分的功能。

▶ 任务描述与分析 ▶

楼宇门平时总处于闭锁状态，从而，可以避免非本楼人员未经允许进入楼内。那么，本楼住户或者访客如何进入楼宇呢？本楼的住户可以用钥匙或密码开门、自由出入；当有客人来访时，可在楼门外的可视对讲门禁的室外主机键盘上按出被访住户的房间号，呼叫被访住户的室内分机，接通后与被访住户的主人进行语音通话或可视通话。通过对话或图像确认来访者的身份后，住户主人如果允许来访者进入，就用室内分机上的开锁按键打开大楼入口门上的电控门锁，来访客人便可进入楼内。

住宅小区的物业管理部门通过小区对讲管理主机，对小区内各住宅可视对讲门禁系统的工作情况进行监视。如果住宅楼入口门被非法打开或可视对讲门禁系统出现故障，小区对讲管理主机会发出报警信号并显示报警的内容和地点。

上述功能可通过可视对讲门禁系统实现。那么，可视对讲门禁系统由哪些部分构成，它们的功能是什么？可视对讲门禁系统又具有哪些结构类型？

那么，让我们带着这些问题，来学习本任务吧！

▶ 相关知识 ▶

一、可视对讲门禁系统的组成

可视对讲门禁系统主要由管理中心机、室外主机、室内分机、UPS 电源、电控锁等组成。

联网式可视室外主机如图 1-2-1 所示，是安装在单元楼防盗门入口处的选通、对讲控制装置。室外主机一般安装在单元楼门口的防盗门上或附近的墙上，具有呼叫住户、呼叫管理中心机、密码开门和刷卡开门等功能。可视室外主机包括面板、底盒、操作部分、音频部分、视频部分和控制部分，如图 1-2-2 所示。

图 1-2-1　可视室外主机

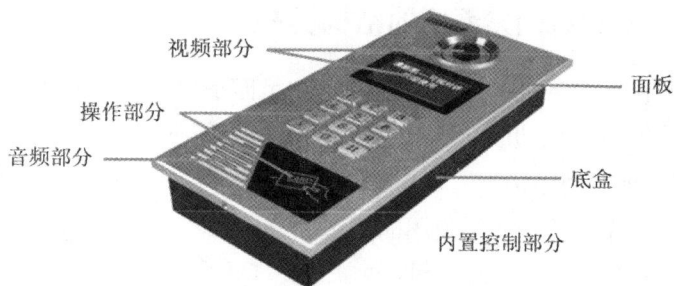

图 1-2-2　室外主机示意图

室内对讲分机是安装在各住户的通话对讲及控制开锁的装置，可以分成可视室内对讲分机和非可视室内对讲分机两种，如图 1-2-3、图 1-2-4 所示。室内对讲分机由分机底座和分机手柄组成，最基本的功能按键有开锁按键和呼叫按键。开锁按键的主要功能是主机呼叫分机后，分机通过此按键可开启门口电控锁；呼叫按键的主要功能是当住户按动分机的呼叫按键时，管理中心可以显示住户房间号码。

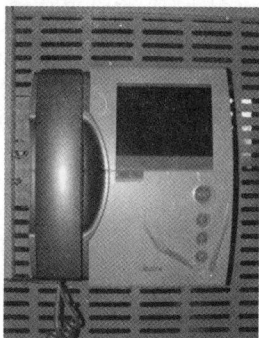

图 1-2-3　可视室内分机安装效果图

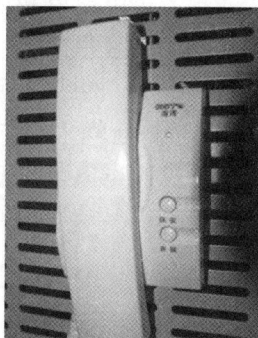

图 1-2-4　非可视室内分机安装效果图

管理中心机(见图 1-2-5)是安装在小区安保管理中心的通话对讲设备，并可控制各单元防盗门电控锁的开启。小区安保管理中心是系统的神经中枢，管理人员通过设置在小区安保管理中心的管理中心机管理各子系统的终端，各子系统的终端只有在小区安保管理中心的统一协调管理控制下才能正常有效地工作。管理中心机的主要功能是接收住户呼叫、与住户对讲、报警提示、开单元门、呼叫住户、监视单元门口、记录系统各种运行数据、连接计算机等。

图 1-2-5　管理中心机

电控锁可在主机或者分机的控制下进行开关。

二、可视对讲门禁系统的结构类型

对讲门禁系统是保障居住安全的第四道屏障，针对不同用户的特点和功能要求可以选择不同的结构类型。

1. 单户型结构

单户型结构是单户使用的访客系统，如图 1-2-6 所示，其特点是每户一个室外主机，可连带一个或多个室内分机。例如，别墅使用的系统，可使家中的电话、电视与单元型可视对讲主机组成单元系统，具备可视对讲或非可视对讲、遥控开锁、主动监控等功能。室内分机分台式和扁平挂壁式两种。

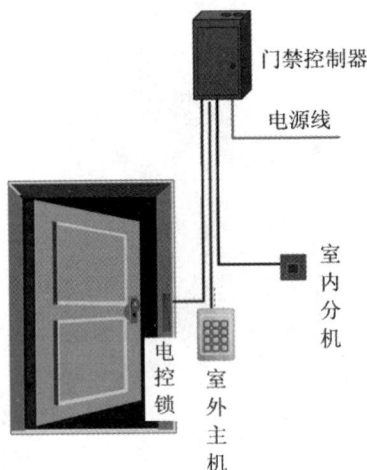

图 1-2-6 单户型结构

2. 单元型结构

单元型结构是独立单元楼使用的系统，其特点是单元楼有一个门口控制主机，主机分直按式和编码式两种，可根据单元楼层的多少及每层单元住户数来决定选择哪一种。直按式容量较小，可满足 2～16 户使用，适用于多层住宅楼，特点是一按就应，操作简便。编码式容量较大，可满足 2～8999 户使用，适用于高层住宅楼，特点是界面豪华，操作方式同拨电话一样。这两种系统均采用总线式布线，解码方式有楼层机解码和室内机解码两种。室内分机一般与单户型的室内分机兼容，均可实现可视对讲或非可视对讲、遥控开锁等功能，门口控制主机可通过总线连接管理中心，如图 1-2-7 所示。

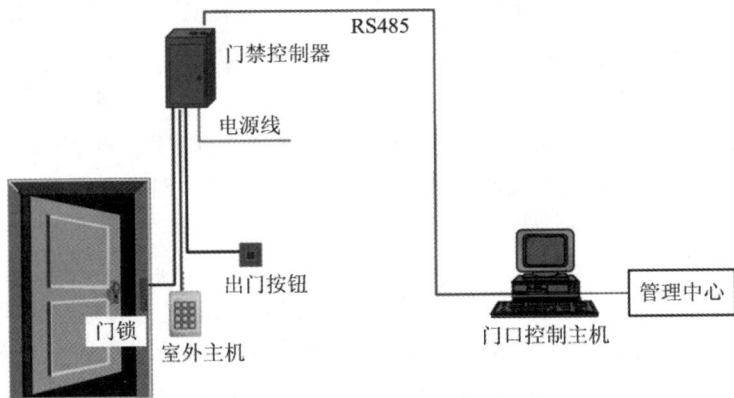

图 1-2-7 单元型结构

3. 联网型结构

在封闭小区中，对每个单元楼使用单元系统，通过小区内专用(联网)总线与管理中心连接，形成小区各单元楼对讲网络，如图 1-2-8 所示。联网型结构采用区域集中化管理，功能复杂，各厂家的产品均有自己的特色。一般来说，这种结构除了具备可视对讲或非可视对讲、遥控开锁等基本功能外，还能接收和传送住户的各种安防探测器报警信息和进行紧急求助，能主动呼叫辖区内任一住户或群呼所有住户，具有广播功能，有的还与三表(水表、天然气表、电表)抄送、IC 卡门禁系统和其它系统构成小区物业管理系统。

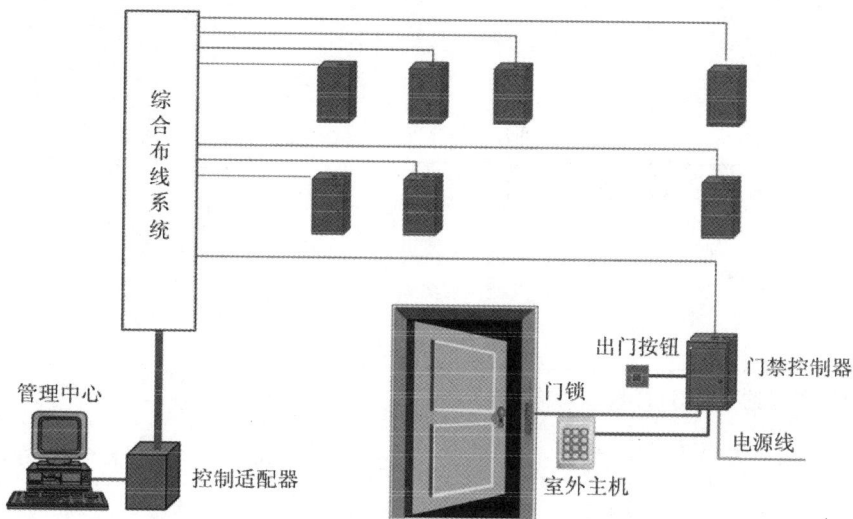

图 1-2-8　联网型结构

　　以上三种结构型是从简单到复杂、分散到整体逐步发展的。小区联网型系统是现代化住宅小区的一种标志，是可视和非可视对讲门禁系统的高级形式。

学生活动

　　根据对可视对讲门禁系统的学习，对可视对讲门禁系统的构成、可视对讲门禁系统的主要设备的功能和可视对讲门禁系统的应用场合等问题进行解答，完成可视对讲门禁系统认知任务书。

可视对讲门禁系统认知任务书
根据要求完成下列内容
1. 可视对讲门禁系统的构成
2. 管理中心机的功能
3. 室外主机的作用和结构

4. 室内分机的分类和功能

5. 可视对讲门禁系统的结构类型

6. 不同结构类型的可视对讲门禁系统的应用场合

任务评价

　　根据学生对可视对讲门禁系统的构成、可视对讲门禁系统的主要设备的功能和可视门禁系统的应用场合等问题的解答情况进行评分。

可视对讲门禁系统的认知评分表					
序号	重点检查内容	评分标准	分值	得分	备注
1	可视对讲门禁系统的构成	错误一项扣2分	10		
2	管理中心机的功能	错误一项扣4分	20		
3	室外主机的结构	错误一项扣2分	10		
4	室内分机的功能	错误一项扣4分	20		
5	可视对讲门禁系统的结构类型	错误一项扣4分	20		
6	不同结构类型的可视对讲门禁系统的应用场合	错误一项扣4分	20		
总　计					

任务拓展

老旧小区换新颜，云对讲门禁设备上线

　　"刷了脸，门就打开了"，当下，越来越多的小区开始换上智能门禁系统，如图1-2-9所示。一些老旧小区门禁改造的工作也正不断加快步伐。

　　谈到老旧小区的门禁安防，印象中都是形同虚设，大多设备已经不能使用，陌生人随意进出，给小区带来了不少安全隐患。与此同时，这些设备的线路因为都是埋藏在墙体内

部的，一旦出现故障维修起来就非常困难，因此必须换代升级。新的云对讲智能门禁系统如图 1-2-10 所示，其最大的优势就是免布线，不再像以往门禁设备安装那样需要烦琐复杂的布线工作，云对讲门禁设备通过插入 4G 卡或者 WiFi 进行传输，而且是壁挂式安装，不用穿墙砸孔，施工更加方便。

图 1-2-9　刷脸识别的智能门禁系统　　　　图 1-2-10　云对讲智能门禁系统

换上云对讲门禁系统后，在开门进出方式上也有了更多选择。如图 1-2-11 所示，新门禁系统可支持动态人脸识别开门。住户提前在 APP 中录入人脸信息，进出时脸对着摄像头轻轻一刷，大门即自动打开；访客来访，住户可以用手机为访客远程一键开门。同时，设备也保留了传统刷卡、密码等开门方式，不用担心老人、小孩不会使用的问题。

图 1-2-11　使用方便的新门禁系统

老旧小区的物业也是很多人关注的一方面，过去大部分的老旧小区都存在缺乏物业管理或管理水平差等问题。安装智能门禁系统后，也为物业搭建了管理平台。在物业管理平台上，物业可以发布物业通告至门禁机上；可以进行广告投放，实现增值运营；楼栋信息、住户信息等都能在平台上一目了然……通过物业管理平台，能够不断提高物业的办事效率和服务水平。

此外，新门禁系统还可以加入测温模块，业主进出的同时进行体温测量，温度正常，开门通行，如果出现高温，则会出现告警，如图 1-2-12 所示。即便戴上口罩，测温门禁系统也能较好地识别，如图 1-2-13 所示。

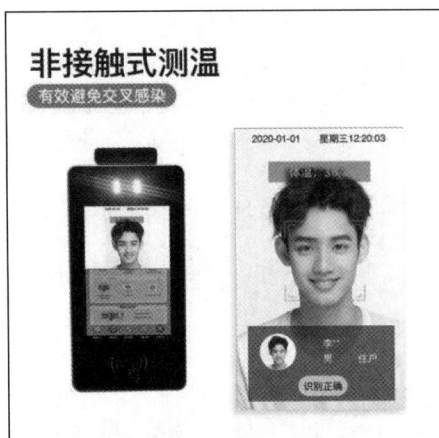

图 1-2-12   非接触式测温门禁系统

图 1-2-13   门禁系统测温功能

▶ 任务小结 ▶

可视对讲门禁系统主要由管理中心机、室外主机、室内分机、UPS 电源、电控锁等组成。对讲门禁系统是保障居住安全的第四道屏障，分为单户型结构、单元型结构和联网型结构三种。

子任务2 室内安防系统的认知

▶ 任务目标 ▶

(1) 了解室内安防系统的构成。
(2) 了解室内安防系统各构成部分的功能。

▶ 任务描述与分析 ▶

在现代楼宇中，当有人非法入侵住户家中或发生燃气泄漏、火灾、老人急病等紧急事件时，如何快速自动报警，以便接警中心快速获得警情消息并迅速派出保安或救护人员赶往住户现场进行处理呢？

上述问题涉及室内安防系统(Home Security System)。那么什么是室内安防系统呢？

室内安防系统是指通过各种报警探测器、报警主机、摄像机、读卡器、门禁控制器等安防设备为住宅提供入侵报警、燃气泄漏报警等服务的综合性系统。作为小区安全防范系统的最后一道也是最重要的一道防线，室内安防系统利用全自动防盗电子设备，在无人值守的地方，通过探测器或各类磁控开关判断非法入侵行为或各种燃气泄漏。

室内安防系统主要由红外探测器、紧急按钮、可燃气体探测器、感烟探测器、门磁等构成。

本任务将带您学习室内安防系统的构成及各部分的功能。

相关知识

室内安防系统主要由红外探测器、紧急按钮、可燃气体探测器、感烟探测器、门磁等构成。

与室内安防系统相关的硬件产品主要有以下几种：

(1) 紧急按钮：当银行、家庭、机关、工厂等场合出现入室抢劫、盗窃等险情或其它异常情况时，往往需要采用人工操作来实现紧急报警，这时可采用紧急按钮报警。紧急按钮安装在"智能小区"室内，位置要适中，便于操作。图 1-2-14 为紧急按钮。

图 1-2-14　紧急按钮

(2) 门磁：是由永久磁铁及干簧管(又称磁簧管或磁控管)两部分组成的。干簧管是一个内部充有惰性气体(如氮气)的玻璃管，内装有两个金属簧片，形成触点。固定端和活动端分别安装在"智能小区"的门框和门扇上。图 1-2-15 为门磁。

图 1-2-15　门磁

(3) 感烟探测器：也被称为感烟式火灾探测器、烟感探测器和烟雾探测器等，主要应用于消防系统，在安防系统建设中也有应用。感烟探测器采用特殊结构设计的光电传感器，采用 SMD 贴片加工工艺生产，具有灵敏度高、稳定可靠、低功耗、美观耐用、使用方便等特点，可进行模拟报警测试。图 1-2-16 为感烟探测器。

(4) 被动红外探测器：又称热感式红外探测器。它的特点是不需要附加红外辐射光源，本身不向外界发射任何能量，而是探测器直接探测来自移动目标的红外辐射，因此才有被动式之称。任何物体，包括生物体和矿物体，因表面温度不同，都会发出强弱不同的红外线。各种不同物体辐射的红外线波长也不同，人体辐射的红外线波长在 $10\,\mu m$ 左右，而被动式红外探测器件的探测波范围为 $8 \sim 14\,\mu m$，因此它能较好地探测到活动的人体跨入禁区段，从而发出报警信号。被

图 1-2-16　感烟探测器

动红外探测器按结构、警戒范围及探测距离的不同，可分为单波束型和多波束型两种。单波束型采用反射聚焦式光学系统，其警戒视角较窄，一般小于 5°，但作用距离较远(可达百米)。多波束型采用透镜聚集式光学系统，用于大视角警戒，可达 90°，但作用距离只有几米到十几米，一般用于对重要出入口的入侵警戒及区域防护，安装在门口附近，并且方向要面向门口以保证其灵敏度。图 1-2-17 为被动红外探测器。

(5) 被动红外幕帘探测器：简称幕帘探测器，一般采用红外双向脉冲记数的工作方式，即 A 方向到 B 方向报警，B 方向到 A 方向不报警。因幕帘探测器的报警方式具有方向性，所以也叫作方向幕帘探测器。幕帘探测器具有入侵方向识别能力，用户从内到外进入警戒区，不会触发报警，在一定时间内返回不会引发报警，只有非法入侵者从外界侵入时才会触发报警，极大地方便了用户在设防的警戒区域内活动，同时又不触发报警系

统。图 1-2-18 为被动红外幕帘探测器。

 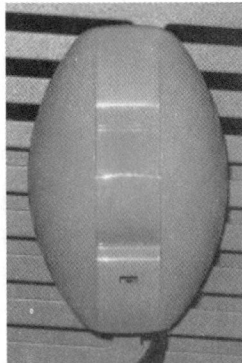

图 1-2-17　被动红外探测器　　　　　图 1-2-18　被动红外幕帘探测器

(6) 主动红外对射探测器：一般安装于院墙上，当入侵者穿过红外对射时，红外对射随即向报警主机发出信号，报警主机随即报警。主动红外对射探测器一般由单独的发射机和接收机组成，收、发机分置安装，性能上要求发射机的红外发射光谱应在可见光光谱之外。为防止外界干扰，发射机所发出的红外辐射必须经过调制，这样，当接收机接收到接近辐射波长的不同调制频率的信号或者是无调制的信号后，就不会影响报警状态的产生和干扰产生的报警状态。图 1-2-19 为主动红外对射探测器。

图 1-2-19　主动红外对射探测器

(7) 可燃气体探测器：可燃气体探测器采用长寿命气敏传感器，具有传感器失效自检功能。

- 感应气体：煤气/天然气/液化石油气。
- 电源：DC 12 V 的直流电源。
- 报警浓度：15%LEL。
- 恢复浓度：8%LEL。
- 工作温度：−10～+40℃。
- 相对湿度：≤90%RH。
- 报警浓度误差：不大于 ±5%LEL。

可燃气体探测器安装在"智能小区"的门口两侧，位置要适中。图 1-2-20 为可燃气体探测器。

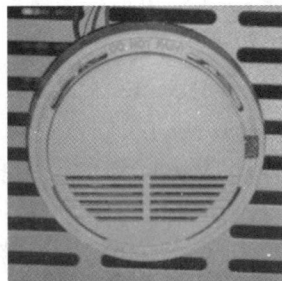

图 1-2-20　可燃气体探测器

下面分析住宅用户室内有哪些地方容易发生安全隐患。首先，阳台和大门处于最易受到入侵的位置；其次是厨房、书房的窗户(由于书房和厨房在平时相对无人，特别是晚上一般空置，容易成为窃贼的入口)；再次就是厨房内的可燃气体容易泄漏；最后是燃烧可能引起的烟雾。经过分析之后就可以开始配置系统了。

配置好的室内安防系统工作原理图如图 1-2-21 所示，该系统可以完成以下功能：

(1) 布/撤防操作。只要输入 4～6 位密码，键盘便会有指示灯及提示音反映操作是否成功。在门口可视对讲分机上就可操作。

(2) 在窗口安装幕帘探测器，即使夜间睡觉时也可正常布防；在客厅及过道安装被动红外探测器，能有效防止入侵；在厨房安装可燃气体探测器；在大厅及主卧室安装紧急按钮，提供紧急情况时的紧急求救。

(3) 报警时在几秒内即可自动报警到小区内的 24 h 网络报警中心。

(4) 在大门上安装门磁，可以有效防止大门被撬。

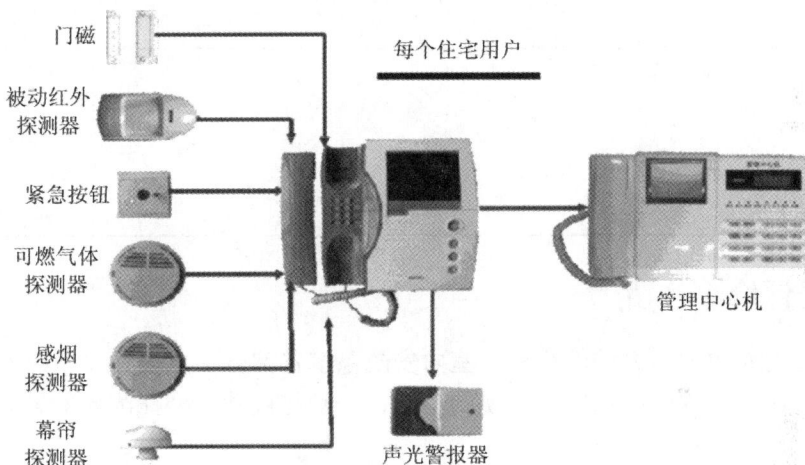

图 1-2-21　住宅用户室内安防系统工作原理图

学生活动

室内安防系统是小区安全防范系统最后一道也是最重要的一道防线，试根据已学知识，完成室内安防系统的构成、室内安防系统各部分主要功能、室内安防系统的工作原理图的绘制、室内安防系统可实现的功能、主动与被动红外探测器的异同等任务，完成室内安防系统的认知任务书。

室内安防系统的认知任务书
根据要求完成下列内容
1. 室内安防系统的构成

2. 室内安防系统各构成部分的功能

3. 绘制室内安防系统的工作原理图

4. 一套完善的室内安防系统可实现的功能

5. 主动与被动红外探测器的异同

任务评价

　　根据学生对室内安防系统的构成、室内安防系统各部分主要功能、室内安防系统的工作原理图的绘制、室内安防系统可实现的功能、主动与被动红外探测器的异同等任务完成情况进行评分。

室内安防系统的认知评分表					
序号	重点检查内容	评分标准	分值	得分	备注
1	室内安防系统的构成	错误一项扣4分	20		
2	室内安防系统各部分的功能	错误一项扣4分	20		
3	正确绘制原理图	错误一项扣4分	20		
4	室内安防系统能实现的功能	错误一项扣4分	20		
5	主动、被动红外探测器的异同点	错误一项扣4分	20		
总　计					

任务拓展

智能家居安防系统主要包括哪些

　　近两年来，智能家居做得越来越好，在智能家居安防方面做得更加细致，不仅仅是简单的摄像头和门禁，还提出了相对完整的智能家居安防方案。

1. 智能锁

市场上有各种款式或功能的智能锁，技术非常成熟。例如：防盗报警——当有人撬门时，智能锁系统会立即打开高音报警器，手机 APP 会同步弹出预警通知；防盗升级——可防止猫眼技术解锁游离把手，防止小偷通过猫眼解锁，防止儿童或宠物误解锁。

2. 智能门磁

假如智能锁防盗技术太强，小偷无法突破，那么从窗户进屋就是他们的第二选择。此时，智能门磁就可以发挥作用。智能门磁由无线发射器和永久磁铁组成。在窗户上安装智能门磁，设置时间或场景(如晚上 11:00 至早上 6:00、离家场景模式等。当窗户被非法打开或移动时，会自动报警)。

3. 摄像头

摄像头是记录犯罪嫌疑人犯罪过程和收集证据的重要设备。摄像头支持水平 360°旋转、上下 270°旋转，实现全景无死角监控；支持移动跟踪，锁定犯罪嫌疑人活动轨迹；支持夜间红外高清监控；支持各种终端设备实时预览监控。

4. 燃气检测＋智能阀＋智能窗户

众所周知，厨房是一个火灾高发地区，燃气泄漏、煤气中毒、老人忘记关火的新闻时有发生。通过燃气检测，当燃气浓度超过一定范围时，就会发出警报，提醒家中人员，手机 APP 会同步弹出警报，甚至家里没人也能接到警报；同时，可燃气体探测器与智能阀联动，智能阀会关闭气体管道上的阀门，并打开智能窗户通风。

5. 感烟探测器

感烟探测器可检测烟雾浓度。例如，在厨房做饭时忘了关火，菜烧起来冒烟，此时，感烟探测器会发出警报，防止火灾甚至爆炸的发生。

6. 安全遥控/紧急按钮

安全遥控/紧急按钮是人们遇到危险的最后一道防线，如嫌疑人抢劫/劫持人质，可以一键报警，手机可以实时接收报警信息。

智能安防在家庭智能安全方面做得非常细致，各方面基本都考虑到了。

▶ 任务小结 ◀

室内安防系统主要由红外探测器、紧急按钮、可燃气体探测器、感烟探测器、门磁等构成。

可视对讲门禁与室内安防系统把楼宇的出入口控制、住户室内安防及小区物业管理部门三者的信息包含在同一网络中，成为防止住宅受非法入侵的重要防线，有效地保护了住户的人身及财产安全。

任务 3　可视对讲门禁与室内安防系统的安装与调试

子任务 1　可视对讲门禁与室内安防系统的组建

▶ **任务目标** ▶

(1) 了解可视对讲门禁与室内安防系统的结构。
(2) 理解系统中相关设备的功能及系统的工作原理。
(3) 掌握可视对讲门禁与室内安防系统设备相关连接接口的功能。
(4) 掌握系统接线图的绘制。

▶ **任务描述与分析** ▶

可视对讲门禁与室内安防系统在目前的智能小区中是不可或缺的，它综合了可视对讲、门禁及安防 3 个子系统的基本功能。可视对讲门禁与室内安防系统在智能小区中得到了广泛的应用，为生活在智能小区中的业主提供了有力的安全保障。

那么，整个系统是怎样构成的呢？它由哪些器件组成，各器件有什么功能，它们是如何连接在一起的呢？下面将通过 THBAES—3 型楼宇智能化工程实训系统进行学习。THBAES—3 型楼宇智能化工程实训系统如图 1-3-1 所示。

图 1-3-1　THBAES—3 型楼宇智能化工程实训系统

▶ **相关知识** ▶

一、可视对讲门禁系统与室内安防系统的结构

1. 可视对讲门禁系统

可视对讲门禁系统结构图如图 1-3-2 所示，管理中心机可实现与室内分机及门口主机

的通话，并能观看到门口主机传过来的视频图像；室内分机能够将大门上的电插锁打开，让访客进入。该系统能够实现住户间的通话，成为免费的内部电话；能够向管理中心机发出求助信号，寻求保安的帮助。

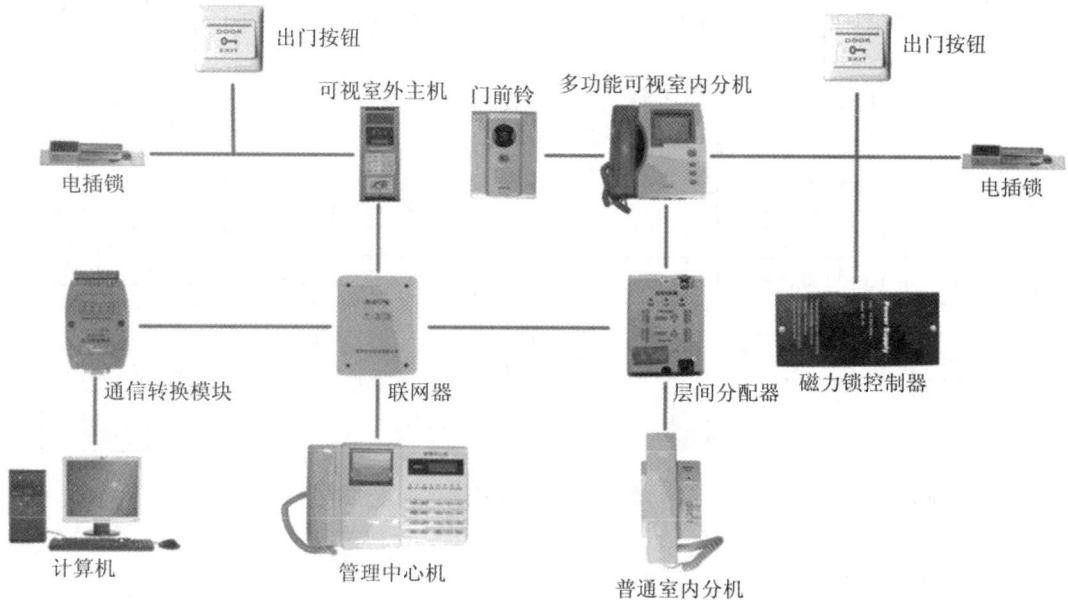

图 1-3-2　可视对讲门禁系统结构图

在日常生活中，可能很少见到门前铃。它一般安装在别墅的大门口，实现访客和别墅内人员的通话及别墅内人员对大门的控制。

住户可凭 ID 卡自由出入，如果忘记带门禁卡，还可通过门口主机与管理中心机向保安求助，让保安在控制室将门打开。

2. 室内安防系统

图 1-3-3 所示为室内安防系统的相关设备及设备间的连接关系。

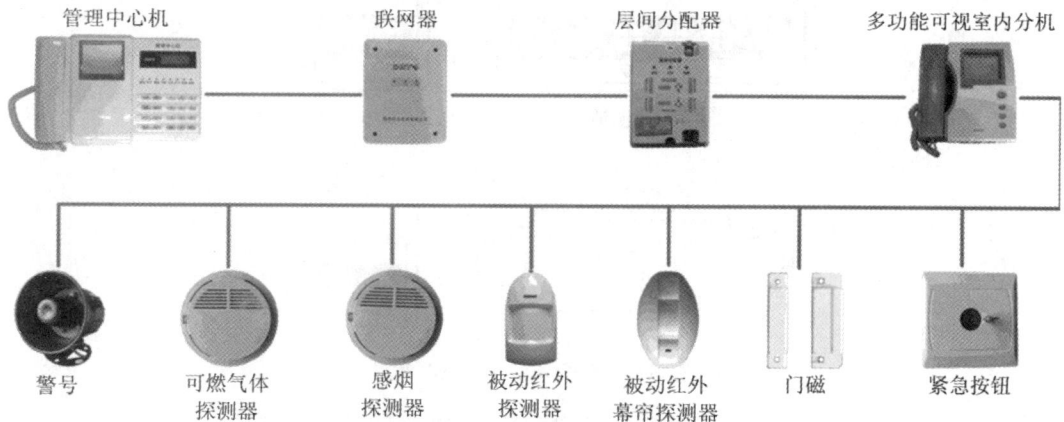

图 1-3-3　室内安防系统结构图

　　THBAES—3 型楼宇智能化工程实训系统中配置的室内安防系统能够实现可燃气体泄漏报警、火灾报警、入侵报警及人工报警，并在报警信号发出时启动可视对讲分机及安装在室内的警号发出声响，以提醒室内人员。同时，报警信号也会通过系统传输到管理中心机，通知控制室的保安人员采取相应措施。图 1-3-4 为可视对讲门禁及室内安防系统框图。

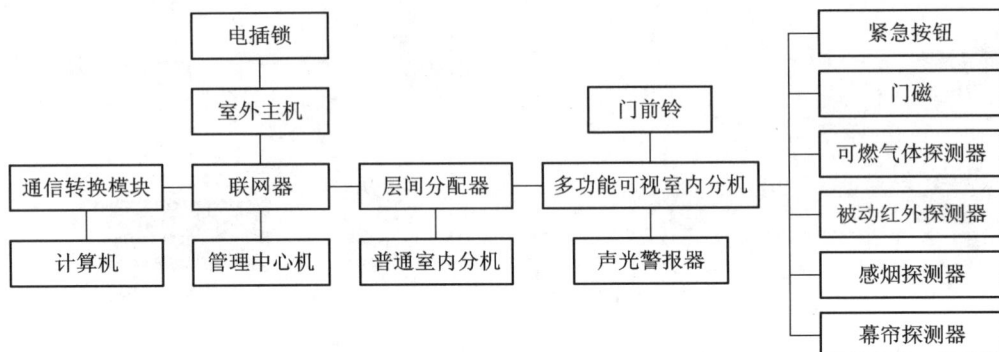

图 1-3-4　可视对讲门禁及室内安防系统框图

二、系统硬件设备

　　前面介绍了 THBAES—3 型楼宇智能化工程实训系统可视对讲门禁与室内安防系统的结构。那么，系统设备之间是如何进行线路连接的？为此，首先要搞清楚每个系统设备有哪些接线端口，每个接线端口传输的是什么信号。

1. GST—DJ6406 型管理中心机

GST—DJ6406 型管理中心机接线端子示意图如图 1-3-5 所示。

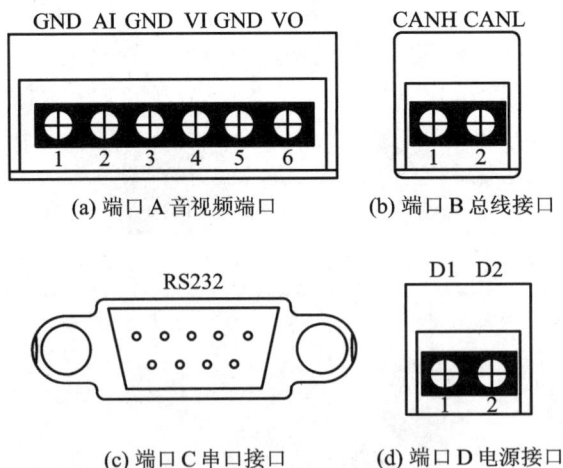

图 1-3-5　管理中心机接线端子图

表 1-3-1 是管理中心机接线端子接线说明。

表 1-3-1　管理中心机接线端子说明

端口号	序号	端子标识	端子名称	连接设备名称	注　释
端口 A	1	GND	地	室外主机或矩阵切换器	音频信号输入端口
	2	AI	音频入		
	3	GND	地		视频信号输入端口
	4	VI	视频入		
	5	GND	地	监视器	视频信号输出端,可外接监视器
	6	VO	视频出		
端口 B	1	CANH	CAN 正	室外主机或矩阵切换器	CAN 总线接口
	2	CANL	CAN 负		
端口 C	1~9	—	RS232	计算机	RS232 接口,接上位计算机
端口 D	1	D1	18 V 电源	电源箱	给管理中心机供电,18 V 无极性
	2	D2			

注:① 当管理中心机处于 CAN 总线的末端时,须在 CAN 总线接线端子处并接一只 120 Ω、1/4 W 的电阻(即并接在 CANH 与 CANL 之间)。

② 布线要求:视频信号线采用 SYV71-3 同轴电缆。

图 1-3-6 是已完成装配的管理中心机装配效果图。

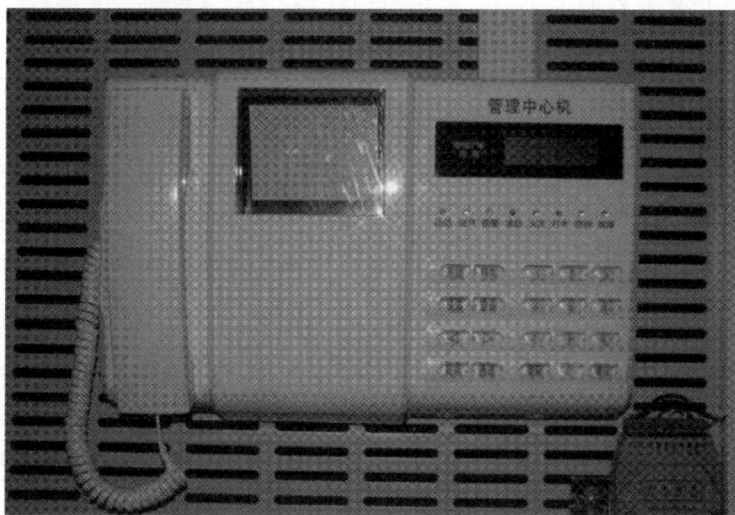

图 1-3-6　管理中心机装配效果图

图 1-3-7 是管理中心机与联网器接线图。

2. 室外主机

图 1-3-8 是室外主机外形示意图。

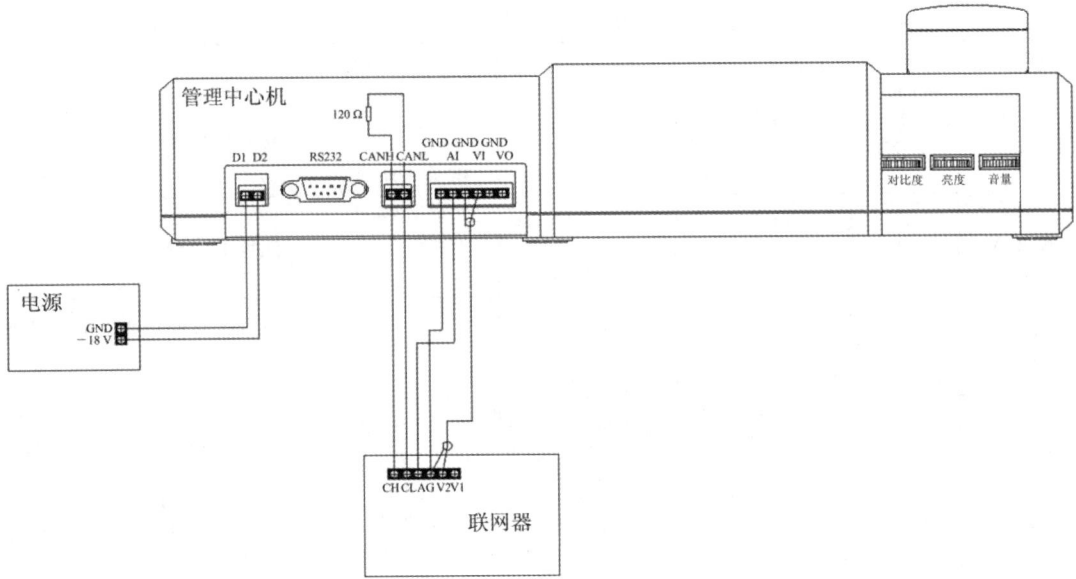

图 1-3-7　管理中心机与联网器接线图

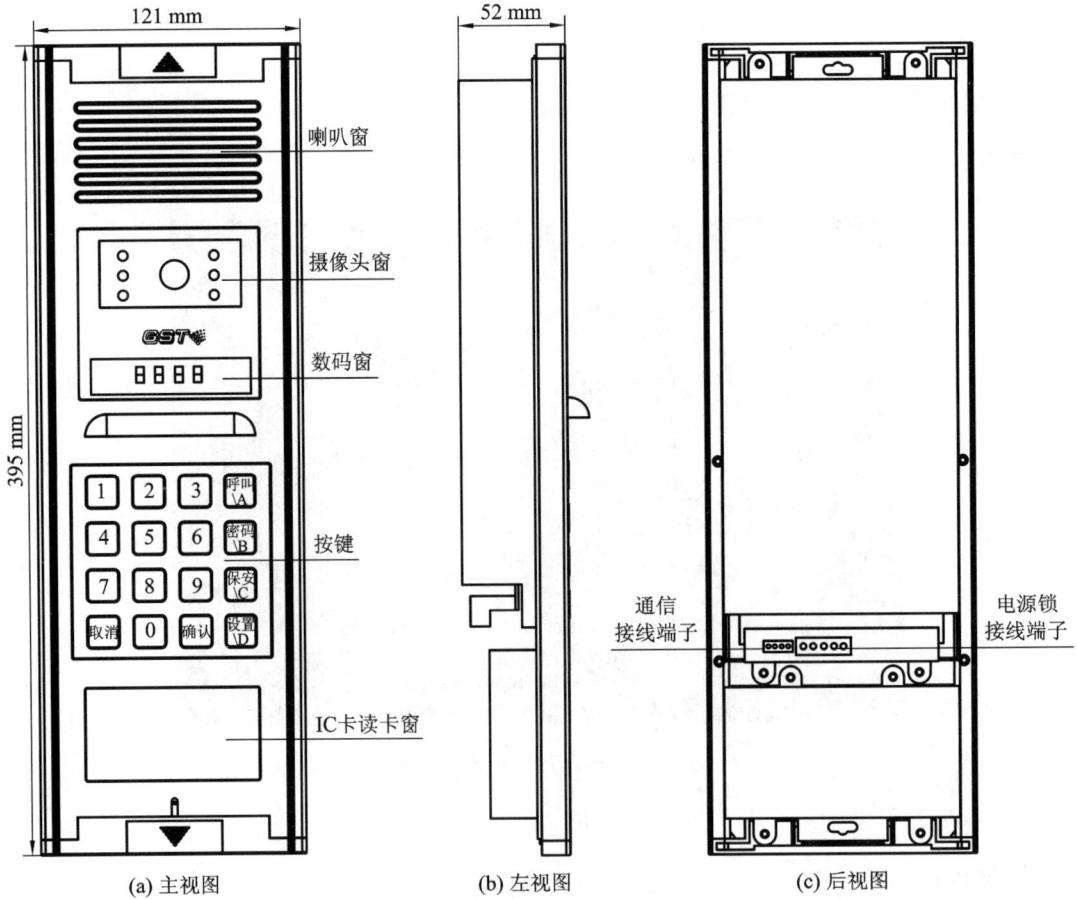

图 1-3-8　室外主机外形示意图

电源锁接线端子说明见表 1-3-2。

表 1-3-2　电源锁接线端子说明

端子序号	标　识	名　称	与总线层间分配器连接关系
1	D	电源	电源 +18 V
2	G	地	电源端子 GND
3	LK	电控锁	接电控锁正极
4	G	地	接锁地线
5	LKM	电磁锁	接电磁锁正极

通信端子说明见表 1-3-3。

表 1-3-3　通信端子说明

端子序号	标　识	名　称	连　接　关　系
1	V	视频	接联网器室外主机端子 V
2	G	地	接联网器室外主机端子 G
3	A	音频	接联网器室外主机端子 A
4	Z	总线	接联网器室外主机端子 Z

图 1-3-9 是室外主机与联网器接线示意图。

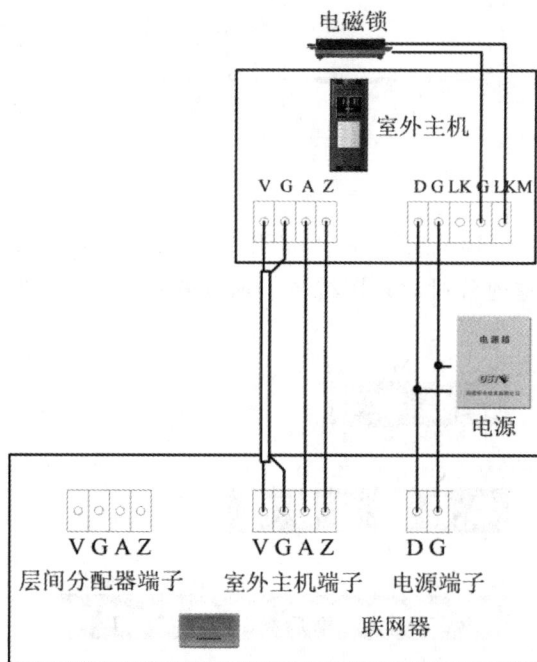

图 1-3-9　室外主机与联网器接线示意图

3. 多功能室内分机

多功能室内分机外形结构及示意图如图 1-3-10 和图 1-3-11 所示。

图 1-3-10　多功能室内分机外形结构

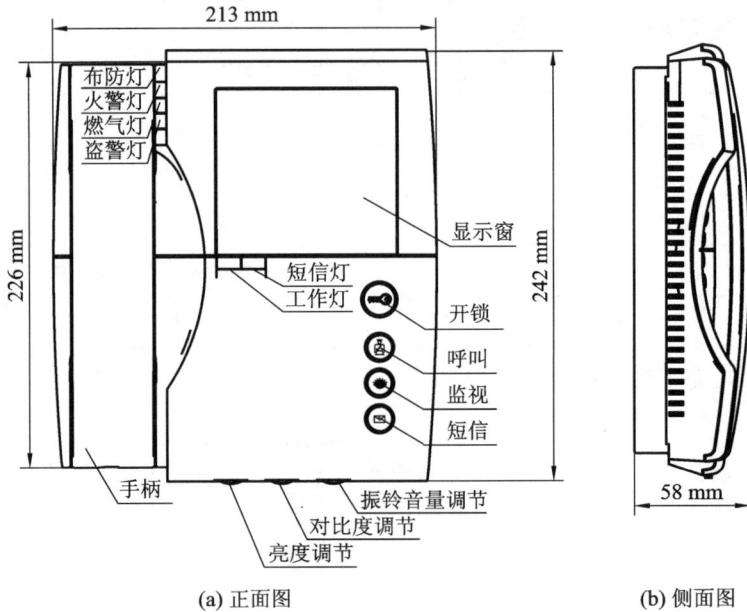

(a) 正面图　　　　　　　　　　　(b) 侧面图

图 1-3-11　多功能室内分机外形示意图

图 1-3-12 是多功能室内分机对外接线端子示意图，表 1-3-4 为多功能室内分机接线端子说明。

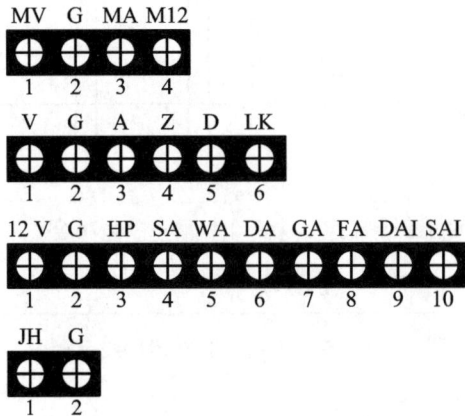

图 1-3-12　多功能室内分机对外接线端子示意图

表 1-3-4 多功能室内分机接线端子说明

端口号	端子序号	端子标识	端子名称	连接设备名称	连接设备端口号	连接设备端子号	说　明
主干端口	1	V	视频	层间分配器/门前铃分配器	层间分配器分支端子/门前铃分配器主干端子	1	单元视频/门前铃分配器主干视频
	2	G	地			2	地
	3	A	音频			3	单元音频/门前铃分配器主干音频
	4	Z	总线			4	层间分配器分支总线/门前铃分配器主干总线
	5	D	电源	层间分配器	层间分配器分支端子	5	室内分机供电端子
	6	LK	开锁	住户门锁		6	对于多门前铃,有多住户门锁,此端子可空置
门前铃端口	1	MV	视频	门前铃	门前铃	1	门前铃视频
	2	G	地			2	门前铃地
	3	MA	音频			3	门前铃音频
	4	M12	电源			4	门前铃电源
安防端口	1	12 V	安防电源	室内报警设备	外接报警器、探测器电源	各报警前端设备的相应端子	给报警器、探测器供电,供电电流≤100 mA
	2	G	地				地
	3	HP	求助		紧急按钮		紧急按钮接入口,常开端子
	4	SA	防盗		红外探测器		连接与撤/布防相关的门、窗磁传感器,防盗探测器的常闭端子
	5	WA	窗磁		窗磁		
	6	DA	门磁		门磁		
安防端口	7	GA	燃气探测		燃气泄漏		连接与撤/布防无关的感烟探测器、可燃气体探测器的常开端子
	8	FA	感烟探测		火警		
	9	DAI	立即报警门磁		门磁		连接与撤/布防相关的门磁传感器、红外探测器的常闭端子
	10	SAI	立即报警防盗		红外探测器		
警铃端口	1	JH	警铃	警铃电源	外接警铃		电压:DC 14.5~18.5 V
	2	G	地				电流≤50 mA

图 1-3-13 是室内分机与层间分配器接线示意图。

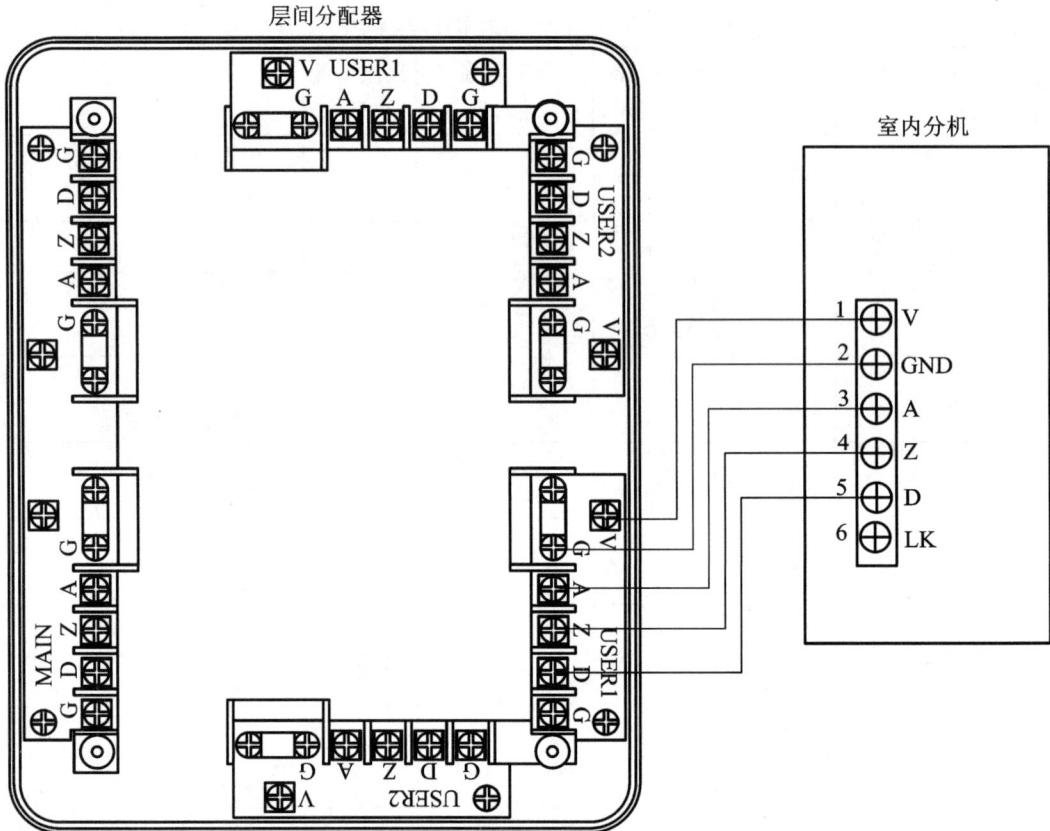

图 1-3-13　室内分机与层间分配器接线示意图

图 1-3-14 是室内分机与报警传感器接线示意图。图 1-3-15 是多功能室内分机安装示意图。

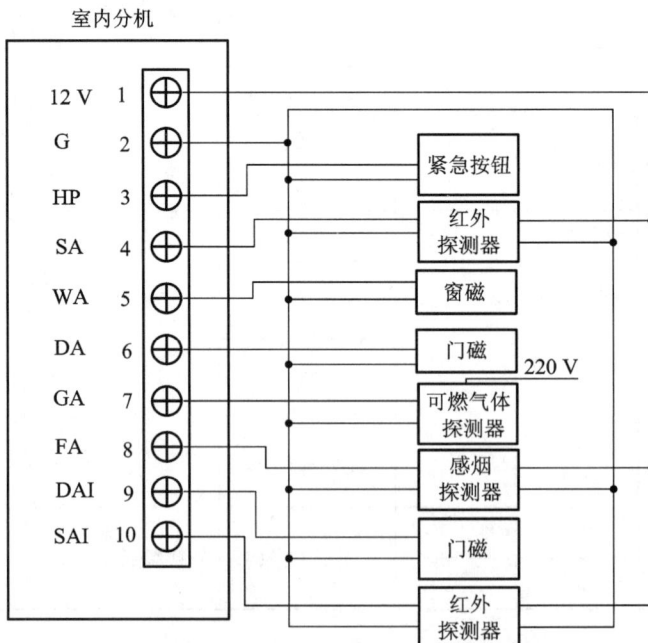

图 1-3-14　室内分机与报警传感器接线示意图

4. 门前铃

图 1-3-16 是门前铃外形示意图。

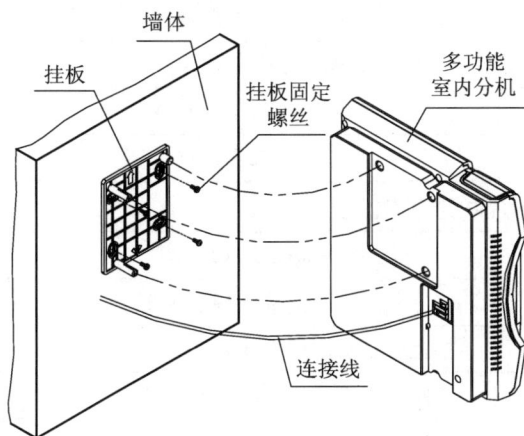

图 1-3-15　多功能室内分机安装示意图

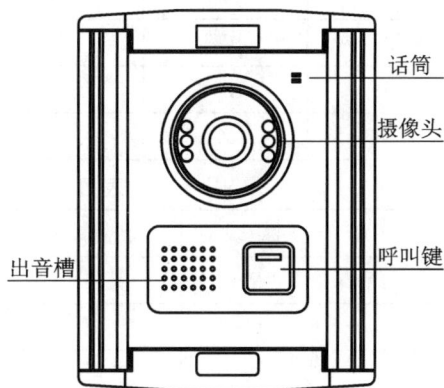

图 1-3-16　门前铃外形示意图

5. 普通室内分机

普通室内分机外形示意图如图 1-3-17 所示。

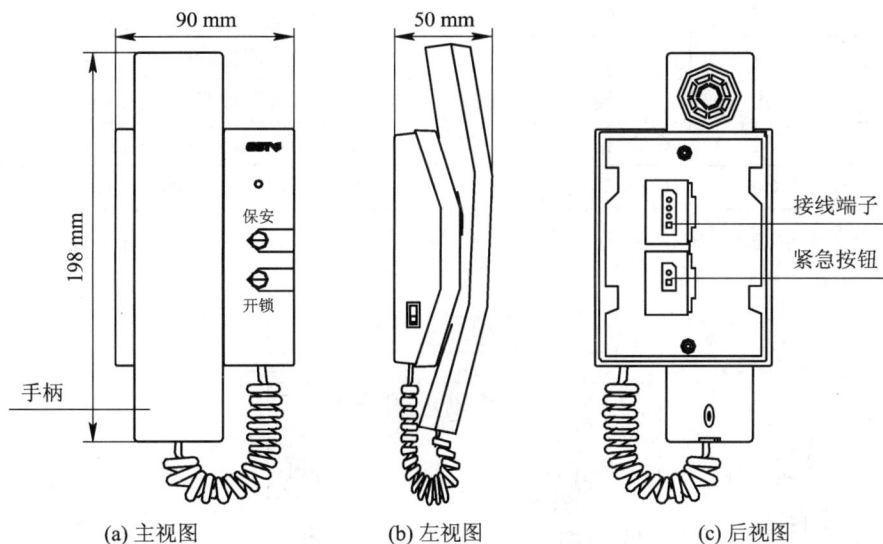

(a) 主视图　　　　　(b) 左视图　　　　　(c) 后视图

图 1-3-17　普通室内分机外形示意图

6. 联网器

联网器对外接线端子说明见表 1-3-5～表 1-3-8。

表 1-3-5　电源端子(XS4)

端子序号	标　识	名　称	连接关系(POWER)
1	D+	电源	电源 D
2	D−	地	电源 G

表 1-3-6　室内方向端子(XS2)

端子序号	标 识	名 称	连接关系(USER1)
1	V	视频	接单元通信端子 V(1)
2	G	地	接单元通信端子 G(2)
3	A	音频	接单元通信端子 A(3)
4	Z	总线	接单元通信端子 Z(4)

表 1-3-7　室外方向端子(XS3)

端子序号	标 识	名 称	连接关系(USER2)
1	V	视频	接室外主机通信接线端子 V(1)
2	G	地	接室外主机通信接线端子 G(2)
3	A	音频	接室外主机通信接线端子 A(3)
4	Z/M12	总线	接室外主机通信接线端子 Z(4)或门前铃电源端子 M12

表 1-3-8　外网端子(XS1)

端子序号	标 识	名 称	连接关系(OUTSIDE)
1	V1	视频 1	接外网通信接线端子 V1(1)
2	V2	视频 2	接外网通信接线端子 V2(2)
3	G	地	接外网通信接线端子 G(3)
4	A	音频	接外网通信接线端子 A(4)
5	CL	CAN 总线	接外网通信接线端子 CL(5)
6	CH	CAN 总线	接外网通信接线端子 CH(6)

联网器接线示意如图 1-3-18 所示，联网器类型设置如图 1-3-19 所示。

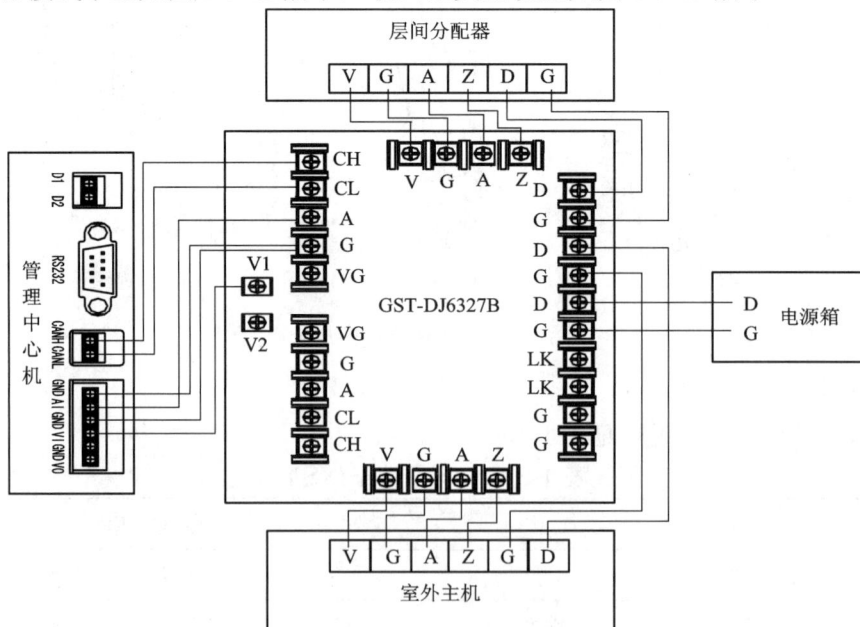

图 1-3-18　联网器接线示意图

室外方向端子(XS3)	矩阵切换器	X2(连接)	X3(连接)	X1、X5、X6
室外主机	有	状态 0	状态 0	开路
	无	状态 1		

设置说明：

　　　　　　1　2　3　　　　　　1　2　3
　　　　　设置为：状态0　　　　　设置为：状态1

图 1-3-19　联网器类型设置

7. 层间分配器

层间分配器通常安装在同一个楼层有多个住户的情况，用于连接隔离设备。它可以进行户户间的隔离，同时也方便分机的布线安装。例如，一根电视线进入层间分配器后，可以分成多根线给本层的多个住户送去电视信号。

层间分配器如图 1-3-20 所示。

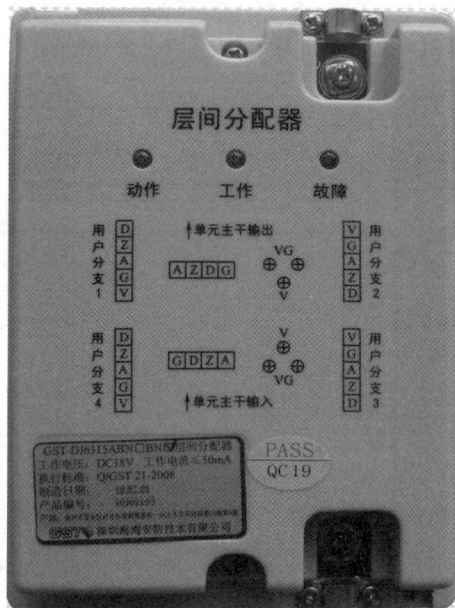

图 1-3-20　层间分配器

三、可视对讲门禁与室内安防系统接线

可视对讲门禁与室内安防系统接线涉及的器件、线路较多，在安装、接线过程中要严格按照图纸进行，合理布局器件。

器件安装完毕，可进行接线。首先要将各器件接上电源，此时注意各器件的所需电源的大小和极性(是交流还是直流、220 V、18 V 还是 12 V)，然后，连接各器件的信号线。之后，一定要检查线路是否正确，如果无误，可以测试系统是否正常工作。

最后，整理导线、入槽、扣上线盖，做好整理工作，养成良好的习惯。

可视对讲门禁与室内安防系统接线图如图 1-3-21 所示。

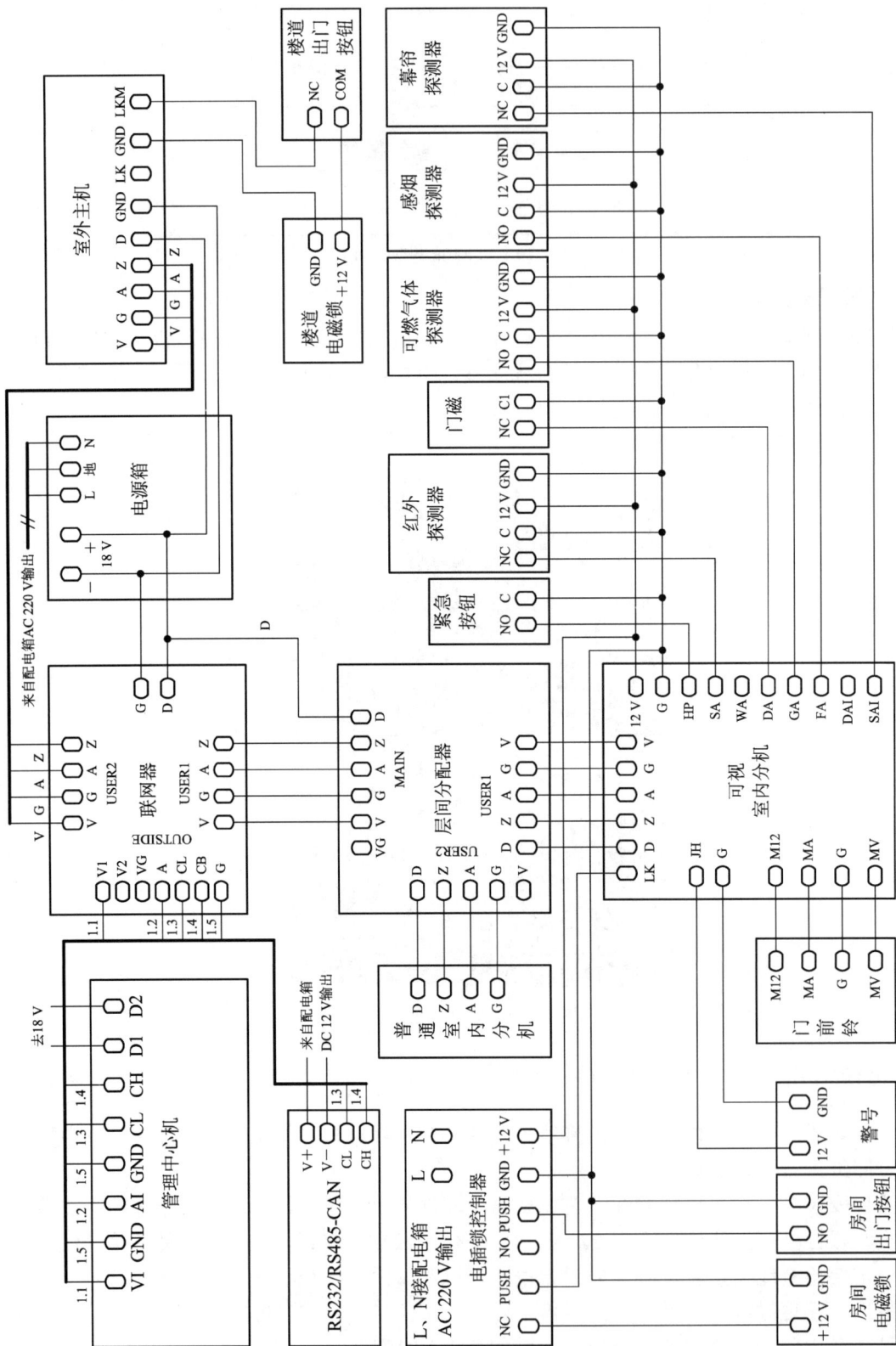

图1-3-21　可视对讲门禁与室内安防系统接线图

学生活动

试根据可视对讲门禁系统各设备的连接关系、室内安防系统各设备的连接关系、可视对讲门禁及室内安防系统框图等相关知识，完成可视对讲门禁与室内安防系统的组建任务书。

可视对讲门禁与室内安防系统的组建任务书
根据要求完成下列内容
1. 可视对讲门禁系统各设备的连接关系
2. 室内安防系统各设备的连接关系
3. 绘制可视对讲门禁及室内安防系统框图
4. 可视对讲门禁及室内安防系统各设备的端口认识
5. 绘制可视对讲门禁与室内安防系统接线图

任务评价

根据学生对可视对讲门禁系统各设备的连接关系、室内安防系统各设备的连接关系、可视对讲门禁及室内安防系统框图、可视对讲门禁及室内安防系统各设备的端口认识、可视对讲门禁与室内安防系统接线图等任务完成情况进行评分。

\multicolumn{6}{c}{可视对讲门禁与室内安防系统的组建评分表}
\multicolumn{6}{l}{根据要求完成下列内容}
序号	重点检查内容	评分标准	分值	得分	备注
1	可视对讲门禁系统各设备关系	错误一项扣2分	20		
2	室内安防系统各设备的关系	错误一项扣2分	20		
3	可视对讲门禁及室内安防系统框图绘制	错误一项扣2分	20		
4	正确认识可视对讲门禁及室内安防系统各设备的端口	错误一项扣2分	20		
5	正确绘制可视对讲门禁与室内安防系统接线图	错误一项扣2分	20		
\multicolumn{2}{c}{总　计}				

任务拓展

什么是智能小区

　　智能小区是指运用信息技术和物联网技术，通过智能化设备、系统和服务来提升社区居民生活质量、优化社区管理和资源利用的一种新式住所区域。智能小区模型如图 1-3-22 所示。

图 1-3-22　智能小区模型

　　智能小区通过各类传感器、数据收集设备和通信网络，对小区内的各个方面进行监测、控制和管理，主要包括以下几个方面：

(1) 智能安防：智能小区配备了安防监控系统，包括视频监控、侵犯检测、电子门禁等设备，可以实时监测小区内的安全情况，具有防范和报警作用，确保居民的人身和财产安全。

(2) 智能照明：智能小区的照明系统采用 LED 灯具和智能控制技术，可以依据光照情况和人流密度主动调整亮度，优化能效，降低动力消耗。

(3) 智能环境监测：通过传感器和监测设备，实时监测小区内的环境参数，如温度、湿度、空气质量等，以便及时进行改善，提供舒适的居住环境。

(4) 智能能源管理：智能小区的能源管理系统可以监测和控制小区的能源消耗，如电力、水务和燃气等，实现用能的优化和节约。通过智能计量和分析，居民可以更好地了解自己的能源运用情况，并进行合理的能源管理。

(5) 智能交通：智能小区通过交通处理系统，提供智能停车处理、交通流量监测、智能公交等服务，提高交通效率和小区内部的出行便利性。

(6) 智能社区服务：智能小区供应在线社区服务平台，居民可以通过手机或计算机进行物业处理、报修申请、社区活动等各类服务的预定和查询，也支持居民之间的信息沟通和社交互动。

智能小区的目标是提升小区全体的管理效率、居住环境质量和居民生活便利性，实现资源的合理利用和可持续发展。通过智慧化的手段，小区内的各个系统和设备可以相互联动、共享数据，为居民提供更加智能、舒适和安全的居住体验。

▶ 任务小结 ▶

可视对讲门禁与室内安防系统综合了可视对讲、门禁及安防等三个系统的基本功能，在智能小区中得到了广泛的应用，为生活在智能小区中的业主提供了有力的安全保障。

本任务主要介绍了各设备的接线端子以及各设备之间的连接关系。

子任务 2　可视对讲门禁与室内安防系统的安装与调试

▶ 任务目标 ▶

(1) 能够叙述可视对讲门禁与室内安防系统实现的功能。
(2) 掌握系统设备的安装方法。
(3) 掌握系统设备的参数设置方法。
(4) 掌握操作系统设备实现系统功能的方法。

▶ 任务描述与分析 ▶

在本任务中，将进行可视对讲门禁与室内安防系统装调的技能训练，在技能实训之前，先了解一下这个技能实训需要完成哪些任务。

(1) 安装任务：
① 将系统设备正确安装在"智能小区"和"管理中心"区域内。
② 进行系统布线，完成系统设备与导线的连接。

(2) 调试任务：

① 实现室外主机对室内分机的呼叫、对讲(可视对讲)及开锁功能。

② 实现 ID 卡的注册及刷卡开锁功能。

③ 实现密码开锁功能。

④ 实现室内安防的布防及撤防功能。

⑤ 实现对讲门禁软件的管理功能。

▶ 相关知识 ▶▶

一、施工流程及步骤

为了能够高效率地完成可视对讲门禁与室内安防系统装调的技能训练，在进行技能训练前，应该制订出一个完整的施工步骤流程(见图 1-3-23)，在实训中遵照执行；然后制作工作计划表(见表 1-3-9)、设备清单表(见表 1-3-10)、材料清单表(见表 1-3-11)和工具清单表(见表 1-3-12)。

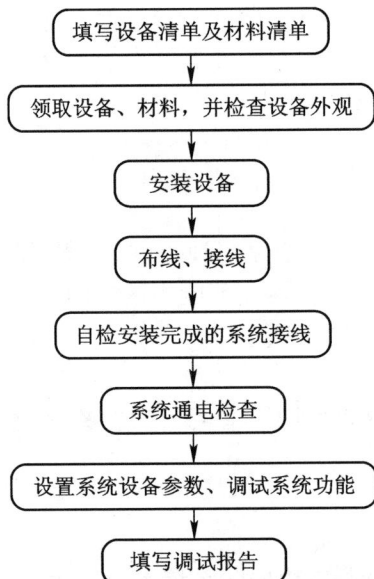

填写设备清单及材料清单
↓
领取设备、材料，并检查设备外观
↓
安装设备
↓
布线、接线
↓
自检安装完成的系统接线
↓
系统通电检查
↓
设置系统设备参数、调试系统功能
↓
填写调试报告

图 1-3-23 系统施工流程图

表 1-3-9 工 作 计 划 表

步骤	内　容	计划时间	实际时间	完成情况
1	清点器件、工具及耗材数量			
2	查看任务书(熟悉任务书要求)			
3	绘制系统接线图			
4	系统设备安装			
5	系统布线			
6	系统功能调试			
7	整理系统布线工艺及整理现场卫生			

表 1-3-10　可视对讲门禁与室内安防系统设备清单表

序号	名　称	型　号	数　量	备　注
1	门前铃			
2	多功能可视室内分机			
3	紧急按钮			
4	门磁			
5	感烟探测器			
6	被动红外探测器			
7	幕帘探测器			
8	可燃气体探测器			
9				

表 1-3-11　可视对讲门禁与室内安防系统材料清单表

序号	名　称	型　号	数　量	备注(产地)等
1	电源线			
2	信号线			
3	视频线			
4	PVC 线槽			
5	螺钉、螺母、垫片			
6	焊锡丝			
7	热缩管			
8	尼龙扎带			

表 1-3-12　可视对讲门禁与室内安防系统工具清单表

序号	名　称	型　号	数　量	备注(产地)等
1	偏口钳			
2	尖嘴钳			
3	剥线钳			
4	同轴电缆剥线钳			
5	4mm 套管			
6	一字螺钉旋具			
7	十字螺钉旋具			
8	万用表			
9	手锯			

二、设备安装

在进行可视对讲门禁与室内安防系统装调技能训练之前，要仔细阅读系统设备的安装说明，以避免在安装中由于不规范操作而损坏设备。

下面介绍该系统主要设备的安装步骤。

1. 可视室外主机的安装

图 1-3-24 所示为可视室外主机安装过程分解图，其安装步骤如下：

(1) 门上开好孔位(已开好)。

(2) 把线缆连接在端子和线排上，然后插接在室外主机上。

(3) 把室外主机和嵌入后备盒放置在门板的两侧，用螺钉牢固固定。

(4) 盖上室外主机上、下方的小盖。

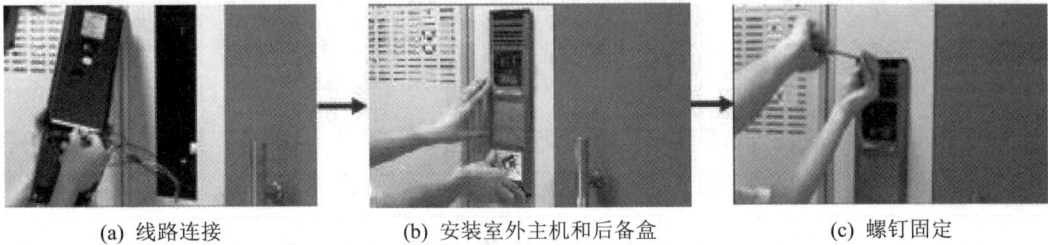

(a) 线路连接	(b) 安装室外主机和后备盒	(c) 螺钉固定

图 1-3-24　可视室外主机安装过程分解图

图 1-3-25 为已完成装配的可视室外主机装配效果图。

图 1-3-25　可视室外主机装配效果图

2. 多功能可视室内分机的安装

多功能可视室内分机需安装在专用的背板上。安装时先将背板固定在网孔板上，然后将信号线与室内分机接好，最后将室内分机挂在背板上。多功能可视室内分机安装示意图如图 1-3-26 所示。

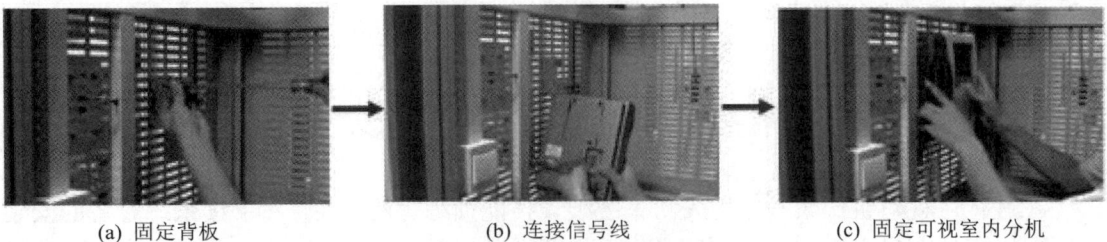

(a) 固定背板	(b) 连接信号线	(c) 固定可视室内分机

图 1-3-26　多功能可视室内分机安装示意图

图 1-3-27 为已完成装配的多功能可视室内分机装配效果图。

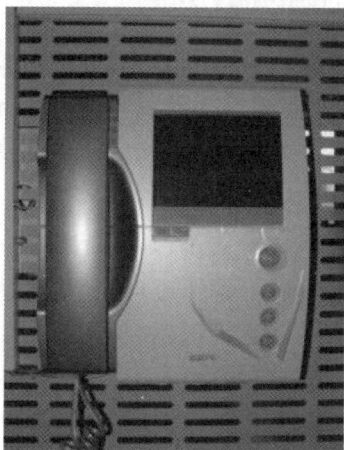

图 1-3-27   多功能可视室内分机安装效果图

3. 门前铃的安装

门前铃的安装过程如图 1-3-28 所示，其安装步骤如下：

(1) 用螺栓把底盒固定在网孔板上。

(2) 将线连接在端子和线排上，然后插接在门前铃上。

(3) 用两个螺钉从侧面将门前铃固定在底盒上。

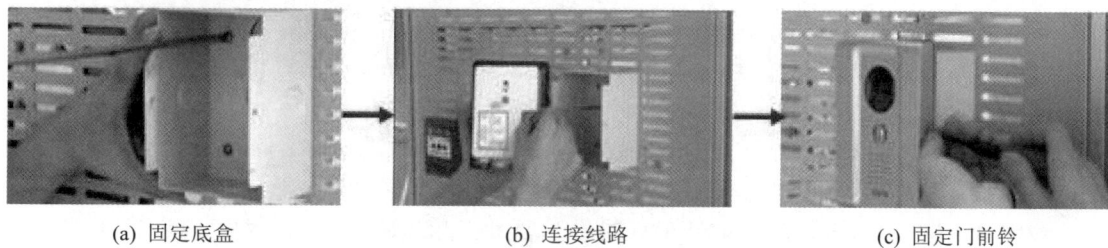

(a) 固定底盒   (b) 连接线路   (c) 固定门前铃

图 1-3-28   门前铃的安装过程

图 1-3-29 是已完成装配的门前铃安装效果图。

图 1-3-29   门前铃安装效果图

三、可视对讲门禁与室内安防系统的功能调试

系统设备按照要求安装完成并接线完毕后，就要进行系统的功能调试。系统调试的过程是系统功能参数设置的过程，也是发现系统的接线有无问题的过程。在实际工程中，只有调试合格的系统才能进行验收。

1. GST—DJ6825C 多功能室内分机的调试

1) 调试

(1) 按下室内分机上的"#"键，听到一短声提示音后松开，按"0"键，"◁×"(工作灯)红绿闪亮、"🏠"(布防灯)闪亮，提示输入超级密码。输入超级密码后，按"#"键确认。

(2) 若输入密码正确，则"🏠"(布防灯)灭，有两声短音提示，进入调试状态；若输入密码错误，则"◁×"(工作灯)恢复为原来状态，"🏠"(布防灯)闪亮且有快节奏的声音提示错误，若此时想进入调试状态，需按"*"键退出当前状态，返回(1)重新操作。

(3) 进入调试状态后，若室内分机被设置为接收呼叫只振铃不显示图像模式，则"✉"(短信灯)亮。按照下列步骤进行调试：

步骤 1 按"1"键，更改自身地址。地址必须为 4 位，由"0"～"9"数字键组合。若输入的是有效地址，则按"#"键有一声长音提示室内分机更改为新地址；若输入的地址无效或小于 4 位，则按"#"键有快节奏的声音提示错误；若想继续更改地址，需再按一下"1"键，然后重新进行此步骤操作。

步骤 2 按"2"键，设置显示模式。按一次，显示模式改变一次。"✉"(短信灯)亮时，室内分机设置为接收呼叫只振铃不显示图像模式；"✉"(短信灯)不亮时，室内分机为正常显示模式。

步骤 3 按"3"键，与室外主机可视对讲。要进行此项调试时，需先退出步骤 4 状态。如正在步骤 4 状态可按"6"键退出，再按"3"键进入此项调试。

步骤 4 按"4"键，与门前铃可视对讲。要进行此项调试时，需先退出步骤 3 状态。如正在步骤 3 状态可按"6"键退出，再按"4"键进入此项调试。

步骤 5 按"5"键，恢复出厂撤防密码。

步骤 6 按"6"键，正在可视对讲时，结束可视对讲。

按"*"键，退出调试状态。

默认超级密码为 620818。

2) 使用

(1) 呼叫、通话及开锁。

在室外主机/门前铃/小区门口机或管理中心机呼叫室内分机时，室内分机振铃且"◁×"(工作灯)绿色、"✉"(短信灯)闪亮，摘机后可与室外主机/门前铃/小区门口机或管理中心机通话，如果是多室内分机，则其它室内分机会自动挂断。

室外主机、门前铃呼叫室内分机，室内分机振铃(或通话)时，直接按"🔑"(开锁)键，可打开对应的电锁，室内分机停止响铃，摘机后可正常通话。

按室内分机"🔑"(开锁)键后，若此时有其它设备呼叫室内分机，则室内分机会振铃，当呼叫时间大于 5s 时，则只振铃 5s 就关闭业务。若通话过程中挂机，则结束通话。室内

分机接受呼叫时，可显示来访者的图像。

(2) 监视。

摘机/挂机时，按"👁"(监视)键，显示本单元室外主机的图像，如本单元有多个入口，可依次监视各个入口的图像。15 s 内按"👁"(监视)键，室内分机会监视下一室外主机的图像。

若室内分机带有门前铃，按下"👁"(监视)键 2 s(有一短声提示音)，监视门前铃图像，如接有多个门前铃，再按一下"👁"(监视)键，可依次监视各个门前铃的图像。15 s 内按"👁"(监视)键，室内分机会监视下一个门前铃的图像。

监视过程中摘机，可与被监视的设备通话。(监视单门前铃时，监视 4 s 后，摘机才可与门前铃通话。)

(3) 呼叫室外主机。

室内分机摘机后，长按"🔑"(开锁)键 2 s(有一短声提示音)，室内分机呼叫室外主机。

(4) 呼叫管理中心。

室内分机摘机后，按"📞"(呼叫)键，呼叫管理中心机。管理中心机响铃并显示室内分机的号码，管理中心摘机可与室内分机通话，通话完毕，挂机。若通话时间到，则管理中心机和室内分机会自动挂机。

(5) 户户对讲。

该功能适用于 GST—DJ6815/15C/25/25C 型号。室内分机摘机，按小键盘上的"#"键，"🔇"(工作灯)亮，可进行直接呼叫：输入房间号，按下"#"键，可呼叫本单元住户；输入栋号单元号房间号，按下"#"键，则呼叫联网其它单元的室内分机。

(6) 设置功能。

室内分机挂机时，长按"✉"(短信)键 2 s(有一短声提示音)，室内分机进入设置状态，"✉"(短信灯)快闪。

在设置状态下：

按"📞"(呼叫)键，进入设置铃声状态。

按"👁"(监视)键，进入设置是否免打扰状态。

按"✉"(短信)键，退出设置状态。

(7) 撤/布防操作(适用于 GST—DJ6815/15C/25/25C 型号)。

① 布防。室内分机可设置"外出布防"和"居家布防"两种布防模式。按"外出布防"键，进入外出预布防状态，"🏠"(布防灯)快闪，延时 60 s 进入外出布防状态，此时"🏠"(布防灯)亮。按"居家布防"键，进入居家布防状态，"🏠"(布防灯)亮。在居家布防状态，若按"外出布防"键，则进入外出预布防状态。

在外出布防状态，按"居家布防"键需输入撤防密码，若输入密码正确，则进入居家布防状态。

在外出布防状态，响应红外探测器、门磁、窗磁、火灾探测器、可燃气体探测器报警；在居家布防状态，响应门磁、窗磁、火灾探测器、可燃气体探测器报警。

注意：室内分机进入外出预布防状态后，应尽快离开红外报警探测区，并关好门窗，否则 1 min 到后将触发红外报警或门、窗磁报警。

② 撤防。在"布防"状态，按"撤防"键进入撤防状态，"🏠"(布防灯)慢闪，输入

撤防密码。按"#"键，若听到一声长音提示，则表示已退出当前的布防状态；若听到快节奏的声音提示错误，三次输入撤防密码错误，则向管理中心传防拆报警，并进行本地报警提示。

注意： 应牢记密码，以备撤防时使用；密码由"0"～"9"十个数字构成，密码可以是0～6位。出厂默认没有密码。

(8) 紧急求助功能。

按下室内分机连接的紧急按钮，求助信号可上传到管理中心机，管理中心机报求助警并显示紧急求助的室内分机号，"◁×"(工作灯)红绿色闪亮2 min。

(9) 安防报警。

室内分机具有报警接口，支持感烟探测器、红外探测器、门磁、窗磁和可燃气体探测器的报警。当检测到报警信号时，室内分机会向管理中心报相应的警情，相应指示灯变亮，响报警音3 min。

防盗探测器包括红外探测器、窗磁、门磁等，它们只有在布防状态时才起作用。在外出布防状态，全部可以报警；在居家布防状态，只有窗磁、门磁起作用。红外和门磁报警按接口分为立即报警和延时报警，窗磁只有立即报警接口。延时报警设备的延时时间为45 s。

当检测到火警时，"🔥"(火警灯)亮；检测到燃气报警时，"🏠"(燃气灯)亮；检测到盗警时，"🔔"(盗警灯)亮。报警状态时，报警端子JH口有DC 14.5～18.5 V的电压输出。

若要清除报警声音、警铃声音，需进行如下操作：

① 未布防时，按"*"键，报警声音、警铃声音停止。

② 布防时，室内分机撤防后，报警声音、警铃声音停止。

(10) 密码、地址初始化。

设置方法：按住"📷"(呼叫)键后，给可视室内分机重新上电，听到提示音后按住"🔑"(开锁)键2 s(有一短声提示音)，室内分机地址恢复为默认地址101，撤防密码初始化为默认密码。

进行此项设置后，密码、地址初始化为默认值。

3) 常见故障及解决方法

常见故障及解决方法见表1-3-13。

表1-3-13　常见故障及解决方法

序号	故障现象	故障原因分析	排除方法
1	开机指示灯不亮	电源线未接好	接好电源线
2	无法呼叫或无法响应呼叫	(1) 通信线未接好； (2) 室内分机电路损坏	(1) 接好通信线； (2) 更换室内分机
3	被呼叫时没有铃声	(1) 扬声器损坏； (2) 处于免打扰状态	(1) 更换室内分机； (2) 恢复到正常状态
4	室外主机呼叫室内分机或室内分机监视室外主机时显示屏不亮	(1) 显示模组接线未接好； (2) 显示模组电路故障； (3) 室内分机处于节电模式	(1) 检查显示模组接线； (2) 更换室内分机； (3) 系统电源恢复正常，显示屏可正常显示
5	能够响应呼叫，但通话不正常	音频通道电路损坏	更换室内分机

2. 门前铃的调试

1) 使用及操作

(1) 呼叫、通话。

按门前铃的呼叫键呼叫室内分机，室内分机振铃，室内分机可显示来访者的图像。摘机后，双方可进行通话。通话限时 45 s。

(2) 配合室内分机监视门外图像。

在摘机状态下，按室内分机的"监视"键，通过门前铃可监视门外图像。监视限时 45 s。

注：仅 GST—DJ6506/06C 型号门前铃具备监视功能。

2) 故障分析与排除

故障分析与排除见表 1-3-14。

表 1-3-14　故障分析与排除

序号	故障现象	原因分析	排除方法
1	按呼叫键无呼叫信号	门前铃电路损坏	更换门前铃
2	无图像显示	通信线路故障或门前铃损坏	更换门前铃
3	不能进行通话		

3. 普通室内分机的调试

1) 调试

普通室内分机地址设置方法为：当室外主机处于室内分机地址设置状态(详见前文"1. GST—DJ6825C 多功能室内分机的调试")，室内分机摘机呼叫地址为 9501 的室外主机或室外主机呼叫室内分机摘机后通话，在室外主机上输入欲设置的室内分机地址，按室外主机上的"确认"键，当室外主机闪烁显示室内分机新设地址时，表明设置地址成功。

2) 使用及操作

(1) 呼叫及通话。

在室外主机、管理中心机或同户室内分机呼叫室内分机时，室内分机振铃(免打扰状态下不振铃，仅指示灯闪亮)，一台室内分机摘机可与室外主机、管理中心机或同户室内分机通话，同户的其它室内分机停止振铃，摘挂机无响应。室内分机振铃或通话时，按"开锁"键可打开对应单元门的电锁，室内分机振铃时按下"开锁"键，室内分机停止振铃，摘机可正常通话。室内分机振铃时间为 45 s，通话时间为 45 s。

(2) 呼叫室外主机。

对讲室内分机在待机状态下，摘机 3 s 后，自动呼叫地址为 9501 的室外主机，可与室外主机对讲，通话时间为 45 s。

(3) 呼叫管理中心。

摘机后若按"保安"键，则呼叫管理中心机，管理中心机响铃并显示室内分机的号码，管理中心摘机可与室内分机通话。通话完毕，挂机。若通话时间超过 45 s，则管理中心机和室内分机将自动挂机。

(4) 模组显示方式设置及地址初始化。

设置方法：按住"保安"键后，给对讲室内分机重新上电，听到提示音后，按住"开锁"键 3 s，当听到提示音后松开"开锁"键，室内分机地址便恢复为默认地址 101。

注意：对 GST—DJ6209 室内分机，设置过程中必须处于挂机状态，才会有声音提示。

4．GST—DJ6106CI—FB 室外主机的调试

1) 调试

(1) 室外主机设置状态。

给室外主机上电，若数码管有滚动显示的数字或字母，则说明室外主机工作正常。系统正常使用前应对室外主机地址、室内分机地址进行设置，联网型的还要对联网器地址进行设置。按"设置"键，进入设置模式状态，设置模式分为 $\boxed{F1}$～$\boxed{F12}$。每按一下"设置"键，设置项切换一次。即按一次"设置"键进入设置模式 $\boxed{F1}$，按两次"设置"键进入设置模式 $\boxed{F2}$，以此类推。室外主机处于设置状态(数码显示屏显示 $\boxed{F1}$～$\boxed{F12}$)时，可按"取消"键或延时自动退出到正常工作状态。

模式 F1～F12 的设置见表 1-3-15。

表 1-3-15　室外主机设置

设置模式	功　能	设置模式	功　能
F1	住户开门密码	F7	设置锁控时间
F2	设置室内分机地址	F8	注册 IC 卡
F3	设置室外主机地址	F9	删除 IC 卡
F4	设置联网器地址	F10	恢复 IC 卡
F5	修改系统密码	F11	视频及音频设置
F6	修改公用密码	F12	设置短信层间分配器地址范围

(2) 室外主机地址设置。

按"设置"键，直到数码显示屏显示 $\boxed{F3}$，按"确认"键，显示 $\boxed{\ \ \ \ }$，正确输入系统密码后显示 $\boxed{----}$，输入室外主机新地址(1～9)，然后按"确认"键，即可设置新室外主机的地址。

注意：一个单元只有一台室外主机时，室外主机地址设置为 1。如果同一个单元安装多个室外主机，则地址应按照 1～9 的顺序进行设置。

(3) 室内分机地址设置。

按"设置"键，直到数码显示屏显示 $\boxed{F2}$，按"确认"键，显示 $\boxed{\ \ \ \ }$，正确输入系统密码后显示 $\boxed{5\_00}$，进入室内分机地址设置状态。此时室内分机摘机等待 3 s 后可与室外主机通话(或室外主机直接呼叫室内分机，室内分机摘机后与室外主机通话)，数码显示屏显示室内分机当前的地址。然后按"设置"键，显示 $\boxed{\ \ \ \ }$，按数字键，输入室内分机地址，按"确认"键，显示 $\boxed{L15N}$，等待室内分机应答。15 s 内接到应答闪烁显示新的地址码，否则显示 $\boxed{N-5P}$，表示室内分机没有响应。2 s 后，数码显示屏显示 $\boxed{5\_00}$，可继续进行分机地址的设置。

注意：在室内分机地址设置状态下，若不进行按键操作，则数码显示屏将始终保持显示 $\boxed{5\_00}$，不自动退出。连续按下"取消"键，可退出室内分机地址的设置状态。

(4) 联网器楼号单元号设置。

按"设置"键，直到数码显示屏显示 `[ F4]`，按"确认"键，显示 `[____]`，正确输入系统密码后，先显示 `[Addr]`，再显示联网器当前地址(在未接联网器的情况下一直显示 `[Addr]`)，然后按"设置"键，显示 `[____]`，输入三位楼号，按"确认"键，显示 `[----]`，输入两位单元号，按"确认"键，显示 `[LISn]`，等待联网器的应答。15 s 内接到应答，则显示 `[SUCC]`，否则显示 `[nrSP]`，表示联网器没有响应。2 s 后返回至 `[ F4]` 状态。在有矩阵切换器存在的情况下，设置楼号单元号时需配合矩阵切换器学习的操作，即当矩阵切换器处于学习状态下，再进行楼号单元号的设置，具体操作参照 GST—DJ6708/8/16 矩阵切换器安装使用说明书。

注意：

① 在设置楼号时，可以输入字母 A、B、C、D，按"呼叫"键输入 A，按"密码"键输入 B，按"保安"键输入 C，按"设置"键输入 D。

② 楼号和单元号不应设置为保留号码，其中楼号不能设置为"999"，单元号不能设置为"99"或"88"，这些号码均为系统保留号码。

2) 使用及操作

(1) 室外主机呼叫室内分机。

输入"门牌号"+"呼叫"键或"确认"键或等待 4 s，可呼叫室内分机。

现以呼叫"102"号住户为例来进行说明。输入"102"，按"呼叫"键或"确认"键或等待 4 s，数码显示屏显示 `[CALL]`，等待被呼叫方的应答。接到对方应答后，显示 `[CHAr]`，此时室内分机已经接通，双方可以进行通话。通话期间，室外主机会显示剩余的通话时间。在呼叫/通话期间室内分机挂机或按下正在通话的室外主机的"取消"键可退出呼叫或通话状态。如果双方都没有主动发出终止通话命令，则室外主机会在呼叫/通话时间到后自动挂断。

(2) 室外主机呼叫管理中心。

按"保安"键，数码显示屏显示 `[CALL]`，等待管理中心机应答，接收到管理中心机的应答后显示 `[CHAr]`，此时管理中心机已经接通，双方可以进行通话。室外主机与管理中心之间的通话可由管理中心机中断或在通话时间到后自动挂断。

(3) 设置住户开锁密码。

按"设置"键，直到数码显示屏显示 `[ F1]`，按"确认"键，显示 `[____]`，输入门牌号，按"确认"键，显示 `[----]`，等待输入系统密码或原始开锁密码(无原始开锁密码时只能输入系统密码)，按"确认"键，正确输入系统密码或原始开锁密码后，显示 `[P1]`，按任意键或 2 s 后，显示 `[____]`，输入新密码。

按"确认"键，显示 `[P2]`，按任意键或 2 s 后显示 `[____]`，再次输入新密码，按"确认"键。如果两次输入的密码相同，则保存新密码，并且显示 `[SUCC]`，开锁密码设置成功，2 s 后显示 `[ F1]`；若两次新密码输入不一致，则会显示 `[Err]`，并返回至 `[ F1]` 状态。若原始开锁密码输入不正确，则会显示 `[Err]`，并返回至 `[ F1]` 状态，可重新执行上述操作。

注意：

① 系统正常运行时，同一单元若存在多个室外主机，只需在一台室外主机上设置用

户密码。

② 门牌号由 4 位数组成，用户可以输入 1～8999 之间的任意数。

③ 如果输入的门牌号大于 8999 或为 0，则均被视为无效号码，将显示 `EFF.`，并有声音提示，2 s 后显示 `____`，示意重新输入门牌号。

④ 开锁密码长度可以为 1～4 位，每个住户只能设置一个开锁密码，用户密码初始为无。

(4) 修改公用开门密码。

按"设置"键，直到数码显示屏显示 `F8`，按"确认"键，显示 `____`，正确输入系统密码后显示 `P1`，按任意键或 2 s 后显示 `____`，输入新的公用密码，按"确认"键，显示 `P2`，按任意键或 2 s 后显示 `____`，再次输入新密码，按"确认"键，如果两次输入的新密码相同，则会显示 `SUCC`，表示公用密码已成功修改；若两次输入的新密码不同，则会显示 `EFF.`，表示密码修改失败，退出设置状态，返回至 `F8` 状态。

(5) 修改系统密码。

按"设置"键，直到数码显示屏显示 `F9`，按"确认"键，显示 `____`，正确输入系统密码后显示 `P1`，按任意键或 2 s 后显示 `____`，然后输入新密码，按"确认"键，显示 `P2`，按任意键或 2 s 后显示 `____`，再次输入新密码，按"确认"键，如果两次输入的新密码相同，则会显示 `SUCC`，表示系统密码已成功修改；若两次输入的新密码不同，则会显示 `EFF.`，表示密码修改失败，退出设置状态，返回至 `F9` 状态。

注意：原始系统密码为"200406"，系统密码长度可为 1～6 位，输入系统密码多于 6 位时，取前 6 位有效，更改系统密码时，不要将系统密码更改为"123456"，以免与公用密码发生混淆。

在通信正常的情况下，在室外主机上可设置系统的密码，只需设置一次。

(6) 注册 IC 卡。

按"设置"键，直到数码显示屏显示 `F8`，按"确认"键，显示 `____`，正确输入系统密码后显示 `Fn1`，按"设置"键，可以在 `Fn1`～`Fn4` 间进行选择，具体说明如下：

`Fn1`：注册的卡在小区门口和单元内有效。输入房间号+"确认"键+卡的序号(即卡的编号，允许范围为 1～99)+"确认"键，显示 `tE5` 后，刷卡注册。

`Fn2`：注册巡更时开门的卡。输入卡的序号(即巡更人员编号，允许范围为 1～99)+"确认"键，显示 `tE5` 后，刷卡注册。

`Fn3`：注册巡更时不开门的卡。输入卡的序号(即巡更人员编号，允许范围为 1～99)+"确认"键，显示 `tE5` 后，刷卡注册。

`Fn4`：管理员卡注册。输入卡的序号(即管理人员编号，允许范围为 1～99)+"确认"键，显示 `tE5` 后，刷卡注册。

注意：注册卡成功提示"嘀嘀"两声，注册卡失败提示"嘀嘀嘀"三声；当超过 15 s 没有卡注册时，自动退出卡注册状态。

(7) 删除 IC 卡。

按"设置"键，直到数码显示屏显示 `F9`，按"确认"键，显示 `____`，正确输入系统密码后显示 `Fn1`，按"设置"键，可以在 `Fn1`～`Fn4` 间进行选择，具体对应如下：

`Fn1`：进行刷卡删除。按"确认"键，显示 `CArd`，进入刷卡删除状态，进行刷卡删除。

$\boxed{F\cap 2}$：删除指定用户的指定卡。输入房间号＋"确认"键＋卡的序号＋"确认"键，显示$\boxed{dEL}$，删除成功提示"嘀嘀"两声，然后返回$\boxed{F\cap 2}$状态。

删除指定巡更卡：进入$\boxed{F\cap 2}$，输入"9968"＋"确认"键＋卡的序号＋"确认"键，显示$\boxed{dEL}$，删除成功提示"嘀嘀"两声，然后返回$\boxed{F\cap 2}$状态。

删除指定巡更开门卡：进入$\boxed{F\cap 2}$，输入"9969"＋"确认"键＋卡的序号＋"确认"键，显示$\boxed{dEL}$，删除成功提示"嘀嘀"两声，然后返回$\boxed{F\cap 2}$状态。

删除指定管理员卡：进入$\boxed{F\cap 2}$，输入"9966"＋"确认"键＋卡的序号＋"确认"键，显示$\boxed{dEL}$，删除成功提示"嘀嘀"两声，然后返回$\boxed{F\cap 2}$状态。

$\boxed{F\cap 3}$：删除某户所有卡片：输入房间号＋"确认"键，显示$\boxed{dEL}$，删除成功提示"嘀嘀"两声，然后返回$\boxed{F\cap 3}$状态。

删除所有巡更卡：进入$\boxed{F\cap 3}$，输入"9968"＋"确认"键，显示$\boxed{dEL}$，删除成功提示"嘀嘀"两声，然后返回$\boxed{F\cap 3}$状态。

删除所有巡更开门卡：进入$\boxed{F\cap 3}$，输入"9969"＋"确认"键，显示$\boxed{dEL}$，删除成功提示"嘀嘀"两声，然后返回$\boxed{F\cap 3}$状态。

删除所有管理员卡：进入$\boxed{F\cap 3}$，输入"9966"＋"确认"键，显示$\boxed{dEL}$，删除成功提示"嘀嘀"两声，然后返回$\boxed{F\cap 3}$状态。

$\boxed{F\cap 4}$：删除本单元所有卡片。按"确认"键，显示$\boxed{\_\_\_\_}$，正确输入系统密码后，按"确认"键显示$\boxed{dEL}$，删除成功提示急促的"嘀嘀"声 2 s，然后返回$\boxed{F\cap 4}$状态。

(8) 恢复删除的本单元所有卡。

由于误操作将本单元的所有注册卡片删除后，在没有进行注册和其它删除之前可以恢复原注册卡片，操作方法是进入设置状态，在显示$\boxed{F\ 10}$时，按"确认"键，显示$\boxed{\_\_\_\_}$，正确输入系统密码后，按"确认"键显示$\boxed{FECO}$，3 s 后返回到$\boxed{F\ 10}$，撤销成功会听到提示"嘀嘀"两声。

(9) 住户密码开门。

住户密码开门的方法是：输入"门牌号"＋"密码"键＋"开锁密码"＋"确认"键。

门打开时，数码显示屏，则会显示$\boxed{OPEn}$并有声音提示。若开锁密码输入错误，则会显示$\boxed{\_\_\_\_}$，示意重新输入。如果密码连续三次输入不正确，则会自动呼叫管理中心，显示$\boxed{CALL}$。输入密码多于 4 位时，取前 4 位有效。按"取消"键，可以清除新键入的数，如果在显示$\boxed{\_\_\_\_}$时再次按下"取消"键，则会退出操作。

(10) 胁迫密码开门。

如果住户在被胁迫之下开门，该住户可在输入的密码末位数加 1(如果末位为 9，加 1 后为 0，不进位)，则作为胁迫密码处理：① 与正常开门时的情形相同，门被打开；② 有声音及显示给予提示；③ 向管理中心发出胁迫报警。

(11) 公用密码开门。

公用密码开门的方法是：按下"密码"键＋"公用密码"＋"确认"键。系统默认的公用密码为"123456"。

门打开时，数码显示屏显示$\boxed{OPEn}$并伴有声音提示。如果密码连续三次输入不正确，则会自动呼叫管理中心，显示$\boxed{CALL}$。

(12) 恢复系统密码。

使用过程中系统的密码可能会丢失，此时有些设置操作就无法进行，需提供一种恢复系统密码的方法。按住"8"键后，给室外主机重新加电，直至显示 $\boxed{SUCC}$，表明系统密码已恢复成功。

(13) 恢复出厂设置。

恢复出厂设置的方法是：按住"设置"键后，给室外主机重新加电，直至显示 $\boxed{bUSY}$，松开按键，等待显示消失，表示恢复出厂设置。出厂设置的恢复包括恢复系统密码、删除用户开门密码、恢复室外主机的默认地址(默认地址为1)等，应慎用。

3) 常见故障与排除方法

常见故障与排除方法见表 1-3-16。

表 1-3-16　常见故障与排除方法

序号	故 障 现 象	原因分析	排除方法
1	住户看不到视频图像	视频线没有接好	重新接线，将视频输入线和视频输出线交换
2	住户听不到声音	音频线没有接好	重新接线，将音频输入线和音频输出线交换
3	按键时 LED 数码管不亮，没有按键音	无电源输入	检查电源接线
4	刷卡不能开锁或不能巡更	卡没有注册或注册信息丢失	重新注册
5	室内分机无法监视室外主机	室外主机地址不为 1	重新设定室外主机地址，使其为 1
6	室外主机一上电就报防拆报警	防拆开关没有压住	重新安装室外主机

5. 管理中心机的安装连接与使用

1) 调试

(1) 自检。

正确连接电源、CAN 总线和音视频信号线，按住"确认"键上电，进入自检程序。按"确认"键系统进入自检状态，按其它任意键退出自检。如果上述所有检测都通过，则说明此管理机基本功能良好。

注意：自检过程中若在 30 s 内没有按键操作，则自动退出自检状态。

(2) 设置管理中心机地址。

系统正常使用前需要设置系统内设备的地址。

GST—DJ6000 可视对讲系统最多可以支持 9 台管理中心机，地址为 1～9。如果系统中有多台管理中心机，则管理中心机应设置不同地址，地址从 1 开始连续设置，具体设置方法如下：

① 在待机状态下按"设置"键，进入系统设置菜单，按"◀"或"▶"键选择"设置

地址？"菜单，液晶屏显示：

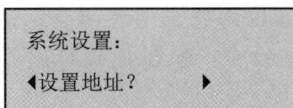

```
系统设置：
◀设置地址？        ▶
```

② 按"确认"键，要求输入系统密码，液晶屏显示：

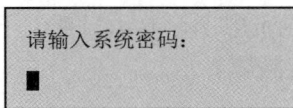

```
请输入系统密码：
■
```

③ 正确输入系统密码，液晶屏显示：

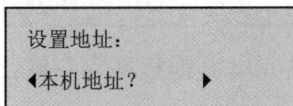

```
设置地址：
◀本机地址？        ▶
```

④ 按"确认"键进入管理中心机地址设置，液晶屏显示：

```
请输入地址：
■
```

⑤ 输入需要设置的地址值"1~9"，按"确认"键，管理中心机存储地址，恢复音视频网络连接模式为手拉手模式，设置完成后退出地址设置菜单。若系统密码三次输入错误，则退出地址设置菜单。

注意： ① 管理中心机出厂时默认系统密码为"1234"；② 管理中心机出厂地址设置为 1。

(3) 联调。

完成系统的配置以后可以进行系统的联调。摘机，输入"楼号+'确认'+单元号+'确认'+950X+'呼叫'"，呼叫指定单元的室外主机，与该机进行可视对讲。如果能接通音视频，且图像和话音清晰，那么表示系统正常，调试通过。

2) 使用及操作

系统设置采用菜单逐级展开的方式，主要包括密码管理、地址、日期时间、液晶对比度调节、自动监视、矩阵、中英文界面的设置等。在待机状态下，按"设置"键进入系统设置菜单。

菜单的显示操作采用统一的模式，显示屏的第一行显示主菜单名称，第二行显示子菜单名称，按"◀"或"▶"键，在同级菜单间进行切换；按"确认"键选中当前的菜单，进入下一级菜单；按"清除"键返回上一级菜单。

管理中心机设置两级操作权限，系统操作员可以进行所有操作，普通管理员只能进行日常操作。一台管理中心机只能有一个系统操作员，最多可以有 99 个普通管理员，即一台管理中心机可以设置一个系统密码和 99 个管理员密码。设置多组管理员密码的目的是针对不同的管理员分配不同的密码，从而可以在运行记录里详细记录值班管理人员所进行的操作，便于分清责任。

普通管理员可以由系统操作员进行添加和删除。输入管理员密码时要求输入"管理员号+'确认'+密码+'确认'"。若三次系统密码输入错误，则会退出。

注意：系统密码是长度为 4～6 位的任意数字组合，出厂时默认系统密码为"1234"。管理员密码由管理员号和密码两部分构成，管理员号可以是 1～99，密码是长度为 0～6 位的任意数字组合。

3) 正常显示(待机状态)

管理中心机在待机情况下，显示屏上行显示日期，下行显示星期和时间。例如，2023 年 3 月 31 日、星期五、13:08，液晶屏显示：

```
2023 年 03 月 31 日
星期五        13:08
```

如果没有通话，手柄摘机超过 30 s ，则管理中心机会提示手柄没有挂好，伴有"嘀嘀"提示音，液晶屏显示：

```
手柄没有挂好，
请挂好！
```

4) 呼叫

(1) 呼叫单元住户。

在待机状态下摘机，输入"楼号+'确认'+单元号+'确认'+房间号+'呼叫'"键，呼叫指定房间。其中房间号最多为 4 位，首位的 0 可以省略，例如 502 房间，可以输入"502"或"0502"。当房间号为"950X"时，表示呼叫该单元"X"号的室外主机。挂机结束通话，若通话时间超过 45 s，系统自动挂断。通话过程中有呼叫请求进入，管理中心机会有"叮咚"提示音，闪烁显示呼入号码，用户可以按"通话"键、"确认"键或"清除"键，挂断当前的通话，接听新的呼叫。

(2) 回呼。

管理中心机最多可以存储 32 条被呼记录，在待机状态下按"通话"键，进入被呼记录查询状态，按"◀"或"▶"键，可以逐条查看记录信息，此过程中按"呼叫"键或者"确认"键，可回呼当前记录的号码。在查看记录过程中，按数字键，输入"楼号+'确认'+单元号+'确认'+房间号+'呼叫'"键，可以直接呼叫指定的房间。

(3) 接听呼叫。

听到振铃声后，摘机与小区门口、室外主机或室内分机进行通话。在与小区门口或室外主机通话的过程中，按"开锁"键，可以打开相应的门。挂机即可结束通话。通话过程中有呼叫请求进入，管理中心机会有"叮咚"提示音，闪烁显示呼入号码，用户可以按"通话"键、"确认"键或"清除"键，挂断当前通话，接听新的呼叫。

5) 手动监视、监听(GST—DJ6405/07 只有监听功能)

在待机状态下，输入"楼号+'确认'+单元号+'确认'+门号+'监视'"进行监视，监视指定单元门口的情况。监视、监听结束后，按"清除"键挂断。监视、监听时间超过 30s 将自动挂断。也可输入"楼号+'确认'+单元号+'确认'+950X+'监视'"，监视、监听相应门口的情况。

6) 自动监视、监听(GST—DJ6405/07 只有监听功能)

设置自动监视、监听参数，设置方法如下：

(1) 起始楼号。起始楼号指需要自动监视的第一栋楼，为"0"时，从小区门口机开始。在待机状态下按"设置"键，进入系统设置菜单，按"◀"或"▶"键，选择"设置自动监视？"菜单，按"确认"键，进入自动监视参数设置菜单，按"◀"或"▶"键，选择"起始楼号？"菜单，按"确认"键，提示输入起始楼号，输入楼号，按"确认"键，存储起始楼号，退出，设置完成。

(2) 终止楼号。终止楼号指需要自动监视的最后一栋楼。在待机状态下进入"设置自动监视"菜单，按"◀"或"▶"键，选择"终止楼号？"菜单，按"确认"键，提示输入，输入终止楼号，按"确认"键，存储终止楼号，退出，设置完成。

(3) 每楼单元数。每楼单元数指需要自动监视的所有楼中的最大单元数。在待机状态下进入自动监视参数设置菜单。按"◀"或"▶"键，选择"每楼单元数？"菜单，按"确认"键，提示输入最大单元数，按"确认"键，存储最大单元数，退出，设置完成。

在设置菜单中设置好自动监视、监听参数后，在待机状态下，按"监视"键，管理中心机可以轮流监视、监听小区门口和各单元门口。监视、监听按照楼号从小到大，先小区后单元的顺序进行，每个门口约30s。在监视、监听过程中，按"监视"或"▶"键监视、监听下一个门口，按"◀"键监视、监听上一个门口，按"确认"键回到第一个小区门口，按"清除"键退出自动监视、监听状态，按"其它"键暂时退出自动监视、监听状态，执行相应的操作，操作完成后回到自动监视、监听状态，重新从第一个小区门口开始监视。

7) 开单元门

在待机状态下，按"'开锁'+管理员号+'确认'+管理员密码+楼号+'确认'+单元号+9501+'确认'"或"'开锁'+系统密码+'确认'+楼号+'确认'+单元号+9501+'确认'"，均可打开指定的单元门。

8) 报警提示

在待机状态下，室外主机或室内分机若采集到传感器的异常信号，则会广播发送报警信息。管理中心机接到该报警信号后，会立即显示报警信息。报警显示时显示屏上行显示报警序号和报警种类，序号按照报警发生时间的先后排序，即1号警情为最晚发生的报警，下行循环显示报警的房间号和警情发生的时间。当有多个警情发生时，各个报警轮流显示，每个报警显示大约5s。例如，2号楼1单元503房间于2月24日11:30发生火灾报警，紧接着11:40 2号楼1单元502房间也发生火灾报警，则液晶屏显示如下：

01.　火灾报警 　　02#01#0502	01.　火灾报警 　　02-24　11:40
02.　火灾报警 　　02#01#0503	02.　火灾报警 　　02-24　11:30

报警显示的同时伴有声音提示。不同的报警对应不同的声音提示：火警为消防车声，匪警为警车声，求助为救护车声，燃气泄漏为急促的"嘀嘀"声。

在报警过程中，按任意键取消声音提示，按"◀"或"▶"键可以手动浏览报警信息，摘机按"呼叫"键，输入"管理员号＋'确认'＋操作密码"或直接输入"系统密码＋'确认'"。如果密码正确，则会清除报警显示，呼叫报警房间，通话结束后清除当前报警。如果三次密码输入错误，则会退回报警显示状态。按除"呼叫"键外的任意一个键，输入"管理员号＋'确认'＋操作密码"或直接输入"系统密码＋'确认'"进入报警复位菜单，液晶屏显示：

```
请输入系统密码
■
```

正确输入系统密码进入报警显示清除菜单，液晶屏显示：

```
报警复位：
◀清除当前报警？  ▶
```

按"◀"或"▶"键可以在菜单"清除当前报警？"和"清除全部报警？"之间切换，选择要进行的操作，按"确认"键，执行指定操作。例如，要清除当前报警，那么选择"清除当前报警？"菜单，按"确认"键，液晶屏显示：

```
报警复位：
报警已清除！
```

9）故障提示

在待机状态下，室外主机或室内分机发生故障，通信控制器广播发送故障信息，管理中心机接到该故障信号，立即显示故障提示的信息。此时显示屏上行显示故障的序号和故障类型，序号按照故障发生时间的先后排序，即1号故障为最晚发生的故障，下行循环显示故障模块的楼号、单元号、房间号和故障发生的时间。当有多个故障发生时，各个故障轮流显示，每个故障显示大约5s。例如，2号楼1单元室外主机在2月24日15:40发生故障，不能正常通信，则液晶屏显示：

```
01. 通信故障
    02＃01＃9501
```
```
01. 通信故障
    02-24    15:40
```

故障显示的同时伴有声音提示，声音为急促的"嘀嘀"声。

在故障显示过程中，按任意键取消声音提示，按"◀"或"▶"键，可以手动浏览故障信息，按其它任意键，可输入"管理员号＋'确认'＋操作密码"或"系统密码＋'确认'"。如果密码正确，则会清除故障显示。如果三次密码输入错误，则会退回故障显示状态。

10）历史记录查询

历史记录查询和系统设置类似，也是采用菜单逐级展开的方式，包括报警记录、开门记录、巡更记录、运行记录、故障记录、呼入记录和呼出记录等子菜单。在待机状态下，按"查询"键进入历史记录查询菜单。

11) 常见故障与排除方法

常见故障与排除方法见表 1-3-17。

表 1-3-17 常见故障与排除方法

序号	故障现象	原因分析	排除方法	备 注
1	液晶无显示，且电源指示灯不亮	(1) 电源电缆连接不良； (2) 电源坏	(1) 检查连接电缆； (2) 更换电源	
2	电源指示灯亮，液晶无显示或黑屏	(1) 液晶对比度调节不合适； (2) 液晶电缆接触不良	(1) 调节对比度； (2) 检查连接电缆	上电后等 5 s，然后按"'设置'+'确认'"增大对比度，或者按"'设置'+'清除'"减小对比度
3	呼叫时显示通信错误	(1) 通信线接反或没接好； (2) 终端没有并接终端电阻	(1) 检查通信线连接； (2) 接好终端电阻	
4	显示接通呼叫，但听不到对方声音	(1) 音频线接反或没接好； (2) 矩阵没有配置或配置不正确	(1) 检查音频线连接； (2) 检查矩阵配置，重新配置矩阵	
5	显示接通呼叫，但监视器没有显示	(1) 视频线接反或没有接好； (2) 矩阵切换器没有配置或配置不正确	(1) 检查视频线连接； (2) 检查网络拓扑结构设置和矩阵配置，重新配置矩阵	
6	音频接通后自激啸叫	(1) 扬声器音量调节过大； (2) 麦克风输出过大； (3) 自激调节电位器调节不合适	(1) 将扬声器音量调节到合适位置； (2) 打开后壳，调节麦克风电位器(XP2)到合适位置； (3) 打开后壳，调节自激电位器(XP1)到合适位置	
7	长鸣按键音	键帽和面板之间进入杂物导致死键	清除杂物	

▶ **学生活动** ▶

　　根据对可视对讲门禁与室内安防系统装调的学习，完成对讲门禁与室内安防系统的器件安装、接线、设置与调试等工作，完成室外主机地址设置、室内分机地址设置、IC 卡分配与注册、管理中心机设置等，实现室外主机呼叫室内分机、室内分机呼叫管理中心机、室外主机呼叫管理中心机、密码开锁、室内分机主动开锁、刷卡开锁、可视对讲软件信息记录等功能。完成可视对讲门禁与室内安防系统装调技能训练任务书。

可视对讲门禁与室内安防系统装调技能训练任务书
根据要求完成下列内容
1. 可视对讲门禁与室内安防系统器件安装
2. 可视对讲门禁与室内安防系统接线与布线
3. 可视对讲门禁与室内安防系统功能调试
4. 可视对讲门禁与室内安防系统安装工艺

任务评价

　　教师根据学生的器件安装、接线与布线、功能实现、安装工艺等任务的完成情况，按照可视对讲门禁与室内安防系统装调技能训练评分表逐项评分。

可视对讲门禁与室内安防系统装调技能训练评分表					
器件安装：共 30 分		器件安装得分：			
序号	重点检查内容	评 分 标 准	分值	得分	备注
1	管理中心机安装	器件选择正确、安装位置正确、器件安装后无松动	3.5		
2	室外主机安装		3.0		
3	多功能室内分机安装		3.0		
4	门前铃安装		2.0		
5	普通室内分机安装		1.5		
6	联网器安装		2.5		
7	层间分配器安装		2.5		
8	电插锁(小区)安装		2.5		

续表一

序号	重点检查内容	评 分 标 准	分值	得分	备注
9	通信转换模块安装		1.5		
10	门磁		1.5		
11	紧急按钮	器件选择正确、安装位置正确、器件安装后无松动	1.5		
12	被动红外探测器		1.5		
13	被动红外幕帘探测器		1.5		
14	可燃气体探测器		1.0		
15	感烟探测器		1.0		
	小　计				

功能要求：共 50 分		功能要求得分：			
序号	重点检查内容	评 分 标 准	分值	得分	备注
1	室外主机呼叫可视室内分机(房间号：301)	实现可视对讲与开锁功能，要求视频、语音清晰	10		
2	室外主机呼叫普通室内分机(房间号：302)	实现对讲与开锁功能，要求语音清晰	5		
3	ID 卡刷卡开门	实现室外主机的刷卡开锁功能	5		
4	密码开锁功能	301 室开锁密码为 1111；302 室开锁密码为 2222	5		
5	居家布防功能	触发任意一个探测器，均可实现室内主机报警、管理中心报警，当多功能室内分机为布防状态时，触发门磁、红外探测器，联动启动"智能小区"处的警号，为撤防状态时，触发红外探测器时不启动警号	10		
6	对讲门禁软件	实现与管理中心机的通信，能显示运行记录	10		
7	运行记录	指定文件路径内存储有运行记录	5		
	小　计				

接线与布线：共 15 分		接线与布线得分：			
序号	重点检查内容	评 分 标 准	分值	得分	备注
1	管理中心机接线	接通 8 根连接线	1.5		
2	室外主机接线	接通 8 根连接线	1.5		
3	多功能室内分机接线	接通 20 根连接线	2.0		
4	门前铃接线	接通 4 根连接线	1.0		
5	普通室内分机接线	接通 4 根连接线	1.0		

续表二

序号	重点检查内容	评 分 标 准	分值	得分	备注
6	联网器接线	接通 15 根连接线	1.5		
7	层间分配器接线	接通 14 根连接线	1.5		
8	电插锁(小区)接线	接通 2 根连接线	0.5		
9	通信转换模块	接通 4 根连接线	1.0		
10	门磁开关	接通 2 根连接线	0.5		
11	紧急按钮	接通 2 根连接线	0.5		
12	被动红外探测器	接通 4 根连接线	1.0		
13	被动红外幕帘探测器	接通 4 根连接线	0.5		
14	可燃气体探测器	接通 4 根连接线	0.5		
15	感烟探测器	接通 4 根连接线	0.5		
小　计					
安装工艺：共 5 分		安装工艺得分：			
1	布线与接线工艺	线路连接、插针压接质量可靠，线槽、桥架工艺布线规范。 各器件接插线与延长线的接头处套入热缩管作绝缘处理	5		
小　计					

任务拓展

"希望我的学生能获得更多奖牌"

在第 44 届世界技能大赛上，来自天津电子信息高级技术学校的实训教师梁嘉伟技压群雄，夺得了信息网络布线项目比赛的金牌。从一名负责户外光缆安装的农民工，到问鼎世界技能大赛的冠军，梁嘉伟究竟走过了怎样的历程？

只有 0.25 μm 粗细的玻璃纤维，扎进手指里钻心地疼，光纤是透明的，根本找不到具体位置，一痛就是一个月，只能忍着再练；手掌上的皮磨掉了一层又一层，戴上手套继续干。作为 2017 年世界技能大赛信息网络布线项目金牌获得者，梁嘉伟已经不记得有多少根纤维扎进手指了。

技能强，中国强，作为职业学校教师，能够站上世界技能巅峰，参加世界技能大赛并夺取金牌，那是多么不易！梁嘉伟，这位天津市电子信息高级技术学校网络布线专业的实训教师，用执着和坚毅，专注于一遍遍的自我超越，用汗水和努力，打破了日本一直在这个项目上的垄断。

制作我们平时插网线用的小小水晶头，是信息网络布线项目的基本功。上一届大赛中国选手的最好成绩是 17 s，梁嘉伟给自己定下的目标是 15 s。他从学校借来三台摄像机，从多个角度记录每天的训练情况。通过反复回看，他发现自己"做了太多的多余动作"，而多做一个动作就要比对手多花 1.5～2 s。发现这个问题后，他马上重新制定操作步骤，再进行高强度的训练。

每天清晨，常规的两公里慢跑后，梁嘉伟就开始了一天的训练，上午铜缆训练，下午光缆训练，晚上继续训练并总结。

梁嘉伟善于动脑，从训练速度开始，他将三台摄像机全方位架在自己面前，对比国外选手的视频，减少多余动作，哪怕只是微秒的时差。

梁嘉伟在生产工厂看一线技工工作，体验装配全过程。经过一系列刻苦训练，梁嘉伟不负众望，熔接超过 80 芯，高出世界技能大赛的满分标准。他还总结了多项针对速度、精准、美观、质量的训练方法。

训练中，梁嘉伟的手指经常被光纤扎到，刺心的疼痛，一痛就是半个月、一个月，只能贴上创可贴继续忍痛训练。手掌磨破了，他戴上手套继续干，手掌上的皮掉了一层又一层。梁嘉伟开玩笑地说，人家是到了季节换皮，而自己却是每天都在换皮。他说，一点痛、一点苦不算什么，一定要为国争光，一定要走上阿布扎比第 44 届世界技能大赛的舞台展示自己，让全世界目睹中国高技能人才的水平和风采。

不同的行业，相似的经历，"金牌工匠"梁嘉伟的成长都离不开对初心的坚守。鲜花与掌声之后，梁嘉伟的生活重新回归平静。用技术创新实现"制造强国梦"，是梁嘉伟心里孜孜以求、不懈奋斗的中国梦。

▶ 任务小结 ◀

通过进行可视对讲门禁与室内安防系统的装调技能训练，可对系统的结构和功能有更深入的理解，并能够掌握系统相关设备的安装规范，线路的敷设、连接技能，系统设备的参数设置技能及系统调试、操作技能。

通过查阅设备生产厂家的设备使用说明书及 THBAES—3 型楼宇智能化工程实训系统使用手册，对该系统及系统设备的使用进行更深一步的理解，对系统功能进行全面的开发。

任务 4　视频监控技术认知

任务目标

(1) 了解视频监控系统的常用设备。
(2) 理解视频监控系统的构成。
(3) 了解视频监控技术的发展过程和方向。

任务描述与分析

随着社会的发展与进步，人们对于安全的要求越来越高，不仅要防盗、防劫、防入侵、防破坏，而且还要包括防火安全、交通安全、通信安全、信息安全以及人体防护、医疗救助、防燃气泄漏等诸多内容，但是当我们不在家中时或者远在外地求学或工作时，如何及时了解家中情况，了解父母的状况呢？

视频监控系统可以帮助我们解决这个问题。

视频监控系统通过在监控区域内安装固定摄像机或全方位摄像机，对需要监控的场所、部位、通道等进行实时，有效地视频探测、视频监视、视频传输、显示和记录，通过传输线路将摄像机所收集到的信号传送至图像分配器或放大器，然后再传入监视器，实现对监控区域的全面监视。图像监视与录像技术可以让有关人员直观地掌握现场情况，并能够通过录像回放进行分析，以便为管理决策提供最直接有力的信息依据。

相关知识

一、视频监控系统与安全防范系统的关系

视频监控系统是安防系统的一个子系统，是技防的重要组成部分，也是报警复核、动态监控、过程控制和信息记录的最有效手段，它可以与出入口控制系统、入侵报警系统、防爆安全检查系统等其它安防子系统联动，使安防整体能力得到提高。

二、视频监控系统的含义和特点

视频监控系统(Surveillance-Video&Control System，SVCS)是利用视频探测技术监视设防区域，并实时显示、记录现场图像的电子系统或网络。它具有如下特点：

(1) 可视、直观、具体，不仅能够监控宏观的范围，也能够监控微观的细节；
(2) 图像信息量大，实时性好，具有主动探测能力；
(3) 图像高清，适于进一步处理、识别和智能化；
(4) 可以与防盗报警、门禁等其它安防系统联动运行，增强防范能力，报警准确、安

全可靠;

(5) 通过遥控摄像机及其辅助设备(云台、镜头等),在监控中心直接观看被监控场所的情况,信息量大、准确性高;

(6) 记录事件过程,为事后的调查提供依据。

三、视频监控系统常用术语

视频监控系统常用的术语如下:

- 模拟视频信号(Analog Video Signal):基于目前的模拟电视模式,需要大约 6 MHz 或更高带宽的基带图像信号。

- 数字视频信号(Digital Video Signal):利用数字化技术将模拟视频信号经过处理,或从光学图像直接经数字转换得到具有严格时间顺序的数字信号,表示为具有特定数据结构的能够表征原始图像信息的数据。

- 视频(Video):基于目前的电视模式(PAL 彩色制式,CCIR 黑白制式 625 行,2∶1 隔行扫描),需要大约 6 MHz 或更高带宽的基带信号。

- 视频探测(Video Detection):采用光电成像技术(从近红外线到可见光谱范围内)对目标进行感知并生成视频图像信号的一种探测手段。

- 视频监控(Video Monitoring):利用视频手段对目标进行监视和记录信息。

- 视频传输(Video Transport):利用有线或无线传输介质,直接或通过调制解调等手段,将视频图像信号从一处传输到另一处,从一台设备传输到另一台设备的过程。

- 前端设备(Front-end Device):在视频监控中,前端设备指摄像机以及与之配套的相关设备(如镜头、云台、解码器、防护罩等)。

- 视频主机(Video Controller/Switcher):通常指视频控制主机,它是视频系统操作控制的核心设备,可以完成对图像的切换、云台和镜头的控制等。

- 数字录像设备(Digital Video Recorder,DVR):利用标准接口的数字存储介质,采用数字压缩算法,实现视(音)频信息的数字记录、监视与回放的视频设备。数字录像设备也称为数字录像机,又因记录介质以硬盘为主,亦称为硬盘录像机。

网络硬盘录像机(Network Video Recorder,NVR)即网络视频记录器,是在 DVR 的基础上,增加了视频服务器和网络摄像机的接入。除了具备硬盘录像机的功能外,网络硬盘录像机还能够存储视频服务器和网络摄像机的视频数据。

- 分控(Branch Console):在监控中心以外设立的控制终端设备。

- 模拟视频监控系统(Analog Video Surveillance System):除显示设备外的视频设备之间以端对端模拟视频信号方式进行传输的监控系统。

- 数字视频监控系统(Digital Video Surveillance System):除显示设备外的视频设备之间以数字视频方式进行传输的监控系统。由于使用数字网络传输,所以又称为网络视频监控系统。

- 环境照度(Environmental Illumination):反映目标所处环境明暗(可见光谱范围内)的物理量,数值上等于垂直通过单位面积的光通量。

- 图像质量(Picture Quality):指图像信息的完整性,包括图像帧内对原始信息记录的完整性和图像帧连续关联的完整性。它通常按照如下的指标进行描述：像素构成、分辨率、信噪比、原始完整性等。

- 原始完整性(Original Integrality)：在视频监控中，专指图像信息和声音信息保持原始场景特征的特性，无论中间过程如何处理，最后显示/记录/回放的图像和声音与原始场景保持一致，即在色彩还原性、灰度级还原性、现场目标图像轮廓还原性(灰度级)、事件后继顺序、声音特征等方面均与现场场景保持最大相似性(主观评价)的程度。

- 实时性(Real-time)：一般指图像记录或显示的连续性(通常指帧率不低于 25 f/s 的图像为实时图像)。在视频传输中，实时性指终端图像显示与现场发生的同时性或者及时性，它通常由延迟时间来表示。

- 图像分辨率(Picture Resolation)：人眼对电视图像细节辨认清晰程度的量度，在数值上等于在显示平面水平扫描方向上能够分辨的最多的目标图像的电视线数。

- 图像数据格式(Video Data Format)：指数字视频图像的表示方法，用像素点阵序列来表示。

- 数字图像压缩(Digital Compression for Video)：利用图像空间域、时间域和变换域等分布特点，采用特殊的算法，减少表示图像信息冗余数据的处理过程。

- 视频音频同步(Synchronization of Video and Audio)：视频显示的动作信息与音频对应的动作信息具有一致性。

- 报警图像复核(Video Check to Alarm)：当报警事件发生时，视频监控系统调用与报警区域相关的图像的功能。

- 报警联动(Action with Alarm)：报警事件发生时，引发报警设备以外的相关设备进行动作(如报警图像复核、照明控制等)。

- 视频移动报警(Video Moving Detection)：利用视频技术探测现场图像变化，一旦达到设定阈值即发出报警信息的一种报警手段。

- 视频信号丢失报警(Video Loss Alarm)：当接收到的视频信号的峰值小于设定阈值(视频信号丢失)时给出报警信息的功能。

- SIP 监控域(SIP Monitoring Realm)：指支持 SIP 协议的监控网络，通常由 SIP 服务器和注册在 SIP 服务器上的监控资源、用户终端、网络等组成。

- 非 SIP 监控域(Non-SIP Monitoring Realm)：指由不支持 SIP 协议的监控资源、用户终端、网络等构成的监控网络。它包括模拟接入设备、不支持 SIP 协议的数字接入设备、模数混合型监控系统以及不支持 SIP 协议的数字型监控系统等其它系统。

四、视频监控技术的发展过程

视频监控技术的发展经历了模拟视频监控阶段、数字视频监控阶段和网络视频监控阶段，即经历了从第一代的全模拟视频监控系统，到第二代的部分模拟与部分数字的视频监控系统，再到第三代的网络化、集成化、全数字化视频监控系统的发展过程。现在安防视频监控技术正在向高清化、智能化的方向发展，即向第四代智能化网络视频监控系统的方向发展。在中国，模拟视频监控系统经历了二十几年，数字化视频监控系统只有十几年的时间，而网络化过程只用了五年多的时间，但在这五年多的时间里，图像压缩标准、用于图像压缩的 DSP 处理器、视频处理器产品得到飞速的发展。在安防视频网络监控技术快速发展的今天，我们有必要了解一下安防视频监控系统的发展历史。

根据视频监控系统传输信号和所使用元器件的不同，安防视频监控系统的发展可划分为模拟视频监控系统(第一代)、模/数混合视频监控系统(第二代)和全数字网络视频监控系统(第三代)三代。

- 第一代：模拟视频监控系统

模拟视频监控系统是指以 VCR(Video Cassette Recorder)为代表的传统 CCTV 视频监控系统，如图 1-4-1 所示。它出现在 20 世纪 80 年代，该系统主要是以模拟设备为主的闭路电视监控系统，图像信息采用标准同轴电缆以模拟方式传输，一般传输距离不能太远，主要应用于小范围内的监控，监控图像一般只能在控制中心查看。

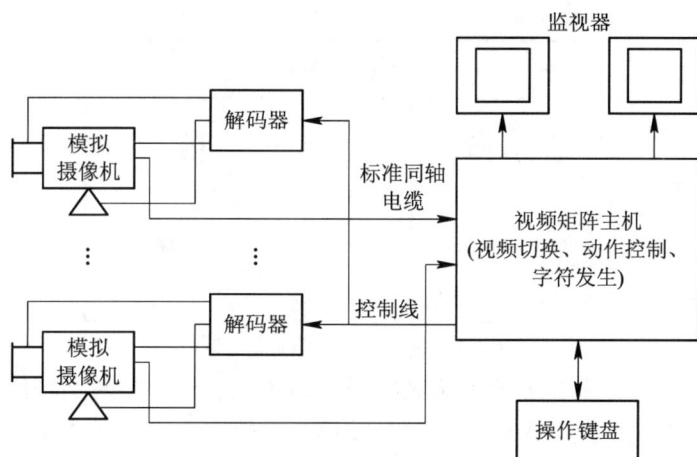

图 1-4-1 模拟视频监控系统

模拟监控系统主要由模拟摄像机、专用的标准同轴电缆、视频矩阵主机、分割器、模拟监视器、模拟录像设备和盒式录像带等构成。使用标准同轴电缆将模拟摄像机的视频信号传输到监视器上，利用视频矩阵主机，使用键盘进行切换和控制，录像使用磁带录像机，远距离图像传输采用模拟光纤。

模拟视频监控系统有很多局限性：

(1) 模拟视频系统信号的传输距离有限。

(2) 模拟视频监控系统无法联网，只能以点对点的方式监视现场，这使得布线工程量极大。

(3) 模拟视频监控信号数据的存储会耗费大量的存储介质(如录像带)，查询取证时十分烦琐。

- 第二代：模/数混合视频监控系统

图 1-4-2 为模/数混合视频监控系统。

20 世纪 90 年代中期，出现了第二代视频监控系统——模/数结合的视频监控系统，如图 1-4-2 所示。第二代视频监控系统是以 DVR 为代表的监控系统。DVR 可以将模拟的视频信号进行数字化，并存储在计算机硬盘而不是盒式录像带上，这种数字化的存储大大提高了用户对录像信息的处理能力，使用户可以通过 DVR 来控制摄像机的开关，从而实现了移动侦测功能。此外，对于报警事件以及事前/事后报警信息的搜索也变得非常简单。这种混合模式的视频监控系统，虽然已经可以实现远程传输，但前端视频到监控中心仍采用模拟传输，因而其传输距离和布设都有所限制。

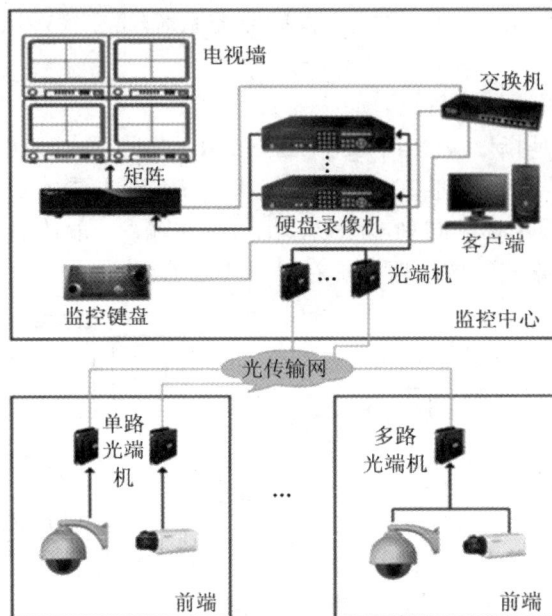

图 1-4-2　模/数混合视频监控系统

当前，在监控质量要求较高的安防系统中更多的是以模拟与数字相结合的方式构建综合性的监控系统，以模拟技术为核心，充分发挥其功能强大、技术成熟、稳定性高、成本较低的优势，利用 DVR 实现数字视频录像，发挥 DVR 录像实时性高、损失小、易查询的优势，结合编/解码器的使用，充分利用 DVS(视频编码器)的网络传输功能，为用户提供数字视频技术带来的新优势。

构建多级数字、模拟混合视频联网监控系统，使得模拟和数字监控可以统一权限、统一资源、统一编号、统一管理。矩阵联网的模拟干线和数字联网的数字干线既可以相互独立，又可以相互调用，调用模拟信号与调用数字信号没有任何区别，用户只需要在键盘上输入目标视频源的唯一编号即可。

模/数混合监控系统与纯数字监控系统相比，可以充分利用用户既有的模拟设备资源，发挥 DVR 分布式存储高性能低成本的优势。即使核心交换机出现故障，也不会影响录像数据的及时保存，保证了数据的安全性，不会出现系统整体瘫痪的情况。与纯模拟架构相比，传输部分的灵活性更强，可以充分共享网络汇聚平台的互联资源，也方便用户数量的扩充。

· 第三代：全数字网络视频监控系统

21 世纪初，第三代的全数字网络视频监控系统(又称为 IP 监控系统)开始得到应用，全数字网络视频监控系统如图 1-4-3 所示。

全数字网络视频监控系统克服了 DVR/NVR 无法通过网络获取视频信息的缺点，用户可以通过网络中的任何一台计算机来观看、录制和管理实时的视频信息，并能通过在网络上的网络虚拟矩阵控制主机(Internet Phantasy Matrix，IPM)来实现对整个监控系统的指挥、调度、存储、授权控制等功能。它基于标准的 TCP/IP 协议，能够通过局域网、城域网、广域网、无线网络传输，布控区域大大超过了前两代监控系统；它采用开放式架构，可与门禁、报警、巡更、语音、MIS 等系统无缝集成；它基于嵌入式技术，性能稳定，不需要专人管理，灵活性大大提高，监控场所可以实现任意组合、任意调用。

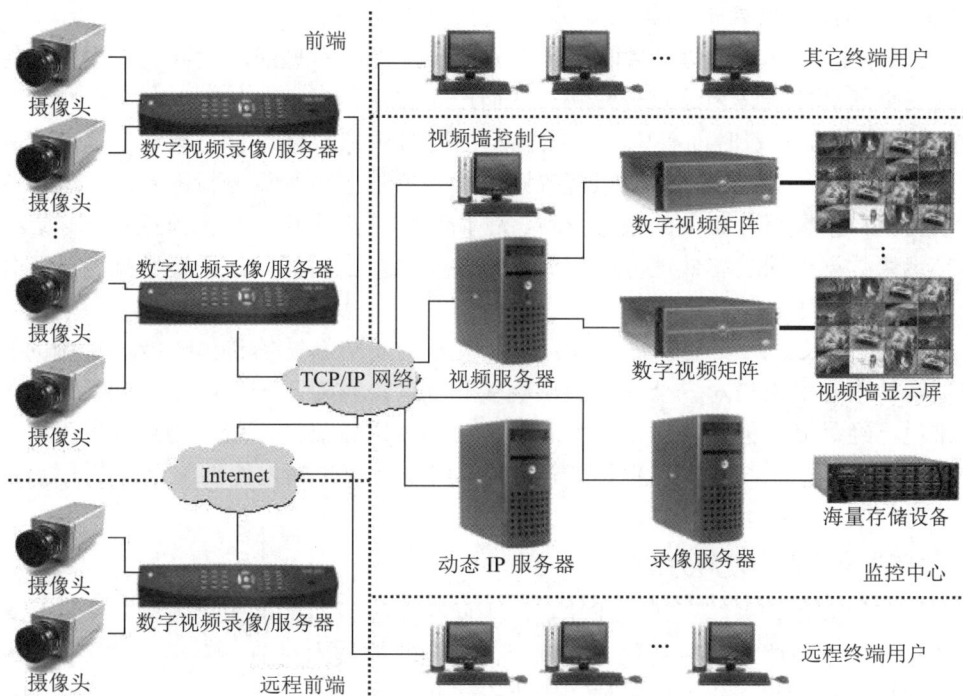

图 1-4-3　全数字网络视频监控系统

全数字网络视频监控系统的优点如下：

(1) 数字化视频可以在计算机网络(局域网或广域网)上传输视频/音频数据，不受距离限制，信号不易受干扰，可以大幅提高图像品质和稳定性。

(2) 数字视频可以利用计算机网络，网络带宽可复用，无须重复布线。

(3) 数字化存储成为可能。经过压缩的视频数据可存储在磁盘阵列中或保存在光盘、U盘中，查询十分方便快捷。

(4) 不需要繁杂的布线工作，减少了施工量。

五、视频监控技术的发展方向

1. 目前视频监控系统的局限性

无论是传统的第一代模拟监控系统，还是第二代、第三代部分或完全数字化、网络化的视频监控系统，都存在一定的局限性：

(1) 由于人类自身的弱点，容易导致漏报。漏报是指在监控点发生威胁时，该威胁没有被安保人员或监控系统发现。在很多情况下，人类本身并不是一个可以完全信赖的观察者，他们在观察实时视频流或观察录像回放时，由于监控人员的个体差异，经常无法观察到安全威胁，从而可能导致漏报现象的发生，特别是在大型视频监控系统中，仅仅单纯依靠人工观察已经被证明是不可行的。

(2) 各个监控点不能实时处于监控状态，容易导致漏报。在大型监控场所，很少有视频监控系统会按照 1:1 的比例为监控摄像机配置监视器，各个监控点实际上并非时时处于监控状态，因此，容易导致漏报。

(3) 容易引起误报。误报和漏报是视频监控系统中最常见的两大问题。误报是指位于监控点的安全活动被误认为是安全威胁，从而产生错误的报警。

(4) 数据分析工作费时而且困难。报警发生后对录像数据进行分析通常是安保人员必须要完成的工作之一，而误报和漏报现象则进一步增加了对数据分析的难度。安保人员经常被要求找出与报警事件相关的录像资料、评估事件，由于传统视频监控系统缺乏智能因素，而且录像数据无法被有效地分类存储，最多只能打上时间戳，因此数据分析工作变得极其耗时。

(5) 响应时间长。对安全威胁的响应速度关系到安防系统的整体性能。传统的视频监控系统通常是由安保人员对安全威胁做出响应和处理，这对于一般响应时间要求较低的安全威胁来说已经足够。但是，对于一个对响应时间要求较高的系统，当威胁发生时，需要安全防范系统的多个系统，甚至多个安全相关部门在最短时间内协调配合，共同处理危机，快速反应时，响应时间尤其重要。

2. 视频监控技术的发展方向

由于目前视频监控系统存在上述缺点，因此今后视频监控的发展方向是集成化、高清化、智能化。为了更好地向智能化方向发展，视频监控技术目前还必须在数字化、网络化的基础上向集成化、高清化方向发展，因为有了集成化、高清化，才能真正实现智能化。

1) 集成化

安防视频监控技术数字化的进步推动了网络化的飞速发展，使视频监控系统的结构由集中式向分散式、多层分级结构发展，使整个网络系统的硬件和软件资源及任务和负载得以共享，这为系统集成和整合奠定了基础。但是，网络化的纵深发展完全依赖于网络传输建设。5G 时代可以推动一个时期的安防发展，但是目前国内安防技术水平依然不高，例如，普通的 960 线网络摄像机一路每天传输的图像为 30~45 GB(取决于画面的动态状况与压缩格式)，而目前的无线技术要不间断地传输这样的大容量数据，还存在较大的技术难度。因此，集成化是视频监控技术发展的一个目标。

集成化主要是芯片集成和系统集成。芯片集成是从单一功能向多种功能的系统集成。从开始的 IC(Integrated Circuit)功能级芯片，到 ASIC(Application Specific Integrated Circuit)专业级芯片，再发展到 SoC(System-on-a-Chip)系统级芯片。

系统集成主要包括前端硬件一体化和软件系统集成化两个方面。视频监控系统的前端一体化意味着多种技术的整合、嵌入式架构、适用性更强以及不同探测设备的整合输出。硬件之间的接入模式直接决定了系统是否具有扩充性和信息传输的速度。网络摄像机由于其本身集成了音/视频压缩处理器、网卡、解码器的功能，使得其前端的扩充性加强。例如，网络高速智能球可以直接外接报警适配器，适配器连接红外对射探测器、感烟探测器或门磁。

视频监控的软件系统集成化，可以使视频监控系统与弱电系统中其它各子系统之间实现无缝连接，从而实现在统一的操作平台上进行管理和控制，使用户操作更加方便。

在现代建筑中，把视频监控系统、入侵探测防盗系统、消防系统、门禁系统、广播系统完全建设成独立的系统，不仅会使整个建筑的外观受到巨大的影响，也必然导致资源的重复建设和管理人员的增加，导致人力、物力、财力的浪费。因此，在大厦设计之初如果能够提出各个系统的总体集成方案，就能够避免人力、物力、财力的浪费，这将是未来实现智能大厦的前提。

2) 高清化

高清即高分辨率。传统的视频监控系统可以达到标准清晰度，进行数字编码后，一般可以达到约 44 万像素，其清晰度为 300～500 TVL；采用高清网络摄像机的 IP 监控，如果要达到 800 TVL 的清晰度，其分辨率至少要达到 1280×720 的标准，约 90 万像素；宽高比为 16：9 的网络摄像机，其分辨率为 1920×1080，宽高比为 4：3 的网络摄像机，其分辨率为 1600×1200。

高清是现代视频监控系统由网络化向智能化发展的需要，是为了提高智能视频分析的准确性从高清电视中引用而来的。高清电视是由美国电影电视工程师协会确定的高清晰度电视标准格式，它以水平扫描线数作为计量单位。高清的划分方法如下：

(1) 1080i 格式：标准数字电视显示模式，1125 条垂直扫描线，1080 条可见垂直扫描线，显示模式为 16：9，分辨率为 1920×1080，隔行扫描，行频为 33.75 kHz。

(2) 720p 格式：标准数字电视显示模式，750 条垂直扫描线，720 条可见垂直扫描线，显示模式为 16：9，分辨率为 1280×720，逐行扫描，行频为 45 kHz。

(3) 1080p 格式：标准数字电视显示模式，1125 条垂直扫描线，1080 条可见垂直扫描线，显示模式为 16：9，分辨率为 1920×1080，逐行扫描，专业格式。

高清电视是指支持 1080i、720p 和 1080p 的电视标准，这样的一个广播电视行业的高清视频标准目前已经被视频监控行业作为公认的技术标准而普遍使用。目前，720p 和 1080p 已经成为视频监控行业网络摄像机的标准。凡是能达到百万像素的摄像机，配套 1080p 分辨率的显示设备及相应的传输信道可以即形成一套高清的视频监控系统。

3) 智能化

集成化以适用为导向，是横向发展的形式；智能化则主要以技术为导向，是纵向发展的形式。

智能化的含义是视频监控系统能够自动分析图像并进行处理。视频监控系统从目视解释分析处理走向自动解释分析处理，是安防系统理想的目标。智能监控系统能够识别不同的物体，发现监控画面中的异常情况，并能够以最快和最佳的方式发出警报和提供有用的信息，从而能够更加有效地协助安防人员处理危机，并最大限度地降低误报和漏报现象。

六、视频监控系统的构成

视频监控技术是一门被人们日益重视的新兴专业，就目前发展来看，其应用普及越来越广，科技含量越来越高，尤其是信息时代的来临，更为该专业的发展提供了契机。

一个视频监控系统，无论是小到只有一台摄像机和一台监视器的简单系统，还是大到几十、几百、几千台摄像机和监视器的复杂系统，都包括前端设备、传输信道、控制设备和显示/记录设备四部分，如图1-4-4所示。

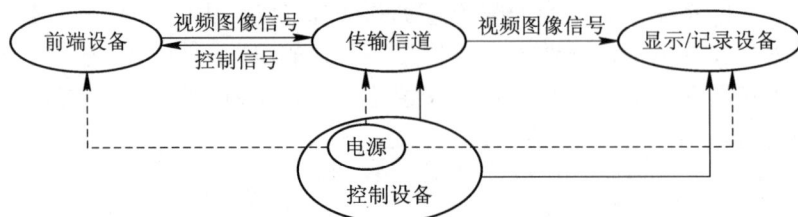

图1-4-4　视频监控系统的组成

1. 前端设备

前端设备是视频监控系统信息的总源头，它的作用是获取视频与音频信息。安防系统的操作者可以控制设备，按要求进行设置和布防，以便获取必要的影像和声音信息。

安防视频监控系统前端设备的构成如图1-4-5所示。

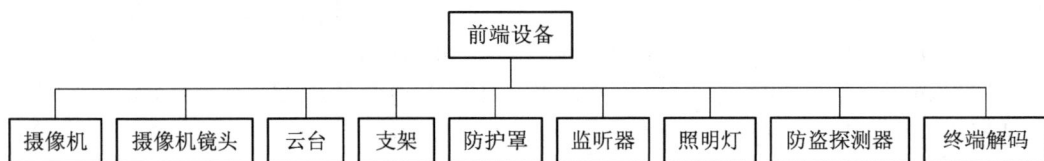

图1-4-5　前端设备

2. 传输信道

传输信道(传输设备)是将前端设备产生的视频/音频信息传输到终端设备，将控制信息从控制设备传送到前端设备的信息载体，如图1-4-6所示。传输方式主要采用同轴电缆、双绞线、光纤等有线传输方式和采用微波、光波等无线传输方式。

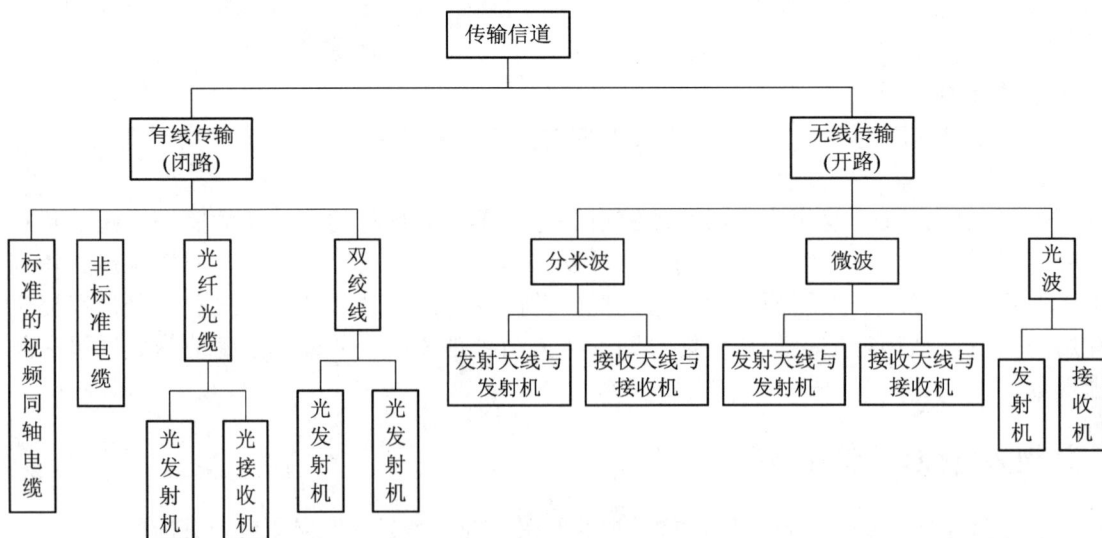

图1-4-6　传输信道

3. 控制设备

控制设备是整个视频监控系统的中枢，控制设备质量的优劣决定了监控系统的性能。视频监控系统的控制设备主要由主控制器、操作键盘、音频/视频分配器、画面分割器等构成，如图 1-4-7 所示。

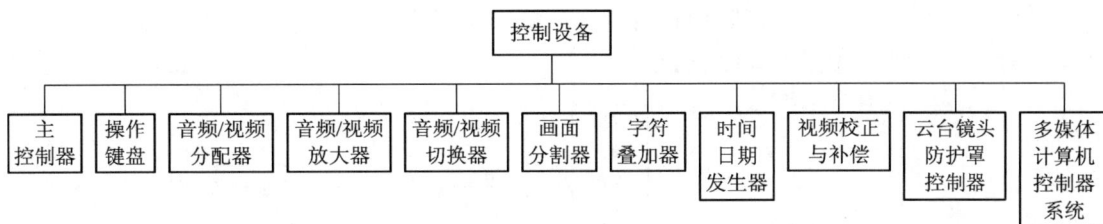

图 1-4-7　控制设备

4. 显示/记录设备

显示/记录设备又称为终端设备，如图 1-4-8 所示，是视频监控系统的信息显示、处理、存储设备。终端设备主要由监视器、录像机、扬声器、警号等设备构成。

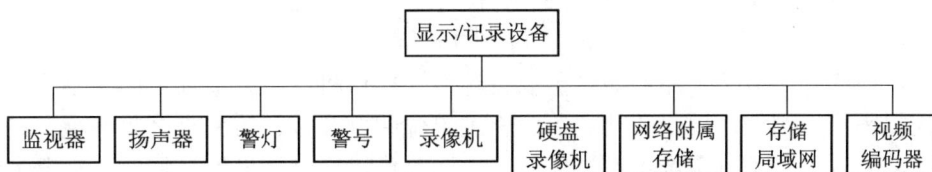

图 1-4-8　显示/记录设备

七、视频监控系统的结构模式

根据对视频图像信号处理/控制方式的不同，视频监控系统结构分为以下 4 种模式。

1. 简单对应模式

简单对应模式是指监视器和摄像机简单对应，简单对应模式如图 1-4-9 所示。

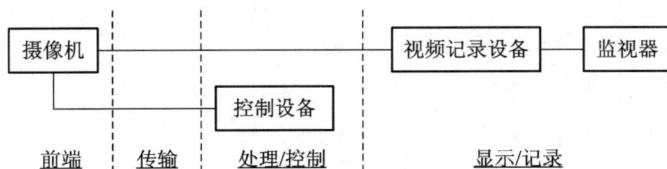

图 1-4-9　简单对应模式

简单对应模式主要应用于监控点较少的环境，如小型超市的监控，一般只有一个或几个摄像机、摄像机控制设备，以及简单的或者与其它设备集成的视频记录设备和监视器。

当监视的点数增加时会使系统规模变大，但如果没有其它附加设备，这类监控系统仍然属于简单对应模式。例如，某超市的闭路电视监控系统，由于该超市的营业面积较大(上下两层楼，总计约 $10\,000\,\mathrm{m}^2$)，货架较多，总计安装了 32 台定点黑白摄像机。这

32 台摄像机的信号被分成了 3 组，分别接到了对应的 16 画面分割器、17 in 黑白监视器 (1 in＝2.54 cm)和 24 h 录像机(该超市在实际工程中还有防盗报警系统和公共广播/背景音乐系统)。

2. 时序切换模式

时序切换模式是指在视频监控系统中，视频输出至少有一路可以进行视频图像的时序切换。时序切换模式如图 1-4-10 所示。

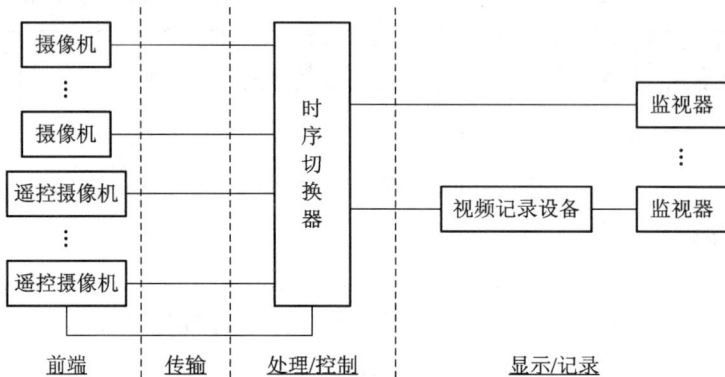

图 1-4-10　时序切换模式

时序切换模式一般用于简单的多摄像机环境，摄像机图像采集环境面积不大，不需要太多的控制操作。例如，银行的营业厅、机关单位的办公楼、居民小区等环境。在时序切换模式下，可以设置所有摄像机都进行录像，同时可以通过切换器在特定监视器上随时查看各摄像机采集的图像。

3. 矩阵切换模式

矩阵切换模式可以通过任意一个控制键盘，将任意一路前端视频输入信号切换到任意一路输出的监视器上，并可编制各种时序切换程序。矩阵切换模式如图 1-4-11 所示。

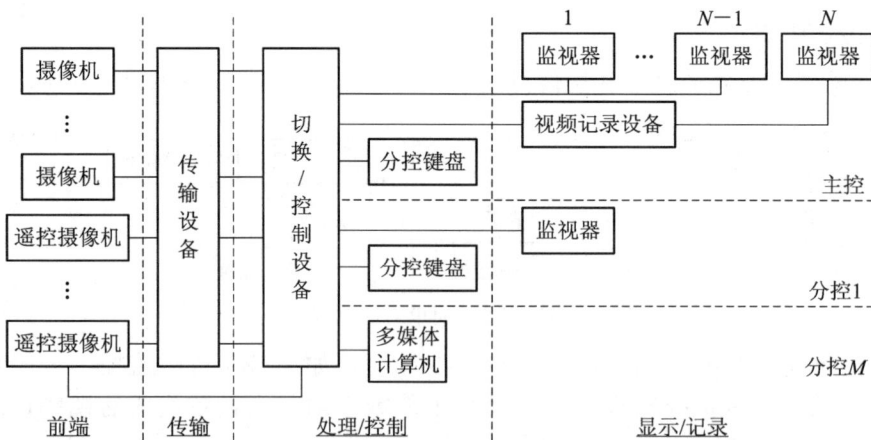

图 1-4-11　矩阵切换模式

图 1-4-11 所示矩阵切换模式是在数字视频监控系统出现之前的一种标准的安防视频监控系统组成模式，这个模式由摄像机、控制主机、录像机和监视器等组成，使用模拟

信号传输视频、音频和控制信号。这个模式一般应用在机关、学校、工厂企业等大型监控系统中。

4. 数字视频网络虚拟交换/切换模式

模拟摄像机增加数字编码功能后，被称为网络摄像机，数字视频前端也可以是别的数字摄像机，数字交换传输网络可以是以太网和 DDN、SDH 等传输网络。数字编码设备可以采用具有记录功能的 DVR 或视频服务器，数字视频的处理，控制和记录措施可以在前端、传输和显示的任何环节实施。数字视频网络虚拟交换/切换模式如图 1-4-12 所示。

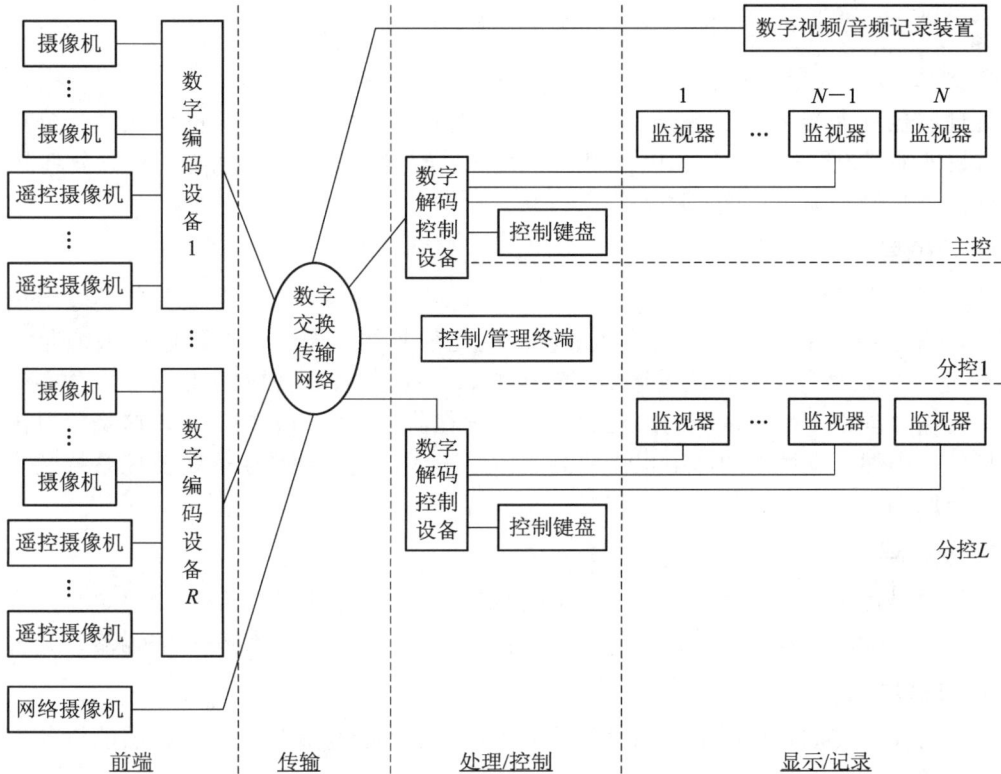

图 1-4-12　数字视频网络虚拟交换/切换模式

八、视频监控系统的层次结构

根据视频监控系统各部分功能的不同，将整个视频监控系统划分为 7 层：表现层、控制层、处理层、传输层、执行层、支撑层、采集层。当然，由于设备集成化程度越来越高，对部分系统而言，某些设备可能会同时以多个层的身份存在于系统中。

1. 表现层

表现层是我们最直观感受到的监控系统设备，它展现了整个安防监控系统的品质。如监控电视墙、监视器、高音报警喇叭、报警自动接入电话等都属于这一层。

2. 控制层

控制层是整个安防监控系统的核心，它是系统科技水平最直接的体现。通常的控制方式有两种：模拟控制和数字控制。模拟控制是早期的控制方式，其控制台通常由控制器或者模拟控制矩阵构成，适用于小型安防视频监控系统。这种控制方式成本较低，故障率也较低，但对于大中型安防监控系统而言，这种方式的操作显得复杂而且没有任何价格优势，这时更为明智的选择应该是数字控制。数字控制是将工控计算机作为监控系统的控制核心，它将复杂的模拟控制操作变为简单的鼠标单击操作，将巨大的模拟控制器堆叠缩小为一个工程计算机，将复杂而数量庞大的控制电缆变为一根串行电话线。它将中远程监控变为事实，为 Internet 远程监控提供了可能。但数字控制也不是那么十全十美，它存在价格偏贵、模块浪费、系统可能出现全线崩溃、控制较为滞后等问题。

3. 处理层

处理层也称为音/视频处理层，它将传输层的音/视频信号加以分配、放大、分割等处理，有机地将表现层与控制层加以连接。音/视频分配器、音/视频放大器、视频分割器、音/视频切换器等设备都属于这一层。

4. 传输层

传输层是安防监控系统的传输信道。在小型安防监控系统中，最常见的传输层设备是视频线、音频线，中远程监控系统经常使用的是射频线、微波，远程监控系统通常使用Internet 这一廉价载体。信号从采集层传输出来时，就已经调制成数字信号了，数字信号在网络上传输，理论上是无衰减的，这就保证了远程监控图像的无损显示，这是模拟传输无法比拟的。当然，高性能的回报也需要高成本的投入，这是纯数字安防监控系统无法普及的最重要原因之一。

5. 执行层

执行层是控制指令的命令对象，在某些时候，它和后面所要介绍的支撑层、采集层的界限不十分明晰。一般认为受控对象即为执行层设备，如云台、镜头、解码器、球机等。

6. 支撑层

顾名思义，支撑层是用于前端设备的支撑，保护和支撑采集层、执行层的设备。它包括支架、防护罩等辅助设备。

7. 采集层

采集层是整个安防监控系统品质好坏的关键，也是系统成本开销最大的地方。它包括镜头、摄像机、报警传感器等。

▶ 学生活动

通过学习视频监控系统的基本知识、视频监控系统与安防系统的关系、视频监控系统的含义和特点、视频监控系统常用术语、视频监控技术的发展过程和发展方向、视频监控系统的构成、视频监控系统的结构模式、视频监控系统的层次结构，完成视频监控技术认知任务书。

视频监控技术认知任务书
根据要求完成下列内容
1. 视频监控系统与安防系统的关系
2. 视频监控系统的含义和特点
3. 视频监控系统常用术语
4. 视频监控技术的发展过程和发展方向
5. 视频监控系统的构成
6. 视频监控系统的结构模式
7. 视频监控系统的层次结构

▶ **任务评价** ▶

　　根据视频监控系统的基本知识，视频监控系统与安防系统的关系、视频监控系统的含义和特点、视频监控系统常用术语、视频监控技术的发展过程和发展方向、视频监控系统的构成、视频监控系统的结构模式、视频监控系统的层次结构等内容完成情况进行评分。

视频监控技术认知评分表

序号	重点检查内容	评分标准	分值	得分	备注
1	视频监控系统的概念	错误一项扣 2 分	10		
2	视频监控的特点	错误一项扣 2 分	12		
3	视频监控常用术语	错误一项扣 1 分	27		
4	视频监控技术的发展方向	错误一项扣 2 分	10		
5	视频监控系统的构成	错误一项扣 2 分	10		
6	视频监控系统的结构模式	错误一项扣 2 分	10		
7	视频监控系统的层次结构	错误一项扣 3 分	21		
总　计					

▶ 任务拓展 ▶

视频监控组网方式

作为弱电人员，安装视频监控是最基础的施工技术了，视频监控安装也是弱电人员必须掌握的技术，大部分的弱电人最先接触的系统就是安防系统，所以说，一个弱电人员如果不会安装视频监控，那么他很难在这个行业内取得大的发展，因为只有掌握好视频监控安装，才能更好地入门，那么普通的安防人员如何来安装视频监控呢？

常见的视频监控系统有五种组网方式。

第一种：最常见的方式，由网络摄像机+电源+网线组成。

在综合布线时，同时要布电源线和网线，电源也可以就近取 220 V 交流电，这样节省电源线材，连接方式如图 1-4-13 所示。

由于这种方式适合大多数监控项目，因此在平时的项目中经常会看到，也是安防人必须要掌握的一种组网方式。

① 方案一：摄像机+路由器+计算机
② 方案二：摄像机+路由器+网络硬盘录像机+显示器

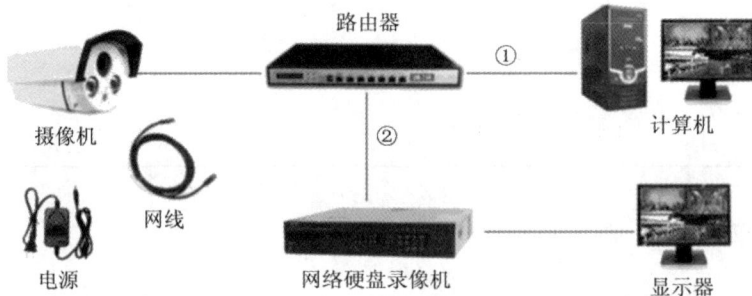

图 1-4-13　网络摄像机+电源+网线组网示意图

第二种：网络摄像机+光纤+光纤收发器，适用于远距离监控。

从上面可以看到，这里要用到光纤及光纤收发器，一般只有远距离才会用到，因为网线传输正常在 100 m 以内，过 100 m 的情况，一般考虑用光纤传输，光纤不但传输距离远(可以传输 20 km)，而且效果稳定。光纤传输数据的时候，需要把数据信号转换成光信号传输，再把光信号转换成数据信号，这就需要使用光纤收发器配合来完成工作。连接方式如图 1-4-14 所示。

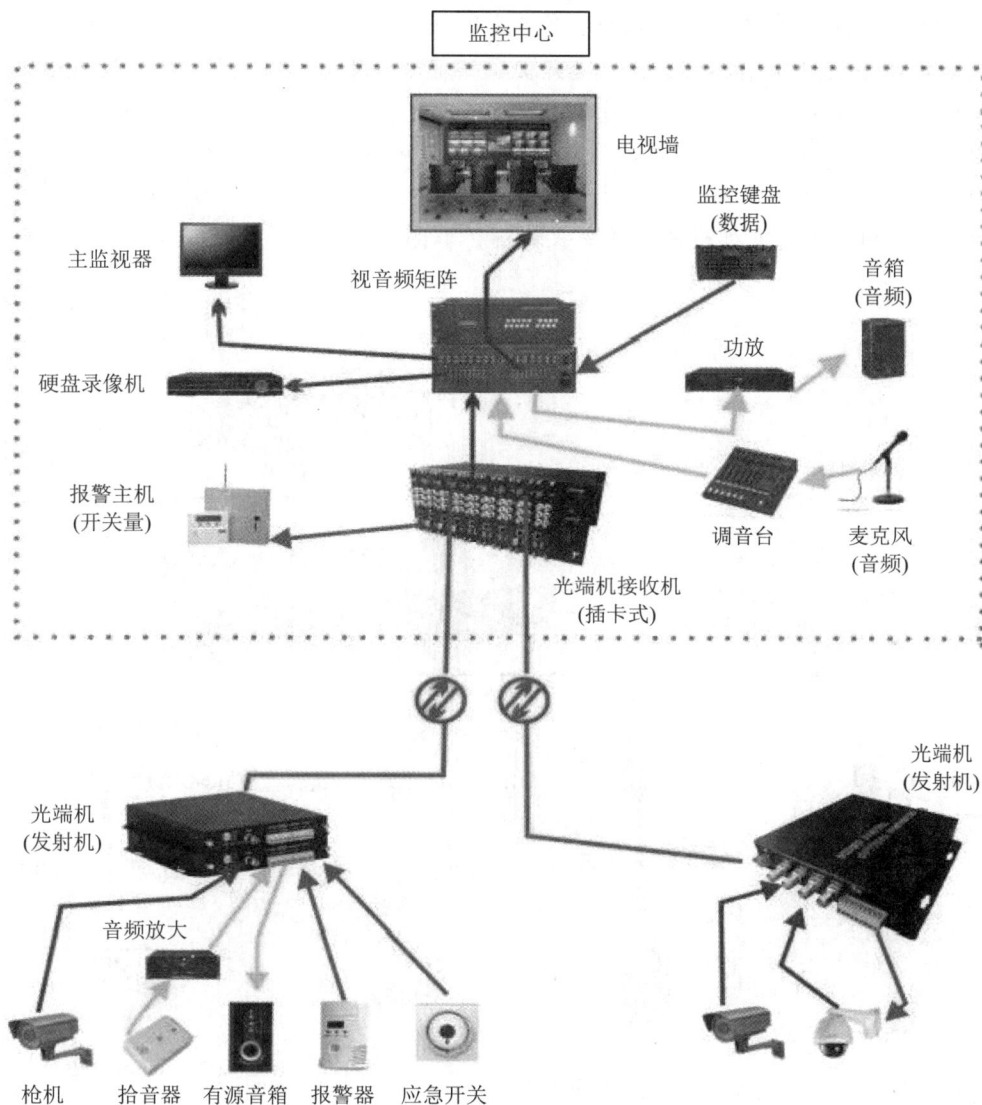

图 1-4-14　网络摄像机+光纤+光纤收发器组网示意图

可以说，光纤+光纤收发器的这种监控传输方式，在安防很多项目中都要用到，尤其是关于园区的监控项目，也是安防人必须入门的监控安装方式之一。

第三种：无线网桥传输方式。

有很多安防人其实并不喜欢用无线传输，因为无线传输监控虽然安装方便，但是稳定性很难把控，但是在具体监控系统实施环境中，如果布线困难碰到天然屏障或者不可逾越的障碍时，可以使用无线传输方式，这样就用到无线网桥了。比如，已经硬化路面的小区、电梯、已经建好的工厂、距离较远的空旷地带、野外等环境都适用无线传输方式。

因为对无线设备要求很高，既然要求高了，那么成本就上来了，一般都是选大品牌的产品设备，如华为、锐捷、信锐等。因此，监控的无线网桥传输方式，虽然在项目中也有用到，但用得确实不多。

第四种：POE 供电方式，即网络摄像机+POE 交换机。

用过 POE 供电的人都知道，在供电方面确实能节省很多事，尤其是对于集中供电不方便的项目，它比前面第一种监控安装方式节省一条电源线，一台网络摄像机只要一根网线作为传输信号的介质就可以，不再用到电源线了。网线用非屏蔽超五类双绞线就可以，传输距离 100 m 没有任何问题。

网络摄像机+POE 交换机的连接方式如图 1-4-15 所示。

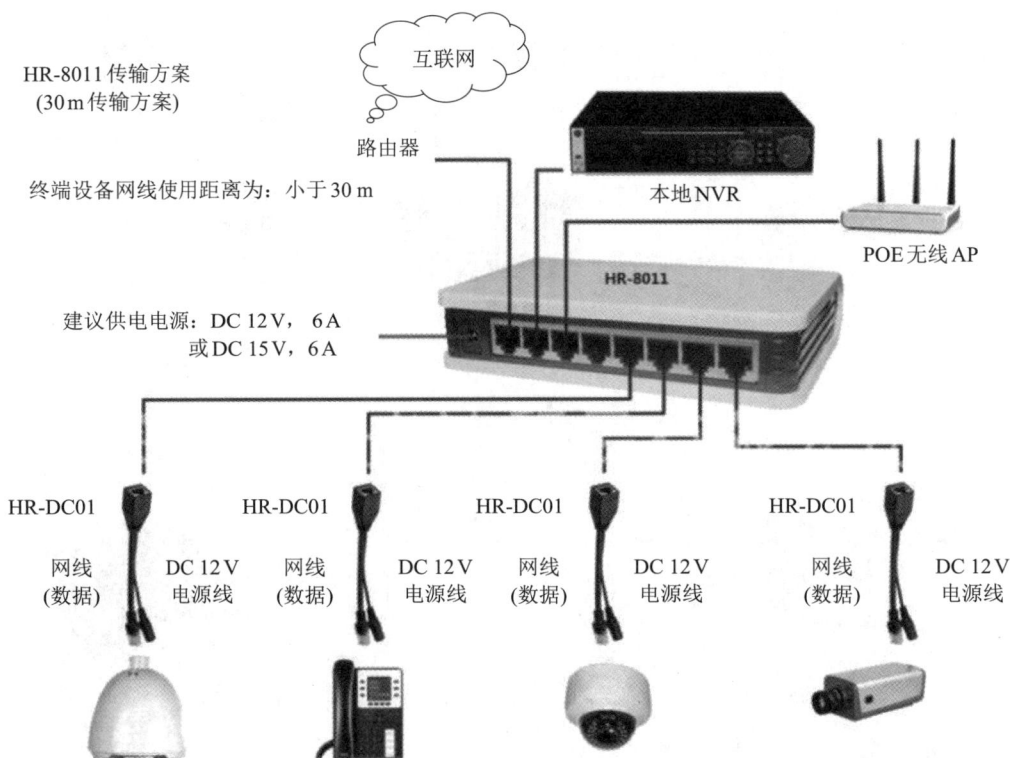

图 1-4-15　网络摄像机+POE 交换机组网示意图

POE 监控供电固然很方便，但是偶尔会有一些小问题，在 POE 监控安装一段时间后，分离器容易出现一些小的故障，所以监控的维护非常重要。

第五种：远距离传输，网络摄像机+全光网络。

现在全光网络的应用是个大趋势，很多项目都有用到，尤其是大型酒店的项目，当然在安防监控上面也在逐步推广使用，PON 监控传输网络系统主要利用运营商光纤资源达到传输的目的，为中心管理平台的各项应用提供基础保障，能够更好地服务于各类用户。问题是费用较高，一般只有公共服务工程采用这种组网，如天网工程。

PON 由 OLT(光线路终端)、用户侧的 ONU(光网络单元)以及 ODN(光分配网络)组成。

PON 在远距离或远程监控等超大型监控项目上，有更好的应用。

网络结构如图 1-4-16 所示。

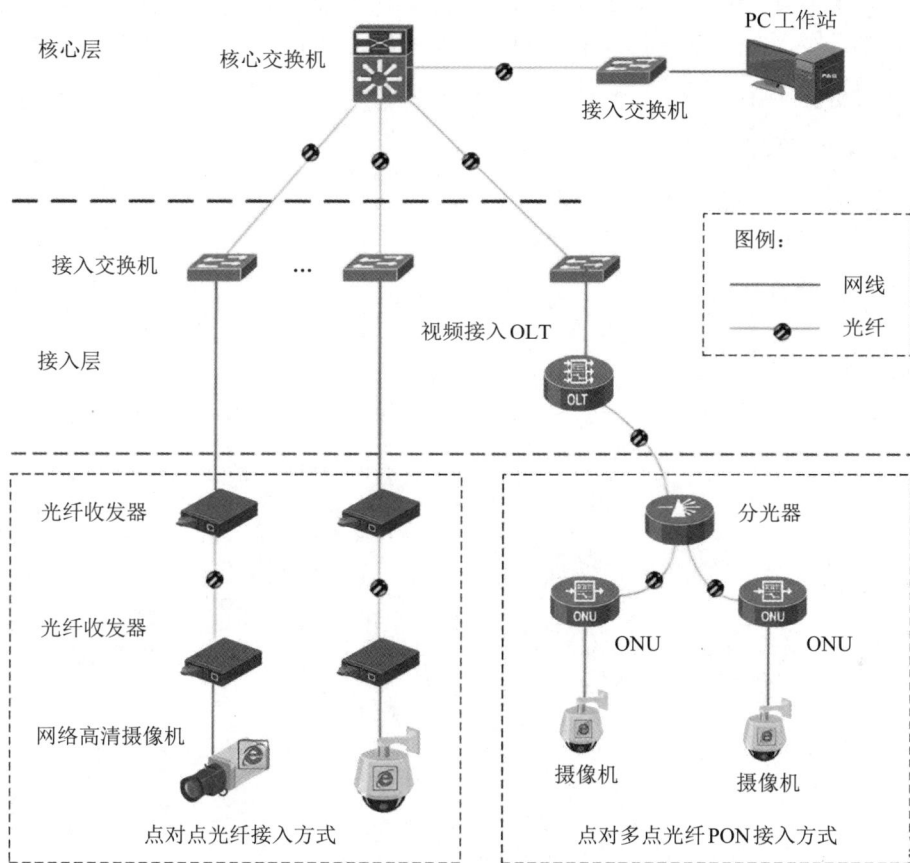

图 1-4-16　网络摄像机+全光网络组网示意图

以上五种是关于监控安装的最常见的组网方法，同时也是大部分项目都会用到的，尤其是第一种与最后一种，第一种传统的监控安装方法适用于很多中小项目，最后一种方式对于大型项目是不错的解决方案。

▶ 任务小结 ▶

视频监控系统是利用视频探测技术监视设防区域，并实时显示、记录现场图像的电子系统或网络。视频监控系统是安防系统的一个子系统，是技防的重要组成部分。

根据视频监控系统传输信号和所使用元器件的不同，安防视频监控系统的发展可划分为模拟视频监控系统(第一代)、模/数混合视频监控系统(第二代)和全数字网络视频监控系统(第三代)。

为了更好地向智能化方向发展,视频监控技术目前还必须在数字化、网络化的基础上向集成化、高清化方向发展,因为有了集成化、高清化,才能真正实现智能化。

视频监控系统,都包括前端设备、传输信道、控制设备和显示/记录设备四部分。

根据对视频图像信号处理/控制方式的不同,视频监控系统结构分为简单对应模式、时序切换模式、矩阵切换模式和数字视频网络虚拟交换/切换模式。

根据视频监控系统各部分功能的不同,整个视频监控系统可划分为 7 层:表现层、控制层、处理层、传输层、执行层、支撑层和采集层。

任务 5　视频监控系统的安装与调试

子任务1　视频监控系统的组建

▶ **任务目标**

(1) 掌握视频监控及周边防范系统的结构。
(2) 理解视频监控及周边防范系统的功能。
(3) 掌握系统中各设备相关连接端口的功能。
(4) 掌握视频监控及周边防范系统原理图的绘制。

▶ **任务描述与分析**

　　THBAES—3 型楼宇智能化工程实训系统中的视频监控系统包含视频监控系统和周边防范系统两部分，它们由哪些硬件构成，是如何构成一个完整的系统，实现视频监控和周界防范功能的呢？

　　THBAES—3 型楼宇智能化工程实训系统中的视频监控系统由监视器、矩阵主机、硬盘录像机、高速球云台摄像机、一体化摄像机、红外摄像机、枪式摄像机，以及报警设备等组成。周边防范系统由主动红外对射探测器和单元门门磁等构成，当其中的任意一路信号被检测到，它能与安防监控系统实现报警联动，以便完成对智能小区楼宇门口、管理中心等区域的视频监视及录像。

　　下面，我们将介绍 THBAES—3 型楼宇智能化工程实训系统中的视频监控系统结构、功能及接线方式等相关知识。

▶ **相关知识**

一、视频监控及周边防范系统的结构

　　由图 1-5-1 可以看出，所有的摄像机的视频信号都接入矩阵主机，再由矩阵主机将视频信号整合重新分配给硬盘录像机用来进行视频存储，另外再传给控制室 CRT 监视器，并将其中的某路信号送给外侧的液晶监视器或由液晶显示器循环显示 4 路画面。门磁和红外对射探测器作为报警输入接入硬盘录像机的端子，当这两个开关的任一开关动作时，硬盘录像机发出信号给声光警报器，产生警报动作。

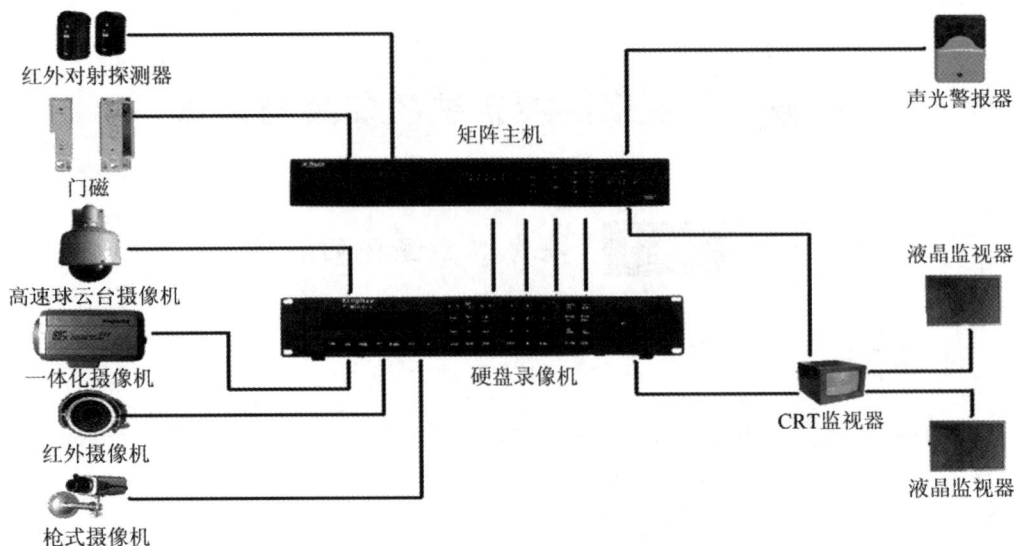

图 1-5-1　视频监控及周边防范系统结构图

二、THBAES—3 型楼宇智能化工程实训系统视频监控系统的功能

　　视频监控系统就像一个人的视觉系统，摄像机就是人的眼睛，时刻警惕地注视着前方，连接摄像机的视频线就是人体视神经，将影像信号传送到控制中心，控制中心将远方不同的视频信号进行分类、整合、切换，送到显示器上还原出远方图像，并将各路视频信号存储在专用设备上。正因为这样的功能，视频监控及周边防范系统是安全防范技术体系中的一个重要组成部分，是一种先进的、防范能力极强的综合系统，成为维护社会治安稳定、打击犯罪的有效武器。该系统因其直观、准确、及时的特点而广泛应用于各种场合。随着计算机、网络以及图像处理、传输技术的飞速发展，视频监控技术也有了长足的进步。它可以通过遥控摄像机及其辅助设备直接观看被监视场所的一切情况，把被监视场所的图像传送到监控中心，同时还可以把被监视场所的图像全部或部分地记录下来，为日后某些事件的处理提供方便条件和重要依据。

　　本实训装置包含智能大厦、管理中心和智能小区三大部分。高速球云台摄像机(高速球机)安装在智能大厦外侧，用来模拟监控大厦外围状况；全方位室内云台一体机安装在智能大厦内部，对进出大厦进行模拟监控；红外摄像机安装在管理中心，当没有室内灯光时，可以继续起到监控的目的；枪式摄像机安装在智能小区，对特定方位进行全面监控。周边防范系统由一对红外报警装置和一个门磁开关构成，当其中的任一信号触发时，将与视频监控系统产生报警联动。

三、主要设备的功能及接线方式

　　视频监控系统前端共有四台摄像机，通过视频电缆将视频信号传递给视频矩阵，所以视频信号线接口是最基本的装备。作为电气设备，必须有工作电源，每台摄像机的电源接口方式有所不同，工作电压也会有差异，THBAES—3 型楼宇智能化工程实训系统中使用的红外摄像机、枪式摄像机和一体机使用 DC 12 V 电源,室外高速球云台摄像机使用 AC 24 V 交流电源。

1. 高速球云台摄像机

高速球云台摄像机(见图 1-5-2)外壳像个球,可以用于室外,其内部由可变焦摄像机、旋转云台、解码器等组成,旋转云台在解码器的控制指令下可 360° 水平转动、50° 垂直转动,这样便可在一个监控点形成无盲区覆盖,其变焦范围根据用户不同需要而定制。旋转云台是由两只电机精密构成的可以水平和垂直方向转动的机构,受控于解码器。解码器将控制主机传出的控制信号进行解码,达到用户需要调整监控角度或进行巡视的功能。这种设备常应用于室外开阔场地或室内需要全方位巡视的场合。

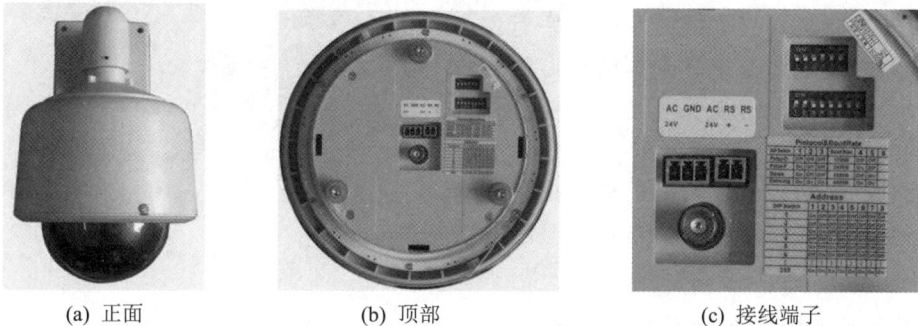

(a) 正面　　　　　　　　(b) 顶部　　　　　　　　(c) 接线端子

图 1-5-2　高速球云台摄像机

由图 1-5-2(c)接线端子可以看出,左侧有两组接线端子,左边一组是电源接线端子,共有三个,两边是 AC 24 V 接线端子,中间是接地端,右边一组是控制线接线端子,就是由它接收来自硬盘录像机的控制信号,使摄像机完成转动和变焦等动作。正中间一个 BNC 视频接线端子,是用来传递视频信号的,接上它就可以将视频信号传到控制中心了。右上侧是拨码选择开关。

2. 枪式摄像机

本实训系统中的枪式摄像机如图 1-5-3 所示,枪式摄像机结构简单、价格便宜、相对于球型摄像机来说少 1 对控制线。枪式摄像机适用于固定角度的监控,可以应用于室内或室外。枪式摄像机的监视范围取决于选用的镜头,变焦可以从几倍到几十倍不等,可以根据监视的不同要求选用不同的镜头,根据选用镜头的不同,可以实现远距离监控或广角监控,而且镜头的更换比较容易,因此枪式摄像机的应用范围非常广泛。

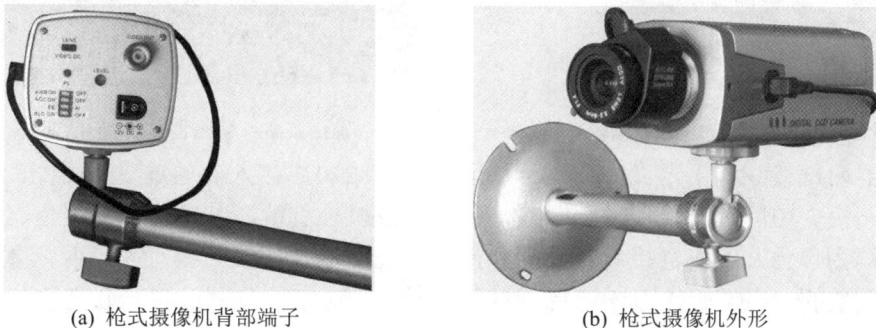

(a) 枪式摄像机背部端子　　　　　　　　(b) 枪式摄像机外形

图 1-5-3　枪式摄像机

背部接线端子中，DC IN 端子是电源端，接 DC 12 V，注意连接方向，里正外负，否则将有可能烧毁摄像机；VIDEO OUT 端是视频输出，直接接视频端子。

3. 红外摄像机

THBAES—3 型楼宇智能化工程实训系统中的红外摄像机为主动式红外摄像机，如图1-5-4 所示，它是在枪式摄像机上增加了红外线发射装置，主动利用特制的"红外灯"人为产生红外辐射，一个个发光二极管就是一个个小的红外发射源，产生人眼看不见而摄像机能捕捉到的红外光，当红外光照射物体，其发射的红外光到摄像机时，红外摄像机就可以看到被摄物体。红外摄像机是利用普通低照度摄像机或"红外低照度彩色摄像机"去感受周围环境反射回来的红外光，从而实现夜视功能。红外发射距离与红外线的发射功率有关，功率越大，距离越长。这种类型的摄像机一般应用于没有灯光或只有微弱灯光，需要红外辅助照明的场合。

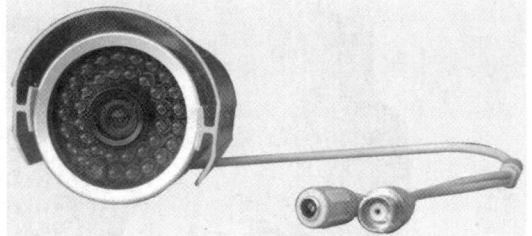

图 1-5-4　红外摄像机

由图 1-5-4 可以看到，红外摄像机后面有两根线，一根接视频端子，另一根用其配置的特制接头，接上电源。

4. 室内全方位云台及一体化摄像机

室内全方位云台及一体化摄像机(见图1-5-5)就是将枪式摄像机安装在一个全方位云台上，以达到球型摄像机的效果，其组成部分等同于球型摄像机。

全方位云台需要联合其配套的解码器(见图1-5-6)使用，才能接收来自控制中心的控制信号，让云台可以上下摆动和左右转动，让摄像机可以远程控制变焦、聚焦或调整光圈，在THBAES—3 型楼宇智能化工程实训系统中，调整光圈功能没有使用。

图 1-5-5　全方位云台及一体化摄像机

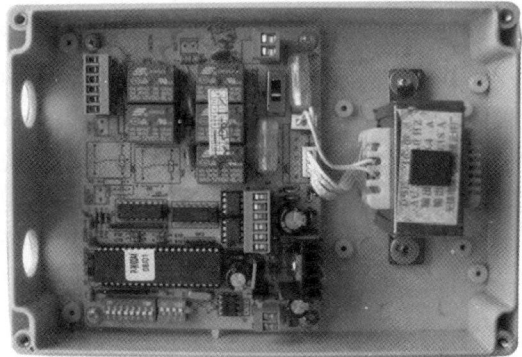

图 1-5-6　解码器内部结构图

解码器内部接线端子定义如图 1-5-7 所示。AC 220 V 接入，通过变压器变为 AC 24 V提供给电路板。中间的一组接线端子接一体化摄像机控制端，其中变焦为橙色、聚焦为黄色、公共端为黑色，解码器接线端必须和摄像机控制端控制线一一对应，否则会产生错误动作。左下角的一组端子接万向云台，同样需要一一对应。右上角的一组端子为 RS485 控制线，接视频矩阵，和前面的球型摄像机一样要注意方向。

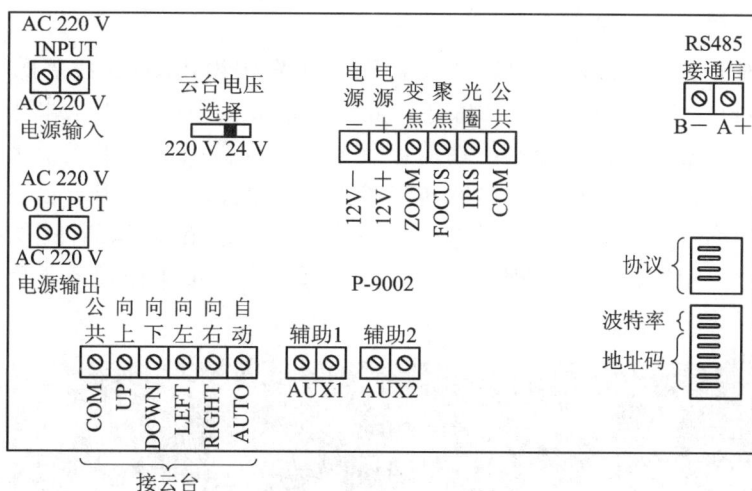

图 1-5-7 解码器接线端子功能图

5. 矩阵主机

THBAES—3 型楼宇智能化工程实训系统中使用的矩阵主机为华维 SB60—8×5VL，作为视频矩阵，最重要的一个功能就是实现对输入视频图像的切换输出，就是说将视频图像从一个输入通道切换到任意一个输出通道显示。一般来讲，一个 $M \times N$ 矩阵表示它可以同时支持 M 路图像输入和 N 路图像输出。这里需要强调的是必须要做到任意，即任意的一个输入和任意的一个输出。另外一个矩阵系统通常还应该包括字符信号叠加、解码器接口、报警器接口等基本功能，并包含控制主机、音频控制箱、报警接口箱以及控制键盘等附件。矩阵主机正面图如图 1-5-8 所示。

图 1-5-8 矩阵主机正面图

矩阵主机背面图如图 1-5-9 所示，左边一组视频接线端子为视频输出端，右边一组为视频输入端，是一个 8×5 矩阵。左侧绿色小端子是矩阵控制信号接口，中间的一组"PTZ"接口为 RS485 控制线，用来连接一体化摄像机的解码器，从上到下的顺序依次为 RS485A(+)、GND、RS485B(-)，注意正负，不能出错。

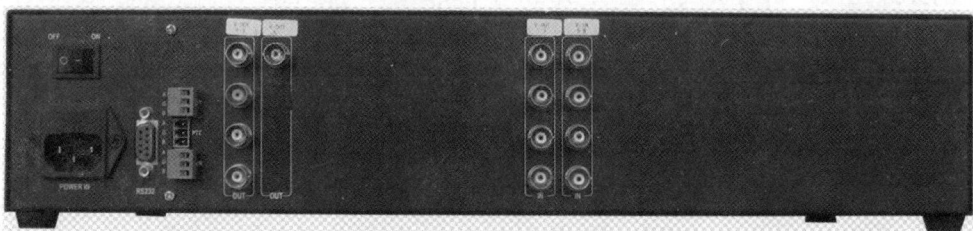

图 1-5-9 矩阵主机背面图

6. 硬盘录像机

本实训系统中硬盘录像机采用的是大华 DH—DVR0404LK—S 数字视频录像机(见图 1-5-10、图 1-5-11)。它是一套进行图像存储处理的计算机系统,具有对图像/语音进行长时间录像、录音、远程监视和控制的功能。该型号的硬盘录像机集成了录像机、画面分割器、云台镜头控制、报警控制、网络传输等五种功能于一身,用一台设备就能取代模拟监控系统很多设备的功能。硬盘录像机采用的是数字记录技术,在图像处理、图像储存、检索、备份、网络传递及远程控制等方面远远优于模拟监控设备,目前该种类型的产品使用非常广泛。

图 1-5-10　硬盘录像机正面图

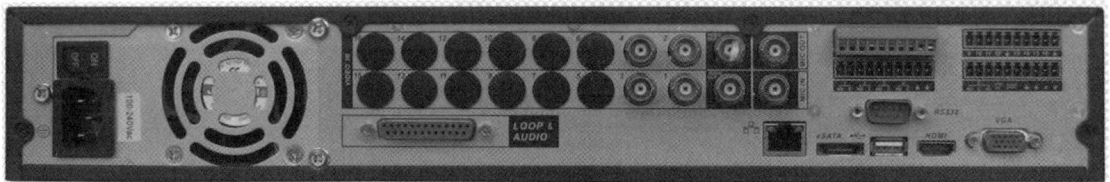

图 1-5-11　硬盘录像机背面图

从图 1-5-11 中可以看出,视频输入端子接收来自视频矩阵的输出视频,这样就可以记录单路、多路或合成的多画面视频信号;视频输出端子接监视器,由监视器再分配给两个液晶监视器;报警输入 1、2 端口接收来自红外对射探测器和门磁的开关量信号,在录像机中可以设置成常闭或常开有效。在 THBAES—3 型楼宇智能化工程实训系统中,该信号选择常闭有效,即当没有报警产生时,信号回路常闭,只要信号回路断开,就会产生报警输出,相对于常开方式来说,该方式可靠性更高,如果报警回路有故障,也会产生报警,确保报警回路处于正常状态。

7. 红外对射探测器

本实训系统采用红外对射探测器进行入侵探测,如图 1-5-12 所示。由一个红外线发射器和一个接收器以相对方式布置组成。当非法入侵者横跨门窗或其它防护区域时,遮住了不可见的红外光束,从而引发报警。为防止非法入侵者可能利用另一个红外光束来瞒过探测器,探测器的红外线必须先调制到指定的频率再发送出去,而接收器也必须配有频率与相位鉴别电路来判别光束的真伪,以防止日光等光源的干扰。红外对射探测器是用来警戒院落周边最基本的探测器,用肉眼看不到的红外线光束形成一道保护开关。

图 1-5-12 中左侧为一对红外对射探测器正面图,右侧为接线端俯视图。①、②端子是电源端,接 DC 12 V 电源,靠左侧的是接收器,靠右侧的是发射器,接收器上多两只指示灯和一路报警输出,当接收到发射器发过来的红外线时,接收器中③、⑤触点闭合,③、④触点断开,同时 ALARM 指示灯点亮。

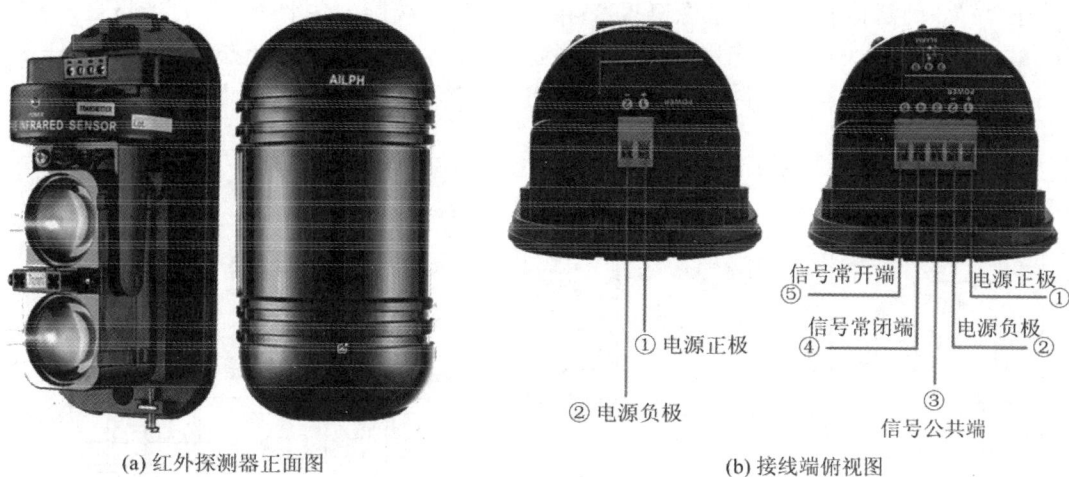

(a) 红外探测器正面图　　　　　　　　　　(b) 接线端俯视图

① 电源正极
② 电源负极

⑤ 信号常开端
④ 信号常闭端
③ 信号公共端
① 电源正极
② 电源负极

图 1-5-12　红外对射探测器

四、视频监控系统电气接线参考图

1. 视频监控部分电气接线图

参照系统功能要求并根据视频监控系统的主要部件的功能和接线方式，构成如图 1-5-13 所示的电气接线原理图。

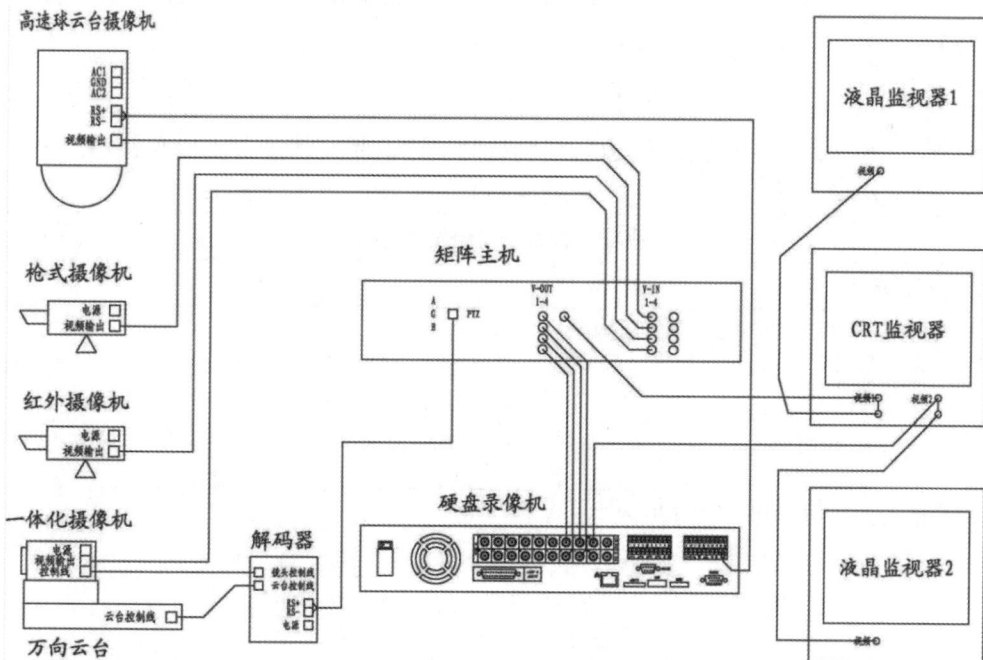

图 1-5-13　视频监控电气接线原理图

2. 周边防范部分电气接线图

周边防范系统相对比较简单，其电气接线图如图 1-5-14 所示，12 V 开关电源为各设备提供工作电源，红外对射探测器的③、④常闭信号接硬盘录像机报警端子①，另一端接公共端子"1"。门磁信号接硬盘录像机报警端子②，另一端接公共端子"1"，当门磁合上时，门磁里面的磁性开关在磁力作用下闭合，接通回路，处于正常工作状态，当①、②任意一端断开时，硬盘录像机第一路开关动作，接通声光警报器，产生报警动作。

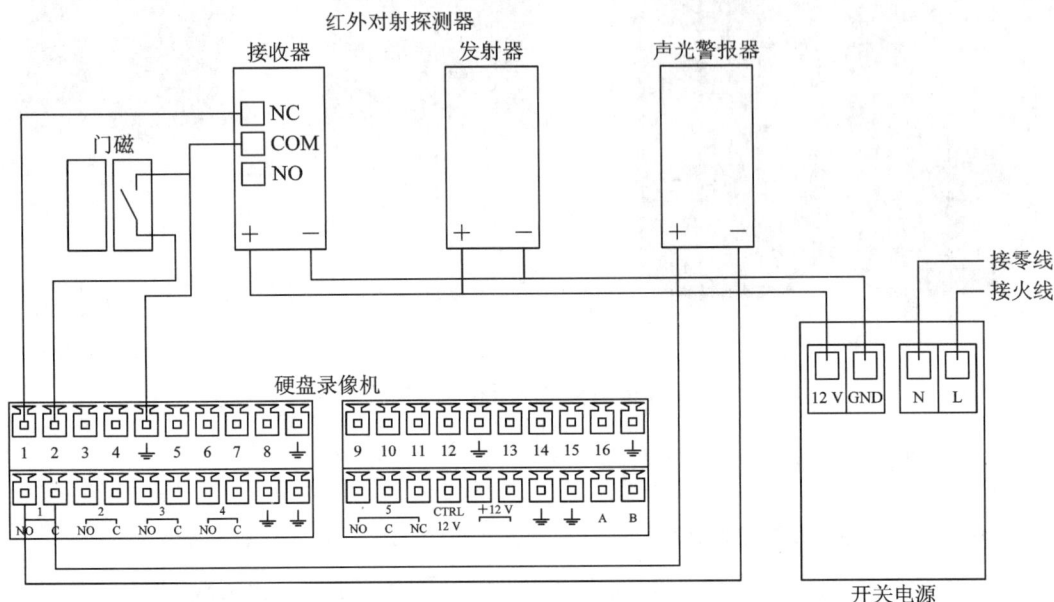

图 1-5-14　周边防范系统接线图

学生活动

通过学习和研讨视频监控及周边防范系统的结构、系统功能、摄像头种类、矩阵主机的作用、硬盘录像机的作用等知识，完成视频监控系统的组建任务书。

视频监控系统的组建任务书
根据要求完成下列内容
1. 绘制视频监控及周边防范系统的结构图
2. 说明视频监控及周边防范系统的功能
3. 说明 4 个摄像头的不同

4. 说明矩阵主机的作用及端子接线方法
5. 说明硬盘录像机的作用及端子接线方法
6. 绘制视频监控系统接线图
7. 绘制周边防范系统接线图

任务评价

　　根据视频监控及周边防范系统的结构、系统功能、摄像头种类、矩阵主机的作用、硬盘录像机的作用等任务的完成情况进行评分。

视频监控系统的组建评分表					
序号	重点检查内容	评分标准	分值	得分	备 注
1	视频监控及周边防范系统设备的连接关系	错误一项扣 2 分	10		
2	系统功能	错误一项扣 3 分	15		
3	不同摄像头的区别，应用场合	错误一项扣 3 分	15		
4	矩阵主机端子功能	错误一项扣 3 分	15		
5	硬盘录像机的端子功能	错误一项扣 3 分	15		
6	视频监控系统的接线	错误一项扣 3 分	15		
7	周边防范系统接线	错误一项扣 3 分	15		
总 计					

任务拓展

监控系统有多少种类型的摄像头

　　随着科学技术发展，社会治安的需要，中国朝着"智慧城市"不断提升发展，对摄像头的需求不断增加，同时也对不同场景提供不同解决方案，孕育出不同的摄像头，如枪式摄像机、半球摄像机、球型摄像机等。

根据不同监控摄像机的特点和主要用途，监控摄像机可分为以下 4 类：

(1) 根据工作原理，可分为数字摄像机和模拟摄像机。数字摄像机是通过双绞线传输压缩的数字视频信号，模拟摄像机是通过同轴电缆传输模拟信号。数字摄像机与模拟摄像机的区别除传输方式之外还有清晰度，数字摄像机像素可达到百万高清效果，现在工程中基本不使用模拟摄像机。

(2) 根据摄像机外观，可分为枪式摄像机，半球摄像机，球型摄像机等。枪式摄像机，简称枪机，多用于户外，对防水防尘等级要求较高；半球摄像机简称半球，多用于室内，一般镜头较小，可视范围广；球型摄像机，简称球机，主要功能是可以 360° 无死角监控。

(3) 根据摄像机功能，可分为宽动态、强光抑制、道路监控专用、红外摄像机、一体机等。应根据安装环境的具体需求选择合适的监控摄像机。

(4) 根据特殊环境应用，可分为针孔摄像机、摄像笔、烟感摄像机等，主要适用于特殊环境下的图像采集。

(5) 根据摄像机色彩，可分为彩色摄像机和黑白摄像机。

图 1-5-15 为百万高清大型监控系统示意图。

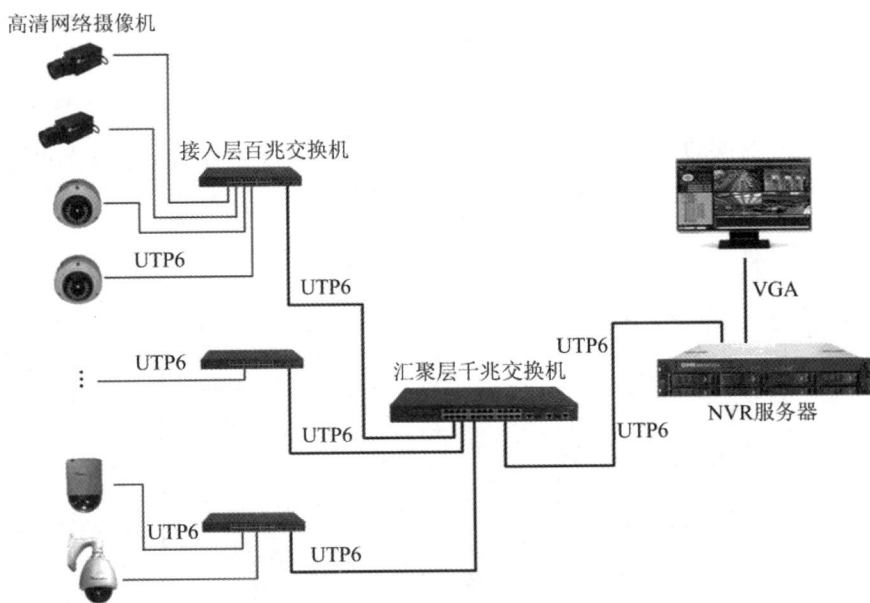

图 1-5-15　百万高清大型监控系统示意图

不同的摄像机应用于不同的场合，下面具体介绍。

(1) 彩色摄像机：适用于景物细部辨别，如辨别衣着或景物的颜色。因有颜色而使信息量增大，信息量一般认为是黑白摄像机的 10 倍。

(2) 黑白摄像机：适用于光线不足地区及夜间无法安装照明设备的地区，在仅监视景物的位置或移动时，可选用分辨率通常高于彩色摄像机的黑白摄像机。

(3) 球机：是现代电视监控发展的代表，它集彩色一体化摄像机、云台、解码器、防护罩等多功能于一体，安装方便、使用简单但功能强大，广泛应用于开阔区域的监控，如图 1-5-16 所示。高速球型摄像机的发展也越来越快，它因其独特的功能即 360° 旋转功能，能监测到所有区域范围；具有安装方便，布线和管理过程简化，集成化、智能化程度高等特点，这使高速球型摄像机成为监控领域的宠儿。

(4) 半球摄像机：顾名思义，其形状是个半球，仅仅是针对外形命名的，如图 1-5-17 所示。半球式摄像机由于体积小巧，外形美观，比较适合办公场所以及装修档次高的场所使用。其内部由摄像机、自动光圈手动变焦镜头、密封性能优异的球罩和精密的摄像机安装支架组成。其最大的特点是设计精巧、美观且易于安装。

图 1-5-16　球机　　　　　　　　　　　图 1-5-17　半球摄像机

(5) 枪式摄像机：之所以叫作枪式，仅是针对外形，其内在配置和质量有很大的差异，在中低端市场上可以看到很多外形完全一样的产品，但其质量和价格或许有非常大的差别，如图 1-5-18 所示。枪式摄像机适用于光线不充足地区及夜间无法安装照明设备的地区，在仅监视景物的位置或移动时，可选用枪式摄像机。

图 1-5-18　枪式摄像机

目前，高清低照度日夜型枪式摄像机，采用高清晰度 CCD 传感器，具有超低照度、图像逼真柔和、清晰透彻、层次分明、亮度等级高、信噪小等优点。日夜转换两用型，白天彩色图像、夜间黑白图像，低于 0.15 Lux 时自动由彩色图像转换为黑白图像。在 760~1100 nm 的近红外区域，如果配合合适波长的红外照明，就可以在完全无光的情况下实现清晰的黑白图像。镜头伺服方式(选配)：DC(直流)驱动&VIDEO(视频)驱动模式，可接固定/手动/自动光圈镜头。

任务小结

本任务所用实训系统中的视频监控系统包含视频监控和周边防范两部分，视频监控系统由 3 台监视器、矩阵主机、硬盘录像机、高速球云台摄像机、一体化摄像机、红外摄像机、枪式摄像机以及报警设备组成。周边防范系统由红外对射探测器和单元门门磁构成，当其中的任意一路信号被检测到，它能与安防监控系统实现报警联动，以便完成对智能大楼门口、智能大楼、管理中心等区域的视频监视及录像。

实训系统中使用的红外摄像机、枪式摄像机和一体机使用 DC 12 V 电源，室外高速球型摄像机使用 AC 24 V 交流电源。

子任务2　视频监控及周边防范系统的安装与调试

▶ 任务目标 ▶

(1) 了解视频监控及周边防范系统技能训练的要求。
(2) 掌握系统主要设备的安装步骤。
(3) 掌握系统主要设备的参数设置。
(4) 掌握系统功能的调试和故障排除。

▶ 任务描述与分析 ▶

利用 THBAES—3 型楼宇智能化工程实训系统中的视频监控系统实现下述功能：

(1) CRT 监视器第一路监控硬盘录像机输出的视频画面，第二路监控矩阵主机第一输出通道的视频画面，通过遥控器能实现两路通道之间的切换。

(2) "智能小区"前的液晶监视器显示矩阵主机第一输出通道的输出画面，"智能大楼"前的液晶监视器显示硬盘录像机的输出画面。

(3) 通过矩阵切换各摄像机画面，分别在液晶和 CRT 监视器上显示。能够实现四路视频画面的队列切换(时序切换)，各画面切换时间为 3 s。

(4) 通过矩阵控制室内万向云台旋转，并对一体化摄像机进行变倍、聚焦操作。

(5) 通过硬盘录像机在 CRT 监视器上实现四路摄像机的画面显示，并控制高速球云台摄像机旋转、变倍和聚焦。

(6) 能够使用硬盘录像机设置并调用高速球云台摄像机的预置点，实现高速球云台摄像机的预置点顺序扫描、顺时针扫描、逆时针扫描、线扫等操作。

(7) 通过硬盘录像机实现报警和预置点联动录像：红外对射探测器触发时，声光警报器报警，同时高速球云台摄像机实现预置点联动录像。

(8) 通过硬盘录像机实现枪式摄像机的动态检测报警录像，并联动声光警报器报警。

▶ 相关知识 ▶

一、施工流程及步骤

为了能够高效率地对现场操作进行有效的管理，在进行技能训练之前，需要制订出一个完整的施工步骤流程(见图 1-5-19)，引进企业的 "6S" 管理方法，从整理、整顿、清扫、清洁、习惯和安全六个方面强化提高学生的职业素养，维持良好的操作环境，确保人身和设备安全，在实训中要严格遵照执行。

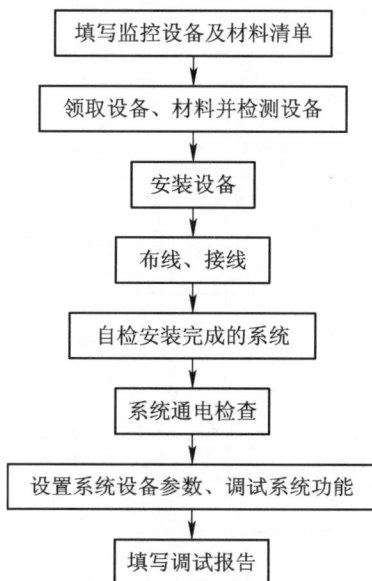

```
┌────────────────────────┐
│   填写监控设备及材料清单   │
└────────────────────────┘
            ↓
┌────────────────────────┐
│  领取设备、材料并检测设备  │
└────────────────────────┘
            ↓
┌────────────────────────┐
│        安装设备         │
└────────────────────────┘
            ↓
┌────────────────────────┐
│       布线、接线        │
└────────────────────────┘
            ↓
┌────────────────────────┐
│    自检安装完成的系统     │
└────────────────────────┘
            ↓
┌────────────────────────┐
│      系统通电检查       │
└────────────────────────┘
            ↓
┌────────────────────────┐
│ 设置系统设备参数、调试系统功能 │
└────────────────────────┘
            ↓
┌────────────────────────┐
│      填写调试报告       │
└────────────────────────┘
```

图 1-5-19　系统施工流程图

视频监控和周边防范系统的安装与调试工作计划表如表 1-5-1 所示，自己填写实际时间。

表 1-5-1　工作计划表(流程与步骤)

步骤	内　　容	计划时间	实际时间	完成情况
1	阅读任务书(熟悉任务书要求)			
2	清点元器件、工具及耗材数量			
3	初步检测元器件			
4	绘制视频监控和周边防范系统接线图			
5	视频监控和周边防范系统器件安装			
6	视频监控和周边防范系统整体布线			
7	视频监控和周边防范系统整体联动调试			
8	整理设备布线工艺及整理现场卫生			

元器件材料清单如表 1-5-2 所示，仔细查看元器件，根据具体情况填写表中的规格、数量、产地。

表 1-5-2　元器件材料清单

序号	物品名称	规　　格	数　　量	备注(产地)
1	高速球云台摄像机			
2	全方位云台一体化摄像机			
3	红外摄像机			
4	枪式摄像机			

序号	物品名称	规　格	数量	备注(产地)
5	解码器			
6	CRT 监视器			
7	矩阵主机			
8	硬盘录像机			
9	液晶监视器			
10	红外对射探测器			
11	报警器			
12	门磁			
13	电线(红、蓝、黑、白)			

根据实际情况填写如表 1-5-3 所示的工具材料清单。

表 1-5-3　工具材料清单

序号	工具名称	规　格	数　量	备　注
1	电烙铁			
2	焊锡丝			
3	剥线钳			
4	网线钳			
5	剪刀			
6	斜口钳			
7	小十字螺钉旋具			
8	小一字螺钉旋具			
9	大十字螺钉旋具			
10	大一字螺钉旋具			
11	7 号套筒			
12	电工胶布			

二、设备安装

1. 设备安装

在进行装调技能训练之前，要仔细阅读系统中各设备的安装方法，以避免由于安装不正确而损坏设备。下面介绍该系统各主要设备的安装步骤。

将各器件安装在楼道、智能大楼和管理中心区域内的正确位置。

(1) 监视器。

① 将机柜内的托板移至上方，且预留适合监视器的安装空隙并固定。

② 把监视器固定在托板上。

③ 将两个液晶显示器分别安装在智能小区和智能大厦上方的合适位置。

(2) 矩阵主机和硬盘录像机。

① 将网络机柜内的托板移至监视器下方，且预留合适的安装位置，用于安装矩阵主机和硬盘录像机。

② 将硬盘录像机固定到网络机柜内的托板上。

③ 将矩阵主机固定到网络机柜内的硬盘录像机上。

安装好的机柜如图 1-5-20 所示。

(3) 高速球云台摄像机。

① 把高速球云台摄像机的电源线、RS485 总线、视频线穿过高速球云台摄像机支架，并将支架固定到智能大楼外侧面的网孔板上，且固定高速球云台的金属罩壳到支架上。

② 设置好高速球云台摄像机的通信协议、波特率、地址码；其通信协议为 PELCO-D，波特率为 2400 B/s，地址码为 1。

③ 将高速球云台摄像机的电源线、RS485 总线、视频线接到高速球云台摄像机的对应接口内。

④ 将高速球云台摄像机球体机芯的卡子卡入金属罩壳上对应的卡孔内，并旋转球体机芯，使其完全被卡住，接着慢慢地放开双手，以防掉落损坏球体机芯。

⑤ 将高速球云台摄像机的透明罩壳固定到金属罩壳上。

安装步骤可参见图 1-5-21。

图 1-5-20　安装好的机柜

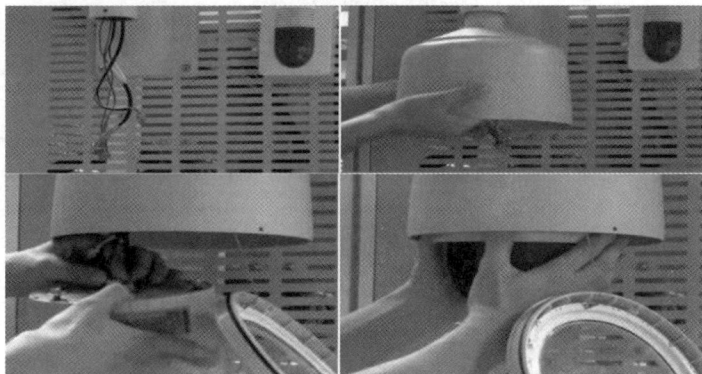

图 1-5-21　高速球云台摄像机安装步骤

(4) 枪式摄像机。

① 取出自动光圈镜头，并将其固定到枪式摄像机的镜头接口。

② 将摄像机支架固定到智能大楼的前网孔板右边。

③ 将摄像机固定到摄像机支架上，并调整摄像机，使镜头对准楼道。

安装好的枪式摄像机如图 1-5-22 所示。

(5) 红外摄像机。

① 将摄像机的支架固定到管理中心的网孔板左边。

② 将红外摄像机固定到摄像支架上，并调整摄像机，使镜头对准管理中心。

安装好的红外摄像机如图 1-5-23 所示。

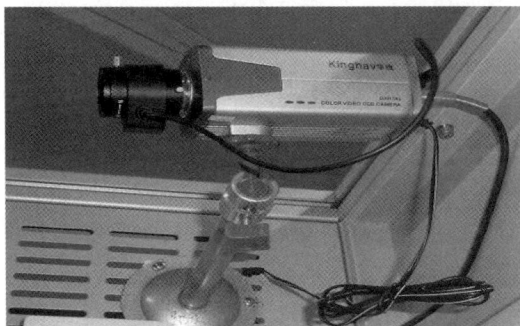

图 1-5-22　安装好的枪式摄像机

图 1-5-23　安装好的红外摄像机

(6) 室内全方位云台及一体化摄像机。

① 将室内全方位云台固定到智能大楼正面网孔板的左上角。

② 固定一体化摄像机到室内全方位云台上。

安装效果如图 1-5-24 所示。

图 1-5-24　室内云台及一体化摄像机

(7) 解码器。

将解码器固定到室内全方位云台的右边。

(8) 红外对射探测器。

将红外对射探测器安装在"智能大楼"的门口两侧，位置要适中，高度要一致。

2. 系统接线

1) 万向云台与解码器间的连接

万向云台可以带着摄像机做上、下、左、右的动作，以便动态观察周围的景象，它受控于解码器。解码器由 RS485 总线接收来自视频矩阵的控制信号，将信号解码，解码后的信号分成两大功能：一部分控制方向云台，完成方位的动作，另一部分控制摄像机镜头，完成变焦和聚焦的动作。万向云台的自动、向左、向右、向上、向下、公共端子分别接解码器的 A、L、R、U、D、COM 端子，镜头控制端的黑线是公共端，接解码器的 COM 端；橙色线为变焦控制线，接解码器的 ZOOM 端；黄色线为聚焦控制线，接解码器的 FOCUS 端；解码器的 RS485 端子，A 为 RS485 信号的正端、B 为负端，连接到视频矩阵的 PTZ 中的 A(+)、B(-)。万向云台供电电压为 DC 12 V，解码器的供电电压为 AC 220 V。

2) 视频线的连接

高速球云台摄像机的视频输出连接到矩阵主机的视频输入 1，枪式摄像机的视频输出连接到矩阵主机的视频输入 2，红外摄像机的视频输出连接到矩阵主机的视频输入 3，一体化摄像机的视频输出连接到矩阵主机的视频输入 4。

矩阵主机的视频输出 1~4 对应连接到硬盘录像机的视频输入 1~4，矩阵主机的视频输出 5 连接到 CRT 监视器的视频输入 1。

硬盘录像机的视频输出连接到监视器的视频输入 2。

3) 电源连接

高速球云台摄像机的电源为 AC 24 V，枪式摄像机、红外摄像机、一体化摄像机的电源为 DC 12 V，解码器、矩阵、硬盘录像机、监视器的电源为 AC 220 V。

4) 控制线的连接

高速球云台摄像机的控制线连接到硬盘录像机 RS485 总线的 A(+)、B(-)。

解码器的控制线连接到矩阵主机的 PTZ 中的 A(+)、B(-)。

5) 周边防范系统接线

红外对射探测器的电源输入连接到开关电源的 DC 12 V 输出，接收器公共端 COM 连接到硬盘录像机报警接口的 GND，常闭端 NC 连接到硬盘录像机报警接口的 ALARM IN1。

门磁的固定端和活动端分别安装在"智能大楼"的门框和门扇上。当门合上时，干簧管在磁力作用下动作，触点闭合，形成通路。门磁的报警输出分别连接硬盘录像机报警接口的 GND 和 ALARM IN2。

声光警报探测器的负极连接到开关电源的 GND，正极连接到硬盘录像机报警接口的 OUT1 的 C 端，且 OUT1 的 NO 端连接到开关电源 12 V。

注意：

① 220 V 电源线要单独放置与接线，千万不能混入控制线，否则将烧毁设备。

② 解码器线路连接时，一定要细心，按图 1-5-7 所示功能与相应的控制线一一对应，一旦搞错，将产生难以预见的后果。

③ 报警输入方式为常闭输入方式，红外对射探测器接线要注意。

④ RS485 控制线接线时注意正负之分，只要有一台接错，将会影响整条总线上的其它设备。

三、视频监控及周边防范系统的调试

系统各设备安装接线完毕后，需要进行通电调试。在通电之前，必须重新检查 220 V

的电源线接线是否正确、接头是否松动，确保无误后才能通电。系统调试包括系统参数设置、系统编程及操作两大部分，在正确接线的基础上，必须经过调试，才能达到系统所要求的功能。

1. 系统参数设置

在系统上电调试之前，要求必须仔细阅读相关设备的使用手册，并按照系统功能要求编制出调试步骤，然后再进行系统参数设置和编程操作。

(1) 高速球云台摄像机通信协议及地址设置。

高速球云台摄像机的通信协议及波特率设置：本系统中，高速球云台摄像机的通信协议为 PELCO-D，通信波特率为 2400 B/s，如何设置呢？打开高速球云台摄像机的护罩，并取下高速球云台摄像机的机芯，参见子任务 1 中图 1-5-2 高速球云台摄像机背面示意图，将拨码开关 SW1 设置为 000 100 即可。详细参数如表 1-5-4 所示。

表 1-5-4　高速球型摄像机通信协议设置

协议类型	SW1 拨码开关			波特率/(B/s)	SW1 拨码开关		
	1	2	3		4	5	6
PELCO-D	0	0	0	1200	0	0	
PELCO-P	1	0	0	2400	1	0	
DAIWA	1	0	1	4800	0	1	
SAMSUNG	1	1	1	9600	1	1	
ALEC	0	0	1				
YAAN	0	1	0				
B01	0	1	1				
自动识别	0	0	0		0	0	

高速球云台摄像机地址为 1，设置方法是将机芯背面的拨码开关 SW2 设置为 1000 0000，即地址为 1，具体参数设置如表 1-5-5 所示。

表 1-5-5　高速球云台摄像机地址设置

球机地址	开 关 设 置							
	1	2	3	4	5	6	7	8
1	1	0	0	0	0	0	0	0
2	0	1	0	0	0	0	0	0
3	1	1	0	0	0	0	0	0
⋮	⋮	⋮	⋮	⋮	⋮	⋮	⋮	⋮
255	1	1	1	1	1	1	1	1

(2) 解码器通信协议及地址设置。

打开解码器，内部设置开关参见图 1-5-25，将其拨码开关设置成如图 1-5-26 所示，即将地址设置为 1，波特率为 2400 B/s，通信协议为 PELCO-D。

图 1-5-25 解码器内部设置开关实物图

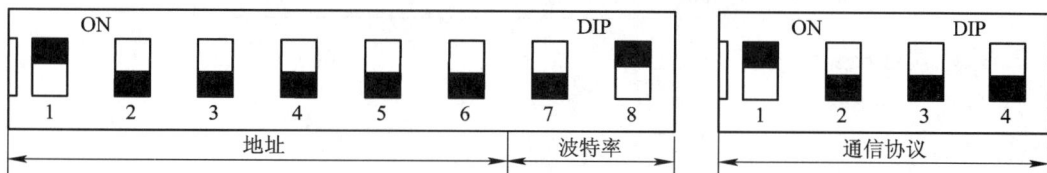

图 1-5-26 解码器设置开关示意图

地址设置如表 1-5-6 表所示。

表 1-5-6 解码器地址设置

地址	拨码(0—OFF，1—ON)					
	1	2	3	4	5	6
0	0	0	0	0	0	0
1	1	0	0	0	0	0
2	0	1	0	0	0	0
⋮	⋮	⋮	⋮	⋮	⋮	⋮
62	0	1	1	1	1	1
63	1	1	1	1	1	1

通信协议设置如表 1-5-7 所示。

表 1-5-7 解码器通信协议设置

通信协议	拨码(0—OFF，1—ON)				通信协议	拨码(0—OFF，1—ON)			
	1	2	3	4		1	2	3	4
PELCO-D	1	0	0	0	KRE-301	1	0	0	1
PELCO-P	0	1	0	0	VICON	0	1	0	1
SAMSUNG	1	1	0	0	ORX-10	1	1	0	1
PHILIPS	0	0	1	0	PANASONIC	0	0	1	1
RM 110	1	0	1	0	PIH717	1	0	1	1
CCR-20G	0	1	1	0	EASTERN	0	1	1	1
HY、ZR	1	1	1	0	自动选择	0	0	0	0
KALATEL	0	0	0	1					

波特率设置如表 1-5-8 所示。

表 1-5-8 解码器波特率设置

波特率/(b/s)	拨码(0—OFF，1—ON)	
	7	8
1200	1	0
2400	0	1
4800	1	1
9600	0	0

2. 系统编程及操作

1) 监视器的使用

(1) 打开电源。

打开供电电源，并打开监视器的电源开关。

(2) 图像调整。

将遥控器对准监视器的遥控接收窗，按一下"菜单"键，打开"图像"菜单，接着按"上移/下移"键，选择要调整项，按"增加/减少"键，对选择项进行增、减操作。

(3) 系统设置。

将遥控器对准监视器的遥控接收窗，连续按两下"菜单"键，打开"系统"菜单，接着按"上移/下移"键，选择要调整项，按"增加/减少"键，对选择项进行增、减操作。

(4) 浏览设置。

将遥控器对准监视器的遥控接收窗，连续按三下"菜单"键，打开"系统"菜单，接着按"上移/下移"键选择要调整项，按"增加/减少"键，对选择项进行增、减操作。

(5) 监视器的操作。

① 视频手动切换。将遥控器对准监视器的遥控接收窗，连续按两下"菜单"键，打开"系统"菜单，接着按"上移/下移"键选择"视频"。按"增加/减少"键，将在输入 1 和输入 2 之间切换。

② 视频自动切换。将遥控器对准监视器的遥控接收窗，连续按三下"菜单"键，打开"浏览"菜单，接着按"上移/下移"键选择"通道选择"，按"增加/减少"键，将进入"输入 1"和"输入 2"设置界面。

可按"上移/下移"键选择"输入 1"或"输入 2"，按"增加/减少"键，可将该通道设置为"开"或者"关"，本实训中需要将"输入 1"和"输入 2"设置为"开"。

按"浏览"键返回到浏览设置菜单，按"上移/下移"键选择浏览开关，并按"增加/减少"键设置为"开"。

2) 矩阵主机的使用

(1) 矩阵切换。

① 按数字键"5"，然后按"MON"，即可切换到通道 5 的输出。

② 按数字键"2"，然后按"CAM"，即可切换输入通道 2 到输出。

注意：上述操作需将监视器切换到输入通道 1，且矩阵输出 5 连接到监视器的输入 1。

(2) 队列切换。

① 在常规操作时，按"MENU"键可进入键盘菜单。

② 此时可按"↑"键上翻菜单或按"↓"键下翻菜单，直到切换到"7)矩阵菜单"。

③ 按"Enter"键，即可进入矩阵菜单，在监视器上可观察到如下菜单：

      1 系统配置设置

      2 时间日期设置

      3 文字叠加设置

      4 文字显示特性

      5 报警联动设置

      6 时序切换设置

      7 群组切换设置

      8 群组顺序切换

      9 报警记录查询

      0 恢复出厂设置

④ 按"↑"键或按"↓"键，将菜单前闪烁的"▶"切换到"6 时序切换设置"。

⑤ 按"Enter"键，即可进入队列切换编程界面，如下所示：

视频输出 01   驻留时间 02

视频输入

01＝0001	09＝0009	17＝0017	25＝0025
02＝0002	10＝0010	18＝0018	26＝0026
03＝0003	11＝0011	19＝0019	27＝0027
04＝0004	12＝0012	20＝0020	28＝0028
05＝0005	13＝0013	21＝0021	29＝0029
06＝0006	14＝0014	22＝0022	30＝0030
07＝0007	15＝0015	23＝0023	31＝0031
08＝0008	16＝0016	24＝0024	32＝0032

⑥ 按"↑"键或按"↓"键，将切换闪烁的"▶"，表示当前修改的参数，通过输入数字并按"Enter"键，完成相应的参数修改，最后将其内容修改如下所示：

视频输出 05   驻留时间 05

视频输入

01＝0001	09＝0000	17＝0000	25＝0000
02＝0003	10＝0000	18＝0000	26＝0000
03＝0002	11＝0000	19＝0000	27＝0000
04＝0004	12＝0000	20＝0000	28＝0000
05＝0003	13＝0000	21＝0000	29＝0000
06＝0004	14＝0000	22＝0000	30＝0000
07＝0001	15＝0000	23＝0000	31＝0000
08＝0002	16＝0000	24＝0000	32＝0000

⑦ 按"DVR"键，返回到矩阵菜单。

⑧ 按"DVR"键，退出矩阵菜单。

⑨ 连续按"Exit"键两次，退出设置菜单。

⑩ 按"SEQ"，即可在输出通道5执行队列切换输出。

⑪ 按"Shift"＋"SEQ"键，即可停止该队列。

(3) 云台控制。

① 按"5"，然后按"MON"键，切换到通道5输出。

② 按"1"，然后按"CAM"键，切换输入的摄像机1。

注意： 这里需要设置室内万向云台的地址为1，通信协议为PELCO-D，波特率为2400 B/s；矩阵主机默认的通信协议为PELCO-D，波特率为2400 B/s。

③ 控制矩阵主机的摇杆，即可控制室内万向云台进行相应的转动。

④ 按键"Zoom Tele"或"Zoom Wide"即可实现镜头的拉伸。

⑤ 使用摇杆和矩阵键盘切换到室内万向云台的预置点1。

⑥ 按"1"输入预置点号"1"，并按"Shift"＋"Call"键，设置室内万向云台的预置点。

⑦ 同样，参考步骤⑤、⑥的内容，设置其它不同位置的预置点2、3、4。

⑧ 预置点的调用，按"1"，然后按"CALL"即可切换到预置点1，同样可调用预置点2、3、4。

3) 硬盘录像机的使用

(1) 画面切换及系统登录。

① 使用监视器的遥控器将监视器切换到视频2。

注意： 这里需要将硬盘录像机的视频输出连接到监视器的视频输入2。

② 正常开机后，单击鼠标左键弹出登录对话框，并在"登录系统"界面中，选择用户名"888888"，输入密码"888888"，单击"确定"按钮即可登录系统，如图1-5-27所示。

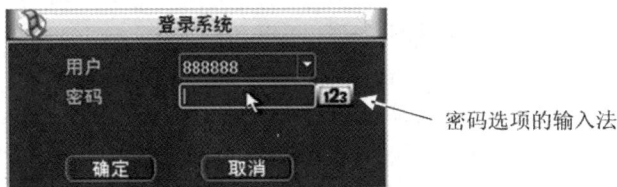

图1-5-27　登录对话框

注意： 密码选项的输入法使用鼠标左键单击进行切换。"123"表示输入数字，"ABC"表示输入大写字母，"abc"表示输入小写字母，":/?"表示输入特殊符号。

③ 单击鼠标右键，并选择右键菜单的"单画面"或"四画面"目录下的相应菜单，即可实现单画面或四画面切换。

(2) 高速球云台摄像机的控制。

① 本操作中，高速球机已经连接到硬盘录像机，且高速球机解码器的地址为3，通信协议为PELCO-D，波特率为2400 B/s。

② 在硬盘录像机上，登录系统后，依次进入"主菜单"→"系统设置"→"云台设置"界面，如图1-5-28所示，对参数进行设置，其中通道为1，协议为PELCO-D，地址为4，波特率为2400 B/s，数据位为8，停止位为1，校验为无。单击"保存"按钮，保存设置的参数，单击鼠标右键退出参数设置系统。

③ 将监视器的显示界面切换到高速球云台摄像机的监控图像。

单击鼠标右键，并选择右键菜单中的"云台控制"，进入云台控制界面，如图 1-5-29 所示。

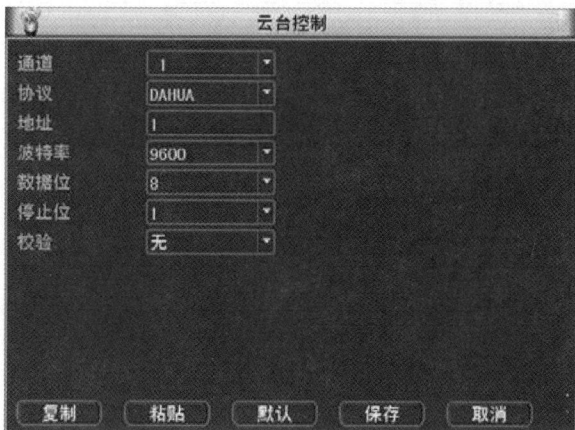

图 1-5-28　云台控制参数设置界面

图 1-5-29　云台控制界面 1

④ 单击云台控制界面的"上、下、左、右"即可控制高速球云台摄像机进行上、下、左、右转动。

单击"变倍""聚焦""光圈"的"+"和"−"，即可实现相应的操作。

单击"设置"按钮，进入设置"预置点""点间巡航""巡迹""线扫边界"等，如图 1-5-30 所示。

⑤ 预置点的设置：通过云台控制页面，转动摄像头至需要的位置，再切换到云台控制界面 2，单击预置点按钮，在预置点输入框中输入预置点值，单击"设置"按钮保持参数设置。

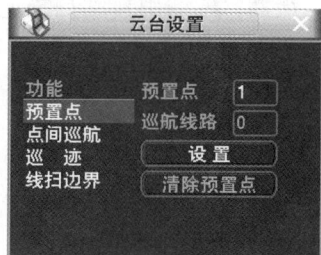

图 1-5-30　云台控制界面 2

⑥ 预置点的调用：在预置点的值输入框中输入需要调用的预置点，并单击预置点按钮即可进行调用。

⑦ 单击鼠标右键，返回到云台控制界面 1，并单击"页面切换"按钮，进入云台控制界面 3，如图 1-5-31 所示。云台控制界面 3 主要为功能的调用。

⑧ 高速球云台摄像机的预置点顺序扫描：首先，设置高速球云台摄像机的不同位置预置点 1、2、3、4、5、6；接着，在硬盘录像机上打开云台控制界面 3(如图 1-5-31 所示)，设置值为 51，单击"预置点"按钮，即可实现第一条预置点扫描。

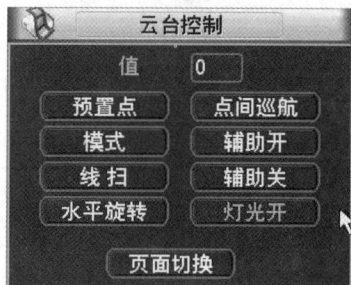

图 1-5-31　云台控制界面 3

注意：高速球云台摄像机的特殊预置点号 51～59 分别对应 9 条预置点扫描队列，可通过设置相应的预置点，并调用该队列的预置点号实现预置点顺序扫描，如表 1-5-9 所示。

表 1-5-9　高速球云台摄像机的特殊预置点

预置点号	调用预置点	说　明
51	第一条预置点扫描	预置点 1~16 号顺序扫描
52	第二条预置点扫描	预置点 17~32 号顺序扫描
53	第三条预置点扫描	预置点 33~48 号顺序扫描
54	第四条预置点扫描	预置点 97~112 号顺序扫描
55	第五条预置点扫描	预置点 113~128 号顺序扫描
56	第六条预置点扫描	预置点 129~144 号顺序扫描
57	第七条预置点扫描	预置点 145~160 号顺序扫描
58	第八条预置点扫描	预置点 161~176 号顺序扫描
59	第九条预置点扫描	预置点 1~48 号顺序扫描

预置点扫描停留时间调整：调用 69+调用相应的扫描号+调用的停留时间 N，N 为 1~63 s。例如：调用 69+调用 51+调用 5。

⑨ 高速球云台摄像机的顺时针或逆时针 360°自动扫描：首先，使用硬盘录像机调节高速球云台摄像机的监控画面为水平监视，接着，调用高速球云台摄像机特殊预置点号 65，最后，再调用自动扫描速度的扫描号 8(可把扫描号当作特殊的预置点)，即可实现高速球云台摄像机顺时针 360°自动扫描。

注意：高速球云台摄像机的顺时针或逆时针 360°自动扫描主要通过调用预置点 65 实现，其中代表其速度的预置点号从 1 到 20，速度级别 1 级最慢、10 级最快，如表 1-5-10、表 1-5-11 所示。

表 1-5-10　顺时针扫描号与速度对照表

扫描号	1	2	3	4	5	6	7	8	9	10
速度	1 级	2 级	3 级	4 级	5 级	6 级	7 级	8 级	9 级	10 级

表 1-5-11　逆时针扫描号与速度对照表

扫描号	11	12	13	14	15	16	17	18	19	20
速度	1 级	2 级	3 级	4 级	5 级	6 级	7 级	8 级	9 级	10 级

⑩ 高速球云台摄像机的水平线扫：首先，设置水平线扫的起点 11 号预置点和终点 21 号预置点，接着调用 66 号预置点，再调用 1 号预置点，则高速球云台摄像机执行在预置点 11 号和 21 号的顺时针水平扫描。

注意：线扫的起点和终点应为同一水平面上的两个不同点，不同的扫描号对应的起止点(预置点)不一致，具体可参考表 1-5-12、表 1-5-13，表内预置点斜杠前的数值为起点，斜杠后的数值为终点。

表 1-5-12　顺时针扫描号与预置点对照表

扫描号	1	2	3	4	5	6	7	8	9	10
预置点	11/21	12/22	13/23	14/24	15/25	16/26	17/27	18/28	19/29	20/30

表 1-5-13 逆时针扫描号与预置点对照表

扫描号	11	12	13	14	15	16	17	18	19	20
预置点	11/21	12/22	13/23	14/24	15/25	16/26	17/27	18/28	19/29	20/30

线扫速度调整：调用 67+调用相应的扫描号+调用的速度等级 N，N 为 1～63。例如：调用 67+调用 1+调用 5。

线扫停留时间调整：调用 68+调用相应的扫描号+调用的停留时间 N，N 为 1～250 s。例如：调用 68+调用 1+调用 5。

删除所有的预置点：通过调用特殊预置点号 71，即可删除所有的预置点。

(3) 手动录像。

① 登录系统，依次进入"高级选项""录像控制"界面，如图 1-5-32 所示。

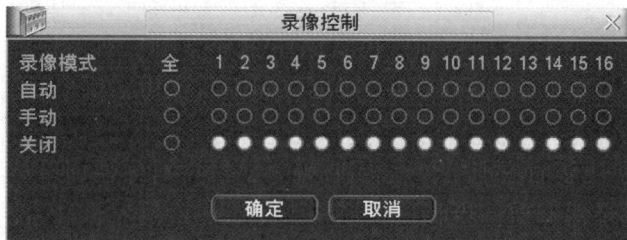

图 1-5-32 录像控制界面

使用鼠标选择相应的手动录像通道，并单击"确定"按钮保存参数设置，即可完成该通道的手动录像。

② 等待 10 min 后，将通道 1 的录像控制状态改为"关闭"，即可关闭通道 1 的录像。

(4) 定时录像。

① 登录系统，依次进入"高级选项""录像控制"界面，将通道 2 的录像状态改为"自动"，保存并退出。

② 依次进入"系统设置""录像设置"界面，对参数进行设置，其中通道为 2，星期为三，时间段 1 为 00:00—24:00(注意：这里可修改为当前系统时间到录像结束时间，一般录像时间可依据教学时间进行设置，将开始时间设置为当前时间，结束时间为当前时间多加 10 min 左右)，选择时间段 1 的"普通"，其它保持默认设置，选择保存并退出。即打开通道 1 的定时录像功能，如图 1-5-33 所示。

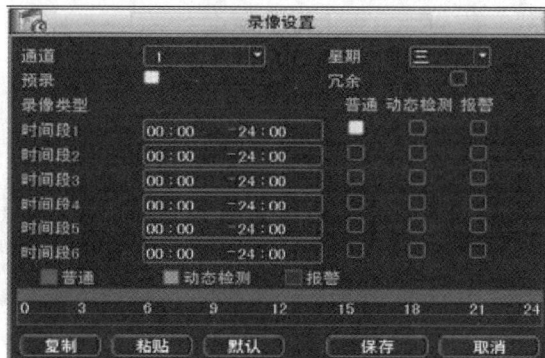

图 1-5-33 录像设置界面

注意：本实训中，选中状态为反显"■"或者反显"●"。

（5）系统报警及联动。

① 将高速球云台摄像机的镜头对准智能大楼的门口方向，在硬盘录像机上设置云台控制界面 2 的值为"1"，点击"预置点"，并退出云台控制界面。

② 在硬盘录像机上登录系统，依次进入"高级选项""录像控制"界面，将通道 1 的录像状态改为"自动"，保存并退出。

③ 依次进入"系统设置""录像设置"界面，对参数进行设置，其中通道为 1，星期为全，时间段 1 为 00:00—24:00，选择时间段 1 的"报警"，其它保持默认设置，选择保存并退出。

④ 依次进入"系统设置""报警设置"界面，对参数进行设置，其中报警输入为 1，报警源为本机输入，设备类型为常开型，录像通道选中"1"，延时为 10s，报警输出选中"1"，时间段 1 为 00:00—24:00，并选中时间段 1 的"报警输出"和"屏幕提示"，如图 1-5-34 所示。

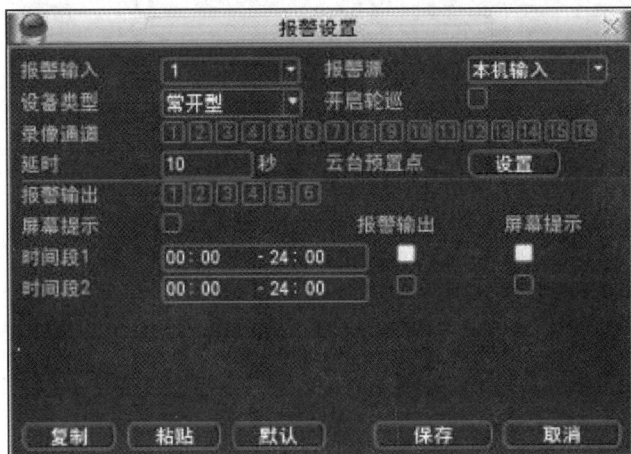

图 1-5-34　报警设置界面

⑤ 单击云台预置点右边的"设置"按钮，在打开的云台联动设置界面中，选择通道 1 为"预置点"，设置值为"1"，单击"保存"并退出，如图 1-5-35 所示。

⑥ 依次进入"高级选项""报警输出"界面，并将所有的通道选择为"自动"，单击"确定"保存并退出，如图 1-5-36 所示。

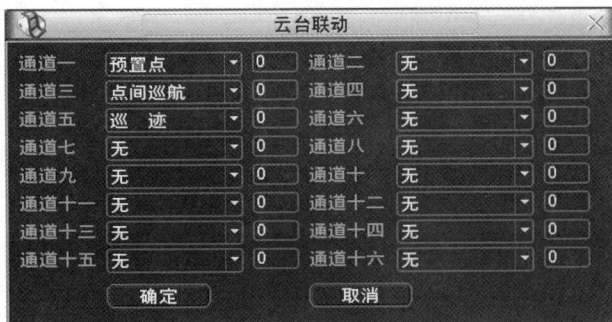

图 1-5-35　云台联动设置界面

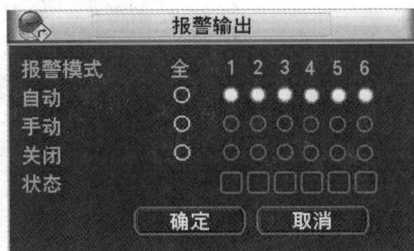

图 1-5-36　报警输入设置界面

⑦ 用物体挡在红外对射探测器之间，即在屏幕上提示报警，且开始录像通道 1 的画面，观察硬盘录像机的录像指示灯及声光警报器的状态。打开紧急按钮，并观察监视器屏

幕显示、硬盘录像机的录像指示灯及声光警报器的状态。

3. 系统常见故障分析

系统在安装调试过程中，难免会发生故障，若发现故障，如何去解决故障是对学生知识掌握程度的考验。相关知识掌握得充分，解决问题的能力就高。下面介绍系统主要设备发生故障时的现象、造成故障的可能原因及故障排除方法，供大家在系统调试中进行故障分析时参考。

1) 视频监控系统故障分析

视频监控系统故障分析如表 1-5-14 所示。

表 1-5-14　视频监控系统常见故障分析

序号	故障现象	故障原因分析	排除方法
1	高速球机没有图像信号	(1) 视频电缆没接好或视频线断路； (2) 视频线在视频矩阵上接错位置； (3) 电源线没有接好	(1) 检查视频电缆,重新接好； (2) 参照手册，正确接线； (3) 重新接好电源线
2	高速球机转着不停	(1) 参数未设置好； (2) 控制线接错	(1) 重新设置参数； (2) 检查控制线
3	全方位云台有图像不受控	(1) 控制线接错或断路； (2) 参数设置不正确	(1) 检查控制线； (2) 重新设置参数
4	某液晶监视器不亮	(1) 电源线未接好或电源插头松； (2) 遥控器通道设置错误； (3) 矩阵主机到监视器线路不通	(1) 检查电源插头和接线； (2) 设置监视器通道参数； (3) 检查视频信号回路
5	红外摄像机无图像	(1) 视频线接错或断路； (2) 矩阵主机参数设置不正确	(1) 检查视频线； (2) 重新设置参数
6	枪式摄像机无图像	(1) 视频线接错或断路； (2) 矩阵主机参数设置不正确	(1) 检查视频线； (2) 重新设置参数
7	所有摄像机都没有图像	(1) 矩阵主机端子接错； (2) 硬盘录像机视频输出线接错	(1) 检查矩阵主机线路端子； (2) 检查硬盘录像机视频线接头是否接错
8	全方位云台上下动作颠倒	云台控制线路接错	重新检查，正确接线
9	高速球机有信号但不受控	(1) 控制线接错或断路； (2) 球机参数设置不正确； (3) 矩阵主机参数设置不正确	(1) 检查控制线； (2) 设置球机通信参数； (3) 重新设置矩阵参数

2) 周边防范系统故障分析

周边防范系统故障分析如表 1-5-15 所示。

表 1-5-15　周边防范故障分析

序号	故障现象	故障原因分析	排除方法
1	通电后，报警器鸣叫	(1) 门磁打开或门磁坏； (2) 红外对射探测器没有对好； (3) 红外对射探测器线路接错； (4) 硬盘录像机参数设置错误	(1) 关闭门磁或更换门磁； (2) 重新对好红外对射探测器； (3) 检查红外对射探测器接线端是否正确； (4) 硬盘录像机参数正确设置
2	报警发生时，不报警	(1) 报警器电源正负极接错； (2) 报警器电气回路接线错误	检查报警器电源及报警电气回路
3	门磁报警失效	门磁损坏	更换门磁

▶ **学生活动** ▷

　　试根据视频监控及周边防范系统器件安装、接线与布线、系统功能调试等相关知识，完成视频监控及周边防范系统的安装与调试技能训练任务书。

视频监控及周边防范系统的安装与调试技能训练任务书
根据要求完成下列内容
1. 视频监控及周边防范系统器件安装
2. 视频监控及周边防范系统接线与布线
3. 视频监控及周边防范系统功能调试
4. 视频监控及周边防范系统安装工艺

任务评价

根据学生对视频监控及周边防范系统器件安装、接线与布线、系统功能调试、系统的安装工艺等任务完成情况进行评分。

视频监控及周边防范系统的安装与调试技能训练评分表

器件安装：共30分		器件安装得分：			
序号	重点检查内容	评分标准	分值	得分	备注
1	CRT监视器		1.5		
2	矩阵主机		1.0		
3	硬盘录像机		1.0		
4	液晶监视器		2.0		
5	高速球云台摄像机		3.5		
6	全方位云台一体机	器件选择正确、安装位置正确、器件安装后无松动	5.0		
7	红外摄像机		2.5		
8	枪式摄像机		2.5		
9	红外对射探测器		2.5		
10	门磁		1.5		
11	报警器		2.0		
12	解码器		5.0		
小　计					
功能要求：共50分		功能要求得分：			
序号	重点检查内容	评分标准	分值	得分	备注
1	各摄像机画面能显示	CRT监视器上可以看到整个摄像机画面，画面清晰无噪点、抖动	5		
2	通过矩阵切换各摄像机画面	通过矩阵，可以将任意画面进行切换、合成显示	5		
3	通过矩阵控制室内万向云台旋转	通过矩阵，控制室内万向云台，可实现上、下、左、右、聚焦、变焦等动作	5		
4	通过硬盘录像机控制高速球云台摄像机旋转、变倍和聚焦	通过硬盘录像机，控制高速球云台摄像机，可实现上、下、左、右旋转，聚焦、变焦等动作	5		
5	能够使用硬盘录像机设置并调用高速球云台摄像机的预置点	能够使用硬盘录像机设置并调用高速球云台摄像机的预置点，实现高速球云台摄像机的预置点顺序扫描、顺时针扫描、逆时针扫描、线扫(四选一)等操作	10		

续表

序号	重点检查内容	评分标准	分值	得分	备注
6	通过硬盘录像机实现报警和预置点联动录像	红外对射探测器触发时,声光警报器报警,同时高速球云台摄像机实现预置点联动录像	10		
7	通过硬盘录像机实现枪式摄像机的动态检测报警录像	通过硬盘录像机实现枪式摄像机的动态检测报警录像,并联动声光警报器报警	10		
小 计					
接线与布线:共15分		接线与布线得分:			
1	高速球云台摄像机	接通5根连接线	1.0		
2	解码器	接通12根连接线	2.5		
3	红外摄像机	接通3根连接线	1.0		
4	枪式摄像机	接通3根连接线	1.0		
5	矩阵主机	接通9根连接线	2.5		
6	硬盘录像机	接通7根连接线	2.0		
7	红外对射探测器(一对)	接通6根连接线	2.0		
8	CRT监视器	接通4根连接线	1.5		
9	液晶监视器(2个)	接通2根连接线	0.5		
10	门磁	接通2根连接线	0.5		
11	报警器	接通2根连接线	0.5		
小 计					
安装工艺:共5分		安装工艺得分:			
1	布线与接线工艺	线路连接、插针压接质量可靠,电线长度合适,避免过长或过短,线路号码管规范、字迹清楚,线槽、桥架工艺布线规范,各器件接插线与延长线的接头处套入热缩管作绝缘处理	5		
小 计					

▶ **任务拓展** ▶▶

用旧手机打造一套低成本高质量的远程视频监控系统

随着智能手机的更新换代,大家替换下来的旧手机也就闲置在家毫无用处了,如果你有掌握家中或是店中情况的需求,那么这些旧手机正好能派上用场,用两部智能手机就能打造一套远程视频监控系统。

当然旧手机需要连接到家中的 WiFi 网络，然后打开手机应用市场搜索"视频监控"，网上比较火的是"掌上看家"，而且经过测试可以免费使用，所以今天用这个 APP 做演示。

首先在旧手机(也就是家中做摄像头的手机)上，搜索并安装掌上看家采集端，如图 1-5-37 所示，注意是蓝色的图标。

安装成功并打开软件，进入后摄像头自动打开，如图 1-5-38 所示。

接着在随身携带的手机上安装"掌上看家"APP，注意是红色的图标。

安装后需要注册或登录，也可以使用第三方进行登录。登录成功后，需要单击"添加采集端设备"，单击后打开摄像头，对采集端软件的二维码进行扫描添加，如图 1-5-39 所示。

图 1-5-37　旧手机安装掌上看家采集端　　图 1-5-38　新手机安装掌上看家　　　图 1-5-39　注册、登录

采集端的二维码生成如图 1-5-40 所示，单击"生成二维码"。

扫码完成后，摄像头添加成功，单击上方的三角形播放按钮，如图 1-5-41 所示，即可实时查看采集端的视频。

图 1-5-40　采集端生成二维码

图 1-5-41　远程播放

在观看采集视频时，下方有静音、录制、按住说话、截屏、切换摄像头、闪光灯、截

屏等功能，可谓是功能很强大。

　　想要更高端的功能，可以在设置页面中，对运动或人形侦测进行报警，或者设置一个定时录制等。

　　以上就是对远程视频监控的简单介绍，更多应用大家可以自行摸索，也可以共同交流。

▶ 任务小结 ◀

　　本任务包括视频监控和周边防范两大部分，通过装调训练，可以对系统的结构、各设备之间的关系和功能有更深入的理解。通过自己动手安装与调试，能够掌握系统相关设备的安装规范、线路敷设、参数设置等技能。

　　THBAES—3 型楼宇智能化工程实训系统安装与调试项目，锻炼了学生的动手能力，使学生从项目需求到方案设计到系统调试有了完整认识，培养了工程项目实战能力，这种能力可以延伸到其它工程项目。通过项目实训，可以培养学生对前沿技术的兴趣，养成良好的职业习惯，尽快成长，缩短与社会的距离。

任务6　网络视频监控系统的安装与调试

任务目标

(1) 了解网络视频监控系统的构成。

(2) 掌握设备安装与接线，实现各类常见设备的安装与接线操作。

(3) 掌握硬盘录像机的使用，视频画面的切换、录像、报警联动等功能。

任务描述与分析

21 世纪初，网络视频监控系统开始得到应用，那么，它有什么特点，网络视频监控系统由哪些器件构成，各器件是如何连接的，又是如何进行安装与调试的呢？

网络视频监控即 IP 监控，IP 是 Internet Protocol(因特网协议)的缩写，它是通过计算机网络进行交流的最常用的协议之一。

网络视频监控通过有线、无线 IP 网络、电力网络，以数字化的形式传输视频信息。只要是网络可以到达的地方就可以实现视频监控和记录。

网络视频监控系统是安全防范技术体系中的一个重要组成部分，是一种先进的、防范能力极强的综合系统。它可以通过遥控摄像机及其辅助设备，直接观看被监视场所的一切情况，把被监视场所的图像传送到监控中心，同时还可以把被监视场所的图像全部或部分地记录下来，为日后某些事件的处理提供方便条件和重要依据。

如图 1-6-1 所示，网络视频监控系统由液晶监视器、网络硬盘录像机、网络智能高速球摄像机、红外半球摄像机、红外筒形摄像机、星光全光谱警戒球机以及常用的报警设备组成。它能与安防系统的报警联动，可完成对智能小区大楼门口、管理中心等区域的视频监视及录像。

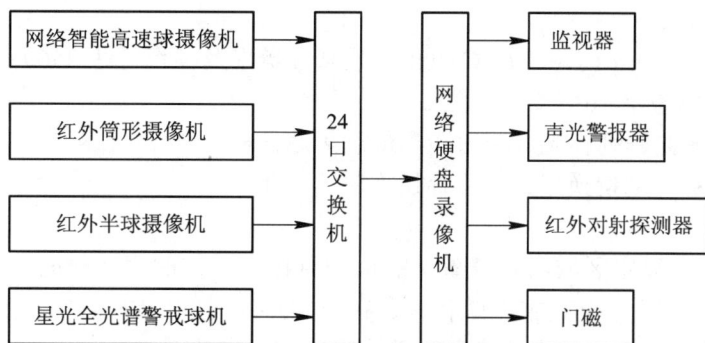

图 1-6-1　网络视频监控系统系统框图

▶ 相关知识 ▷

一、设备安装

1. 主要模块及安装

1) 网络硬盘录像机

网络硬盘录像机如图1-6-2所示。

(a) 正面

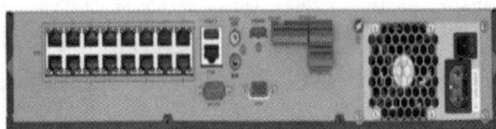
(b) 背面

图1-6-2　网络硬盘录像机

网络硬盘录像机安装步骤如下:

(1) 将网络机柜内的托板移至监视器下方,且预留合适的安装位置。

(2) 将网络硬盘录像机固定到网络机柜内的托板上。

2) 网络智能高速球摄像机

图1-6-3是天地伟业1600万63倍超星光AR全景网络智能高速球摄像机,型号为TC—H524S,其功能特点、主要参数及安装步骤如下。

(1) 功能特点。

① 全景摄像机。

a. 采用4个1/1.8" 4MP CMOS,最高分辨率及帧率可达5520×2400 @30f/s。

b. 视场角:水平180°,垂直85°。

c. 配备2.8mm@F1.0光学镜头。

d. 支持区域裁剪、畸变校正。

② 特写摄像机。

图1-6-3　网络智能高速球摄像机

a. 1/1.8" 4MP Progressive Scan CMOS,最高分辨率及帧率可达2560×1440 @25f/s。

b. 63倍光学变焦,16倍数字变焦。

c. 采用高效激光阵列补光,照射距离最远可达500m。

d. 支持多目标自动切换跟踪,目标切换时间小于1s。

(2) 主要参数。

① 全景通道对设定区域内触发事件的运动目标在设定的跟踪时间内进行持续稳定跟踪,并可在跟踪过程中手动切换跟踪目标,在设定跟踪时间内进行持续稳定跟踪。

② 支持一键自动标定,快速建立全景特写通道对应关系。

③ 全景支持热度图功能。

④ 特写通道3D定位和全景通道3D定位功能,可实现点击跟踪和放大。

⑤ 支持自动雨刷。

⑥ 支持声光警戒。

⑦ 支持 Onvif、GB28181。

⑧ 本地存储最大支持 512 G TF 卡。

⑨ 标配 DC 36 V 电源，峰值功率 76 W。

(3) 安装步骤。

① 把网络智能高速球摄像机的电源线、网线穿过网络智能高速球摄像机支架，并将支架固定到智能大楼外侧面的网孔板上。

② 将网络智能高速球摄像机的电源线、网线接到网络智能高速球摄像机的对应接口内。

③ 将网络智能高速球摄像机固定到支架上。

3) 星光全光谱警戒球机

星光全光谱警戒球机如图 1-6-4 所示，其安装方法与网络智能高速球摄像机相同。

4) 红外半球摄像机

红外半球摄像机如图 1-6-5 所示，其安装步骤如下：

(1) 将摄像机的支架固定到智能小区的顶部网孔板左边。

(2) 将红外摄像机固定到摄像支架上，并调整镜头对准智能小区出口。

5) 红外筒形摄像机

红外筒形摄像机如图 1-6-6 所示，其安装步骤如下：

(1) 将红外筒形摄像机固定到管理中心前面网孔板的右边。

(2) 将红外筒形摄像机固定到摄像支架上，并调整镜头对准楼道。

图 1-6-4　星光全光谱警戒球机　　图 1-6-5　红外半球摄像机　　图 1-6-6　红外筒形摄像机

2. 网络视频监控系统的安装

1) 网线的连接

将红外半球摄像机、红外筒形摄像机、星光全光谱警戒球机摄像机、网络智能高速球摄像机的网络端口分别利用网线接入交换机的网络端口。

交换机的任意网络端口接入到网络硬盘录像机网络端口，网络硬盘录像机 VGA 接口接入监视器的 VGA 接口。

2) 视频电源连接

网络智能高速球摄像机和星光全光谱警戒球机摄像机的电源为 AC 24 V，红外半球摄像机和红外筒形摄像机的电源为 DC 24 V，网络硬盘录像机、监视器、24 口交换机的电源为 AC 220 V。

3) 周边防范系统接线

红外对射探测器电源输入连接到开关电源 DC 12 V 输出；接收器公共端 COM 连接到网络硬盘录像机报警接口的 GND，常开端 NO 连接到网络硬盘录像机报警接口的 ALARM IN1。

门磁的报警输出分别连接网络硬盘录像机报警接口 ALARM IN2 的 G 端和 ALARM IN2 端。声光警报探测器的负极连接到开关电源的 GND，正极连接到网络硬盘录像机报警输出接口 ALARM OUT 的 OUT1 的 1 端，且 OUT1 的另一端 G 连接到开关电源 12 V，如图 1-6-7 所示。

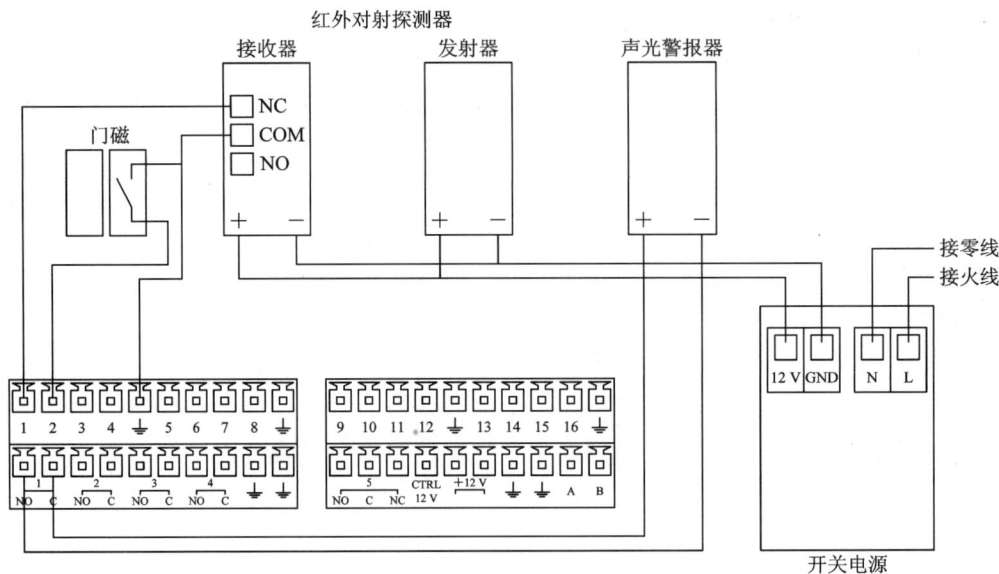

图 1-6-7　周边防范系统接线图

二、系统设置及操作

1. 监视器的使用

1) 打开电源

打开供电电源后，打开监视器的电源开关。

2) 图像调整

将遥控器对准监视器的遥控接收窗，按一下"菜单"键，打开"图像"菜单，接着按"上移/下移"键选择要调整项，按"增加/减少"键，对选择项进行增、减操作。

3) 系统设置

将遥控器对准监视器的遥控接收窗，连续按两下"菜单"键，打开"系统"菜单，接着按"上移/下移"键选择要调整项，按"增加/减少"键，对选择项进行增、减操作。

4) 浏览设置

将遥控器对准监视器的遥控接收窗，连续按三下"菜单"键，打开"系统"菜单，接着按"上移/下移"键选择要调整项,按"增加/减少"键,对选择项进行增、减操作。

5) 监视器的操作

(1) 视频手动切换。将遥控器对准监视器的遥控接收窗,连续按两下"菜单"键,打开"系统"菜单,接着按"上移/下移"键选择"视频"。按"增加/减少"键,将在输入 1 和输入 2 之间切换。

(2) 视频自动切换。将遥控器对准监视器的遥控接收窗,连续按三下"菜单"键,打开"浏览"菜单,接着按"上移/下移"键选择"通道选择",按"增加/减少"键,将进入"输入 1"和"输入 2"设置界面。可按"上移/下移"键选择"输入 1"或"输入 2",按"增加/减少"键,将该通道设置为"开"或者"关",本实训中需要将"输入 1"和"输入 2"设置为"开"。

按"浏览"键返回到浏览设置菜单,按"上移/下移"键选择浏览开关,并按"增加/减少"键设置为"开"。

2. 激活与配置网络摄像机

网络摄像机首次使用时需要进行激活并设置登录密码,才能正常登录和使用。可以通过客户端软件或浏览器方式激活。网络摄像机出厂初始信息如下:

IP 地址:192.168.1.64。

HTTP 端口:8000。

管理用户:admin。

1) 通过客户端软件激活

(1) 安装随机光盘里或从官网下载的客户端软件。运行软件后,选择"控制面板""设备管理"图标,将弹出"设备管理"界面,如图 1-6-8 所示。"在线设备"中会自动搜索局域网内的所有在线设备,列表中会显示设备类型、IP、安全状态、设备序列号等信息。

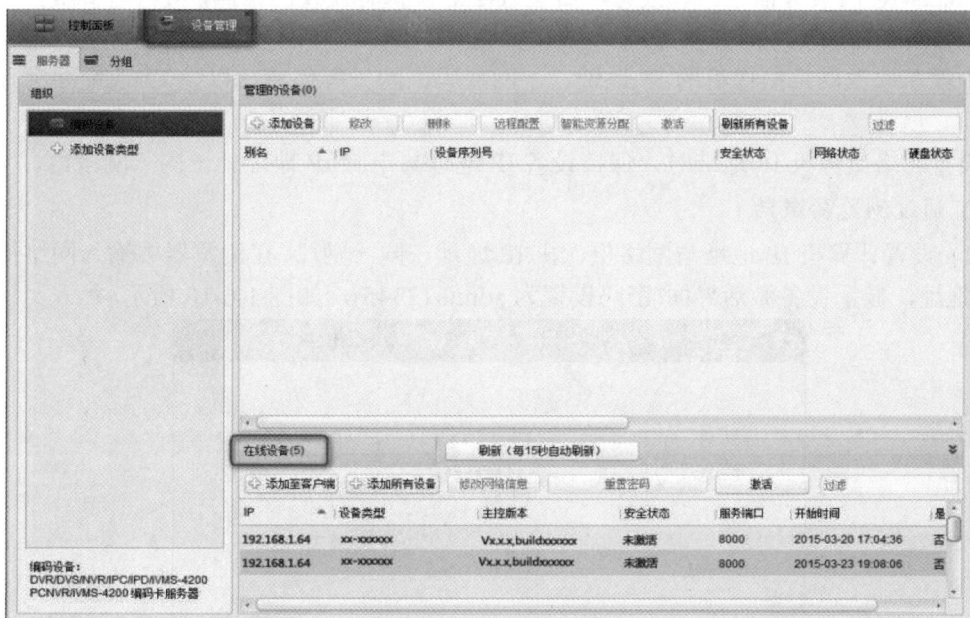

图 1-6-8　设备管理

(2) 选中处于未激活状态的网络摄像机，单击"激活"按钮，弹出"激活"界面。设置网络摄像机密码(密码设置为 admin12345)，单击"确定"按钮，成功激活摄像机后，列表中"安全状态"会更新为"已激活"，如图 1-6-9 所示。

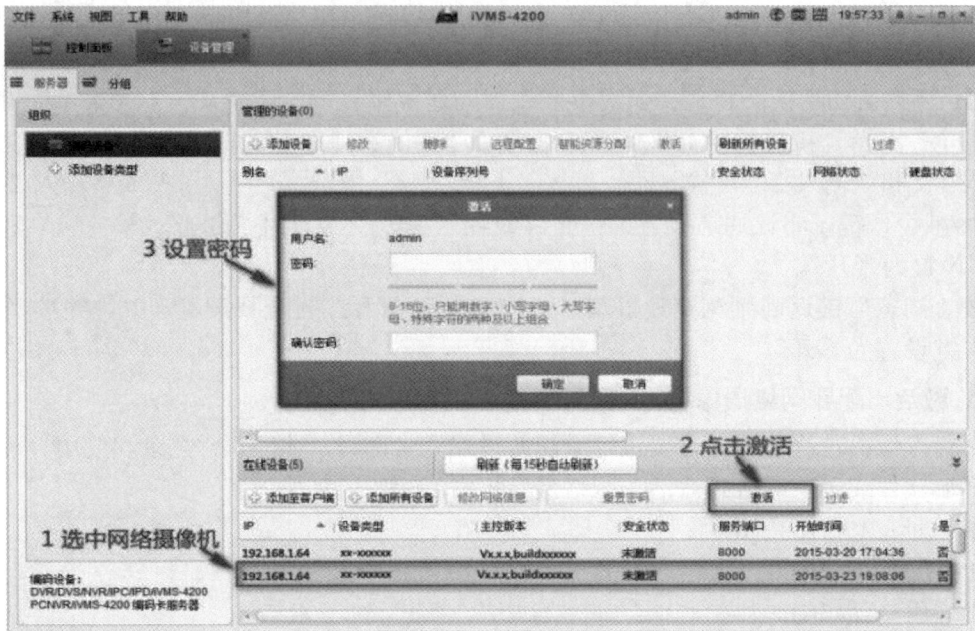

图 1-6-9　激活设备

(3) 通过客户端软件修改摄像机 IP 地址。选中已激活的网络摄像机，单击"修改网络参数"，在弹出的页面中修改网络摄像机的 IP 地址(摄像机 IP 地址默认改为 192.168.1～192.168.254)、网关等信息。修改完毕后输入激活设备时设置的密码，单击"确定"按钮。提示"修改参数成功"则表示 IP 等参数设置生效。若网络中有多台网络摄像机，建议重复操作步骤 3 修改网络摄像机的 IP 地址、子网掩码、网关等信息，以防 IP 地址冲突导致异常访问。

设置网络摄像机 IP 地址时，保持设备 IP 地址与电脑 IP 地址处于同一网段内。

2) 通过浏览器激活

(1) 设置计算机 IP 地址与网络摄像机 IP 地址在同一网段，在浏览器中输入网络摄像机的 IP 地址，显示设备激活界面(密码设置为 admin12345)，如图 1-6-10 所示。

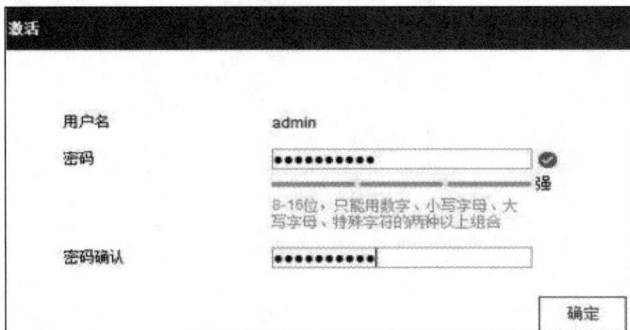

图 1-6-10　浏览器激活界面

(2) 如果网络中有多台网络摄像机，则应修改网络摄像机的 IP 地址，防止因 IP 地址冲突导致网络摄像机访问异常。登录网络摄像机后，可在"配置→网络→TCP/IP"界面下修改网络摄像机 IP 地址、子网掩码、网关等参数。

3. 添加网络摄像机

1) POE 摄像机的添加

(1) 选择"主菜单"→"通道管理"→"通道配置"，进入通道管理的"通道配置"界面，如图 1-6-11 所示。

图 1-6-11   IP 通道管理界面

(2) 编辑 IP 通道。选择或双击通道，可进入"编辑 IP 通道界面"。添加方式支持"即插即用"。

① 选择"即插即用"方式，需将 IP 通道连接到独立的 100 M 以太网口上或带 POE 供电的独立的 100 M 以太网口上。图 1-6-12 为编辑 IP 通道界面。

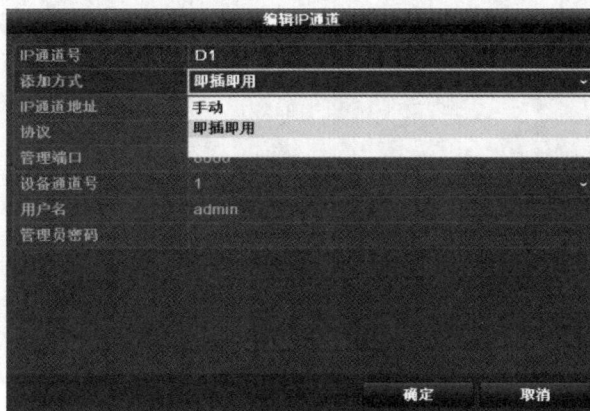

图 1-6-12   编辑 IP 通道界面

② 连接设备。设备自动修改独立以太网口 IP 设备的 IP 地址，并成功连接，图 1-6-13 为 IP 即插即用添加成功界面。

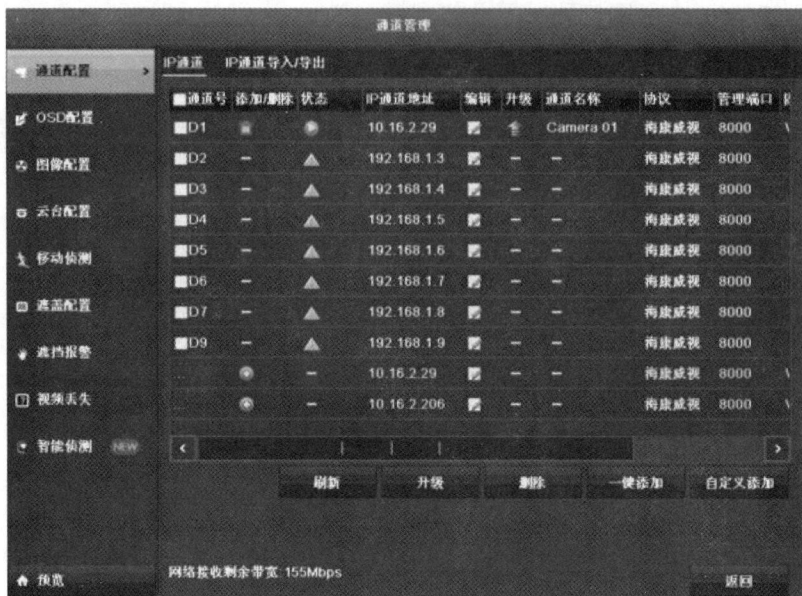

图 1-6-13　IP 即插即用添加成功界面

2) 非 POE 摄像机的添加

(1) 选择"主菜单"→"通道管理"→"通道配置"，进入通道管理的"通道配置"界面，如图 1-6-14 所示。

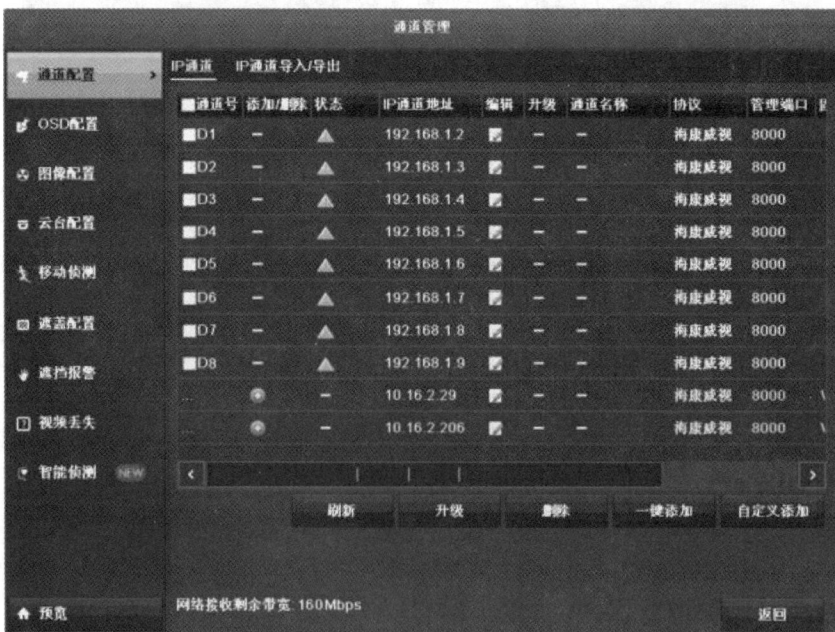

图 1-6-14　通道配置界面

(2) 编辑 IP 通道。选择或双击通道，可进入"编辑 IP 通道界面"。添加方式选择"手动"，如图 1-6-15 所示。

图 1-6-15　编辑 IP 通道界面

① 若选择"手动"添加方式，需将设备接入与 IP 通道互联的网络，选择协议添加方式与"通道配置界面下添加 IP 通道"相同。

② 输入 IP 通道地址(摄像机 IP 地址)、协议(海康摄像机默认为海康，其它厂家摄像机选择"ONVIF")、管理端口(海康摄像机默认为"8000"，其它厂家摄像机选择"80")、用户名(摄像机激活时用户名)、密码(摄像机激活时密码 admin12345)，设备通道号"1"。单击"添加"，IP 设备被添加到 NVR 上。

4. 云台设置及控制

(1) 选择"主菜单"→"通道管理"→"云台配置"，进入"云台配置"界面，如图 1-6-16 所示。

图 1-6-16　云台控制参数设置界面

(2) 选择"云台参数配置",进入云台参数配置界面,如图 1-6-17 所示。

(3) 云台控制操作。预览画面下,选择预览通道便捷菜单中的"云台控制",进入云台控制模式,如图 1-6-18 所示。

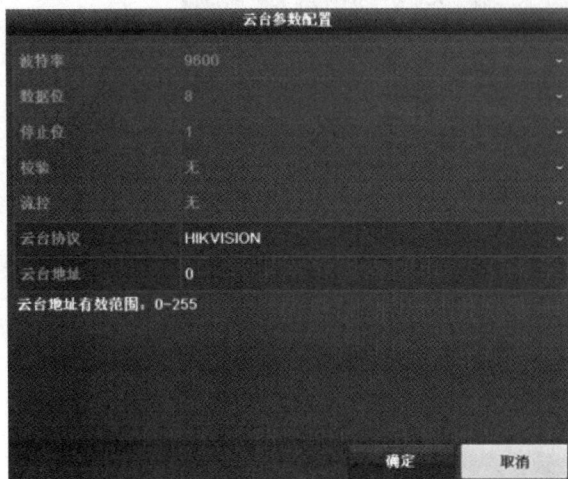

图 1-6-17　云台参数配置

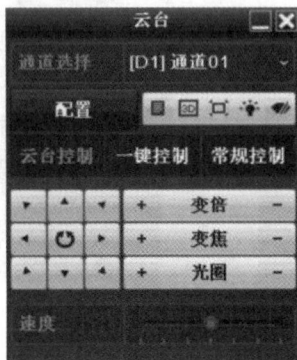

图 1-6-18　云台控制

5. 预置点、巡航、轨迹设置及调用

1) 预置点设置、调用

(1) 选择"主菜单"→"通道管理"→"云台配置",进入"云台配置"界面。

(2) 设置预置点,具体操作步骤如下:

① 使用云台方向键将图像旋转到需要设置预置点的位置。

② 在"预置点"框中,输入预置点号,如图 1-6-19 所示。

③ 单击"设置",完成预置点的设置。

④ 重复以上操作可设置更多预置点。

图 1-6-19　预置点设置界面

(3) 调用预置点。

① 进入云台控制模式。

方法一："云台配置"界面下，单击"PTZ"。

方法二：预览模式下，单击通道便捷菜单"云台控制"或按下前面板、遥控器、键盘的"云台控制"键。

② 在"常规控制"界面，输入预置点号，单击"调用预置点"，即完成预置点调用，如图 1-6-20 所示。

③ 重复以上操作可调用更多预置点。

2) 巡航设置、调用

具体操作步骤如下：

(1) 选择"主菜单"→"通道管理"→"云台配置"，进入"云台配置"界面。

(2) 设置巡航路径，具体操作步骤如下：

① 选择巡航路径。

② 单击"设置"，添加关键点号。

③ 设置关键点参数，包括关键点序号、巡航时间、巡航速度等。

④ 单击"添加"，保存关键点，如图 1-6-21 所示。

⑤ 重复以上步骤，可依次添加所需的巡航点。

⑥ 单击"确定"，保存关键点信息并退出界面。

(3) 调用巡航。

① 进入云台控制模式。

方法一："云台配置"界面下，单击"PTZ"。

方法二：预览模式下，单击通道便捷菜单"云台控制"或按下前面板、遥控器、键盘的"云台控制"键。

② 在"常规控制"界面，选择巡航路径，单击"调用巡航"，即完成巡航调用，如图 1-6-22 所示。

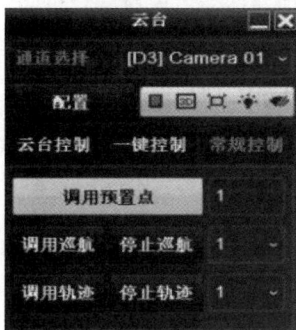

图 1-6-20　云台控制界面　　　　图 1-6-21　关键点参数设置界面　　　　图 1-6-22　巡航调用界面

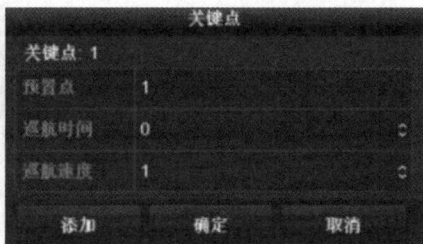

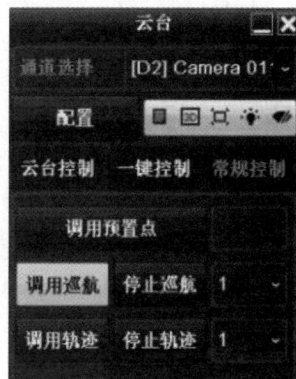

3) 轨迹设置、调用

具体操作步骤如下：

(1) 选择"主菜单"→"通道管理"→"云台配置",进入"云台配置"界面。

(2) 设置轨迹,具体操作步骤如下:

① 选择轨迹序号。

② 单击"开始记录",操作鼠标(单击鼠标控制框内 8 个方向按键)使云台转动,此时云台的移动轨迹将被记录。如图 1-6-23 所示。

图 1-6-23　轨迹设置界面

③ 单击"结束记录",保存已设置的轨迹。

④ 重复以上操作设置更多的轨迹线路。

(3) 调用轨迹。

① 进入云台控制模式。

方法一:"云台配置"界面下,单击"PTZ"。

方法二:预览模式下,单击通道便捷菜单"云台控制"或按下前面板、遥控器、键盘的"云台控制"键。

② 在"常规控制"界面,选择轨迹序号,单击"调用轨迹",即完成轨迹调用,如图 1-6-24 所示。

③ 单击"停止轨迹",结束轨迹。

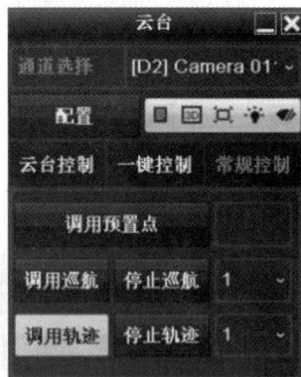

图 1-6-24　轨迹调用界面

6. 录像设置

1) 手动录像设置

(1) 通过设备前面板"录像"键或选择"主菜单"→"手动操作",进入"手动录像"界面,如图 1-6-25 所示。

(2) 设置手动录像的开启/关闭。

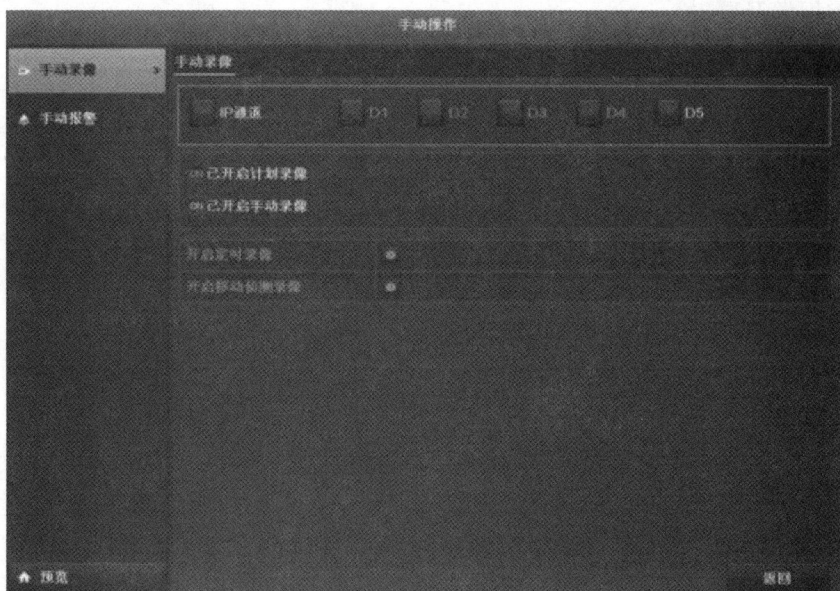

图 1-6-25　手动录像

2）定时录像设置

(1) 选择"主菜单"→"录像配置"→"计划配置"，进入"录像计划"界面。

(2) 选择要设置定时录像的通道。

(3) 设置定时录像时间计划表，具体操作步骤如下：

① 选择"启用录像计划"。

② 录像类型选择"定时"，如图 1-6-26 定时录像完成界面所示。

③ 单击"应用"，保存设置。

图 1-6-26　定时录像完成界面

7．系统报警及联动

1) 报警输入设置

(1) 选择"主菜单"→"系统配置"→"报警配置"，进入"报警配置"界面。

(2) 选择"报警输入"属性页，进入报警配置的"报警输入"界面，如图 1-6-27 所示。

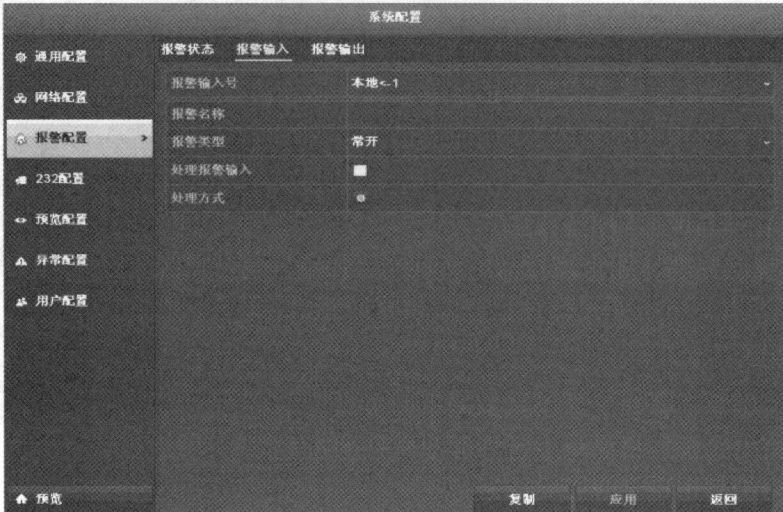

图 1-6-27　报警配置的报警输入界面

(3) 设置报警输入参数。

报警输入号：选择设置的通道号；报警类型：选择实际所接器件类型(门磁、红外对射探测器属于常闭型)；处理报警输入：打钩；处理方式：根据实际选择，在选择 PTZ 选项时可以进行智能球机联动。

2) 报警输出设置

(1) 选择"主菜单"→"系统配置"→"报警配置"，进入"报警配置"界面。

(2) 选择"报警输出"属性页，进入报警配置的"报警输出"界面，如图 1-6-28 所示。

图 1-6-28　报警输出界面

(3) 选择待设置的报警输出号，设置报警名称和延时时间。

(4) 单击"布防时间"右面的命令按钮。进入报警输出布防时间界面，如图 1-6-29 所示。

图 1-6-29　布防时间界面

(5) 对该报警输出进行布防时间段设置。

(6) 重复以上步骤，设置整个星期的布防计划。

(7) 单击"确定"按钮，完成报警输出的设置。

8. 智能侦测

选择"主菜单"→"通道管理"→"智能侦测"，进入"智能侦测"配置界面，可在此界面选择具体的智能侦测报警模式，包括人脸侦测、越界侦测、区域入侵侦测等。

下面介绍几种智能侦测报警模式。

1) 人脸侦测

人脸侦测功能可用于侦测场景中出现的人脸，NVR 人脸侦测配置具体步骤如下：

(1) 选择"主菜单"→"通道管理"→"智能侦测"，进入"智能侦测"配置界面。

(2) 选择"人脸侦测"，进入智能侦测人脸侦测配置界面，如图 1-6-30 所示。

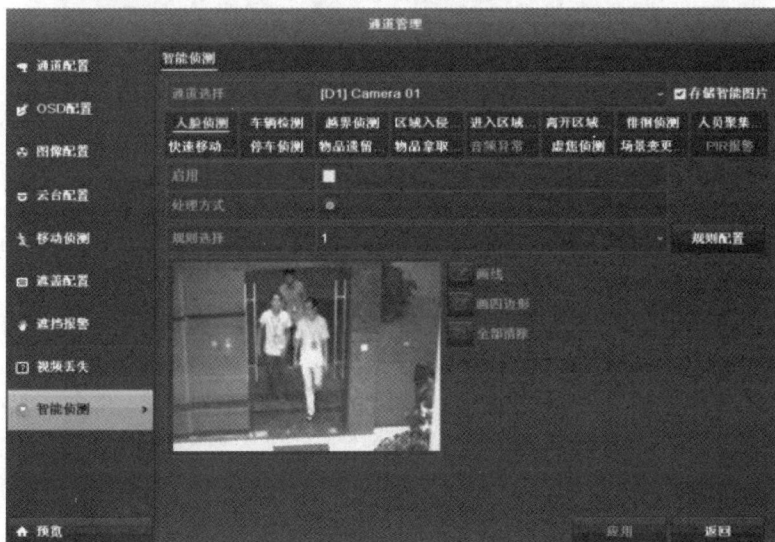

图 1-6-30　智能侦测人脸侦测配置界面

(3) 设置需要人脸侦测的通道。

(4) 设置人脸侦测规则，具体步骤如下：

① 在"规则选择"下拉列表中，选择任一规则，人脸侦测只能设置 1 条规则。

② 单击"规则配置"，进入人脸侦测"规则配置"界面，如图 1-6-31 所示。

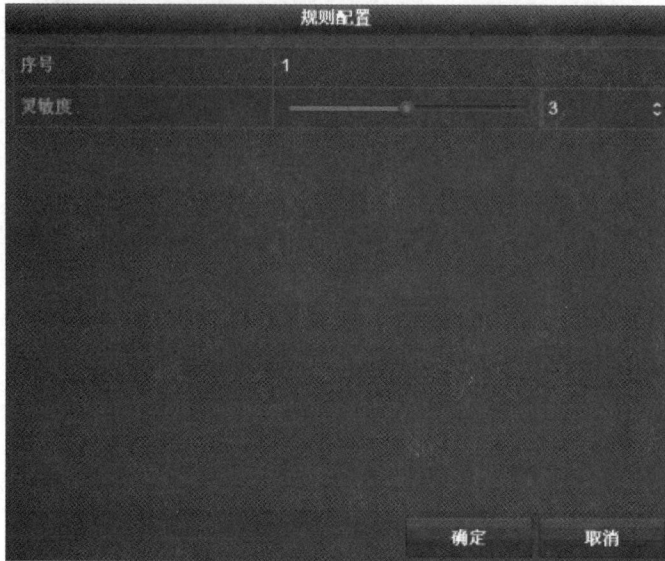

图 1-6-31　人脸侦测规则配置界面

③ 设置规则的灵敏度。灵敏度有 1～5 挡可选，数值越小，侧脸或者不够清晰的人脸越不容易被检测出来，用户需要根据实际环境测试调节。

④ 单击"确定"按钮，完成对人脸侦测规则的设置。

(5) 设置规则的处理方式。

① 单击"处理方式"，进入处理方式的"触发通道"界面，如图 1-6-32 所示。

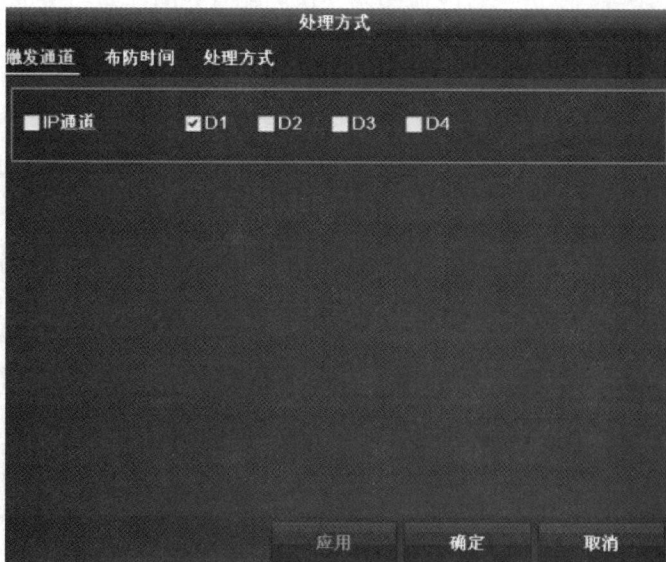

图 1-6-32　"触发通道"界面

② 选择"布防时间"属性页，进入处理方式的"布防时间"界面，如图 1-6-33 所示。设置人脸侦测的布防时间。

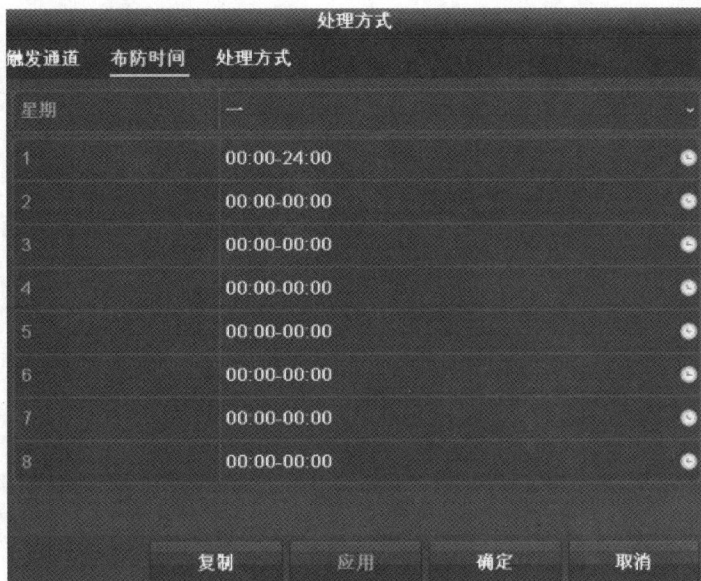

图 1-6-33 处理方式的布防时间界面

③ 选择"处理方式"属性页，进入"处理方式"界面，如图 1-6-34 所示。设置报警联动方式。

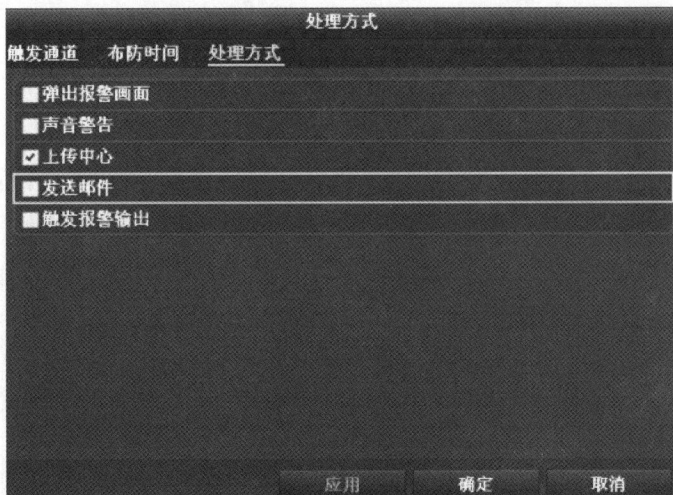

图 1-6-34 处理方式界面

(6) 绘制规则区域。鼠标左键单击绘制按钮，在需要智能监控的区域，绘制规则区域。

(7) 单击"应用"，完成配置。

(8) 勾选"启用"，启用人脸侦测功能。

2) 越界侦测

越界侦测功能可侦测视频中是否有物体跨越设置的警戒面，根据判断结果联动报警。具体操作步骤如下：

(1) 选择"主菜单"→"通道管理"→"智能侦测",进入"智能侦测"配置界面。

(2) 选择"越界侦测",进入智能侦测越界侦测配置界面,如图 1-6-35 所示。

图 1-6-35　智能侦测越界侦测配置界面

(3) 设置需要越界侦测的通道。

(4) 设置越界侦测规则,具体步骤如下:

① 在规则下拉列表中,选择任一规则。

② 单击"规则配置",进入越界侦测"规则配置"界面,如图 1-6-36 所示。

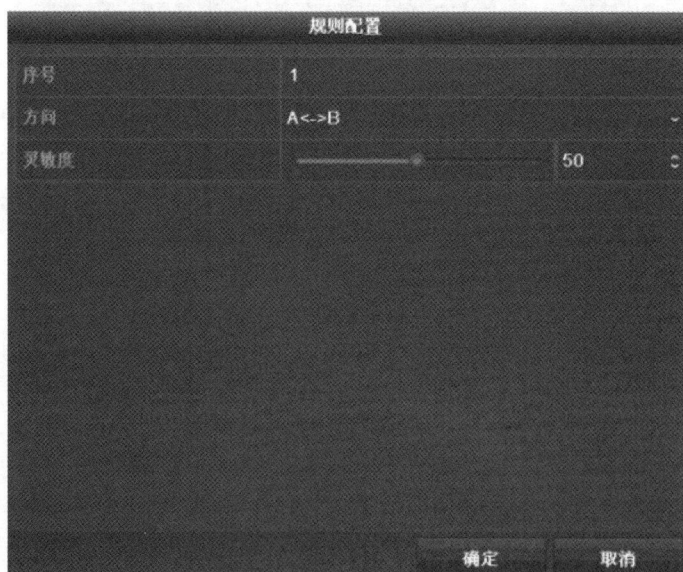

图 1-6-36　越界侦测规则配置界面

③ 设置规则的方向和灵敏度。

• 方向：有"A<->B(双向)""A->B""B->A"三种可选，是指物体穿越越界区域触发报警的方向。"A->B"表示物体从 A 越界到 B 时将触发报警，"B->A"表示物体从 B 越界到 A 时将触发报警，"A<->B"表示双向触发报警。

• 灵敏度：用于设置控制目标物体的大小，灵敏度越高时越小的物体越容易被判定为目标物体，灵敏度越低时较大物体才会被判定为目标物体。灵敏度可设置区间范围为 1～100。

④ 单击"确定"按钮，完成对越界侦测规则的设置。

(5) 设置规则的处理方式。

(6) 绘制规则区域。鼠标左键单击绘制按钮，在需要智能监控的区域，绘制规则区域。

(7) 单击"应用"，完成配置。

(8) 勾选"启用"，启用越界侦测功能。

3) 区域入侵侦测

区域入侵侦测功能可侦测视频中是否有物体进入到设置的区域，根据判断结果联动报警。具体操作步骤如下：

(1) 选择"主菜单"→"通道管理"→"智能侦测"，进入"智能侦测"配置界面。

(2) 选择"区域入侵侦测"，进入智能侦测区域入侵侦测配置界面，如图 1-6-37 所示。

图 1-6-37　智能侦测区域入侵侦测配置界面

(3) 设置需要区域入侵侦测的通道。

(4) 设置区域入侵侦测规则，具体步骤如下：

① 在规则下拉列表中，选择任一规则，区域入侵侦测可设置 4 条规则。

② 单击"规则配置",进入区域入侵侦测"规则配置"界面,如图 1-6-38 所示。

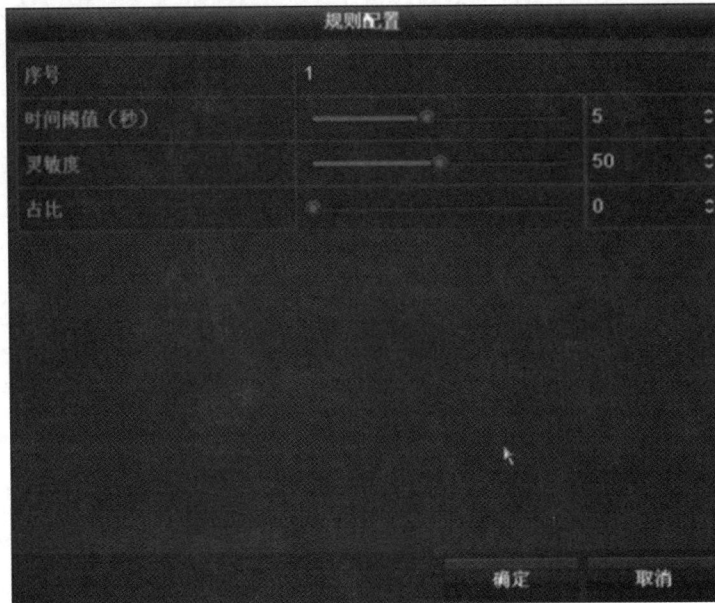

图 1-6-38　区域入侵侦测规则配置界面

③ 设置规则参数。

• 时间阈值(秒):表示目标进入警戒区域持续停留该时间后产生报警。例如,设置为 5 s,即目标入侵区域 5 s 后触发报警。可设置范围为 1～10 s。

• 灵敏度:用于设置控制目标物体的大小,灵敏度越高时越小的物体越容易被判定为目标物体,灵敏度越低时较大物体才会被判定为目标物体。灵敏度可设置区间范围为 1～100。

• 占比:表示目标在整个警戒区域中的比例,当目标占比超过所设置的占比值时,系统将产生报警;反之将不产生报警。

④ 单击"确定"按钮,完成对区域入侵规则的设置。

(5) 设置规则的处理方式。

(6) 绘制规则区域。鼠标左键单击绘制按钮,在需要智能监控的区域,绘制规则区域。

(7) 单击"应用",完成配置。

(8) 勾选"启用",启用区域入侵侦测功能。

4) 进入区域侦测

进入区域侦测功能可侦测是否有物体进入设置的警戒区域,根据判断结果联动报警。具体操作步骤如下:

(1) 选择"主菜单"→"通道管理"→"智能侦测",进入"智能侦测"配置界面。

(2) 选择"进入区域侦测",进入智能侦测进入区域侦测配置界面,如图 1-6-39 所示。

(3) 设置需要进入区域侦测的通道。

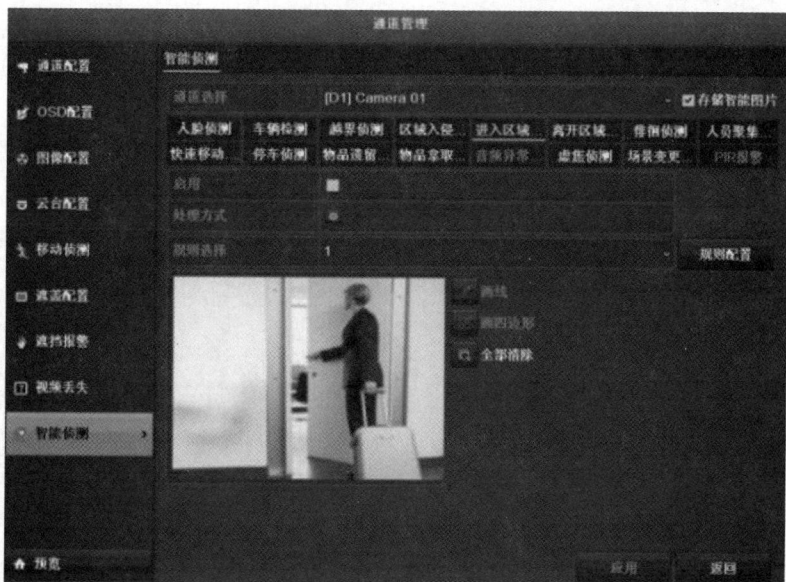

图 1-6-39 智能侦测进入区域侦测配置界面

(4) 设置进入区域侦测规则，具体步骤如下：

① 在规则下拉列表中，选择任一规则，进入区域侦测可设置 4 条规则。

② 单击"规则配置"，进入区域侦测"规则配置"界面，如图 1-6-40 所示。

图 1-6-40 进入区域侦测规则配置界面

③ 设置规则的灵敏度。

灵敏度用于设置控制目标物体的大小，灵敏度越高时越小的物体越容易被判定为目标物体，灵敏度越低时较大物体才会被判定为目标物体。灵敏度可设置区间范围为 1～100。

④ 单击"确定"按钮，完成对进入区域规则的设置。

(5) 设置规则的处理方式。

(6) 绘制规则区域。鼠标左键单击绘制按钮，在需要智能监控的区域，绘制规则区域。

(7) 单击"应用"，完成配置。

(8) 勾选"启用"，启用进入区域侦测功能。

5) 离开区域侦测

离开区域侦测功能可侦测是否有物体离开设置的警戒区域，根据判断结果联动报警。具体操作步骤如下：

(1) 选择"主菜单"→"通道管理"→"智能侦测"，进入"智能侦测"配置界面。

(2) 选择"离开区域侦测"，进入智能侦测离开区域侦测配置界面，如图 1-6-41 所示。

图 1-6-41 智能侦测离开区域侦测配置界面

(3) 设置需要离开区域侦测的通道。

(4) 设置离开区域侦测规则，具体步骤如下：

① 在规则下拉列表中，选择任一规则，离开区域侦测可设置 4 条规则。

② 单击"规则配置"，进入离开区域侦测"规则配置"界面，如图 1-6-42 所示。

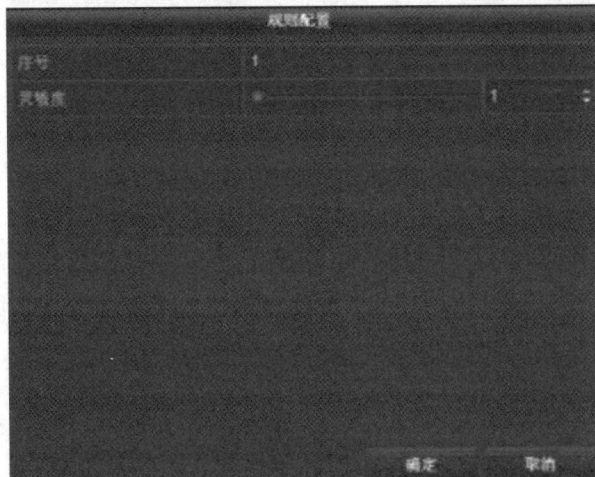

图 1-6-42 离开区域侦测规则配置界面

③ 设置规则灵敏度。灵敏度用于设置控制目标物体的大小，灵敏度越高时越小的物体越容易被判定为目标物体，灵敏度越低时较大物体才会被判定为目标物体。灵敏度可设置区间范围为 1～100。

④ 单击"确定"按钮，完成对离开区域侦测规则的设置。

(5) 设置规则的处理方式。

(6) 绘制规则区域。鼠标左键单击绘制按钮，在需要智能监控的区域，绘制规则区域。

(7) 单击"应用"，完成配置。

(8) 勾选"启用"，启用离开区域侦测功能。

6) 物品遗留侦测

物品遗留侦测功能用于检测所设置的特定区域内是否有物品遗留，当发现有物品遗留时，相关人员可快速对遗留的物品进行处理。

具体操作步骤如下：

(1) 选择"主菜单"→"通道管理"→"智能侦测"，进入"智能侦测"配置界面。

(2) 选择"物品遗留侦测"，进入智能侦测物品遗留侦测配置界面，如图 1-6-43 所示。

图 1-6-43　智能侦测物品遗留侦测配置界面

(3) 设置需要物品遗留侦测的通道。

(4) 设置物品遗留侦测规则，具体步骤如下：

① 在规则下拉列表中，选择任一规则。

② 单击"规则配置"，进入物品遗留侦测"规则配置"界面，如图 1-6-44 所示。

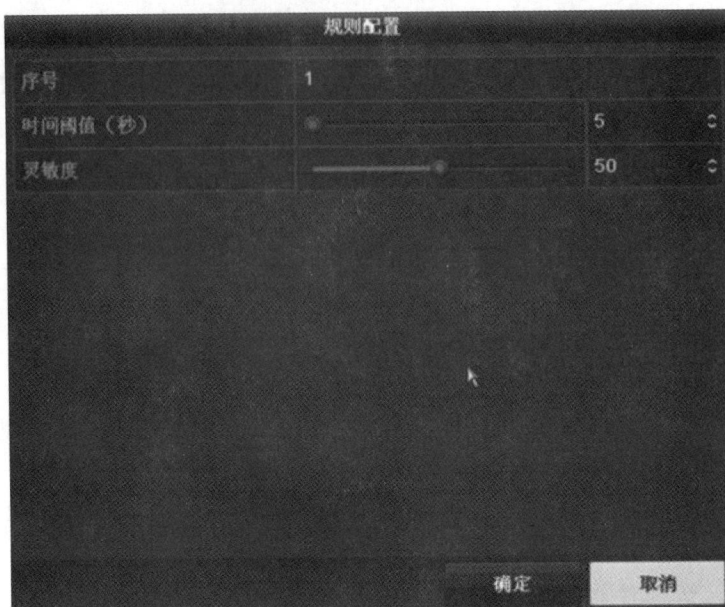

图 1-6-44　物品遗留侦测规则配置界面

③ 设置规则的时间阈值和灵敏度。

时间阈值(秒)：表示目标进入警戒区域持续停留该时间后产生报警。例如，设置为 20 s，即目标入侵区域 20 s 后触发报警。可设置范围为 5～3600 s。

灵敏度：用于设置控制目标物体的大小，灵敏度越高时越小的物体越容易被判定为目标物体，灵敏度越低时较大物体才会被判定为目标物体。灵敏度可设置区间范围为 0～100。

④ 单击"确定"按钮，完成对物品遗留侦测规则的设置。

(5) 设置规则的处理方式。

(6) 绘制规则区域，鼠标左键单击绘制按钮，在需要智能监控的区域，绘制规则区域。

(7) 单击"应用"，完成配置。

(8) 勾选"启用"，启用物品遗留侦测功能。

7) 物品拿取侦测

物品拿取侦测功能用于检测所设置的特定区域内是否有物品被拿取，当发现有物品被拿取时，相关人员可快速采取措施，降低损失。物品拿取侦测常用于博物馆等需要对物品进行监控的场景。具体操作步骤如下：

(1) 选择"主菜单"→"通道管理"→"智能侦测"，进入"智能侦测"配置界面。

(2) 选择"物品拿取侦测"，进入智能侦测物品拿取侦测配置界面，如图 1-6-45 所示。

(3) 设置需要物品拿取侦测的通道。

(4) 设置物品拿取侦测规则，具体步骤如下：

① 在规则下拉列表中，选择任一规则。

② 单击"规则配置"，进入物品拿取侦测"规则配置"界面，如图 1-6-46 所示。

图 1-6-45　智能侦测物品拿取侦测配置界面

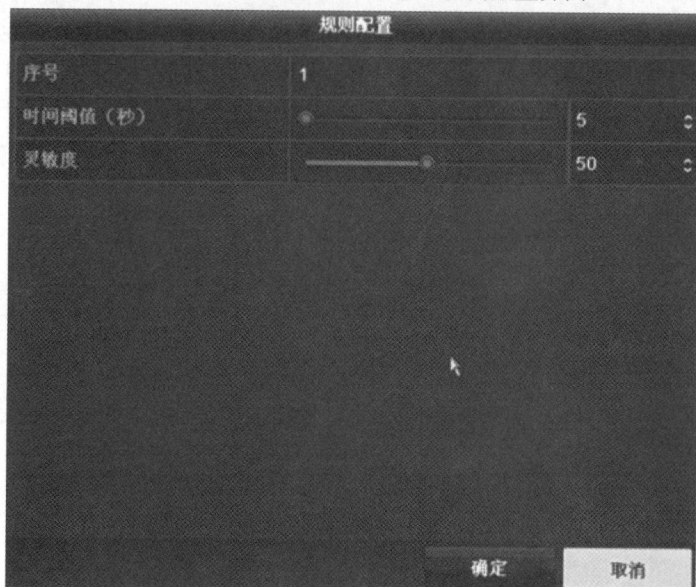

图 1-6-46　物品拿取侦测规则配置界面

③ 设置规则的时间阈值和灵敏度。

• 时间阈值(秒)：表示目标进入警戒区域持续停留该时间后产生报警。例如设置为 20 s，即目标入侵区域 20 s 后触发报警。可设置范围为 20～3600 s。

• 灵敏度：用于设置控制目标物体的大小，灵敏度越高时越小的物体越容易被判定为目标物体,灵敏度越低时较大物体才会被判定为目标物体。灵敏度可设置区间范围为 0～100。

④ 单击"确定"按钮，完成对物品拿取侦测规则的设置。

(5) 设置规则的处理方式。

(6) 绘制规则区域。鼠标左键单击绘制按钮，在需要智能监控的区域，绘制规则区域。

(7) 单击"应用"，完成配置。

(8) 勾选"启用"，启用物品拿取侦测功能。

▶ **学生活动** ◀

通过学习研讨后完成网络视频监控及周边防范系统器件安装、系统接线与布线、系统功能调试等工作任务，完成网络视频监控及周边防范系统的安装与调试技能训练任务书。

网络视频监控及周边防范系统的安装与调试技能训练任务书
根据要求完成下列内容
1. 网络视频监控及周边防范系统器件安装
2. 网络视频监控及周边防范系统接线与布线
3. 网络视频监控及周边防范系统功能调试
4. 网络视频监控及周边防范系统安装工艺

任务评价

根据学生对网络视频监控及周边防范系统器件安装、系统接线与布线、系统功能调试等工作任务的完成情况进行评分。

网络视频监控及周边防范系统的安装与调试技能训练评分表

器件安装：共30分		器件安装得分：			
序号	重点检查内容	评分标准	分值	得分	备注
1	液晶监视器	器件选择正确、安装位置正确、器件安装后无松动	2.5		
2	交换机		2.5		
3	网络硬盘录像机		2.5		
4	红外筒形摄像机		2.5		
5	网络智能高速球摄像机		5.0		
6	星光全光谱警戒球机		5.0		
7	红外半球摄像机		2.5		
8	红外对射探测器		2.5		
9	门磁		2.5		
10	报警器		2.5		
小 计					
功能要求：共50分		功能要求得分：			
序号	重点检查内容	评分标准	分值	得分	备注
1	监视器能够显示各摄像机的监控画面	监视器上可以看到各摄像机画面，画面清晰无噪点、抖动	10		
2	通过硬盘录像机控制网络智能高速球摄像机、星光全光谱警戒球机旋转、变倍和聚焦	通过硬盘录像机，控制网络智能高速球摄像机、星光全光谱警戒球机，可实现上、下、左、右、聚焦、变焦等动作	10		
3	能够使用硬盘录像机控制网络智能高速球摄像机、星光全光谱警戒球机的预置点	能够使用硬盘录像机设置并调用网络智能高速球摄像机、星光全光谱警戒球机的预置点，实现网络智能高速球摄像机的预置点顺序扫描、顺时针扫描、逆时针扫描、线扫等操作	10		
4	通过硬盘录像机实现报警和预置点联动录像	红外对射探测器触发时，声光警报器报警，同时网络智能高速球摄像机、星光全光谱警戒球机实现预置点联动录像	10		
5	通过硬盘录像机实现摄像机的动态检测报警录像	通过硬盘录像机实现摄像机的动态检测报警录像，并联动声光警报器报警	10		
小 计					

续表

接线与布线：共 15 分	接线与布线得分：				
序号	重点检查内容	评 分 标 准	分值	得分	备注
1	网络智能高速球摄像机	接通 5 根连接线	1.0		
2	星光全光谱警戒球机	接通 5 根连接线	2.5		
3	红外筒形摄像机	接通 3 根连接线	1.0		
4	红外半球摄像机	接通 3 根连接线	1.0		
5	交换机	接通 9 根连接线	2.5		
6	硬盘录像机	接通 7 根连接线	2.0		
7	红外对射探测器(一对)	接通 6 根连接线	2.0		
8	液晶监视器	接通 2 根连接线	1.0		
9	门磁	接通 2 根连接线	1.0		
10	报警器	接通 2 根连接线	1.0		
小　计					
安装工艺：共 5 分	安装工艺得分：				
1	布线与接线工艺	线路连接、插针压接质量可靠，电线长度合适，避免过长或过短，线路号码管规范、字迹清楚，线槽、桥架工艺布线规范，各器件接插线与延长线的接头处套入热缩管作绝缘处理	5		
小　计					

任务拓展

视频监控硬盘的容量计算

视频监控硬盘的容量怎么计算？很多时候我们安装监控不知道如何计算用多大的监控硬盘，到底一个监控摄像头要买多大硬盘才是最合适的，今天和大家说下。需要先了解下监控中这些常见名称到底是什么意思，搞清楚这些，你才好去算，如果经常调监控的会发现，软件平台里经常会出现这些名词：帧率、比特率、分辨率、上行带宽、码流、硬盘容量等。下面逐一进行介绍。

1. 帧率的概念

一帧就是一幅静止的画面，连续的帧就形成动画，如电视图像等。我们通常说帧数，简单地说，就是在 1 s 时间里传输的图片的帧数，也可以理解为图形处理器每秒能够刷新几次，通常用 f/s(Frames Per Second)表示。每一帧都是静止的图像，快速连续地显示帧便形成了运动的假象。高的帧率可以得到更流畅、更逼真的动画。每秒帧数愈多，所显示的动作就会愈流畅。

2. 比特率的概念

比特率就是每秒数据传送的比特数，单位是 b/s。比特率越高，数据量就越大，比特率就是音视频信息经过压缩编码之后，数据需要多少个比特来表示。比特率越高，编码后的文件就越大，图像的质量就越好。比特率的 bit 在计算机世界里，表示一个位宽，b/s 表示每秒传输的比特位。而我们常常说的 KB、MB、GB、TB 是按照字节来计算的，1 KB=1024 B，1 B=8 bit。

3. 分辨率的概念

视频分辨率是指视频成像产品所成图像的大小或尺寸。常见的视频分辨率有 352×288、704×576、1280×720、1920×1080 等几种。在成像的两组数字中，前者为图片的长度，后者为图片的宽度，两者相乘得出的是图片的像素，长宽比一般为 4∶3 或 16∶9。

因此，对于静止的场景，可以用很低的码流获得较好的图像质量，而对于剧烈运动的场景，可能用很高的码流也达不到好的图像质量，所以结论是设置帧率表示您要的实时性，设置分辨率是您要看的图像尺寸大小，而码流的设置取决于摄像机及场景的情况，通过现场调试，直到取得一个可以接受的图像质量，就可以确定码流大小。

4. 上行带宽

上行带宽就是本地信息上传的网络带宽，通俗一点就是我们上传用的带宽，比如我们上传图片到空间，或者使用 FTP 服务等，影响上传速度的就是上行速率。

5. 下行带宽

下行带宽就是本地从网络上下载信息的带宽。本地下载信息的速度就是"下行速率"。

6. 码流的概念

码流(Data Rate)是指视频文件在单位时间内使用的数据流量，也叫码率，它是视频编码中画面质量控制中最重要的部分。同样的分辨率下，视频文件的码流越大，压缩比就越小，画面质量就越高。

常见录像格式的码流大小如下：

QCIF：256 kb/s	CIF：512 kb/s	DCIF：768 kb/s
Half_D1：768 kb/s	4CIF：1536 kb/s	Full_D1：2048 kb/s
720P：3096 kb/s	1080P：10240 kb/s	

7. 硬盘容量的计算

每小时录像文件大小的计算公式：码流大小×3600(s)÷8(bit)÷1024＝MB/h

硬盘录像机硬盘容量计算遵循以下公式：

　　　每小时录像文件大小×每天录像时间×硬盘录像机路数×需要保存的天数

例如，16 路硬盘录像机，视音频录像，采用 512 kb/s 定码流，每天定时录像 24 小时，录像资料保留 30 天，计算公式如下：

　　　每小时单个摄像头录像文件大小＝512×3600÷8÷1024＝225 MB

　　硬盘录像机所需硬盘容量＝225×16×24×30＝324 000 MB≈2532 GB≈2.48 TB

注：1 TB=1024 GB；1 GB=1024 MB；1 MB=1024 KB；1 KB=1024 B；1 B=8 bit。

硬盘容量计算公式如下：

　　　　　码率×3600×24÷8÷1024÷1024＝1 天/G

如果觉得计算麻烦，记住表 1-6-1 就行了，这个是以 H.264 标准计算的。

表 1-6-1　分辨率、码率与容量关系

分辨率	码率/(kb/s)	1 小时/G	1 天/G	1 月/G
130 W	2048	0.88	21.12	633.6
200 W	4096	1.76	42.24	1267.2
300 W	6144	2.64	63.36	1900.8
WD1	1792	0.77	18.48	554.4
4CIF	1792	0.77	18.48	554.4

8. 采用 H.265 标准编码的硬盘容量

H.265 标准在保证清晰度的同时，降低了码流，差不多提升了一倍的效率，也就是说对于一般的监控系统来说，H.265 可以节约近一半的存储空间，同时降低近一半的网络带宽。

在计算上可以理解为 H.265 标准相对于 H.264 标准的存储空间减少了约 40%。

$$130 \text{ W} \approx 12 \text{ G/天} \qquad 200 \text{ W} \approx 25 \text{ G/天}$$
$$300 \text{ W} \approx 37 \text{ G/天} \qquad 400 \text{ W} \approx 48 \text{ G/天}$$

其实 H.265 是压缩了码流，使码流比 H.264 减少了 40%左右。

视频监控产生的视频进行压缩之后，可以进行存储。在大型视频监控系统中，可利用监控磁盘阵列进行存储，监控磁盘阵列如图 1-6-48 所示。

监控磁盘阵列

图 1-6-48　监控磁盘阵列

以市场上 4T 硬盘计算，它在电脑上显示约 3700 GB。考虑硬盘中文件系统本身维护数据也要花费一定比例的空间，估计真正能够使用约 3500 GB。学会这些就再也不用为监控硬盘的存储容量而烦恼。

▶ 任务小结 ◀

网络视频监控系统包括视频监控和周边防范两大部分，通过装调对系统的结构、各设备之间的关系和功能有了更深入的理解。通过自己动手安装与调试，能够掌握系统相关设备的安装规范、线路敷设、参数设置等技能。

网络视频监控是一项集计算机、网络、通信以及视频编解码等多项高新技术的整合产品。模拟摄像机存在布线较多、线缆价格较高、需要进行模数之间相互转换等诸多弊端。而网络摄像头都带有网络端口，安装方便，操作容易，网线价格便宜，所以市面上网络摄像头逐渐取代同轴电缆式的模拟摄像头。

项目 2

建筑消防技术

任务 7　火灾的基本认知

▶ 任务目标

(1) 了解火灾的危害。
(2) 了解火灾的发生条件和分类。
(3) 了解灭火的方法。

▶ 任务描述与分析

在各种自然灾害中，火灾是最经常、最普遍地威胁公众安全和社会发展的主要灾害之一。本任务将从火灾发生的条件、火灾事故的分类、起火原因、灭火的基本知识和灭火方法等多方面学习火灾的基本知识，对火灾和灭火形成基本的认知。

▶ 相关知识

一、火灾的基本知识

1. 火灾发生的条件

火灾发生的必要条件有以下三个：

(1) 可燃物质：不论固体、液体或气体，凡能与空气中的氧气或其它氧化剂发生剧烈反应的物质，均可称为可燃物质，如碳、氢、硫、钾、木材、纸张、汽油、酒精、丙酮、苯等。

(2) 助燃物质：通常所说的助燃物质指的是空气、氧气、氯气、氯酸钾以及高锰酸钾等氧化剂。

(3) 点火源：能引起可燃物质燃烧的能源，如明火焰、烟火头、电(气)焊火花、炽热物体、自燃发热物等。

只要使以上三个条件不具备，就可以预防火灾事故发生。火灾燃烧需具备的三个条件如图2-7-1所示。

图 2-7-1　火灾燃烧需具备的三个条件示意图

2. 火灾事故的分类

依据《生产安全事故报告和调查处理条例》(国务院令第 493 号)中规定的生产安全事故等级标准，消防部门将火灾分为特别重大火灾、重大火灾、较大火灾和一般火灾四个等级(见表 2-7-1)。

(1) 特别重大火灾：造成 30 人以上死亡，或者 100 人以上重伤，或者 1 亿元以上直接财产损失的火灾。

(2) 重大火灾：造成 10 人以上 30 人以下死亡，或 50 人以上 100 人以下重伤，或者 5000 万元以上 1 亿元以下直接财产损失的火灾。

(3) 较大火灾：造成 3 人以上 10 人以下死亡，或者 10 人以上 50 人以下重伤，或者 1000 万元以上 5000 万元以下直接财产损失的火灾。

(4) 一般火灾：造成 3 人以下死亡，或者 10 人以下重伤，或者 1000 万元以下直接财产损失的火灾。

表 2-7-1　火灾损失程度分级表

火灾等级	死亡人数 a/人	受伤人数 b/人	损失财产 c/亿元
特别重大火灾	$a \geqslant 30$	$b \geqslant 100$	$c \geqslant 1$
重大火灾	$10 \leqslant a < 30$	$50 \leqslant b < 100$	$0.5 \leqslant c < 1$
较大火灾	$3 \leqslant a < 10$	$10 \leqslant b < 50$	$0.1 \leqslant c < 0.5$
一般火灾	$a < 3$	$b < 10$	$c < 0.1$

凡在火灾和火灾扑救过程中因烧、摔、砸、炸、窒息、中毒、触电、高温辐射等原因所致的人员伤亡，均列入火灾人员伤亡统计范围。其中死亡以火灾发生后 7 天内死亡为限，伤残统计标准按最高人民法院、最高人民检察院、公安部、国家安全部、司法部颁布的《人体损伤致残程度分级》认定。火灾损失分直接财产损失和间接财产损失两项统计，具体计算方法按公安部的《火灾事故调查规定》执行。凡在时间或空间上失去控制的燃烧所造成的灾害，都为火灾，所有火灾不论损害大小，都应列入火灾统计范围。

3. 火灾的危害

(1) 火灾直接导致人员烫伤、灼伤、烧伤甚至死亡。

(2) 火灾中产生大量的有毒有害气体、烟雾，使人员中毒或窒息死亡。其中火灾死亡人数中 85% 死于燃烧后释放出的有毒有害气体。

(3) 使设备、财产受到重大损失。

(4) 对环境造成破坏和污染。

(5) 爆炸性火灾使作业人员和火场周围群众的生命、财产受到危害，甚至出现群死群伤的恶性事故。

4. 火灾的分类

火灾根据可燃物的类型和燃烧特性，分为 A、B、C、D、E、F 六类。

(1) A 类火灾：指固体物质火灾。这种物质通常具有有机物质性质，一般在燃烧时能产生灼热的余烬，如木材、煤、棉、毛、麻、纸张等引起的火灾。

(2) B 类火灾：指液体或可熔化的固体物质火灾，如煤油、柴油、原油、甲醇、乙醇、沥青、石蜡等引起的火灾。

(3) C 类火灾：指气体火灾，如煤气、天然气、甲烷、乙烷、丙烷、氢气等引起的火灾。

(4) D 类火灾：指金属火灾，如钾、钠、镁、铝镁合金等引起的火灾。

(5) E 类火灾：指带电火灾。物体带电燃烧的火灾，如发电机房、变压器室、配电间、仪器仪表间和电子计算机房等在燃烧时不能及时或不宜断电的电气设备带电燃烧的火灾。E类火灾是建筑灭火器配置设计的专用概念，主要是指发电机、变压器、配电盘、开关箱、仪器仪表和电子计算机等在燃烧时仍旧带电的火灾，必须用能达到电绝缘性能要求的灭火器来扑灭。对于那些仅有常规照明线路和普通照明灯具且无上述电气设备的普通建筑场所，可不按 E 类火灾的规定配置灭火器。

(6) F 类火灾：指烹饪器具内的烹饪物火灾，如动植物油脂引起的火灾。

5. 建筑物起火的原因

1) 生活和生产用火不慎

我国城乡居民家庭火灾绝大多数为生活用火不慎引起。属于这类火灾的原因大体有吸烟不慎、炊事用火不慎、取暖用火不慎、灯火照明不慎、小孩玩火、燃放烟花爆竹不慎、宗教活动用火不慎等。

生产用火不慎有：用明火熔化沥青、石蜡或熬制动、植物油时，因超过其自燃点，着火成灾；在烘烤木板、烟叶等可燃物时，因升温过高，引起烘烤的可燃物起火成灾；对锅炉中排出的炽热炉渣处理不当，引燃周围的可燃物。

2) 违反生产安全制度

由于违反生产安全制度引起火灾的情况很多，例如：在易燃易爆的车间内动用明火，引起爆炸起火；将性质相抵触的物品混存在一起，引起燃烧爆炸；在用电、气焊焊接和切割时，没有采取相应的防火措施而酿成火灾；在机器运转过程中，不按时加油润滑或没有清除附在机器轴承上面的杂物、废物，而使机器这些部位摩擦发热，引起附着物燃烧起火；电熨斗放在台板上没有切断电源就离去，导致电熨斗过热，将台板烤燃引起火灾；化工生产设备失修，发生可燃气体、易燃可燃液体跑、冒、滴、漏现象，遇到明火燃烧或爆炸。

3) 电气设备设计、安装、使用及维护不当

电气设备引起火灾的原因，主要有电气设备过负荷、电气线路接头接触不良、电气线路短路；照明灯具设置使用不当，如将功率较大的灯泡安装在木板、纸张等可燃物附近，将日光灯的镇流器安装在可燃基座上，以及用纸或布做灯罩紧贴在灯泡表面上；在易燃易爆的车间内使用非防爆型的电动机、灯具、开关等。

4) 自然现象引起

(1) 自燃。所谓自燃，是指在没有任何明火的情况下，物质受空气氧化或外界温度、湿度的影响，经过较长时间的发热和蓄热，逐渐达到自燃点而发生燃烧的现象。例如，大量堆积在库房里的油布、油纸，因为通风不好，内部发热，以致积热不散发生自燃。

(2) 雷击。雷电引起的火灾原因，大体上有三种：一是雷电直接击在建筑物上发生的热效应、机械效应等；二是雷电产生的静电感应作用和电磁感应作用；三是高电位沿着电气线路或金属管道系统侵入建筑物内部。在雷击较多的地区，建筑物上如果没有设置可靠的防雷保护设施，便有可能发生雷击起火。

(3) 静电。静电通常是由摩擦、撞击而产生的。因静电放电引起的火灾事故屡见不鲜，例如：易燃、可燃液体在塑料管中流动，由于摩擦产生静电，引起易燃、可燃液体燃烧爆炸；输送易燃液体流速过大，无导除静电设施或者导除静电设施不良，致使大量静电荷积

聚，产生火花引起爆炸起火；在有大量爆炸性混合气体存在的地点，身上穿着的化纤织物的摩擦、塑料鞋底与地面的摩擦产生的静电，引起爆炸性混合气体爆炸等。

(4) 地震口发生地震时，人们急于疏散，往往来不及切断电源、熄灭炉火以及处理好易燃、易爆生产装备和危险物品等，因而伴随着地震发生会有各种火灾发生。

5) 纵火

纵火分刑事犯罪纵火及精神病人纵火。

6) 建筑布局不合理，建筑材料选用不当

在建筑布局方面，防火间距不符合消防安全要求，没有考虑风向、地势等因素对火灾蔓延的影响，往往会造成发生火灾时火烧连营，形成大面积火灾。

6. 火灾的发展过程

根据一般火灾温度随时间变化的特点，可将火灾的发展过程分为三个阶段，即火灾初期增长阶段、火灾全面发展(充分燃烧)阶段和火灾熄灭(减弱)阶段，如图 2-7-2 所示。

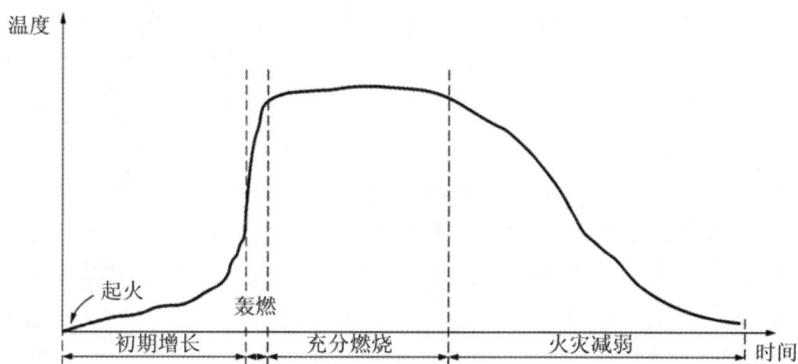

图 2-7-2 燃烧曲线

1) 火灾初期增长阶段

发生火灾后，最初只是起火部位及其周围可燃物着火燃烧。这时火灾好像在敞开的空间里进行一样。初期阶段的特点是：火灾燃烧范围不大，火灾仅限于初始起火点附近；室内温度差别大，在燃烧区域及其附近存在高温，室内平均温度低；火灾发展速度较慢，在发展过程中火势不稳定；火灾发展时间因点火源、可燃物质性质和分布，通风条件影响长短差别很大。

2) 充分燃烧阶段

在火灾初期增长阶段后期，火灾范围迅速扩大，当火灾房间温度达到一定值时，聚积在房间内的可燃气体突然起火，整个房间都充满了火焰，房间内所有可燃物表面部分都卷入火灾之中，燃烧很猛烈，温度升高很快。房间内由局部燃烧向全室性燃烧过渡的这种现象通常称为轰燃。轰燃是室内火灾最显著的特征之一，它标志着火灾充分燃烧阶段的开始，对于安全疏散而言，人们若在轰燃之前还没有从室内逃出，则很难幸存。轰燃发生后，房间内所有可燃物都会猛烈燃烧。

3) 火灾减弱阶段

在火灾充分燃烧后期，随着室内可燃物的挥发物质不断减少，以及可燃物数量减少，火灾燃烧速度递减，温度逐渐下降，当室内平均温度降到温度最高值的80%时，则认为火灾进入减弱阶段。随后，房间温度下降明显，直至房间内的全部可燃物烧光，室内外温度趋于一致，火灾宣告结束。

二、灭火的基本知识

1. 不同物质的燃烧

自然界里的一切物质，在一定温度和压力下，都以一定状态(固态、液态、气态)存在。固体、液体、气体就是物质的三种状态。这三种状态的物质燃烧过程是不同的。固体和液体发生燃烧，需要经过分解和蒸发，生成气体，然后由这些气体成分与氧化剂作用发生燃烧；气体物质不需要经过蒸发，可以直接燃烧。

1) 固体物质的燃烧

固体是有一定形状的物质。它的化学结构比较紧凑，在常温下以固态存在。固体物质的化学组成是不一样的，有的比较简单，如硫、磷、钾等都是由同种元素构成的物质；有的比较复杂，如木材、纸张和煤炭等，是由多种元素构成的物质。由于固体物质的化学组成不同，燃烧时情况也不一样。有的固体物质可以直接受热分解蒸发，生成气体，进而燃烧。有的固体物质受热后先熔化为液体，然后气化燃烧，如硫、磷、蜡等。

此外，各种固体物质的熔点和受热分解的温度也不一样，有的低，有的高。熔点和分解温度低的物质，容易发生燃烧。例如，赛璐珞(硝化纤维素)在80～90℃时就会软化，在100℃时就开始分解，150～180℃时自燃。但是大多数固体物质的分解温度和熔点是比较高的，如木材先是受热蒸发掉水分，析出二氧化碳等不燃气体，然后外层开始分解出可燃的气态产物，同时放出热量，开始剧烈氧化，直到出现火焰。

另外，固体物质燃烧的速度与其体积和颗粒的大小有关，小则快、大则慢。例如，散放的木条要比堆成垛的圆木燃烧快，其原因就是木条与氧的接触面大，燃烧较充分，因此燃烧速度就快。

2) 液体物质的燃烧

液体是一种流动性物质，没有固定形状。燃烧时，挥发性强，不少液体在常温下，表面上就漂浮着一定浓度的蒸汽，遇到着火源即可燃烧。

液体的种类繁多，各自的化学成分不同，燃烧的过程也就不同，如汽油、酒精等易燃液体的化学成分就比较简单，沸点较低，在一般情况下就能挥发，燃烧时，可直接蒸发生成与液体成分相同的气体，与氧化剂作用而燃烧。而有些化学组成比较复杂的液体燃烧时，其过程就比较复杂。例如，原油(石油)是一种多组分的混合物，燃烧时，原油首先逐一蒸发为各种气体组分，而后再燃烧，原油的燃烧与其它成分单一的液体燃烧不一样，它首先蒸发出沸点较低的组分并燃烧，而后才是沸点较高的组分。

3) 气体的燃烧

易燃与可燃气体的燃烧不需要像固体、液体物质那样经过熔化、蒸发等准备过程，所以，气体在燃烧时所需要的热量仅用于氧化或分解气体和将气体加热到燃点，容易燃烧，而且燃烧速度快。

气体燃烧有两种形式,一是扩散燃烧,二是动力燃烧。如果可燃气体与空气边混合边燃烧,则这种燃烧就叫扩散燃烧(或称稳定燃烧)。例如,使用石油液化气罐做饭就是扩散燃烧。如果可燃气体与空气在燃烧之前就已混合,遇到着火源立即爆炸,形成燃烧,这种燃烧就叫动力燃烧。例如,石油液化气罐气阀漏气时,漏出的气体与空气形成爆炸混合物,一遇到着火源,就会以爆炸的形式燃烧,并在漏气处转变为扩散燃烧。

2. 火灾灭火方法

灭火就是针对破坏燃烧的基本条件所采取的基本措施。灭火的基本方法有冷却灭火法、窒息灭火法、隔离灭火法和抑制灭火法四种。

(1) 冷却灭火法:水是最常用、最廉价的灭火剂,有迅速冷却降温的作用,但水能导电,因此对电气设备火灾,须先切断电源后方可用水灭火。

(2) 窒息灭火法:用沙土、湿衣服、湿棉被、湿毛毯等覆盖在燃烧物上,隔绝空气,使火得不到足够的氧气而熄灭。

(3) 隔离灭火法:发生火灾时,紧急疏散物资,将燃烧物附近的可燃、易燃物品移往安全地带,使燃烧缺少可燃物而停止。

(4) 抑制灭火法:将化学灭火剂喷射到燃烧物上,直接参与燃烧反应,使燃烧的连锁反应中止。

3. 灭火的基本措施

根据不同类别的火灾,采取不同的措施进行灭火。灭火的基本措施如下:

(1) 扑救 A 类火灾。一般可采用水冷却法,但对于忌水的物质,如布、纸等应尽量减少水渍所造成的损失。对珍贵图书、档案等应采用二氧化碳、干粉灭火剂灭火。

(2) 扑救 B 类火灾。首先应切断可燃液体的来源,同时将燃烧区可燃液体转移到安全地区,并用水冷却燃烧区可燃液体的容器壁,减慢蒸发速度;及时使用大剂量泡沫灭火剂、干粉灭火剂将液体火灾扑灭。

(3) 扑救 C 类火灾。首先关闭可燃气体阀门,防止可燃气体发生爆炸,然后选用干粉、二氧化碳灭火器灭火。

(4) 扑救 D 类火灾。应根据金属的性质选择灭火措施。如镁、铝燃烧时温度非常高,水及其它灭火剂无效;钠和钾的火灾切忌用水扑救,水与钠、钾发生反应会放出大量的热和氢气,会促进火势猛烈发展,应用特殊的灭火剂,如干砂等。

(5) 扑救 E 类带电火灾。用"1211"(有毒)灭火器、干粉灭火器、二氧化碳灭火器效果更好,因为这三种灭火器的灭火药剂绝缘性能好,不会发生触电伤人事故。

(6) 扑救 F 类火灾。当烹饪器具内的烹饪物如动植物油脂发生火灾时,由于二氧化碳灭火器对 F 类火灾只能暂时扑灭,容易复燃,一般可选用水基型(水雾、泡沫)灭火器进行扑救。

▶ 学生活动 ▶

根据可燃物的种类和燃烧特性,火灾分为 A、B、C、D、E、F 六类,六类火灾因可燃物燃烧特点不同,发生火灾后使用的灭火方法也各不相同。通过学习研讨 A、B、C、D、E、F 六种火灾种类的可燃物种类、火灾特点及灭火方法,完成火灾的基本认知任务书。

火灾的基本认知任务书				
1. 根据要求完成下列内容				
火灾种类	可燃物种类	火灾特点	灭火方法	备注
A 类				
B 类				
C 类				
D 类				
E 类				
F 类				
2. 简述日常生活和工作中如何避免火灾发生				

▶ 任务评价 ▶▶

根据任务书完成情况，对于 A、B、C、D、E、F 六种火灾的可燃物种类举例、火灾特点描述、灭火方法解答进行评分。

火灾的基本认知评分表					
1. 不同种类火灾的基本知识(60 分)					
序号	重点检查内容	评分标准	分值	得分	备注
A 类	可燃物举例、火灾特点、灭火方法	错误一项扣 1 分	10		
B 类	可燃物举例、火灾特点、灭火方法	错误一项扣 1 分	10		
C 类	可燃物举例、火灾特点、灭火方法	错误一项扣 1 分	10		
D 类	可燃物举例、火灾特点、灭火方法	错误一项扣 1 分	10		
E 类	可燃物举例、火灾特点、灭火方法	错误一项扣 1 分	10		
F 类	可燃物举例、火灾特点、灭火方法	错误一项扣 1 分	10		
小　计					
2. 简述日常生活和工作中如何避免火灾发生(40 分)					
序号	重点检查内容	评分标准	分值	得分	备注
1	论述是否正确	是否正确	15		
2	方法是否得当可行	是否得当可行	15		
3	内容完整性	完整性	10		
小　计					
总　计					

任务拓展

电气火灾相关知识

电气火灾是指由电气原因引发燃烧而造成的灾害。短路、过载、漏电等电气事故都有可能导致火灾。设备自身缺陷、施工安装不当、电气接触不良、雷击静电引起的高温、电弧和电火花是导致电气火灾的直接原因。周围存放易燃易爆物是电气火灾的环境条件。

1. 电气火灾产生的直接原因

(1) 设备或线路发生短路故障。电气设备由于绝缘损坏、电路年久失修、疏忽大意、操作失误及设备安装不合格等将造成短路故障，其短路电流可达正常电流的几十倍甚至上百倍，产生的热量(正比于电流的平方)使温度上升超过自身和周围可燃物的燃点引起燃烧，从而导致火灾。

(2) 过载引起电气设备过热。选用线路或设备不合理，线路的负载电流量超过了导线额定的安全载流量，电气设备长期超载(超过额定负载能力)，引起线路或设备过热而导致火灾。

(3) 接触不良引起过热。如接头连接不牢或不紧密、动触点压力过小等使接触电阻过大，在接触部位发生过热而引起火灾。

(4) 通风散热不良。大功率设备缺少通风散热设施或通风散热设施损坏造成过热而引发火灾。

(5) 电器使用不当。如电炉、电熨斗、电烙铁等未按要求使用，或用后忘记断开电源，引起过热而导致火灾。

(6) 电火花和电弧。有些电气设备正常运行时就能产生电火花、电弧，如大容量开关、接触器触点的分合操作，都会产生电弧和电火花。电火花温度可达数千摄氏度，遇可燃物便可点燃，遇可燃气体便会发生爆炸。

日常生活和生产的各个场所中，广泛存在着易燃易爆物质，如石油液化气、煤气、天然气、汽油、柴油、酒精、棉、麻、化纤织物、木材、塑料等；另外一些设备本身可能会产生易燃易爆物质，如设备的绝缘油在电弧作用下分解和气化，喷出大量油雾和可燃气体，酸性电池排出氢气并形成爆炸性混合物等。一旦这些易燃易爆环境遇到电气设备和线路故障导致的火源，便会立刻着火燃烧。

2. 电气火灾的防护措施

电气火灾的防护措施主要致力于消除隐患、提高用电安全，具体措施如下：

(1) 正确选用保护装置，防止电气火灾发生。对正常运行条件下可能产生电热效应的设备采用隔热、散热、强迫冷却等结构，并注重耐热、防火材料的使用。按规定要求设置包括短路、过载、漏电保护设备的自动断电保护。对电气设备和线路正确设置接地、接零保护，为防雷电安装避雷器及接地装置。根据使用环境和条件正确设计、选择电气设备。恶劣的自然环境和有导电尘埃的地方应选择有抗绝缘老化功能的产品，或增加相应的措施。对易燃易爆场所则必须使用防爆电气产品。

(2) 正确安装电气设备，防止电气火灾发生。

① 合理选择安装位置。对于爆炸危险场所，应该考虑把电气设备安装在爆炸危险场所

以外或爆炸危险性较小的部位。开关、插座、熔断器、电热器具、电焊设备和电动机等应根据需要，尽量避开易燃物或易燃建筑构件。起重机滑触线下方不应堆放易燃品。露天变、配电装置，不应设置在易于沉积可燃性粉尘或纤维的地方等。

② 保持必要的防火距离。对于在正常工作时能够产生电弧或电火花的电气设备，应使用灭弧材料将其全部隔围起来，或将其与可能被引燃的物料用耐弧材料隔开或与可能引起火灾的物料之间保持足够的距离，以便安全灭弧。

③ 安装和使用有局部热聚焦或热集中的电气设备时，在局部热聚焦或热集中的方向，与易燃物料必须保持足够的距离，以防引燃。

④ 电气设备周围的防护屏障材料，必须能承受电气设备产生的高温(包括故障情况下)。应根据具体情况选择不可燃、阻燃材料或在可燃性材料表面喷涂防火涂料。

⑤ 保持电气设备的正常运行，防止电气火灾发生。正确使用电气设备，是保证电气设备正常运行的前提。因此应按设备使用说明书的规定操作电气设备，严格执行操作规程；保持电气设备的电压、电流、温升等不超过允许值；保持各导电部分连接可靠，接地良好；保持电气设备的绝缘良好；保持电气设备的清洁，保持良好通风。

▶ 任务小结 ▶

建筑物起火原因是多种多样的，主要原因可归纳为生活用火不慎引起火灾，生产活动中违规操作引发火灾，因为化学或生物化学的作用造成的可燃、易燃物自燃，以及因为用电不当造成的电气火灾。随着我国经济的飞速发展，人民生活水平日益提高，用电量剧增，电气火灾在建筑火灾中所占的比重越来越大。

电气火灾主要是因为用电设备过负荷，导线接头接触不良，电阻过大发热，使导线绝缘物或沉积在电气设备上的粉尘自燃；短路的电弧使充油的设备爆炸；熔断器和开关的火花使易燃、可燃液体蒸气与空气的混合物爆炸；易燃液体、可燃气体在管道内流动较快，摩擦产生静电，由于管道接地不良，在管道出口处出现放电火花，使被输送的液体或气体燃着，发生爆炸。在雷击较多的地区，建筑物上如果没有可靠的防雷保护设施，便有可能发生雷击起火。带电火灾越来越普遍，这已经引起人们普遍重视。目前，我国部分消防技术规范对此类火灾的控制与扑灭，也作了相应的要求。

在生产和生活中，因为使用明火不慎而引起火灾也是较多的，例如在公共场所乱丢烟头，在厂房内不顾周围环境随意动火焊接、烘烤物品过热、熬油溢锅等。在居住建筑内，违反安全用火规程用火也会造成火灾。这些多数都是因为缺少消防常识、思想麻痹造成的。除明火以外，暗火引起火灾的情况也有很多。其中有的是有火源的，如炉灶、烟囱的表面过热烤燃附近的木结构。也有没有火源的，如大量堆积在库房里的油布雨衣，因为通风不好，雨衣内部发热，以至积热不散发生自燃；把化学性质相抵触的物品混在一起，发生化学反应起火或爆炸；化工生产设备失修，出现可燃气体、易燃可燃液体跑、冒、滴、漏现象，一遇到明火便燃烧或爆炸；机械设备摩擦发热，使接触到的可燃物自燃起火，等等，都属于暗火引起的火灾。除上述火灾原因以外，突发的地震、风灾、战争空袭等，都会因为人们急于疏散、逃避而来不及断电、熄火或来不及处理好易燃、易爆及其它化学危险品而引起火灾。

任务 8 建筑防火及相关区域划分认知

任务目标

(1) 了解建筑的分类。
(2) 了解防火分区、防烟分区及划分方法。

任务描述与分析

建筑防火是指建筑物的防火措施。在建筑设计和建设过程中,应当采取一系列措施来防止火灾发生和阻止火灾蔓延,以保护人员生命和财产安全。建筑防火包括火灾前的预防和火灾时的措施两个方面,前者主要为确定耐火等级和耐火构造,控制可燃物数量及分隔易起火部位等;后者主要为进行防火分区,设置疏散设施及排烟、灭火设备等。建筑工程具有一定的封闭性特征,对于防火安全的要求相对较高,其中部分建筑高度大、内部结构复杂、人员密集程度较高,在火灾发生时逃生与疏散难度相对较大。由于建筑防火的重要性和特殊性,本任务重点学习建筑的分类和建筑耐火防火的相关知识及消防分区和防烟分区等相关内容。

相关知识

一、建筑与防火知识

1. 民用建筑的分类

民用建筑根据其建筑高度和层数可分为单、多层民用建筑和高层民用建筑。高层民用建筑根据其建筑高度、使用功能和楼层的建筑面积分为一类和二类。

民用建筑根据使用功能可分为住宅建筑和公共建筑两大类,如图 2-8-1 所示。

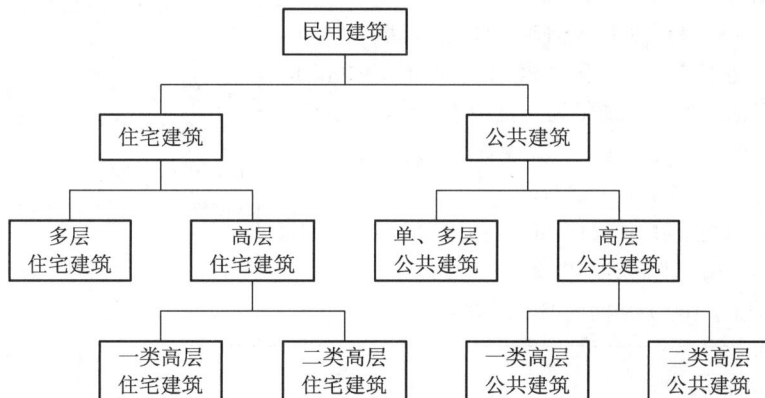

图 2-8-1 民用建筑分类

住宅建筑可分为单、多层住宅建筑和高层住宅建筑，高层住宅建筑又分为一类高层住宅建筑和二类高层住宅建筑。住宅建筑的功能单一，分类简单，建筑高度大于 54 m 的住宅建筑为一类高层住宅建筑，建筑高度不大于 54 m 的高层住宅建筑为二类高层住宅建筑。民用住宅建筑的分类如表 2-8-1 所示。

表 2-8-1　民用住宅建筑分类

名称	高层住宅建筑		单、多层住宅建筑
	一　类	二　类	
住宅建筑	建筑高度>54 m 的住宅建筑(包括设置商业服务网点的住宅建筑) (商业服务网点指设在首层或首层＋二层，分隔单元≤300 m² 的小型营业用房)	27 m<建筑高度≤54 m 的住宅建筑(包括设置商业服务网点的住宅建筑)	建筑高度≤27 m 的住宅建筑(包括设置商业服务网点的住宅建筑)
	【注释 1】　表中未列入的建筑，其类别应根据本表类比确定，例如，宿舍、公寓＝公共建筑；裙房＝高层民用建筑。 【注释 2】　住宅建筑分类只考虑建筑高度，不考虑层数		

公共建筑可分为单、多层公共建筑和高层公共建筑，高层公共建筑又分为一类高层公共建筑和二类高层公共建筑。公共建筑的功能相对复杂，在高层公共建筑中，将性质重要、火灾危险性大、疏散和扑救难度大的建筑定为一类高层公共建筑，除一类高层公共建筑以外的其它高层公共建筑为二类高层公共建筑。民用公共建筑的分类如表 2-8-2 所示。

表 2-8-2　民用公共建筑分类

名称	高层公共建筑		单、多层公共建筑
	一　类	二　类	
公共建筑	(1) 建筑高度>50 m 的公共建筑。 (2) 建筑高度 24 m 以上部分(24 m<建筑高度≤50 m)，任一楼层(不包括 24 m 高度所在楼层)建筑面积>1000 m² 的商店、展览、电信、邮政、财贸金融建筑和其它多种功能组合的建筑(不包括住宅与公共建筑组合建造)。 (3) 医疗建筑、重要公共建筑。 (4) 省级及以上的广播电视和防灾指挥调度建筑、网局级和省级电力调度的高层公共建筑。 (5) 藏书超过 100 万册的图书馆、书库。	除住宅建筑和一类高层公共建筑外的其它高层民用建筑	(1) 建筑高度>24 m 的单层公共建筑。 (2) 建筑高度≤24 m 的其它公共建筑。

需要注意以下几点：

(1) 住宅建筑以 27 m 和 54 m 为分界线，民用建筑和工业建筑以 24 m 为分界线(所有的节点遵循从"低"原则)。

(2) 住宅建筑商业服务网点是指设置在住宅建筑的首层或首层及二层，每个分隔单元建筑面积不大于 300 m² 的商店、邮政所、储蓄所、理发店等小型营业性用房(其中首层＋二层的建筑面积不应大于 300 m²)。

(3) 建筑高度大于 24 m 的单层公共建筑属于单层建筑，如 26 m 高的单层体育馆即属于单层建筑。

(4) 建筑高度 24 m 以上部分，任一楼层建筑面积大于 1000 m² 的商店、展览、电信、邮政、财贸金融建筑和其它多种功能组合的建筑，属于一类高层公共建筑。使用此条必须同时满足下列条件：24 m 以上一整层为商展电邮金或组合建筑，其中住宅组合除外。

(5) 医疗建筑，重要公共建筑，独立建造的老年人照料设施，藏书超过 100 万册的图书馆、书库，建筑高度如果大于 24 m，根据《建筑设计防火规范》[GB 50016—2014(2018 版)]，属于一类高层公共建筑。

2. 建筑构件的燃烧性能

我国把建筑构件按其燃烧性能分为三类，即不燃性、难燃性和可燃性。

(1) 不燃性。用不燃烧性材料做成的构件统称为不燃性构件。不燃烧材料是指在空气中受到火烧或高温作用时不起火、不微燃、不碳化的材料，如钢材、混凝土、砖、石、砌块、石膏板等。

(2) 难燃性。凡用难燃烧性材料做成的构件或用燃烧性材料做成而用非燃烧性材料做保护层的构件统称为难燃性构件。

难燃烧性材料是指在空气中受到火烧或高温作用时难起火、难微燃、难碳化，当火源移走后燃烧或微燃立即停止的材料，如沥青混凝土、经阻燃处理后的木材、塑料、水泥、刨花板、板条抹灰墙等。

(3) 可燃性。凡用燃烧性材料做成的构件统称为可燃性构件。燃烧性材料是指在空气中受到火烧或高温作用时立即起火或微燃，且火源移走后仍继续燃烧或微燃的材料，如木材、竹子、刨花板、宝丽板、塑料等。

3. 建筑的耐火等级

按照《建筑设计防火规范》，民用建筑的耐火等级可分为一、二、三、四级。除本规范另有规定外，民用建筑构件的燃烧性能和耐火极限如表 2-8-3 所示，厂房和仓库建筑构件的燃烧性能和耐火极限如表 2-8-4 所示。耐火极限是指建筑构件按时间-温度曲线进行耐火试验，从受到火的作用时起，到失去支持能力或完整性被破坏或失去隔火作用时止这段时间，用小时表示。

一级耐火等级建筑：主要建筑构件全部为不燃性。

二级耐火等级建筑：主要建筑构件除吊顶为难燃性，其它为不燃性。

三级耐火等级建筑：屋顶承重构件为难燃性。

四级耐火等级建筑：防火墙为不燃性，其余为难燃性和可燃性。

表 2-8-3　民用建筑构件的燃烧性能和耐火极限(单位：h)

构件名称		耐 火 等 级			
		一级	二级	三级	四级
墙	防火墙	不燃性 3.00	不燃性 3.00	不燃性 3.00	不燃性 3.00
	承重墙	不燃性 3.00	不燃性 2.50	不燃性 2.00	难燃性 0.50
	非承重外墙	不燃性 1.00	不燃性 4.00	不燃性 0.50	可燃性
	楼梯间和前室的墙，电梯井的墙，住宅建筑单元之间的墙和分户墙	不燃性 2.00	不燃性 2.00	不燃性 1.50	难燃性 0.50
	疏散走道两侧的隔墙	不燃性 1.00	不燃性 1.00	不燃性 0.50	难燃性 0.25
	房间隔墙	不燃性 0.75	不燃性 0.50	难燃性 0.50	难燃性 0.25
柱		不燃性 3.00	不燃性 2.50	不燃性 2.00	难燃性 0.50
梁		不燃性 2.00	不燃性 1.50	不燃性 1.00	难燃性 0.50
楼板		不燃性 1.50	不燃性 1.00	不燃性 0.50	可燃性
屋顶承重构件		不燃性 1.50	不燃性 1.00	可燃性 0.50	可燃性
疏散楼梯		不燃性 1.50	不燃性 1.00	不燃性 0.50	可燃性
吊顶(包括吊顶搁栅)		不燃性 0.25	难燃性 0.25	难燃性 0.15	可燃性

表 2-8-4　厂房和仓库建筑构件的燃烧性能和耐火极限(单位：h)

构件名称		耐 火 等 级			
		一级	二级	三级	四级
墙	防火墙	不燃性 3.00	不燃性 3.00	不燃性 3.00	不燃性 3.00
	承重墙	不燃性 3.00	不燃性 2.50	不燃性 2.00	难燃性 0.50
	楼梯间、前室的墙，电梯井的墙	不燃性 2.00	不燃性 2.00	不燃性 1.50	难燃性 0.50
	疏散走道两侧的隔墙	不燃性 1.00	不燃性 1.00	不燃性 0.50	难燃性 0.25
	非承重外墙、房间隔墙	不燃性 0.75	不燃性 0.50	难燃性 0.50	难燃性 0.25
柱		不燃性 3.00	不燃性 2.50	不燃性 2.00	难燃性 0.50
梁		不燃性 2.00	不燃性 1.50	不燃性 1.00	难燃性 0.50
楼板		不燃性 1.50	不燃性 1.00	不燃性 0.75	难燃性 0.50
屋顶承重构件		不燃性 1.50	不燃性 1.00	难燃性 0.50	可燃性
疏散楼梯		不燃性 1.50	不燃性 1.00	不燃性 0.75	可燃性
吊顶(包括吊顶搁栅)		不燃性 0.25	难燃性 0.25	难燃性 0.15	可燃性

4. 高层民用建筑的特点

(1) 外观特点。高层建筑的主要特点是高度高、层数多、体量大，面积可达几万到几十万平方米，最高的高度达 500 m。这些建筑都是一个个庞然大物，高高地耸立在地面上。

(2) 结构特点。高层建筑的结构有它独特的特点。它不仅要抵抗竖向荷载和水平荷载，在地震区，还要有抵抗地震的作用。在较低的建筑结构中，往往竖向荷载控制着结构设计；随着建筑高度的增大，水平荷载效应逐渐增大；在高层建筑结构中，水平荷载和地震作用起着决定性作用。

(3) 建筑设备的特点。高层建筑内部的建筑设备也是大量且集中的，如水、电等多方面的设备也是高层建筑的一个特点。

(4) 高层建筑的消防特点。

① 火险隐患多。高层综合性建筑，功能复杂，可燃物多，火险隐患多。例如：有的建筑设有商业营业厅，可燃物仓库，人员密集的礼堂、餐厅等；有的办公建筑，出租给十几家或几十家单位使用，安全管理不统一，潜在火险隐患多，一旦起火，容易造成大面积火灾。火灾实例证明，这类建筑发生火灾，火势蔓延更快，扑救疏散更为困难，容易造成更大的损失。

② 蔓延快。高层建筑的楼梯间、电梯井、风道、电缆井、排气道等竖向井道，如果防火分隔或防火处理不好，发生火灾时犹如一座座高耸的烟囱，成为火势迅速蔓延的途径。尤其是高级旅馆、综合楼以及重要的图书楼、档案楼、办公楼、科研楼等高层建筑，一般室内可燃物较多，有的高层建筑还有可燃库房，一旦起火，燃烧猛烈，容易蔓延。据测定，在火灾初起阶段，因空气对流，在水平方向造成的烟气扩散速度为 0.3 m/s，在火灾燃烧猛烈阶段，由于高温状态下的热对流而造成的水平方向烟气扩散速度为 0.5～3 m/s；烟气沿楼梯间或其它竖向管井扩散速度为 3～4 m/s。如一座高度为 100 m 的高层建筑，在无阻挡的情况下，30 s 左右，烟气就能顺竖向管井扩散到顶层。例如，韩国汉城 22 层的"大然阁"旅馆，二楼咖啡间的液化石油气瓶爆炸起火，烟火很快蔓延到整个咖啡间和休息厅，并相继通过楼梯和其他竖向管井迅速向上蔓延，顷刻之间全楼变成一座"火塔"。大火烧了约 9 h，烧死 163 人，烧伤 60 人，烧毁了大楼内全部家具、装修等，造成了严重损失。助长火势蔓延的因素较多，其中风对高层建筑火灾就有较大的影响，因为风速是随着建筑物的高度增加而相应加大的。据测定，在建筑物 10 m 高处的风速为 5 m/s 时，在 30 m 高处的风速为 15 m/s。由于风速增大，势必会加速火势的蔓延扩大。

③ 疏散困难。高层建筑的特点：一是层数多，垂直距离长，疏散到地面或其它安全场所的时间也会长；二是人员集中；三是发生火灾时由于各种竖井拔气力大，火势和烟雾向上蔓延快，增加了疏散的困难。有些城市从国外购置了为数很有限的登高消防车，而大多数有高层建筑的城市尚无登高消防车，即使有，高度也不高，不能满足高层建筑安全疏散和扑救的需要。普通电梯在火灾时由于切断电源等原因往往停止运转，因此，多数高层建筑安全疏散主要是靠楼梯，而楼梯间内一旦窜入烟气，就会严重影响疏散。这些都是高层建筑的不利条件。

④ 扑救难度大。高层建筑高达几十米，甚至超过二三百米，发生火灾时从室外进行扑救相当困难，一般要立足于自救，即主要靠室内的消防设施。但由于目前我国经济技术条件所限，高层建筑内部的消防设施还不够完善，尤其是二类高层建筑仍以消火栓系统扑救为主，因此，扑救高层建筑火灾往往遇到较大困难。例如：热辐射强，烟雾浓，火势向上蔓延的速度快和途径多，消防人员难以堵截火势蔓延；高层建筑的消防用水量是根据我国目前的技术经济水平，按一般的火灾规模考虑的，当形成大面积火灾时，其消防用水量显

然不足，需要利用消防车向高楼供水，建筑物内如果没有安装消防电梯，消防队员因攀登高楼体力不够，不能及时到达起火层进行扑救，消防器材也不能随时补充，均会影响扑救。

二、防火分区与防烟分区

1. 防火分区

防火分区是指用防火墙、楼板、防火门或防火卷帘分隔的区域，可以将火灾限制在一定的局部区域内(在一定时间内)，不使火势蔓延，当然，防火分区的隔断同样也对烟气起了隔断作用。在建筑物内采用划分防火分区这一措施，可以在建筑物一旦发生火灾时，有效地把火势控制在一定的范围内，减少火灾损失，同时可以为人员安全疏散、消防扑救提供有利条件。

在建筑设计中进行防火分区的目的是防止火灾的扩大，可根据房间用途和性质的不同对建筑物进行防火分区，分区内应该设置防火墙、防火门、防火卷帘等设备。在建筑设计中，通常规定：楼梯间、通风竖井、风道空间、电梯、自动扶梯升降通路等形成竖井的部分要作防火分区。

防火分区按其作用可分为水平防火分区和垂直防火分区。防火分区的水平分隔有防火墙、防火门、防火窗、防火卷帘、防火水幕等，建筑的墙体客观上也发挥着防火分隔的作用。防火分区的垂直分隔有楼板、避难层、防火挑檐、功能转换层等。垂直防火分区用以防止多层或高层建筑物层与层之间竖向发生火灾蔓延。水平防火分区用以防止火灾在水平方向扩大蔓延。

水平防火分区是指在一个水平面内，采用具有一定耐火能力的防火分隔物(防火墙或防火门、防火卷帘等)，将各楼层的水平方向分隔为若干个防火区域、防火单元，阻止火灾在水平方向上扩大蔓延。水平防火分区如图 2-8-2 所示。

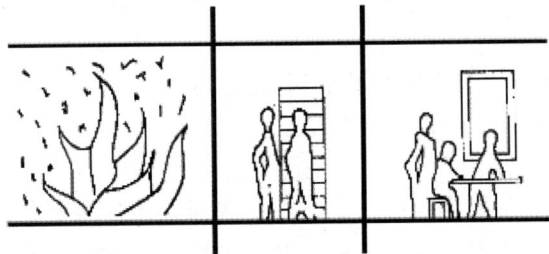

图 2-8-2　水平防火分区

垂直防火分区是指上、下层分别用一定耐火性能的楼板和窗间墙等构件进行分隔，防止火势沿着建筑物各种竖向通道向上部楼层蔓延。中庭、自动扶梯、电梯井、楼梯间井等竖井的分区即属此类。垂直防火分区如图 2-8-3 所示。

图 2-8-3　垂直防火分区

　　防火分区划分得越小，越有利于保证建筑物的防火安全。但如果划分得过小，则势必会影响建筑物的使用功能，这样显然是不可行的。防火分区面积大小的确定应考虑建筑物的使用功能及性质、重要性、火灾危险性、建筑物高度、消防扑救能力以及火灾蔓延的速度等因素。

　　根据《建筑设计防火规范》，不同耐火等级建筑的允许建筑高度或层数、防火分区最大允许建筑面积应符合表 2-8-5～表 2-8-7 的规定。

表 2-8-5　民用建筑的耐火等级、最多允许层数和防火分区最大允许建筑面积

耐火等级	最多允许层数	防火分区的最大允许建筑面积/m²	备　注
一、二级	9 层以下的居住建筑；建筑高度小于等于 24 m 的建筑；地下、半地下建筑	2500	(1) 体育馆、剧院的观众厅，展览建筑的展厅，其防火分区最大允许建筑面积可适当放宽； (2) 托儿所、幼儿园的儿童用房和儿童游乐厅等儿童活动场所不应超过 3 层或设置在 4 层及 4 层以上楼层或地下、半地下建筑(室)内
三级	5 层	1200	(1) 托儿所、幼儿园的儿童用房和儿童游乐厅等儿童活动场所、老年人建筑和医院、疗养院的住院部分不应超过 2 层或设置在 3 层及 3 层以上楼层或地下、半地下建筑(室)内； (2) 商店、学校、电影院、剧院、礼堂、食堂、菜市场不应超过 2 层或设置在 3 层及 3 层以上楼层
四级	2 层	600	学校、食堂、菜市场、托儿所、幼儿园、老年人建筑、医院等不应设置在 2 层
地下、半地下建筑(室)		500	—

表 2-8-6　厂房的耐火等级、层数和防火分区的最大允许建筑面积

生产类别	厂房的耐火等级	最多允许层数	每个防火分区的最大允许建筑面积/m²			
			单层厂房	多层厂房	高层厂房	地下、半地下厂房，厂房的地下室、半地下室
甲	一级	除生产必须采用多层者外，宜采用单层	4000	3000	—	—
	二级		3000	2000	—	—
乙	一级	不限	5000	4000	2000	—
	二级	6 层	4000	3000	1500	—
丙	一级	不限	不限	6000	3000	500
	二级	不限	8000	4000	2000	500
	三级	2 层	3000	2000	—	—
丁	一、二级	不限	不限	不限	4000	1000
	三级	3 层	4000	2000	—	—
	四级	1 层	1000	—	—	—
戊	一、二级	不限	不限	不限	6000	1000
	三级	3 层	5000	3000	—	—
	四级	1 层	1500	—	—	—

表 2-8-7   仓库的耐火等级、层数和防火分区的最大允许建筑面积

储存物品的火灾危险性类别		仓库的耐火等级	最多允许层数	每座仓库的最大允许占地面积和每个防火分区的最大允许建筑面积/m²						地下或半地下仓库（包括地下或半地下室）
				单层仓库		多层仓库		高层仓库		
				每座仓库	防火分区	每座仓库	防火分区	每座仓库	防火分区	防火分区
甲	3、4 项	一级	1 层	180	60	—	—	—	—	—
	1、2、5、6 项	一级、二级	1 层	750	250	—	—	—	—	—
乙	1、3、4 项	一级、二级	3 层	2000	500	900	300	—	—	—
		三级	1 层	500	250	—	—	—	—	—
	2、5、6 项	一级、二级	5 层	2800	700	1500	500	—	—	—
		三级	1 层	900	300	—	—	—	—	—
丙	1 项	一级、二级	5 层	4000	1000	2800	700	—	—	—
		三级	1 层	1200	400	—	—	—	—	—
	2 项	一级、二级	不限	6000	1500	4800	1200	4000	1000	300
		三级	1 层	2100	700	1200	400	—	—	—

注：1. 闪点小于 28℃ 的液体；

2. 爆炸下限小于 10% 的气体；

3. 常温下能自行分解或在空气中氧化能导致迅速自燃或爆炸的物质；

4. 常温下受到水或空气中水蒸气的作用，能产生可燃气体并引起燃烧或爆炸的物质；

5. 遇酸、受热、撞击、摩擦、催化以及遇有机物或硫磺等易燃的无机物，极易引起燃烧或爆炸的强氧化剂；

6. 受撞击、摩擦或与氧化剂、有机物接触时能引起燃烧或爆炸的物质。

在进行高层民用建筑防火分区划分时，应按照以下规定进行：

(1) 防火分区间应采用防火墙分隔，如有困难时，可采用以背火面温升作耐火极限判定条件的防火卷帘(耐火极限 3h 以上)、不以背火面温升作耐火极限判定条件的防火卷帘加闭式自动喷水灭火系统和防火水幕带分隔。防火墙上设门窗时，应采用甲级防火门窗，并应能自行关闭。

(2) 建筑内设有自动灭火系统时，每层极限允许建筑面积可按表 2-8-5 增加一倍。局部设置时，增加面积可按该局部面积一倍计算。

(3) 建筑物内如设有上下层相连通的走马廊、自动扶梯等开口部位时，应按上、下连通层作为一个防火分区，其建筑面积之和不宜超过表 2-8-7 的规定。但多层建筑的中庭，当房间、走道与中庭相通的开口部位，设有可自行关闭的乙级防火门或防火卷帘，与中庭相通的过厅、通道等处设有乙级防火门或卷帘，中庭每层回廊设有火灾自动报警系统和自动喷水灭火系统，以及封闭屋盖设有自动排烟设施时，中庭上下各层的建筑面积可不叠加计算。

(4) 地下室、半地下室发生火灾时，人员不易疏散，消防人员扑救困难，故对其防火分区面积应控制得严格一些，建筑物的地下室、半地下室应采用防火墙划分防火分区，其

面积不应超过 $500\,m^2$。

2. 防烟分区

建筑物发生火灾后，烟气会在建筑物内不断流动扩散传播，烟气中的 CO、HCN、NH$_3$ 等有毒气体会在短时间内致人死亡；发生火灾时，物质燃烧也会产生大量热量，使烟气温度迅速升高，会使得金属材料强度降低，导致结构倒塌，人员伤亡；另外，当光线通过烟气时，光强度会减弱，人员的能见度会大为下降，引起人员的恐慌，也会给消防人员的救援带来极大的不便。因此，采取相应的措施控制烟气合理流动显得尤为重要。用隔墙、顶棚下凸不小于 500 mm 的梁、挡烟垂壁和吹吸式空气幕等划分防烟分区，阻断烟气传播，有利于控制火灾发生时火灾烟气的扩散程度，对于人员的自救以及消防人员的救援工作都有着极大的帮助。

防烟分区是为有利于建筑物内人员安全疏散和有组织排烟而采取的技术措施。大量火灾事故表明，建筑物内发生火灾时，烟气是阻碍人们逃生和灭火扑救行动，导致人员死亡的主要原因之一。因此，将高温烟气有效地控制在设定的区域，并通过排烟设施迅速排出室外，才能防止火灾的蔓延发展，有效地减少人员伤亡和财产损失。

设置防烟分区主要是保证在一定时间内，使火场上产生的高温烟气不致随意扩散，并能迅速排除，达到控制火灾蔓延和减少火灾损失的目的。设置防烟分区时，面积划分必须合适，如果面积过大，会使烟气波及面积扩大，增加受灾面，不利于安全疏散和扑救；如果面积过小，不仅影响使用，还会提高工程造价。防烟分区应根据建筑物的种类和要求不同，按其功能、用途、面积、楼层等划分。防烟分区一般应遵守以下原则设置：

(1) 不设排烟设施的房间(包括地下室)和走道，不划分防烟分区；走道和房间(包括地下室)按规定设置排烟设施时，可根据具体情况分设或合设排烟设施，并按分设或合设的情况划分防烟分区；一座建筑物的某几层需设排烟设施，且采用垂直排烟道(竖井)进行排烟时，其余按规定不需设排烟设施的各层，如增加投资不多，可考虑扩大设置排烟范围，各层也要划分防烟分区和设置排烟设施。

(2) 防烟分区不应跨越防火分区设施。

(3) 对有特殊用途的场所，如地下室、防烟楼梯间、消防电梯、避难层间等应单独划分防烟分区。

(4) 防烟分区一般不跨越楼层，某些情况下，如一层的面积过小，允许包括一个以上的楼层，但以不超过 3 层为宜。

(5) 对于高层民用建筑和其它建筑，每个防烟分区的面积不宜大于 $500\,m^2$，当顶棚(或顶板)高度在 6 m 以上时，可不受此限制；但对于人民防空地下建筑的人防队员及人员隐蔽所的使用面积(抗爆单元)不应大于 $400\,m^2$。

(6) 设有机械排烟系统的车库，其每个防烟分区的建筑面积不宜超过 $2000\ m^2$，且防烟分区不应跨越防火分区。

(7) 民用建筑中设置排烟设施的走道、净高不超过 6 m 的房间，应划分防烟分区。

3. 建筑防火间距

1) 防火间距的作用

防火间距是一幢建筑物起火时，对面建筑物在热辐射的作用下，即使没有任何保护措施，也不会起火的最小距离。火灾能否蔓延到相邻建筑物，除建筑物间的距离外，还受建筑物发生火灾时的热辐射、热对流和飞火 3 个因素的制约。在建筑物间距离一定的条件下，辐射热强度越高，相邻建筑物被烤燃的可能性越大；起火建筑物内外冷热空气对流速度越快，越容易把尚未燃的物件(即飞火)抛向邻近的可燃物体，从而导致火灾蔓延。

建筑物发生火灾时，火灾除了在建筑物内部蔓延扩大外，有时还会通过一定的途径蔓延到邻近的建筑物上。为了防止火灾在建筑物之间蔓延，十分有效的措施就是在相邻建筑物之间留出一定的防火安全距离，即防火间距。从消防方面考虑，防火间距还起到了为消防灭火战斗、为建筑物内人员和物资的紧急疏散提供场地的作用。在建筑总平面布局防火中，确定好建筑物之间的防火间距是一项十分重要的措施。

通过对建筑物进行合理布局和设置防火间距，可以防止火灾在相邻建筑物之间蔓延，合理利用和节约土地，并为人员疏散和灭火救援提供条件，减少失火对邻近建筑及其居住(或使用)者的热辐射和烟气影响。

2) 影响防火间距的因素

影响防火间距的因素很多，如热辐射、热对流、风向、风速、外墙材料的燃烧性能及其开口面积的大小，室内堆放的可燃物种类及数量，相邻建筑物的高度，室内消防设施情况，着火时的气温及湿度，消防车到达的时间及扑救情况等。

(1) 热辐射。热辐射是影响防火间距的主要因素。当火焰温度达到最高数值时，其辐射强度最大，也最危险，如伴有飞火则更危险。

(2) 热对流。无风时，因热对流的温度在离开窗口以后会大幅降低，所以热对流对相邻建筑物的影响不大，通常不足以构成威胁。

(3) 建筑物外墙门窗洞口的面积。许多火灾实例表明，当建筑物外墙开口面积较大时，发生火灾后，在可燃物的种类和数量都相同的条件下，由于通风好、燃烧快、火焰温度高，因而热辐射增强。在此情况下，相邻建筑物接受的热辐射也多，当达到一定程度时便会很快被烤着起火。

(4) 建筑物的可燃物种类和数量。可燃物种类不同，在一定时间内燃烧火焰的温度也有差异，如汽油、苯、丙酮等易燃液体，燃烧速度比木材快，发热量也比木材大，因而热辐射也比木材强。在一般情况下，可燃物的数量与发热量成正比关系。

(5) 风速。风能够加强可燃物的燃烧，促使火灾加快蔓延。露天火灾中，风能使燃烧的颗粒和燃烧着的碎片等飞散到数十米远的地方，强风时则更远。风给火灾的扑救带来了困难。

(6) 相邻建筑物的高度。一般地说，较高的建筑物着火对较低的建筑物威胁较小；反之，则较大。特别是当屋顶承重构件毁坏塌落、火焰穿出房顶时，威胁更大。据测定，着火的较低建筑物对较高建筑物辐射角在 30°～45° 时，辐射强度最大。

(7) 建筑物内消防设施。建筑物内设有火灾自动报警装置和较完善的其它消防设施时，能将火灾扑灭在初期阶段。这样不仅可以减少火灾对建筑物造成的损失，而且很大程度上减少了火灾蔓延到附近其它建筑物的可能性。可见，在防火条件和建筑物防火间距大体相同的情况下，设有完善消防设施的建筑物比消防设施不完善的建筑物的安全性要高。

(8) 灭火时间。建筑物发生火灾后，其温度通常随着火灾延续时间的长短而变化。火灾延续时间越长，则火场温度相应增高，对周围建筑物的威胁越大。当可燃物数量逐渐减少时，火场温度逐渐降低。

3) 确定建筑物防火间距的原则

影响防火间距的因素很多，在实际工程中不可能都考虑，通常根据以下原则确定建筑物的防火间距：

(1) 考虑热辐射的作用。火灾实例表明，一、二级耐火等级的低层民用建筑，保持 7～10 m 的防火间距，在有消防队扑救的情况下，一般不会蔓延到相邻建筑物。

(2) 考虑灭火作战的实际需要。建筑物的高度不同，救火使用的消防车也不同。对低层建筑，普通消防车即可；而对高层建筑，则要使用曲臂、云梯等登高消防车。防火间距应满足消防车的最大工作回转半径的需要。最小防火间距的宽度应能通过 1 辆消防车，一般宜为 4 m。

(3) 在有消防队扑救的条件下，以能够阻止火灾向相邻建筑物蔓延为原则。

(4) 防火间距应按相邻建筑物外墙的最近距离计算，如外墙有凸出的可燃结构，则应从其凸出部分外缘算起；如为储罐或堆场，则应从储罐外壁或堆场的堆垛外缘算起。

(5) 其它。两座相邻建筑较高的一面外墙作为防火墙时，其防火间距不限。

4) 防火间距的相关要求

各区域之间的防火间距应符合《建筑设计防火规范》和有关地方性法规的要求。其具体要求为以下几点：

(1) 禁火作业区距离生活区应不小于 15 m，距离其它区域应不小于 25 m。

(2) 易燃、可燃材料的堆料场及仓库距离修建的建筑物和其它区域应不小于 20 m。

(3) 易燃废品的集中场地距离修建的建筑物和其它区域应不小于 30 m。

(4) 防火间距内，不应堆放易燃、可燃材料。

(5) 临时设施最小防火间距，要符合《建筑设计防火规范》和国务院《关于工棚临时宿舍和卫生设施的暂行规定》。

学生活动

民用建筑可分为住宅建筑和公共建筑两大类，住宅和公共建筑又分为一类、二类及单、多层建筑。根据建筑类型不同和防火防烟的规定不同划分成不同的防火分区和防烟分区，通过学习研讨，根据建筑分类标准和防火防烟分区标准完成下列任务书。

建筑防火和相关区域划分任务书				
1. 根据要求完成下列内容				
建筑种类	规　定	特　点	举　例	备注
一类高层住宅建筑				
二类高层住宅建筑				
一类高层公共建筑				
二类高层公共建筑				
单、多层住宅建筑				
单、多层公共建筑				

2. 简述防火分区和防烟分区的意义和作用

任务评价

根据不同建筑种类的规定、特点和相应举例说明一类高层住宅建筑、二类高层住宅建筑、一类高层公共建筑、二类高层公共建筑、单多层民用建筑、单多层公共建筑的不同。根据学生对防火分区和防烟分区的划分标准论述情况酌情评分。

建筑防火和相关区域划分评分表

1. 建筑分类(60 分)

序　号	重点检查内容	评分标准	分值	得分	备注
一类高层住宅建筑	规定、特点、举例	错误一项扣 1 分	10		
二类高层住宅建筑	规定、特点、举例	错误一项扣 1 分	10		
一类高层公共建筑	规定、特点、举例	错误一项扣 1 分	10		
二类高层公共建筑	规定、特点、举例	错误一项扣 1 分	10		
单、多层住宅建筑	规定、特点、举例	错误一项扣 1 分	10		
单、多层公共建筑	规定、特点、举例	错误一项扣 1 分	10		
小　计					

2. 简述防火分区和防烟分区的意义作用(40 分)

序　号	重点检查内容	评分标准	分值	得分	备注
1	论述是否正确	是否正确	15		
2	方法是否得当可行	是否得当可行	15		
3	内容完整性	完整性	10		
小　计					
总　计					

任务拓展

物品的火灾危险性

生产的火灾危险性根据生产中使用或产生的物质性质及其数量等因素，分为甲、乙、丙、丁、戊类，并应符合表 2-8-8 的规定。

表 2-8-8 生产的火灾危险性分类

生产类别	火灾危险性特征	
	项别	使用或产生下列物质的生产
甲	1	闪点小于 28℃ 的液体；
	2	爆炸下限小于 10% 的气体；
	3	常温下能自行分解或在空气中氧化能导致迅速自燃或爆炸的物质；
	4	常温下受到水或空气中水蒸气的作用，能产生可燃气体并引起燃烧或爆炸的物质；
	5	遇酸、受热、撞击、摩擦、催化以及遇有机物或硫磺等易燃的无机物，极易引起燃烧或爆炸的强氧化剂；
	6	受撞击、摩擦或与氧化剂、有机物接触时能引起燃烧或爆炸的物质；
	7	在密闭设备内操作温度大于等于物质本身自燃点的生产
乙	1	闪点大于等于 28℃，但小于 60℃ 的液体；
	2	爆炸下限大于等于 10% 的气体；
	3	不属于甲类的氧化剂；
	4	不属于甲类的化学易燃危险固体；
	5	助燃气体；
	6	能与空气形成爆炸性混合物的浮游状态的粉尘、纤维、闪点大于等于 60℃ 的液体雾滴
丙	1	闪点大于等于 60℃ 的液体；
	2	可燃固体
丁	1	对不燃烧物质进行加工，并在高温或熔化状态下经常产生强辐射热、火花或火焰的生产；
	2	利用气体、液体、固体作为燃料或将气体、液体进行燃烧作其它用的各种生产；
	3	常温下使用或加工难燃烧物质的生产
戊		常温下使用或加工不燃烧物质的生产

同一座厂房或厂房的任一防火分区内有不同火灾危险性生产时，该厂房或防火分区内的生产火灾危险性分类应按火灾危险性较大的部分确定。当符合下述条件之一时，可按火灾危险性较小的部分确定：

(1) 火灾危险性较大的生产部分占本层或本防火分区面积的比例小于 5% 或丁、戊类厂房内的油漆工段小于 10%，且发生火灾事故时不足以蔓延到其它部位或火灾危险性较大的生产部分采取了有效的防火措施。

(2) 丁、戊类厂房内的油漆工段，当采用封闭喷漆工艺，封闭喷漆空间内保持负压、油漆工段设置可燃气体自动报警系统或自动抑爆系统，且油漆工段占其所在防火分区面积的比例小于等于 20% 时。

储存物品的火灾危险性根据储存物品的性质和储存物品中的可燃物数量等因素，分为甲、乙、丙、丁、戊类，并应符合表 2-8-9 的规定。

表 2-8-9　储存物品的火灾危险性分类

仓库类别	项别	储存物品的火灾危险性特征
甲	1	闪点小于 28℃的液体；
	2	爆炸下限小于 10%的气体，以及受到水或空气中水蒸气的作用，能产生爆炸下限小于 10%气体的固体物质；
	3	常温下能自行分解或在空气中氧化能导致迅速自燃或爆炸的物质；
	4	常温下受到水或空气中水蒸气的作用，能产生可燃气体并引起燃烧或爆炸的物质；
	5	遇酸、受热、撞击、摩擦以及遇有机物或硫磺等易燃的无机物，极易引起燃烧或爆炸的强氧化剂；
	6	受撞击、摩擦或与氧化剂、有机物接触时能引起燃烧或爆炸的物质
乙	1	闪点大于等于 28℃，但小于 60℃的液体；
	2	爆炸下限大于等于 10%的气体；
	3	不属于甲类的氧化剂；
	4	不属于甲类的化学易燃危险固体；
	5	助燃气体；
	6	常温下与空气接触能缓慢氧化，积热不散引起自燃的物品
丙	1	闪点大于等于 60℃的液体；
	2	可燃固体
丁		难燃烧物品
戊		不燃烧物品

注：① 同一座仓库或仓库的任一防火分区内储存不同火灾危险性物品时，该仓库或防火分区的火灾危险性应按其中火灾危险性最大的类别确定。

② 丁、戊类储存物品的可燃包装重量大于物品本身重量 1/4 的仓库，其火灾危险性应按丙类确定。

任务小结

消防相关规范众多，其中主要规范有 5 个，即常说的消防五大规范：建规、水规、火规、消规和烟规，具体如下：

GB 55037—2022《建筑防火通用规范》(简称《建规》)。

GB 50974—2014《消防给水及消火栓系统技术规范》(简称《消规》)。

GB 50116—2013《火灾自动报警系统设计规范》、GB 50166—2019《火灾自动报警系统施工及验收标准》(简称《火规》)。

GB 50084—2017《自动喷水灭火系统设计规范》、GB 50261—2017《自动喷水灭火系统施工及验收规范》(简称《水规》)。

GB 51251—2017《建筑防烟排烟系统技术标准》(简称《烟规》)。

　　除此之外常用的消防规范还有：《建筑设计防火规范》《高层民用建筑设计防火规范》《建筑内部装修设计防火规范》《气体灭火系统设计规范》《汽车库、修车库、停车场设计防火规范》《人民防空工程设计防火规范》《建筑灭火器配置设计规范》《建筑电气工程施工质量验收规范》《建筑工程施工质量验收统一标准》《建筑给排水及采暖工程施工质量验收规范》《建筑电气安装工程施工质量验收规范》《高层民用建筑设计防火规范》《智能建筑工程质量验收规范》《工业金属管道工程施工及验收规范》《现场设备工业管道焊接工程施工及验收规范》《气体灭火系统施工及验收规范》《电气装置安装工程接地装置施工及验收规范》《建筑施工安全检查标准》《施工现场临时用电安全技术规范》。

任务 9　火灾自动报警系统认知

任务目标

(1) 了解火灾自动报警系统的应用。
(2) 了解火灾自动报警系统的系统组成。
(3) 了解火灾自动报警系统的工作原理。

任务描述与分析

火灾自动报警系统能在火灾初期,将燃烧产生的烟雾、热量、火焰等物理量,通过火灾探测器变成电信号,传输到火灾报警控制器,并同时以声或光的形式通知整个楼层疏散。同时,系统的控制器记录火灾发生的部位、时间等,使人们能够及时发现火灾,并及时采取有效措施,扑灭初期火灾,最大限度地减少因火灾造成的生命和财产的损失。本任务学习火灾自动报警系统的保护对象、应用场所、分类、常用器件和设备组成,以及各设备器件的工作原理等知识。

相关知识

一、火灾自动报警系统知识

1. 火灾自动报警系统的形成与发展

1847 年,美国研究出世界上第一台城镇火灾报警发送装置(感温探测器);20 世纪 40 年代末期,离子感烟探测器问世;20 世纪 70 年代末,光电感烟探测器形成;20 世纪 80 年代,各种类型的探测器在不断地形成,探测器线制有了很多的改变,从多线制到四线制再到二线制。

火灾自动报警系统的发展大体可分为五个阶段:

(1) 第一代,称传统的(多线制开关量式)火灾自动报警系统。
(2) 第二代,称总线制可寻址开关量式火灾探测报警系统。
(3) 第三代,称模拟量传输式智能火灾报警系统。
(4) 第四代,称分布智能火灾报警系统。
(5) 第五代,称无线火灾自动报警系统和空气样本分析系统和早期可视烟雾探测火灾报警系统。

2. 火灾自动报警系统的组成

火灾自动报警系统是由触发装置、火灾报警装置、联动输出装置以及具有其它辅助功能的装置组成的,如图 2-9-1 所示。

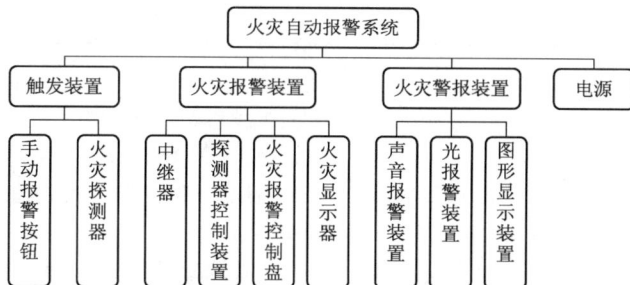

图 2-9-1　火灾自动报警系统的组成

(1) 触发装置。在火灾自动报警系统中，触发装置主要包括火灾探测器和手动火灾报警按钮。

(2) 火灾报警装置。一般由火灾报警控制盘、探测器控制装置、火灾显示器、中继器等构成。火灾报警控制器就是火灾报警装置中最基本的一种。它可以监视探测器及系统自身的工作状态；接收、转换、处理火灾探测器输出的报警信号；进行声光报警；指示报警的具体部位及时间。

(3) 火灾警报装置，火灾警报装置以声、光和音响等方式向报警区域发出火灾警报信号。一般包括声音报警装置、光报警装置、图形显示装置等。

(4) 电源。火灾自动报警系统属于消防用电设备，其主电源应当采用消防电源，备用电源可采用蓄电池。

火灾发生时，火灾探测器做出火灾报警判断，将报警信息传输到火灾报警控制器。处于火灾现场的人员，触动手动报警按钮，将报警信息传输到火灾报警控制器。火灾报警控制器在确认报警信息后，驱动安装在被保护区域现场的火灾警报装置，发出火灾警报，向处于被保护区域内的人员警示火灾的发生。

3. 火灾自动报警系统的保护对象

火灾自动报警系统的保护对象应根据其使用性质、火灾危险性、疏散和扑救难度分为特级、一级和二级，火灾自动报警系统的保护对象等级如表 2-9-1 所示。

表 2-9-1　火灾自动报警系统的保护对象等级

等级	保　护　对　象	
特级	建筑高度超过 100 m 的高层民用建筑	
一级	建筑高度不超过 100 m 的高层民用建筑	一　类　建　筑
	建筑高度不超过 24 m 的民用建筑及建筑高度超过 24 m 的单层公共建筑	(1) 200 床及以上的病房楼，每层建筑面积 1000 m² 及以上的门诊楼； (2) 每层建筑面积超过 3000 m² 的百货楼、商场、展览楼、高级旅馆、财贸金融楼、电信楼、高级办公楼； (3) 藏书超过 100 万册的图书馆、书库； (4) 超过 3000 座位的体育馆； (5) 重要的科研楼、资料档案楼； (6) 省级(含计划单列市)的邮政楼、广播电视楼、电力调度楼、防灾指挥调度楼； (7) 重点文物保护场所； (8) 大型以上的影剧院、会堂、礼堂

续表

等级	保护对象	
一级	工业建筑	(1) 甲、乙类生产厂房； (2) 甲、乙类物品库房； (3) 占地面积或总建筑面积超过 1000 m² 的丙类物品库房； (4) 总建筑面积超过 1000 m² 的地下丙、丁类生产车间及物品库房
	地下民用建筑	(1) 地下铁道车站； (2) 地下电影院、礼堂； (3) 使用面积超过 1000 m² 的地下商场、医院、旅馆、展览厅及其它商业或公共活动场所； (4) 重要的实验室、图书、资料、档案库
二级	建筑高度不超过 100 m 的高层民用建筑	二 类 建 筑
	建筑高度不超过 24 m 的民用建筑	(1) 设有空气调节系统的或每层建筑面积超过 2000 m²，但不超过 3000 m² 的商业楼、财贸金融楼、电信楼、展览楼、旅馆、办公室、车站、海河客运站、航空港等公共建筑及其它商业或公共活动场所； (2) 市、县级的邮政楼、广播电视楼、电力调度楼、防灾指挥调度楼； (3) 中型以下的影剧院； (4) 高级住宅； (5) 图书馆、书库、档案楼
	工业建筑	(1) 丙类生产厂房； (2) 建筑面积大于 50 m²，但不超过 1000 m² 的丙类物品库房； (3) 总建筑面积大于 50 m²，但不超过 1000 m² 的地下丙、丁类生产车间及地下物品库房
	地下民用建筑	(1) 长度超过 500 m 的城市隧道； (2) 使用面积不超过 1000 m² 的地下商场、医院、旅馆、展览厅及其它商业或公共活动场所

注：一类建筑、二类建筑的划分，应符合现行国家标准《高层民用建筑设计防火规范》的规定；工业厂房、仓库的火灾危险性分类，应符合现行国家标准《建筑设计防火规范》的规定。

4. 火灾自动报警系统的应用场所

根据《建筑设计防火规范》，下列建筑或场所应设置火灾自动报警系统：

(1) 任一层建筑面积大于 1500 m² 或总建筑面积大于 3000 m² 的制鞋、制衣、玩具、电子等类似用途的厂房。

(2) 每座占地面积大于 1000 m² 的棉、毛、丝、麻、化纤及其制品的仓库，占地面积大于 500 m² 或总建筑面积大于 1000 m² 的卷烟仓库。

(3) 任一层建筑面积大于 1500 m² 或总建筑面积大于 3000 m² 的商店、展览、财贸金融、客运和货运等类似用途的建筑，总建筑面积大于 500 m² 的地下或半地下商店。

(4) 图书或文物的珍藏库，每座藏书超过 50 万册的图书馆，重要的档案馆。

(5) 地市级及以上广播电视建筑、邮政建筑、电信建筑，城市或区域性电力、交通和防灾等指挥调度建筑。

(6) 特等、甲等剧场，座位数超过 1500 个的其它等级的剧场或电影院，座位数超过 2000 个的会堂或礼堂，座位数超过 3000 个的体育馆。

(7) 大、中型幼儿园的儿童用房等场所，老年人照料设施，任一层建筑面积大于 1500 m² 或总建筑面积大于 3000 m² 的疗养院的病房楼、旅馆建筑和其它儿童活动场所，不少于 200 床位的医院门诊楼、病房楼和手术部等。

(8) 歌舞、娱乐、放映、游艺场所。

(9) 净高大于 2.6 m 且可燃物较多的技术夹层，净高大于 0.8 m 且有可燃物的闷顶或吊顶内。

(10) 电子信息系统的主机房及其控制室、记录介质库，特殊贵重或火灾危险性大的机器、仪表、仪器设备室、贵重物品库房。

(11) 二类高层公共建筑内建筑面积大于 50 m² 的可燃物品库房和建筑面积大于 500 m² 的营业厅。

(12) 其它一类高层公共建筑。

(13) 设置机械排烟、防烟系统、雨淋或预作用自动喷水灭火系统、固定消防水炮灭火系统、气体灭火系统等需与火灾自动报警系统联锁动作的场所或部位。

(14) 建筑高度大于 100 m 的住宅建筑，应设置火灾自动报警系统。

(15) 建筑高度大于 54 m 但不大于 100 m 的住宅建筑，其公共部位应设置火灾自动报警系统，套内宜设置火灾探测器。

(16) 建筑高度不大于 54 m 的高层住宅建筑，其公共部位宜设置火灾自动报警系统。当设置需联动控制的消防设施时，公共部位应设置火灾自动报警系统。

(17) 高层住宅建筑的公共部位应设置具有语音功能的火灾警报装置或应急广播。

5. 火灾自动报警系统的分类

火灾自动报警系统能自动(手动)发现火情并及时报警，从而控制火情的发展，将火灾的损失减到最低限度。按应用范围分类可分为区域型火灾自动报警系统、集中型火灾自动报警系统和控制中心型火灾自动报警系统。

区域型火灾自动报警系统由区域火灾报警控制器和火灾探测器等组成，是一种功能简单的火灾自动报警系统。这种系统一般用于二级保护对象。

在区域型火灾自动报警系统中，一个报警区域宜设置一台区域火灾报警控制器或一台火灾报警控制器，系统中区域火灾报警控制器或火灾报警控制器不应超过两台；区域火灾报警控制器或火灾报警控制器应设置在有人值班的房间或场所；系统中可设置消防联动控制设备。当用一台区域火灾报警控制器或一台火灾报警控制器警戒多个楼层时，应在每个楼层的楼梯口或消防电梯前室等明显部位，设置识别着火楼层的灯光显示装置；区域火灾报警控制器或火灾报警控制器安装在墙上时，其底边距地面高度宜为 1.3～1.5 m，其靠近门轴的侧面距墙不应小于 0.5 m，正面操作距离不应小于 1.2 m。区域型火灾自动报警系统框图如图 2-9-2 所示，区域型火灾自动报警系统如图 2-9-3 所示。

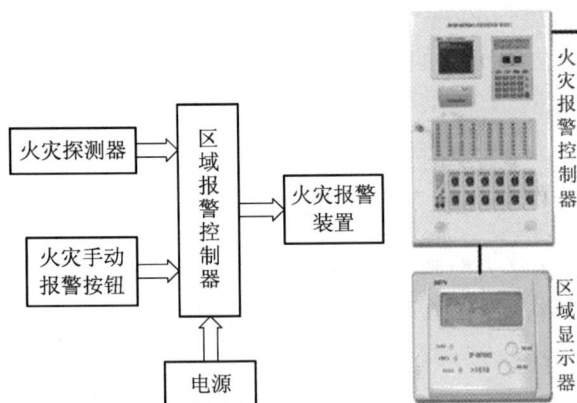

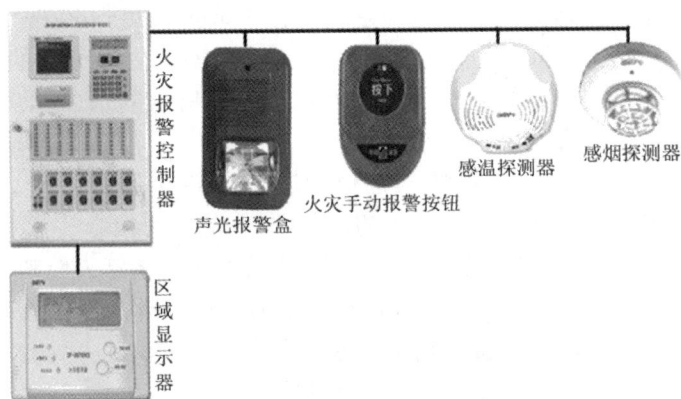

图 2-9-2　区域型火灾自动报警系统框图　　　　图 2-9-3　区域型火灾自动报警系统

　　集中型火灾自动报警系统由集中火灾报警控制器、区域火灾报警控制器和火灾探测器等组成，或由火灾报警控制器、区域显示器和火灾探测器等组成，是一种功能较复杂的火灾自动报警系统。这种系统一般用于一级和二级保护对象。

　　集中型火灾自动报警系统中应设置一台集中火灾报警控制器和两台及以上区域火灾报警控制器，或设置一台火灾报警控制器和两台及以上区域显示器；系统中应设置消防联动控制设备。集中火灾报警控制器或火灾报警控制器，应能显示火灾报警部位信号和控制信号，亦可进行联动控制；集中火灾报警控制器或火灾报警控制器，应设置在有专人值班的消防控制室或值班室内；集中火灾报警控制器或火灾报警控制器，消防联动控制设备等在消防控制室或值班室内的布置，应符合《火灾自动报警系统设计规范》的规定，集中型火灾自动报警系统框图如图 2-9-4 所示，集中型火灾自动报警系统如图 2-9-5 所示。

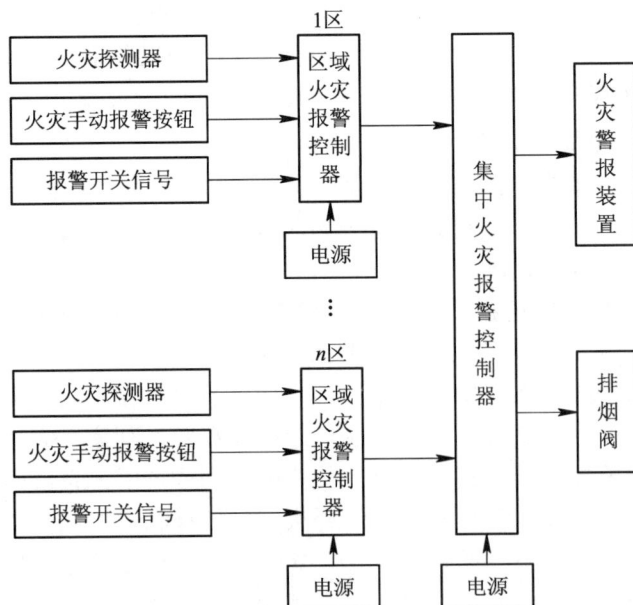

图 2-9-4　集中型火灾自动报警系统框图

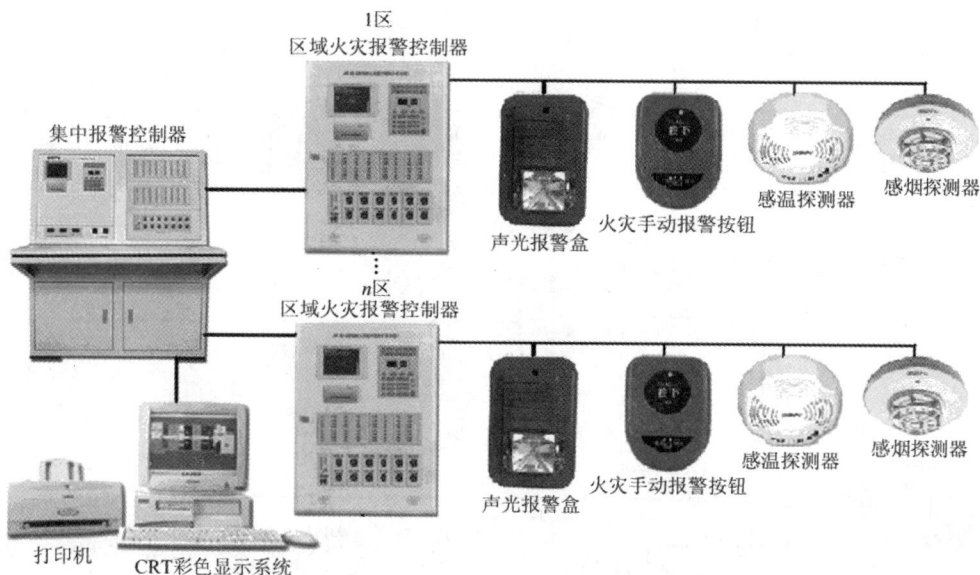

图 2-9-5　集中型火灾自动报警系统

　　控制中心火灾自动报警系统是由消防控制室的消防控制设备、集中火灾报警控制器、区域火灾报警控制器和火灾探测器等组成，或由消防控制室的消防控制设备、火灾报警控制器、区域显示器和火灾探测器等组成，是一种功能复杂的火灾自动报警系统。这种系统一般用于特级和一级保护对象。

　　控制中心火灾自动报警系统中至少应设置一台集中火灾报警控制器、一台专用消防联动控制设备和两台及以上区域火灾报警控制器；或至少设置一台火灾报警控制器、一台消防联动控制设备和两台及以上区域显示器；系统应能集中显示火灾报警部位信号和联动控制状态信号；系统中设置的集中火灾报警控制器或火灾报警控制器和消防联动控制设备在消防控制室内的布置，应符合《火灾自动报警系统设计规范》的规定。

　　当消防联动控制设备的控制信号和火灾探测器的报警信号在同一总线回路上传输时，其传输总线的敷设应符合《火灾自动报警系统设计规范》的有关规定。消防水泵、防烟和排烟风机的控制设备采用总线编码模块控制时，还应在消防控制室设置手动直接控制装置。设置在消防控制室以外的消防联动控制设备的动作状态信号，均应在消防控制室显示。控制中心火灾自动报警系统框图如图 2-9-6 所示，控制中心火灾自动报警系统如图 2-9-7 所示。

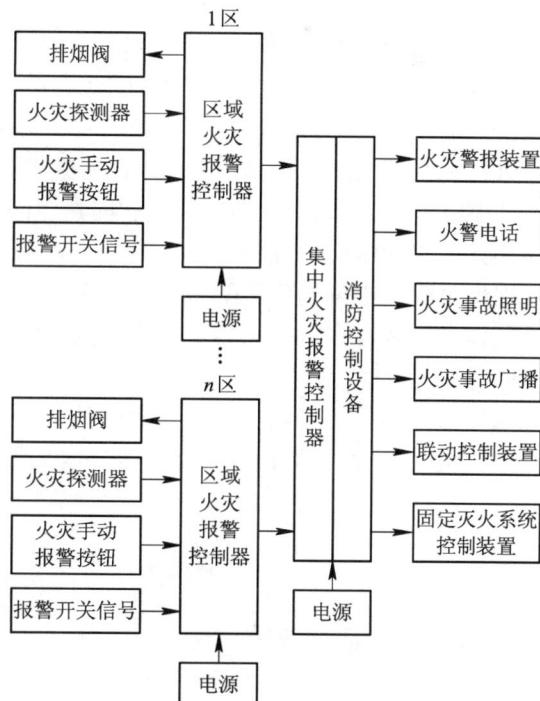

图 2-9-6　控制中心火灾自动报警系统框图

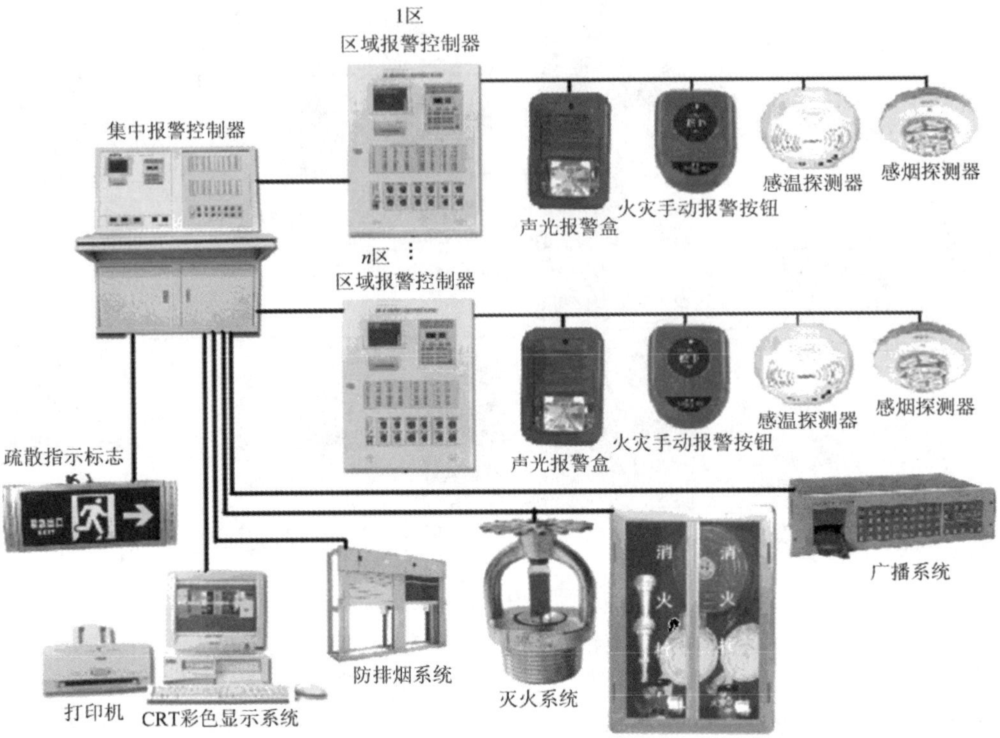

图 2-9-7　控制中心火灾自动报警系统

二、火灾探测器的基本知识

1. 火灾探测器的分类

火灾探测器是系统的"感觉器官",它的作用是监视环境中有没有火灾发生。一旦有了火情,就将火灾的特征物理量,如温度、烟雾、气体和辐射光强等转换成电信号,并立即向火灾报警控制器发送报警信号。火灾探测器的工作实质是将火灾中出现的质量流(可燃气体、燃烧气体、烟颗粒、气溶胶)和能量流(火焰光、燃烧音)等物理现象的特征信号,利用传感元件进行响应,并将其转换为另一种易于处理的物理量。

根据对火灾不同的响应信号特征,可以将火灾探测器分为感烟式、感温式、感光式、可燃气体式、复合式、感声式及图像式火灾探测系统;根据保护面积和范围可分为点型和线型两类。

点型探测器是一种响应某一点周围的火灾参数的火灾探测器,大多数火灾探测器都属于点型火灾探测器。点型光电火灾探测器如图 2-9-8 所示,点型差定温火灾探测器如图 2-9-9 所示。

图 2-9-8　点型光电火灾探测器

图 2-9-9　点型差定温火灾探测器

线型火灾探测器是一种响应某一连续线路周围的火灾参数的火灾探测器，其连续线路可以是"硬"的，也可以是"软"的。如缆式线型火灾探测器，是由主导体、热敏绝缘包覆层和合金导体一起构成的"硬"连续线路。又如红外线型火灾探测器，是由发射器和接收器二者中间的红外光束构成"软"的连续线路。缆式线型火灾探测器如图 2-9-10 所示，红外线型火灾探测器如图 2-9-11 所示。

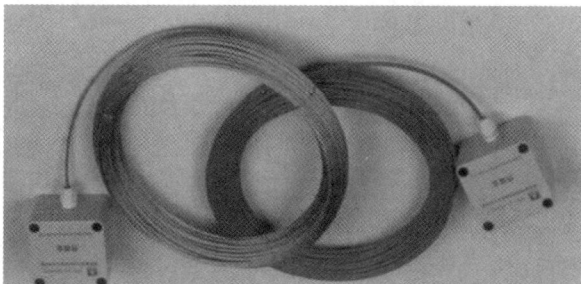

图 2-9-10 缆式线型火灾探测器

图 2-9-11 红外线型火灾探测器

火灾探测器还可以有其它的分类方式：按探测到火灾后的动作可分为延时型和非延时型两种。目前国产的火灾探测器大多为延时型火灾探测器，其延时范围为 3～10 s。火灾探测器按安装方式可分为外露型和埋入型两种。一般场所采用外露型，在内部装饰较有讲究的场所采用埋入型。按使用环境分类可分为陆用型、船用型、耐寒型、耐酸型、耐碱型和防爆型。防爆型感温火灾探测器如图 2-9-12 所示。

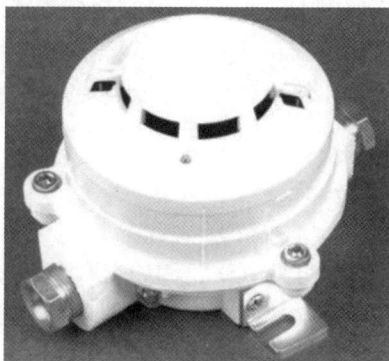

图 2-9-12 防爆型感温火灾探测器

2. 火灾探测器的型号

火灾报警产品有多种类型。它们的命名基于国家标准，使用特定的字母和数字序列来表示型号。不同的字符和数字标识不同的信息，共由三个部分组成。

第一部分由 3～5 个汉语拼音字母组成，一般仅有 3 个字母，其含义如下：

(1) J(警)——火灾报警设备。

(2) T(探)——火灾探测器代号。

(3) 火灾探测器分类代号。各种类型火灾探测器的具体表示方法如下：

Y(烟)——感烟火灾探测器；   W(温)——感温火灾探测器；

G(光)——感光火灾探测器；   Q(气)——可燃气体探测器；

F(复)——复合式火灾探测器。

第二部分一般由 2 个汉语拼音字母组成，标识其应用范围和探测器特征，常用的字母含义如下：

(4) 应用范围特征代号表示方法：

B(爆)——防爆型(无"B"即为非防爆型，其名称亦无须指出"非防爆型")；

C(船)——船用型。

非防爆或非船用型可省略，无须注明。

(5) 探测器特征表示法(敏感元件，敏感方式特征代号)：

LZ(离子)——离子；　　　　　　　　　MD(膜、定)——膜盒定温；

GD(光、电)——光电；　　　　　　　　MC(膜、差)——膜盒差温；

SD(双、定)——双金属定温；　　　　　MCD(膜差定)——膜盒差定温；

SC(双、差)——双金属差温；　　　　　GW(光温)——感光感温；

GY(光烟)——感光感烟；　　　　　　　YW(烟温)——感烟感温；

YW—HS(烟温—红束)——红外光束感烟感温；　　BD(半、定)——半导体定温；

ZD(阻、定)——热敏电阻定温；　　　　BC(半、差)——半导体差定温；

ZC(阻、差)——热敏电阻差温；　　　　BCD(半差定)——半导体差温；

ZCD(阻差定)——热敏电阻差定温；　　HW(红外)——红外感光；

ZW(紫外)——紫外感光。

第三部分一般由 2~3 个汉语拼音字母和数字组成，标明生产厂家产品的系列号。举例：JTY—GD—G3 智能光电感烟火灾探测器(海湾安全技术有限公司生产)；JTY—HS—1401 红外光束感烟火灾探测器(北京核仪器厂生产)；JTW—ZD—2700/015 热敏电阻定温火灾探测器(国营二六二厂生产)；JTY—LZ—651 离子感烟火灾探测器(北京原子能研究院电子仪器厂生产)。

三、常见的火灾探测器

火灾探测器通常由敏感元件、相关电路、固定部件及外壳等三部分组成。敏感元件将火灾燃烧的特征物理量转换成电信号，是火灾探测器的核心部件；相关电路将敏感元件转换所得的电信号放大和处理成火灾报警控制器所需的信号；固定部件及外壳是探测器的机械结构，用于固定探测器。

1. 点型感烟火灾探测器

1) 点型感烟火灾探测器的类型

感烟火灾探测器是一种响应燃烧或热解产生的固体或液体微粒的火灾探测器，是使用量最大的一种火灾探测器。因为它能探测物质燃烧初期所产生的气溶胶或烟雾粒子浓度，因此，有的国家称感烟火灾探测器为"早期发现"探测器。常见的点型感烟火灾探测器有离子型、光电型等几种。

(1) 离子感烟探测器。

火灾发生时，烟雾进入外电离室后，镅 241 产生的 α 射线被阻挡，电离能力降低率增大，电离电流减小。正负离子被体积比其大得多的烟粒子吸附，外电离室等效电阻变大，内电离室因无烟进入，电离室的等效电阻不变，引起两电阻交接点电压发生变化。当变化到某一定值时(由报警阈值确定)，交接点的超阈部分经过处理后，开关电路动作，发出报警信号。离子感烟探测器的工作原理如图 2-9-13 所示，离子感烟探测器的外形结构如图 2-9-14 所示。

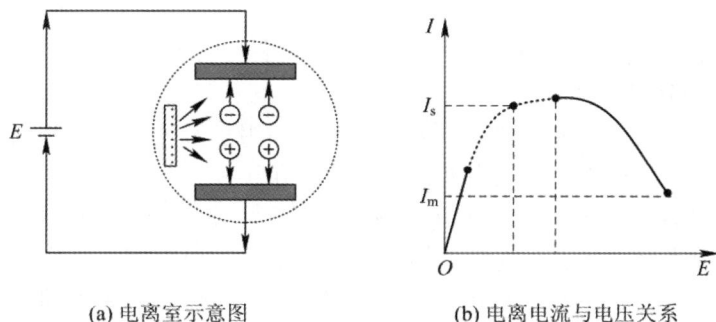

(a) 电离室示意图   (b) 电离电流与电压关系

图 2-9-13   离子感烟探测器的工作原理

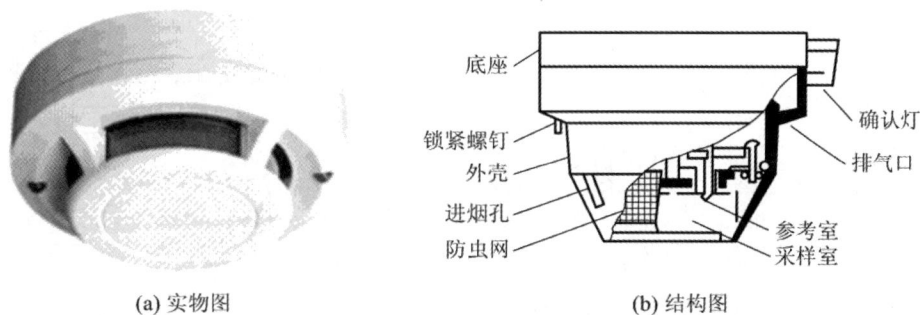

(a) 实物图   (b) 结构图

图 2-9-14   离子感烟探测器的外形结构

(2) 光电感烟探测器。

光电感烟探测器是利用火灾烟雾对光产生吸收和散射作用来探测火灾的一种装置，主要由发光元件和受光元件两部分组成。烟粒子和光相互作用时，有两种不同的过程：粒子可以以同样波长再辐射已接收的能量，再辐射可在所有方向上发生，但不同方向上的辐射强度不同，称为散射；另一方面，辐射能可以转变成其它形式的能，如热能、化学能或不同波长的二次辐射，称为吸收。为了探测烟雾的存在，光电感烟探测器的发光元件会发出一束光，如果受光元件安装在光路上，因为烟雾对光的吸收作用，可以根据受光元件接收到的光的强度来判断有无烟雾及烟雾的浓度，这种方法称为减光型探测法；如果受光元件安装在光路以外的地方，将通过接收烟雾对光的散射作用产生的能量来确定有无烟雾及烟雾的浓度，这种方法称为散射型探测法。为了消除环境光对受光元件的干扰，收、发元件安装在一个小的暗室里，这个暗室烟雾能进去，光线却不能进去，这就是点型光电感烟探测器。

减光型探测法可用于构成点型结构的减光式光电感烟火灾探测器，用微小的暗箱式烟雾检测室探测火灾产生的烟雾浓度大小，实现有效的火灾探测。减光式即进入光电检测暗室内的烟雾粒子对光源发出的光产生吸收和散射作用，使得通过光路上的光通量减少，从而使受光元件上产生的光电流降低。光电流相对于初始标定值的变化量大小，反映了烟雾的浓度大小，据此可通过电子线路对火灾信息进行阈值放大比较、类比判断处理或火灾参数运算，最后通过传输电路产生相应的火灾信号，构成开关量火灾探测器、类比式模拟量火灾探测器或分布智能式智能化火灾探测器。减光式光电感烟火灾探测器如图 2-9-15 所示。

散射光式即进入遮光暗室的烟雾粒子对发光元件(光源)发出的一定波长的光产生散射作用(按照光散射定律，烟粒子需轻度着色，且当其粒径大于光的波长时将产生散射作用)，使得处于一定夹角位置的受光元件(光敏元件)的阻抗发生变化，产生光电流。此光电流的大小与散射光强弱有关，并且由烟粒子的浓度和粒径大小及着色与否来决定。根据受光元件的光电流大小(无烟雾粒子时光电流大小约为暗电流)，即当烟粒子浓度达到一定值时，散射光的能量就足以产生一定大小的激励用光电流，可以用于激励遮光暗室外部的信号处理电路发出火灾信号。显然，遮光暗室外部的信号处理电路采用的结构和数据处理方式不同，可以构成不同类型的火灾探测器，如阈值报警开关量火灾探测器、类比判断模拟量火灾探测器和参数运算智能化火灾探测器。散光式光电感烟火灾探测器示意图如图 2-9-16 所示。

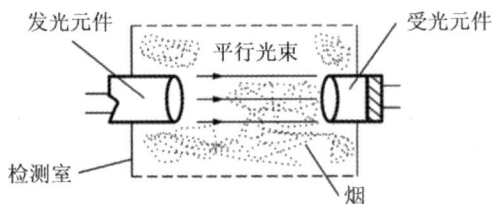

图 2-9-15　减光式光电感烟火灾探测器　　　　图 2-9-16　散光式光电感烟火灾探测器示意图

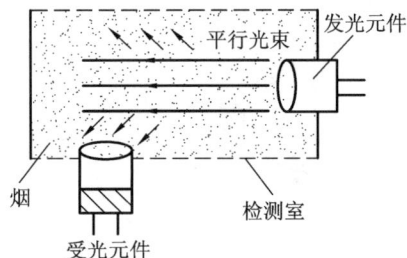

2) 点型感烟火灾探测器的应用场合

离子感烟探测器和点型光电感烟探测器都属于接触式探测器，只有浓度足够大的烟气进入探测器之中才能实现火灾探测的功能。由于受到探测器所用材料和内部构造等因素的限制，点型感烟探测器对使用场所的湿度、气流速度以及有无腐蚀性气体散发等都有要求，通常情况下，符合下列条件之一的场所不宜选择离子感烟探测器：

① 相对湿度经常大于 95%；

② 气流速度大于 5 m/s；

③ 有大量粉尘、水雾滞留；

④ 可产生腐蚀性气体；

⑤ 正常情况下有烟滞留；

⑥ 可产生醇类、醚类、酮类等有机物。

符合下列条件之一的场所不宜选择点型光电感烟探测器：

① 可能产生黑烟；

② 有大量粉尘、水雾滞留；

③ 可能产生蒸汽和油雾；

④ 正常情况下有烟滞留。

离子感烟探测器和光电感烟探测器的性能比较如表 2-9-2 所示。

表 2-9-2 离子感烟探测器和光电感烟探测器的性能比较

序号	基 本 性 能	离子感烟探测器	光电感烟探测器
1	对燃烧产物颗粒大小的要求	无要求，均适合	对小颗粒不敏感，对大颗粒敏感
2	对燃烧产物颜色的要求	无要求，均适合	不适于黑烟、浓烟，适合于白烟、浅烟
3	对燃烧方式的要求	适合于明火、炽热火	适合于阴燃火，对明火反应性差
4	大气环境(温度、湿度、风速)的变化	适应性差	适应性好
5	探测器安装高度的影响	适应性好	适应性差
6	对可燃物的选择	适应性好	适应性差

3) 点型感烟火灾探测器实例

海湾 JTY—GD—G3 点型光电感烟火灾探测器及其背后铭牌如图 2-9-17 所示。

(a) 正面图   (b) 背面图

图 2-9-17 JTY—GD—G3 点型光电感烟火灾探测器及铭牌

通用底座(DZ-02)上有 4 个导体片，片上带接线端子。图 2-9-18 为 JTY—GD—G3 点型光电感烟火灾探测器的底座尺寸和实物图。

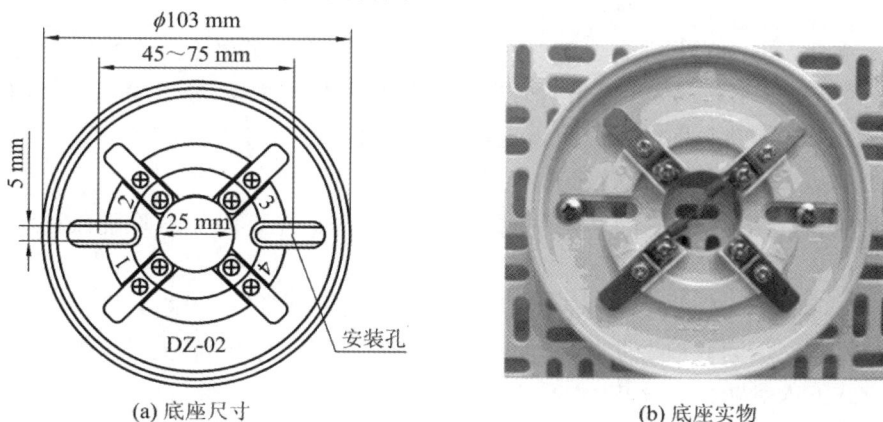

(a) 底座尺寸   (b) 底座实物

图 2-9-18 JTY—GD—G3 点型光电感烟火灾探测器的底座尺寸及实物图

2. 吸气式感烟火灾探测器

1) 传统火灾探测器的缺陷

传统的感烟、感温等火灾探测器价格低廉、应用广泛，但存在以下缺陷：

(1) 灵敏度低。对防火等级要求比较高的场所难以达到早期预警的目的。

(2) 被动侦测。只有等火灾浓烟滚滚时才能侦测出来,而此时已晚。

(3) 误报率高。容易受空气中的灰尘、湿度等影响而误报。

在实际生产生活中,对于需要极早期发现火灾隐患的场所,如珍贵古建筑、重要档案存放地、贵重物品仓库、数据中心等重要的区域和机场、车站等人员密集的场所,需要做到火灾的极早期发现,避免大的损失。这种情况下应用感烟、感温等传统火灾探测器不能达到安全要求。对于需要极早发现火灾隐患的场所,可采用吸气式感烟火灾探测器。吸气式感烟火灾探测器又名极早期火灾探测器,这种探测器采用主动吸气方式,相对于传统火灾报警探测器,探测技术产生了质的飞跃。

2) 吸气式感烟火灾探测器的原理

吸气式感烟火灾探测器由抽气泵、过滤器、激光腔、控制电路等组成。探测器使用吸气泵/风扇通过预先布置好的采样孔和采样管道抽取保护区内的空气,并将空气样本送入激光腔,在激光腔内利用激光照射空气样本,其中烟雾粒子所造成的散射光被阵列式接收器接收,接收器将光信号转换成电信号后送到控制器的控制电路,信号一旦超过报警阈值则发出报警信号。各类火灾探测器探测时间对比如图 2-9-19 所示。

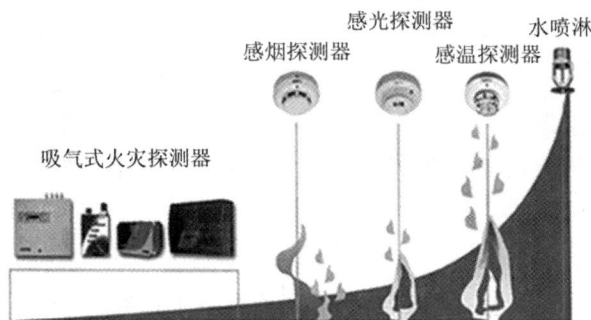

图 2-9-19　各类火灾探测器探测时间对比

吸气式感烟火灾探测器拥有灵敏的探测能力,能在大量烟气产生之前发现火灾隐患的存在。根据环境要求不同,吸气式感烟火灾探测器可分为单管型、双管型、四管型(多管型)。吸气式感烟火灾探测器有四个工作阶段,即警告、行动、火警1、火警2这四个阶段。

3) 吸气式感烟火灾探测器的优点

(1) 灵敏度高。能在火灾极早期发现火灾隐患,通常在不可见烟阶段探测器就能发出预警。

(2) 由于采样管网安装比较灵活,可以根据不同的环境做不同的采样管网布置。比如洁净室中可以在空调回风口做防护,也可沿着设备做局部防护,甚至可以把采样点通过毛细采样的方式伸入到防护柜体内。

(3) 维护成本相对比较低。在探测主机无故障的情况下,所需要维护的只是采样管网的清扫,此工作在探测主机处即可操作。

(4) 设备安装比较灵活。在一些对设备腐蚀比较大的场所,可以把设备安装在防护区域外。

(5) 多级报警等级。可以根据现场的需要针对不同的报警级别做不同的功能设置。

(6) 在一些空间高大的环境中，常规探测器效果较差，如大型体育馆等；在气流变化大的环境中如火车站、地铁站等，常规探测器也不能起到很好的效果。对于高大环境，吸气式火灾探测器采样管网可以分层布置，在气流变化大的场所，可根据气流方向进行布置，能够起到很好的效果。

4) 吸气式感烟火灾探测器的缺点

(1) 在传输过程中，空气样本从进入采样点到探测主机需要时间，因此采样管网的长度会受到限制，一台设备采样管网布置的最长距离为 100 m。

(2) 采样管网主要采用 ABS 管路或 PVC 管路，由于空气采样会在很多高大的空间，尤其对于一些剧院等顶部为玻璃的场所，采样管网布置及固定比较困难。

(3) 由于一台探测主机最长的采样管网为 100 m，在一些大型场所会需要很多台设备联网探测，造价成本会比常规探测器高。

(4) 由于一根采样管网上有很多采样点，因此当设备报警时，探测主机无法分辨是哪个采样点报警，只能判断出哪根采样管报警，非分区设备只能判别哪台设备报警。

5) 吸气式感烟火灾探测器的适用场所

(1) 需要进行火灾极早期探测的场所。比如说银行的数据中心、电力部门的变配电室、机场的塔台、地铁及铁路系统的控制指挥中心等。在这些场所中，无论外界情况如何，关键部门的设施要能够保证连续且安全运行。例如，银行的数据中心如果发生火灾了，或者出现初期火灾时，没有及时的扑救，造成的后果就是这个数据中心的数据被烧毁。所以对刚才提到的这类场所来说，是不允许在服务上出现任何微小的中断，或数据丢失的情况的，运行的连续性至关重要，特别是在交易量很高时或在运营时段，否则将会导致严重的经济损失。因此，在这种情况下，选择高灵敏型吸气式感烟火灾探测器系统是非常合适的，它能够在火灾极早期的不可见烟阶段就探测到，从而发出报警信号来预警，帮助现场工作人员在火灾发生的初期采取快速响应措施，有效保证了业务运营的安全性和持续性。

(2) 有人员密集，必须进行火灾早期疏散的场所。如机场的候机楼、火车站、地铁车站及列车等也是非常适合安装吸气式感烟火灾探测器的。这些场所在高峰时段的人群密集度是非常高的，而由于高灵敏型吸气式感烟火灾探测器系统的高灵敏性，所提供的早期预警可以确保人群安全疏散所需的时间，而同时也能够适应复杂的环境条件，所以特别适用于公共交通系统的火灾早期防范。

6) 设备示例

海湾 JTY—GXF—GST1D 吸气式感烟火灾探测器采用创新的智能光电双波长探测技术，能准确分辨烟雾和假象干扰，即使在肮脏环境下也能保证极高的探测可靠性，如图 2-9-20 所示。

图 2-9-20 海湾 JTY—GXF—GST1D
吸气式感烟火灾探测器

3. 线型光束感烟探测器

1) 线型光束感烟探测器的原理

线型光束感烟探测器是利用烟雾粒子对光线传播发生遮挡的原理制成的，当一束一定强度的单色平行光通过火灾烟雾粒子时，由于烟雾粒子的散射和吸收效应使入射光产生衰减，接收器收到的光信号降低，转换成的电信号也降低，当信号降至阈值以下时，发出报警信号，发射器根据发光原理可以发出红外光、紫外光和激光。线型光束感烟探测器又分为对射型和反射型两种。图 2-9-21 所示为对射型线性光束感烟探测器的工作原理，图 2-9-22 为反射型线性光束感烟探测器的工作原理。

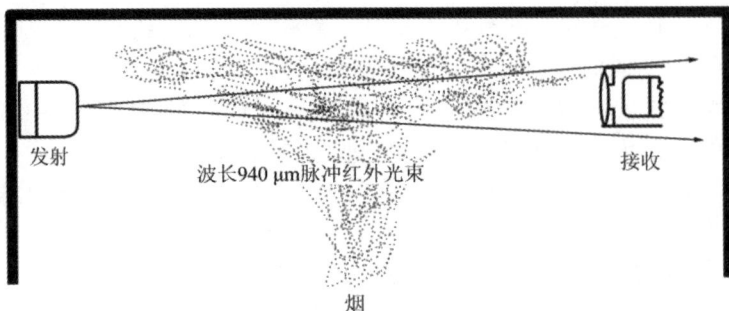

图 2-9-21　对射型线性光束感烟探测器的工作原理

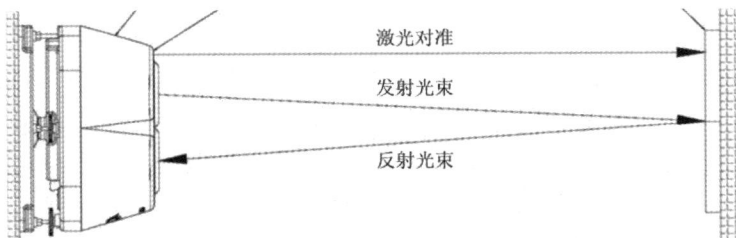

图 2-9-22　反射型线性光束感烟探测器的工作原理

2) 线型光束感烟火灾探测器应用场所

无遮挡的大空间或有特殊要求的房间，宜选择线型光束感烟探测器。符合下列情形之一的场所，不宜选择线型光束感烟探测器：有大量粉尘、水雾滞留；可能产生蒸气或油雾；在正常情况下有烟滞留；探测器固定的建筑结构由于振动等会产生较大位移的场所。

3) 设备示例

海湾 JTY—HM—GST102 线型光束感烟火灾探测器如图 2-9-23 所示。

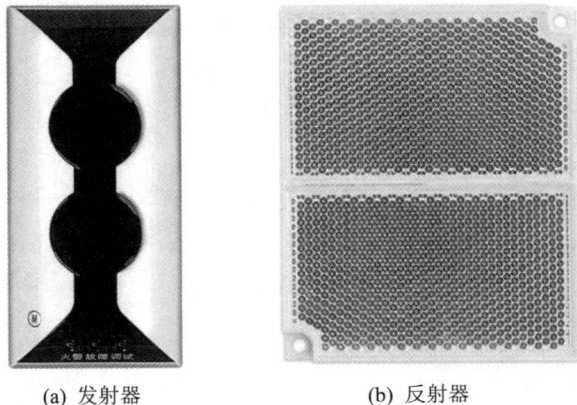

(a) 发射器　　　　　　　　(b) 反射器

图 2-9-23　JTY—HM—GST102 线型光束感烟火灾探测器

　　JTY—HM—GST102 线型光束感烟火灾探测器接线如图 2-9-24 所示：探测器需要与直流 24 V 电源线(无极性)及火灾报警控制器信号总线(无极性)连接，直流 24 V 电源线接于探测器的接线端子 D1、D2 端子上，总线接于探测器的接线端子 Z1、Z2 上，反射器不需接线。

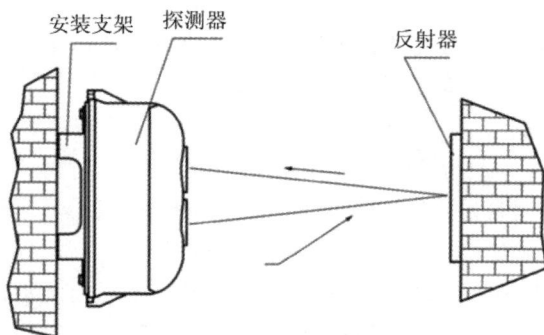

图 2-9-24　JTY—HM—GST102 线型光束感烟火灾探测器安装示意图

4. 点型感温火灾探测器

1) 点型感温火灾探测器的分类

　　点型感温火灾探测器是在使用广泛上仅次于感烟火灾探测器的一种火灾早期报警探测器，是一种响应异常温度、温升速率和温差的火灾探测器。感温火灾探测器按探测原理分为定温火灾探测器、差温火灾探测器和差定感温火灾探测器。感温火灾探测器按其结构可分为电子式和机械式两种。

　　(1) 定温火灾探测器。

　　定温火灾探测器是在规定时间内火灾引起的温度上升超过某个定值时启动报警的火灾探测器。分为线型定温火灾探测器与点型定温火灾探测器。点型定温探测器是利用双金属片、热电偶、热敏半导体电阻等元件，在规定的温度值上产生火灾报警信号的一种定温火灾探测器。

　　双金属型定温探测器是以不同热膨胀系数的双金属片为敏感元件的一种定温火灾探测器，如图 2-9-25 所示。

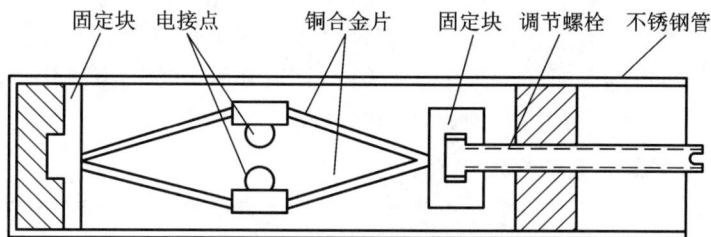

图 2-9-25　双金属型定温探测器

　　不锈钢的热膨胀系数大于铜合金，当探测器探测到温升时，不锈钢管的伸长大于铜合金，两块合金片被拉直使两个触头靠拢。当温升到规定值时，触点闭合，探测器动作，送出开关信号使报警器报警。当探测器检测到温度低于规定值时，经过一段时间，触点分开，探测器回复到监视状态。

热敏电阻定温探测器，采用临界热敏电阻 CTR 作为传感器件。这种热敏电阻在室温下具有极高的阻值(可以达到 $1\,M\Omega$ 以上)，随着环境温度的升高，阻值会缓慢地下降，当达到预定的温度时，临界电阻的阻值会迅速减至几十欧姆，使得信号电流迅速增大，探测器向报警控制器发出报警信号。

(2) 差温火灾探测器。

差温火灾探测器是当环境温度变化达到规定的升温速率以上即动作的感温探测器。常见的有膜盒差温探测器和电子差温探测器。

膜盒差温探测器是以膜盒为敏感元件的探测器，属于机械式的一种。它由感热室、气塞螺钉、波纹膜片、确认灯及触点组成。感热室是由壳体、衬板、波纹膜片和气塞螺钉形成的密闭气室。室内空气只能通过气塞螺钉泄漏孔与大气相通。当环境温度缓慢变化时，气室内外的空气可通过泄漏孔进行调节，使内外压力保持平衡。如遇火灾发生时，环境温度升高的速度很快，气室内空气由于急剧受热而膨胀，来不及从泄漏孔外逸，致使气室内压力增高，将波纹膜片鼓起与中心接线柱相碰，于是接触了电触点，从而发出火灾报警信号。这种探测器具有灵敏度高、可靠性好、不受气候变化影响的特点，因而应用非常广泛。

电子差温探测器是由基准电阻和热敏电阻串联组成的感应器件。基准电阻和热敏电阻相当于感烟探测器内部电离室，前部的阻值随环境温度缓慢变化，当探测区温度上升的速率超过某一定值时，电阻交接点对地的电压超过阈值的部分经处理后，发出报警信号，电子差温探测器工作原理图如图 2-9-26 所示。

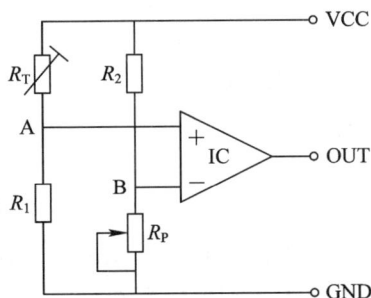

图 2-9-26　电子差温探测器工作原理图

(3) 差定感温火灾探测器。

在一个壳体内兼有差温、定温两种功能的感温火灾探测器称为差定感温火灾探测器。将差温和定温火灾探测器有机组合的差定感温火灾探测器是一种常用的复合型火灾探测器。差定感温火灾探测器按其差温和定温的复合方式不同，有膜盒—双金属型差定感温探测器、无膜盒—易熔金属型差定感温探测器和电子差定感温探测器。

电子差定感温火灾探测器通常利用热敏电阻做热元件。它是利用热敏电阻阻值随温度变化而变化的特性使电路导通，从而实现差温和定温功能的。大部分电子差定感温火灾探测器都采用两只负温度系数的热敏电阻，一只用作采样，一只用作补偿。当外界温度缓慢变化时，补偿起主要作用，对外表现为定温特性。当外界温度迅速变化时，采样电阻反应迅速，而补偿电阻则反应迟钝，对外表现为差温特性。

2) 点型感温火灾探测器的探测温度

根据 GB4716—2024《点型感温火灾探测器》技术标准，感温探测器从温度范围分类有 20 来种，常见的是 A1 和 A1R，A2 和 A2R。A1 动作温度下限是 $54\,^{\circ}\!C$，动作温度上限是 $65\,^{\circ}\!C$；A2 动作温度下限是 $54\,^{\circ}\!C$，动作温度上限是 $70\,^{\circ}\!C$。A1R 和 A2R 等带"R"标志的，多了一个差温报警，就是一定时间内温度骤升一定值(比如 $8.3\,^{\circ}\!C/min$)就会报警。探测温度一般是 $54\sim70\,^{\circ}\!C$，按照国家的标准，探测温度最高的可达到 $160\,^{\circ}\!C$。点型感温火灾探测器报警温度一般是设置在 $57\,^{\circ}\!C$ 左右。

3) 点型感温火灾探测器的应用场所

点型感温火灾探测器产品适用于相对湿度经常大于 95% 的场所，适用于饭店、旅馆、商厦、写字楼、书店、档案库、计算机机房、影院等公共场所，及其它不宜安装感烟探测器的厅堂和公共场所。不适宜可能产生黑烟、粉尘飞扬、有蒸气和油雾等的场所。

4) 设备示例

海湾 JTW—ZCD—G3N 点型差定感温火灾探测器为无极性二总线制，可与海湾公司生产的各类火灾报警控制器的报警总线以任意方式并接。探测器采用带 A/D 转换的单片机，特别适用于发生火灾时有剧烈温升的场所，与感烟探测器配合使用更能可靠探测火灾，减少损失。JTW—ZCD—G3N 点型差定感温火灾探测器如图 2-9-27 所示。

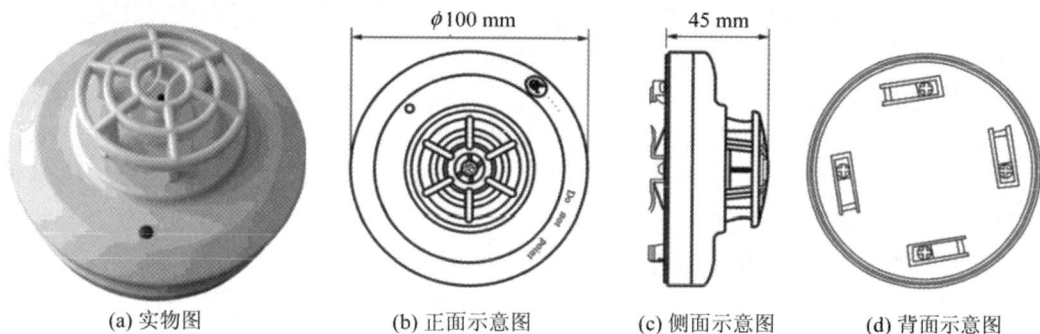

| (a) 实物图 | (b) 正面示意图 | (c) 侧面示意图 | (d) 背面示意图 |

图 2-9-27　JTW—ZCD—G3N 点型差定感温火灾探测器

5. 缆式线型感温火灾探测器

1) 工作原理

缆式线型感温火灾探测器也称感温电缆，是感应某一连续线路周围温度参数的火灾探测器。它可将温度值信号或温度变化率信号转换为电信号，以达到探测火灾并输出报警信号的目的。线型感温火灾探测器由敏感部件和与其相连接的信号处理单元及终端盒组成。

缆式线型感温火灾探测器工作原理是感温电缆采用两芯缆式结构，其芯线采用直径为 0.6 mm 的金属丝，金属丝的外部有感温材料，芯线之间的阻抗随其周围温度的变化而改变。信号处理单元内设信号处理电路，其中包括信号采集、信号放大转换电路、显示电路等。信号处理单元与一定长度的感温电缆和终端单元连接使用，信号处理单元对感温电缆进行连续的监视，对于异常情况造成的温度升高和断线、短路进行报警。

2) 分类

(1) 按探测原理可分为定温火灾探测器、差温火灾探测器和差定感温火灾探测器。

(2) 按可恢复性能可分为可恢复式感温火灾探测器和不可恢复式感温火灾探测器。

① 不可恢复式定温火灾探测器的感温电缆由两根用热敏材料绝缘的钢丝组成，其探测原理是缆式探测器受热后热敏材料电阻率降低，从而触发开关量的温度报警。可根据不同的场合选用不同额定动作温度的探测器(一般分为 68℃、88℃、105℃、138℃、180℃ 五个级别)，其敷设方式采用接触性正弦波和围绕式敷设，最大的优点是造价低廉。该方式存在的问题是：只能对固定或设定的温度进行单级报警；在工业环境中，其简易的结构容易造成机械损伤；报警原理简单，电磁兼容性差，容易受电磁干扰造成误报，从而降低可靠性；报警方式为一次性破坏式，不可重复使用。

② 可恢复式定温火灾探测器即可以重复使用的感温电缆，根据信号处理方式的不同又可分为开关量多级缆式感温火灾探测器和模拟量缆式感温火灾探测器。

开关量多级缆式感温火灾探测器结构为三根用热敏材料绝缘的钢丝，其探测原理仍然是热敏材料受热后电阻率降低从而触发开关量的温度报警，不同之处在于缆式探测器用了两种不同热敏系数的材料分别绝缘两根钢丝，以实现相同温度等级的两级报警或不同温度等级的多级报警。其敷设方式采用接触性正弦波和围绕式敷设，也可采用悬挂式敷设。

模拟量缆式感温火灾探测器探测系统均由模拟量缆式感温器和电缆微机控制器两部分组成。模拟量缆式感温火灾探测器电缆结构为四根外层采用特殊的负温度系数热敏材料绝缘的导体，两两短接成两个回路，电缆微机控制器用来监控其前端探测电缆的工作状态。可恢复式定温火灾探测器的工作原理是当感温电缆所保护场所的现场温度发生变化时，监测回路的电阻值会发生明显的变化，当微机控制器检测到前端感温电缆探测回路的电阻值变化达到预定的报警值时，就会产生一个报警信号发送给其后端的火灾报警控制屏，从而触发火灾报警信号。感温电缆微机控制器前端的输入信号是由感温电缆产生的连续变化的电阻值(模拟量/类比量)，后端的输出信号是开关量(数字)信号。其敷设方式采用接触式敷设或悬挂式敷设。模拟量缆式感温火灾探测器克服了普通型 2 芯感温电缆的缺点，其可靠性和实用性都得到极大提高，其优点是：

• 非破坏性。由于模拟量缆式感温火灾探测器感温电缆发出报警信号时是在其器件常态下产生的，除非工作现场的温度过高，同时感温电缆暴露在高温下的时间过久，否则它在报警过后仍能恢复正常的工作状态。

• 报警温度可调。模拟量缆式感温火灾探测器感温电缆的报警温度点可以根据安装现场的环境温度、感温电缆的使用长度、报警温度值 3 项参数在微机控制器上动态设定，所以它不但能被用来监测火灾情况，同时也可以用来监测设备运行时温度过高的情况。

• 故障信号齐全。模拟量缆式感温火灾探测器感温电缆的报警信号是由其微机控制器对现场感温电缆探测回路的电阻值进行实时监测分析得出的，由于这个信号的形成与导体的物理性短路或者断路状态完全无关，所以无论什么原因造成电缆探测线路的短路/断路，系统都会唯一识别并报出相应的故障信号。

3) 缆式线型定温火灾探测器的适用场所

感温电缆可广泛应用于涵盖电力、钢铁、石化、交通、酿酒、烟草、矿山、通信等行业，电厂、钢厂、铝厂、选煤厂、电站、变压器、变电所、油库、油罐、化工储罐、冶金、配电盘、石化工厂、飞机库、仓库、大型纪念馆、展览馆、古建筑、大型商场、机场、造船、医院、地铁等场所的电缆隧道、电缆竖井、电缆沟、电缆桥架、线槽、电缆夹层、传输带、电控设备以及室内外大型仓储场所，物品堆垛场所的火灾探测报警。

4) 设备示例

海湾 GST—DL3000 系列可恢复式缆式线型定温火灾探测器，如图 2-9-28 所示。性能的受热长度为 1 m；具有定温报警功能，定温报警阈值为 85℃；最大使用长度≤200 m；具有火灾报警、故障报警两组独立无源继电器触点输出；可以监视感温电缆的开路、短路故障；感温电缆具有可恢复功能；感温电缆采用绞合缆式结构，抗机械损伤、抗电磁干扰能力强。

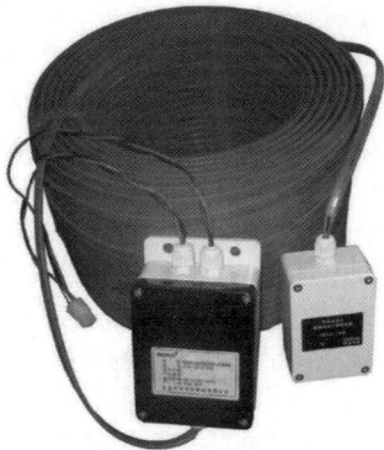

图 2-9-28   GST—DL3000 系列可恢复式缆式线型定温火灾探测器

6. 光纤线型感温火灾探测器

1) 工作原理

光纤线型感温火灾探测器是利用拉曼散射效应的一种无电检测探测器，本身非常安全。拉曼散射的工作原理主要是根据入射光在光纤内通过时，由于光纤本体所处的温度不同而引起该处的光线散射率不同，进而引起散射光的强度发生变化，根据接收到的散射光强度可对温度进行计算。由于光线在光纤内的传输速度是定量的，因此根据收到散射光的先后顺序和时间间隔，就可以计算光纤本体沿线的温度分布。光纤线型感温火灾探测器原理如图 2-9-29 所示。

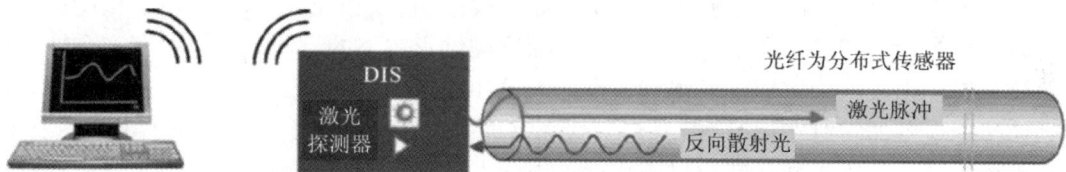

图 2-9-29   光纤线型感温火灾探测器探测原理

光纤线型感温火灾探测器是将探测光纤铺设于待测空间，感温光纤主机将激光光束发射到探测光缆中，并实时采集沿着光纤反射回来的、带有现场实时温度信息的拉曼散射光，感温光纤主机对这些光信号进行分析和处理，从而得出整条光纤上的温度分布信息。将该温度信息与预设的报警参数值进行比较，当满足报警条件时，光纤主机发出火灾报警声光指示，并可向火灾报警控制器输出报警信息。

2) 光纤线型感温火灾探测器应用场所

随着光纤应用技术的发展，光纤测温系统目前已成为世界上最先进、最有效的连续分布式温度监测系统，其优点在于能够长距离、高精度、实时监测温度，可以实现远程无损检测。尤其适用于石化、电力、交通、钢铁等工业生产中的高温、高压、易燃、易爆等危险场所。主要包括：重要区域的温度测量和监控，如发电厂电缆桥架、电厂锅炉烧嘴、变电站、输煤系统传输带、计算机房、电视台、通信机房、移动基站、控制机房、电缆通道等。危险区域的温度测量和监控(设备简单、无外加电源、受监控的区域不带电)，如油罐、气罐、煤仓、危险品仓库等。交通运输领域的温度测量和监控，如地铁、隧道、铁路、机场、船舱等。大面积、大范围的温度测量和监控，如粮仓、冷库、货仓、造纸厂、酒厂、制药厂、饮料厂、烟厂等。压力容器表面温度测量和监控，如气化炉、反应罐等。

3) 缆式线型感温火灾探测器与光纤线型感温火灾探测器的区别

缆式线型感温火灾探测器信号检测单元只是对电阻、电流信号的简单检测，因此单台信号检测系统成本较低；另一方面，由于单根感温电缆监测距离有限(不宜超过100 m，最长为200 m)，对于长距离的线型温度监测，往往需要大量的信号检测单元和多条感温电缆；同时感温电缆存在较为明显的老化现象，需要定期(通常1~2年)更换之前布设的感温电缆，对于已经发生过火灾报警的不可恢复式感温电缆则必须更换，从而造成较高的后期维护费用。

光纤线型感温火灾探测器，可实时进行温度测量，而缆式感温探测器受线缆材料影响只能探测固定温度。光纤线型感温火灾探测器定位精确，定位精度达±0.5 m，监测距离长，可达数公里，使用寿命长，维护成本低，只要光缆不被损坏，即使发生了较为严重的火情，在温度恢复后仍继续使用，采用光纤作为温度传感和信号传输的介质，抗电磁干扰。

4) 设备示例

海湾 GST—OTS4000 分布式光纤线型感温火灾探测系统由 GST—OTS4000 光纤线型感温火灾探测信号处理器(光纤主机)和GST—GX200型光纤探测器(敏感元件)两部分组成。

GST—OTS4000 光纤线型感温火灾探测系统是一种高新技术产品。该产品集计算机、光纤通信、光纤传感、光纤传输、光电控制等技术于一体，基于光纤的后向散射随温度变化的测温原理，采用 OFDR(光频域反射)先进技术，通过感温光缆实时监测光纤上的反馈信息，测量光纤上各点的温度变化，来实时监测被检测区域的温度状况。由于该产品以显著成熟的技术优势和绝对的安全性能为火灾探测提供了完整的解决方案，并在多个地铁、公路隧道工程中长期稳定运行，得到了设计人员和用户的普遍欢迎和认可。系统实现了电力系统运行设备的实时在线检测，通过对设备实时数据的分析和预测，防止了事故的发生，真正地做到了防患于未然；其次也为今后实现状态检修，提高检修效率，大大降低检修成本和管理成本起到关键的作用。GST—OTS4000 分布式线型光纤感温火灾探测系统如图2-9-30 所示。

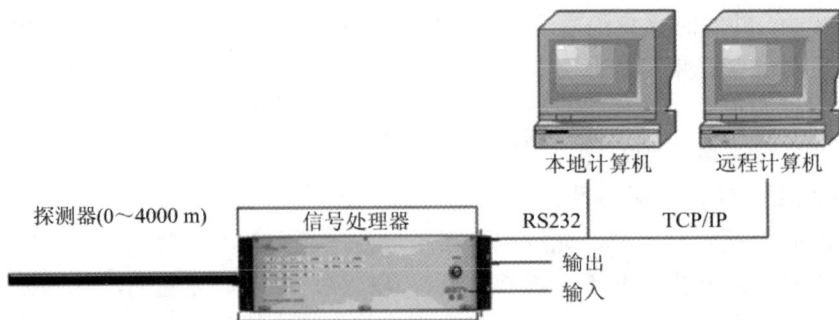

图 2-9-30　GST—OTS4000 分布式线型光纤感温火灾探测系统

7. 感光火灾探测器

感光火灾探测器又称为火焰探测器，它是一种能对物质燃烧火焰的光谱特性、光照强度和火焰的闪烁频率敏感响应的火灾探测器。常用的感光火灾探测器有红外火焰型和紫外火焰型两种，另外还有红紫外复合火焰探测器。

红外火焰探测器又分为单频红外、双频红外和三频红外火焰探测器，其中，单频红外只能用于室内，双频红外和三频红外可以用于室外。

单频的紫外火焰探测器只能用于室内安装，对阳光的照射会产生误报。如果室外安装紫外火焰型火灾探测器，需要使用红紫外复合火焰探测器。复合型的火焰探测器对于阳光的照射没有响应，而且探测距离比单频紫外的长。

1) 红外火焰型感光火灾探测器

火灾是由物体在空气或氧气中发光、发热的一种燃烧现象，多指发出热、烟、火焰的燃烧现象。火灾初期开始，火焰燃烧表现出特有的特征，即火焰中含有肉眼无法辨别的不同波长的紫外线和红外线。

红外火焰型感光火灾探测器可通过特殊传感器感知火焰燃烧所产生的红外线。红外火焰型感光火灾探测器利用红外光元件的光电导或光伏效应来敏感地探测低温产生的红外辐射，红外辐射光波波长一般应大于 $0.76\,\mu m$。由于自然界中只要物体高于绝对零度都会产生红外辐射，所以利用红外辐射探测火灾时，一般还要考虑物质燃烧时火焰的间歇性闪烁现象，以区别于背景红外辐射。物质燃烧时火焰的闪烁频率为 $3\sim30\,Hz$。红外火焰型感光火灾探测器如图 2-9-31 所示。

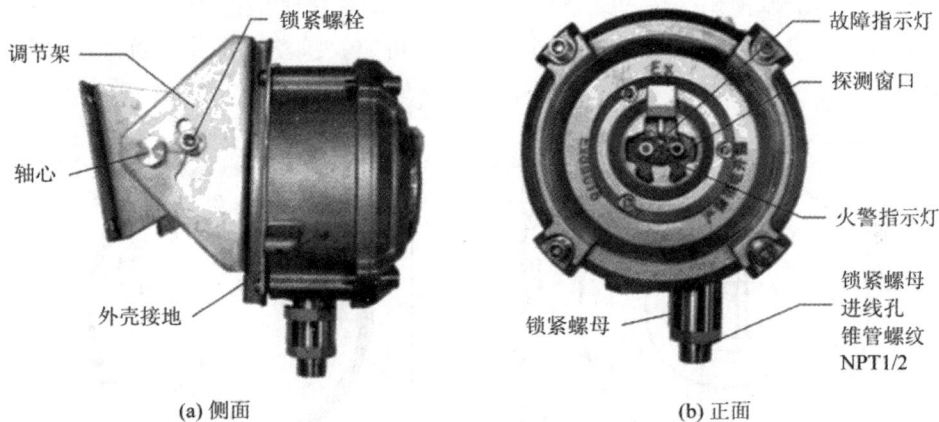

(a) 侧面   (b) 正面

图 2-9-31 红外火焰型感光火灾探测器

2) 紫外火焰型感光火灾探测器

紫外火焰型感光火灾探测器可简称紫外火焰火灾探测器或紫外火焰探测器，当有机化合物燃烧时，其氢氧根在氧化物反应中会辐射出强烈的波长为 $250\,nm$ 的紫外光，紫外火焰型感光火灾探测器就是利用火焰产生的强烈紫外辐射光来探测火灾的。紫外火灾探测器的敏感元件是紫外光敏管，它是玻璃外壳内装着两根高纯度的钨或银丝制成的电极。当电极接收到紫外辐射时立即发射电子，并在两极的电场作用下被加速，由于管内充有一定量的氢气和氦气，所以当这些被加速而具有较大动能的电子同气体分子碰撞时，将使气体分子电离，电离后产生的正负离子又被加速，就会使更多的气体分子电离，于是在极短的时间内，造成雪崩式的放电过程，从而使紫外光敏管由截止状态变成导通状态，驱动电路发出报警信号。紫外火焰型感光火灾探测器的结构和外形如图 2-9-32 所示。

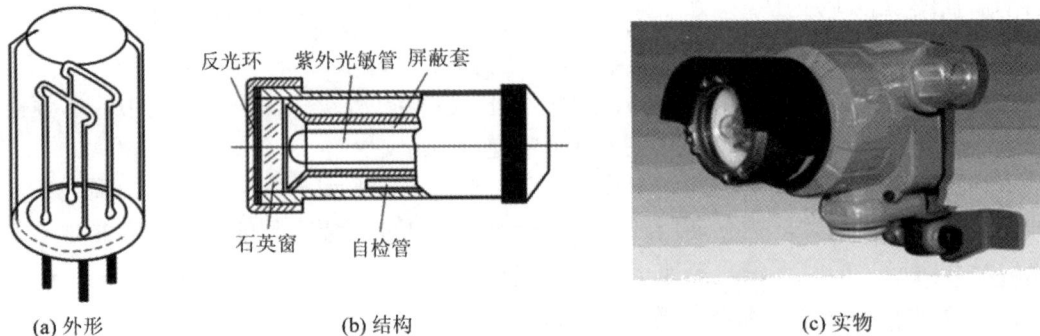

(a) 外形　　　　(b) 结构　　　　(c) 实物

图 2-9-32　紫外火焰型感光火灾探测器的结构和外形

3) 设备示例

海湾 JTG—ZW—G1 点型紫外火焰探测器如图 2-9-33 所示。JTG—ZW—G1 型点型紫外火焰探测器是通过探测物质燃烧所产生的紫外线来探测火灾的，适用于火灾发生时易产生明火的场所，对发生火灾时有强烈的火焰辐射或无阴燃阶段的场所均可采用本探测器。本探测器与其它探测器配合使用，能及时发现火灾，减少损失。本探测器主要具有以下特点：

(1) 内置单片机进行信号处理及与火灾报警控制器的通信。

(2) 采用智能算法，既可以实现快速报警，又可以降低误报率。

(3) 灵敏度可根据现场环境自动调整，具有较强的环境适应能力。

(4) 传感器采用进口紫外光敏管，具有灵敏、可靠、抗粉尘污染、抗潮湿及抗腐蚀性气体等优点。

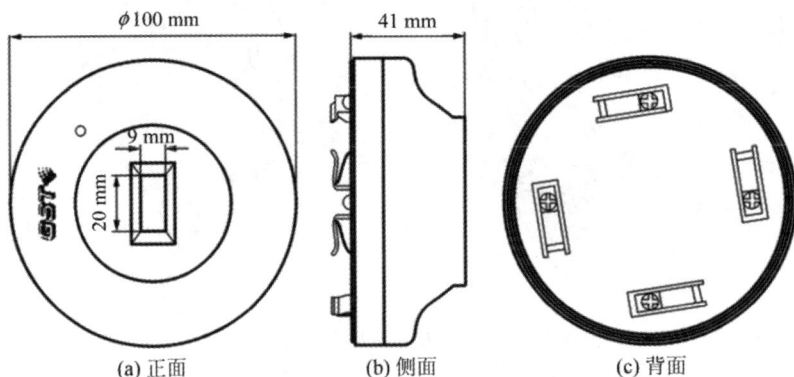

(a) 正面　　　　(b) 侧面　　　　(c) 背面

图 2-9-33　JTG—ZW—G1 型点型紫外火焰探测器

4) 感光火灾探测器的选用

(1) 对火灾发展迅速，有强烈的火焰辐射和少量烟、热的场所，应选择火焰探测器。

(2) 符合下列条件之一的场所，宜选择点型火焰探测器或图像型火焰探测器。

① 火灾时有强烈的火焰辐射。

② 可能发生液体燃烧等无阴燃阶段的火灾。

③ 需要对火焰做出快速反应。

(3) 符合下列条件之一的场所，不宜选择点型火焰探测器和图像型火焰探测器。

① 在火焰出现前有浓烟扩散。

②　探测器的镜头易被污染。

③　探测器的"视线"易被油雾、烟雾、水雾和冰雪遮挡的场所。

④　探测区域内的可燃物是金属和无机物。

⑤　探测器易受阳光、白炽灯等光源直接或间接照射的场所。

(4)　探测区域内正常情况下有高温物体的场所，不宜选择单频红外火焰探测器。

(5)　正常情况下有明火作业，探测器易受 X 射线、弧光和闪电等影响的场所，不宜选择紫外火焰探测器。

8. 可燃气体探测器

可燃气体探测器是一种能对空气中可燃气体含量进行检测并发出报警信号的火灾探测器。它可以测量空气中可燃气体爆炸下限以内的含量，以便当空气中可燃气体含量达到或超过报警设定值时，自动发出报警信号，提醒人们及早采取安全措施，避免事故发生。可燃气体探测器除具有预报火灾、防火防爆功能外，还具有监测环境污染的作用。

可燃气体探测器有三种类型，分别是催化型、红外光学型(光电)和气敏半导体型。

1) 催化型

催化型可燃气体探测器利用难熔金属铂丝加热后的电阻变化来测定可燃气体浓度。催化燃烧式传感器属于高温传感器，催化元件的检测元件是在铂丝线圈上包以氧化铝和黏合剂形成球状，经烧结而成，其外表面敷有铂、钯等稀有金属的催化层，催化型可燃气体探测器的催化元件结构如图 2-9-34 所示。

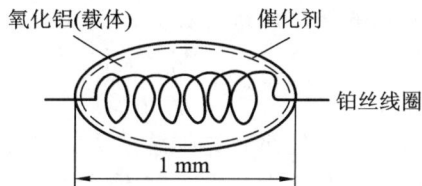

图 2-9-34　催化型可燃气体探测器的催化元件

2) 红外光学型(光电)

红外光学型可燃气体探测器是利用红外传感器通过红外线光源的吸收原理(各种气体对不同波长红外辐射的吸收程度各不相同，每种气体在光谱中，对特定波长的光有较强的吸收，那么通过检测气体对该波长的光的强度的影响，便可以确定气体的成分及浓度)来检测现场环境的碳氢类可燃气体。

3) 气敏半导体型

气敏半导体型可燃气体探测器是利用金属氧化物半导体元件的特性构成的。金属氧化物半导体元件以二氧化锡材料适量掺杂微量钯等贵金属做催化剂，在高温下烧结成多晶体为 N 型半导体材料，在其工作温度(250～300℃)下，如遇可燃性气体，其电阻值便可发生明显变化，因此，气敏半导体型可燃气体探测器是可以探测初期火灾的气体探测器。

4) 设备示例

海湾 GST—BT(R)001M 点型可燃气体探测器，采用半导体气敏元件，工作稳定，采用与底座插接安装方式，安装简单，接线方便，此类报警器采用 DC 24 V 集中供电，可与海湾公司生产的各类火灾报警控制器配合使用，用于家庭、宾馆、公寓等存在可燃气体的场所进行安全监控。可提供用于控制通风换气设备的无源常开触点和控制燃气管道电磁阀的有源触点。适用于探测天然气、液化石油气、人工煤气。GST—BT(R)001M 点型可燃气体探测器如图 2-9-35 所示。

图 2-9-35   GST—BT(R)001M 点型可燃气体探测器

5) 可燃气体探测器的适用场所

可燃气体探测器适用于各种潜在的可燃气体泄漏场所或是在生产过程中容易产生可燃气体的场所，比如家庭燃气使用区域、石油化工车间、化学实验室、加油站等。在这些场所安装可燃气体探测器，可以在第一时间发现危险，并采取相应措施预防事故的发生。

9. 复合式火灾探测器

复合式火灾探测器可响应两种或两种以上火灾参数，集成在每个探测器内的微处理机芯片，对相互关联的每个探测器的检测值进行计算，只要有一种火灾信号达到相应的阈值时探测器即可报警，误报率低。主要有感温感烟火灾探测器、感光感烟火灾探测器、感光感温火灾探测器等。

海湾 JTF—GOM—GST601 点型复合式感烟感温火灾探测器，是由烟雾传感器件和半导体温度传感器件共同构成的多元复合探测器。它不仅具有普通散射型光电感烟火灾探测器的性能，而且兼有定温、差定温感温火灾探测器的性能。正是由于感烟与感温的复合技术，使得该款复合探测器能够对国家标准试验火 SH3(聚氨酯塑料火)和 SH4(正庚烷火)的燃烧进行探测和报警。同时该款探测器也能对酒精燃烧等有明显温升的明火探测报警，扩大了光电感烟探测器的应用范围。该探测器为无极性信号二总线制，可接入海湾公司生产的各类火灾报警控制器的报警总线。而且该探测器与海湾公司生产的其它探测器完全兼容，可混合安装在同一总线上。JTF—GOM—GST601 点型复合式感烟感温火灾探测器如图 2-9-36 所示。

图 2-9-36   JTF—GOM—GST601 点型复合式感烟感温火灾探测器

10. 图像型火灾探测器

高大空间建筑由于其建筑构造的特性，在火情探测方面存在着一定的难度。传统的消防探测设备，由于探测器距离起火源位置过远和空气的侧向流动，可能无法在第一时间发现火情提供报警，而只能在火势极大蔓延、探测器周围温度和烟雾达到报警阈值时才能实现报警。因此，达不到在火灾初始阶段有效控制火情且将损失降低到最小的目的。

图像型火灾探测器基于先进的计算机视觉和模式识别技术，通过对采集到的可见光和红外光视频图像进行智能分析，及时准确地判断出监控视场内的烟雾和火焰特征。由于图像型火灾探测器采用视频分析的方式对整个保护区域进行监控，在监控范围内火焰或烟雾产生的初期阶段能够及时发现并提供报警，因此监测范围大，报警迅速，尤其适用于室内高大空间和室外空旷空间的火灾早期报警。

图像型火灾探测器通过摄像机拍摄的图像与主机内部的燃烧模型的比较来探测火灾，主要由摄像机和主机组成，可分为双波段和普通摄像型两种。双波段火灾图像报警系统是将普通彩色摄像机与红外线摄像机结合在一起的火灾探测器。

VFD/F—GA060 图像型火灾探测器(又称双波段图像火灾探测器)采用图像火灾识别模式，对保护区域进行全天候 24 小时火灾监控，具有现场火灾探测及视频监控双重功能，适用于高大空间以及其它特殊空间场所。其采集单元由红外 CCD 和彩色 CCD 组成，实现了双通道现场视频采集、火灾分析、火灾报警、故障报警以及视频传输等功能，使火灾探测与视频监控得到了有机的结合。广泛适用于候机楼、高铁站房、会展中心、体育场馆、商业中心、厂房仓库等高大空间场所。VFD/F—GA060 图像型火灾探测器如图 2-9-37 所示。

图 2-9-37　VFD/F—GA060 图像型火灾探测器

四、火灾探测器的使用

1. 火灾探测器选择的一般规定

(1) 火灾初期有阴燃阶段会产生大量的烟和少量的热，很少或没有火焰辐射的场所或部位，应选择感烟探测器。

(2) 火灾发展迅速，可能产生大量热、烟和火焰辐射的场所或部位，应选择感温探测器、感烟探测器、火焰探测器或其组合。

(3) 火灾发展迅速，有强烈的火焰辐射和少量的烟、热的场所或部位，应选择火焰探测器。

(4) 使用、生产可燃气体或可燃蒸气的场所，应选择可燃气体探测器。

(5) 应根据保护场所可能发生火灾的部位和燃烧材料的分析，以及火灾探测器的类型、灵敏度和响应时间等选择相应的火灾探测器,对火灾形成特征不可预料的场所,应根据模拟试验的结果选择火灾探测器。

(6) 同一探测区域内设置多个火灾探测器时,应选择具有复合判断火灾功能的火灾探测器和火灾报警控制器。

2. 点型火灾探测器的选择

(1) 如果房间高度太高,一些种类的探测器不太容易在第一时间报警,对不同高度的房间,可按表 2-9-3 选择火灾探测器。

表 2-9-3　点型火灾探测器的选择

房间高度 h/m	点型感烟探测器	点型感温探测器			点型火焰探测器
		A1、A2	B	C、D、E、F、G	
$12 \leqslant h \leqslant 20$	不适合	不适合	不适合	不适合	适合
$8 \leqslant h \leqslant 12$	适合	不适合	不适合	不适合	适合
$6 \leqslant h \leqslant 8$	适合	适合	不适合	不适合	适合
$4 \leqslant h \leqslant 6$	适合	适合	适合	不适合	适合
$h \leqslant 4$	适合	适合	适合	适合	适合

(2) 下列场所宜选择点型感烟火灾探测器:

① 饭店、旅馆、教学楼、办公室的厅堂、卧室、办公室、商场、列车载客车厢等;

② 电子计算机房、通信机房、电影或电视放映室等;

③ 楼梯、走道、电梯机房、车库等;

④ 书库、档案库等。

(3) 符合下列条件之一的场所,不宜选择点型离子感烟火灾探测器。

① 相对湿度经常大于 95%;

② 气流速度大于 5 m/s;

③ 有大量粉尘、水雾滞留;

④ 可能产生腐蚀性气体;

⑤ 在正常情况下有烟滞留;

⑥ 产生醇类、醚类、酮类等有机物质。

(4) 符合下列条件之一的场所,不宜选择点型光电感烟火灾探测器。

① 有大量粉尘、水雾滞留;

② 可能产生蒸汽和油雾;

③ 高海拔地区;

④ 在正常情况下有烟滞留。

(5) 符合下列条件之一的场所,宜选择点型感温火灾探测器,且应根据使用场所的典型应用温度和最高应用温度选择适当类别的感温火灾探测器。

① 相对湿度经常大于 95%;

② 可能发生无烟火灾;

③ 有大量粉尘;

④ 吸烟室等在正常情况下有烟和蒸气滞留的场所；

⑤ 厨房、锅炉房、发电机房、烘干车间等不宜安装感烟火灾探测器的场所；

⑥ 需要联动熄灭"安全出口"标志灯的安全出口内侧；

⑦ 其它无人滞留且不适合安装感烟火灾探测器，但发生火灾时需要及时报警的场所。

(6) 可能产生阴燃或发生火灾不及早报警将造成重大损失的场所，不宜选择点型感温火灾探测器；温度在 0℃以下的场所，不宜选择定温探测器；温度变化较大的场所，不宜选择具有差温特性的探测器。

(7) 符合下列条件之一的场所，宜选择点型火焰探测器或图像型火焰探测器。

① 火灾时有强烈的火焰辐射；

② 可能发生液体燃烧等无阴燃阶段的火灾；

③ 需要对火焰做出快速反应。

(8) 符合下列条件之一的场所，不宜选择点型火焰探测器和图像型火焰探测器。

① 在火焰出现前有浓烟扩散；

② 探测器的镜头易被污染；

③ 探测器的镜头"视线"易被油雾、烟雾、水雾或冰雪遮挡；

④ 探测区域内的可燃物是金属和无机物；

⑤ 探测器易受阳光、白炽灯等光源直接或间接照射。

(9) 探测区域内正常情况下有高温物体的场所，不宜选择单频红外火焰探测器。

(10) 正常情况下有明火作业，探测器易受 X 射线、弧光和闪电等影响的场所，不宜选择紫外火焰探测器。

(11) 在下列场所宜选择可燃气体探测器。

① 使用可燃气体的场所；

② 煤气站和煤气表房以及存贮液化石油气罐的场所；

③ 其它散发可燃气体和可燃蒸气的场所。

(12) 在火灾初期产生一氧化碳的下列场所可选择点型一氧化碳火灾探测器。

① 烟不容易对流或顶棚下方有热屏障的场所；

② 在棚顶上无法安装其它点型火灾探测器的场所；

③ 需要多信号复合报警的场所。

(13) 污物较多且必须安装感烟火灾探测器的场所，应选择间断吸气的点型采样吸气式感烟火灾探测器或具有过滤网和管路自清洗功能的管路采样吸气式感烟火灾探测器。

3. 线型火灾探测器的选择

(1) 无遮挡的大空间或特殊要求的房间，宜选择线性光束感烟火灾探测器。

(2) 符合下列条件之一的场所，不宜选择线性光束感烟火灾探测器。

① 有大量粉尘，水雾滞留；

② 可能产生蒸气和油雾；

③ 在正常情况下有烟滞留；

④ 固定探测器的建筑结构由于振动等原因会产生较大位移的场所。

(3) 下列场所或部位，宜选择缆式线型感温火灾探测器。

① 电缆隧道、电缆竖井、电缆夹层、电缆桥架等；

② 不易安装点型火灾探测器的夹层、闷顶；

③ 各种皮带输送装置；

④ 其它环境恶劣不适合点型火灾探测器安装的场所。

(4) 下列场所或部位，宜选择光纤线型感温火灾探测器。

① 除液化石油气外的石油储罐；

② 需要设置线型感温火灾探测器的易燃易爆场所；

③ 需要监测环境温度的地下空间等场所，宜设置具有实时温度监测功能的光纤线型感温火灾探测器。

4. 吸气式感烟火灾探测器的选择

(1) 下列场所宜选择吸气式感烟火灾探测器。

① 具有高速气流的场所；

② 点型感烟、感温火灾探测器不适宜的大空间、舞台上方，建筑高度超过 12 m 或有特殊要求的场所；

③ 低温场所；

④ 需要进行隐蔽探测的场所；

⑤ 需要进行火灾早期探测的重要场所；

⑥ 人员不宜进入的场所。

(2) 灰尘比较大的场所，不应选择没有过滤网和管路自清洗功能的管路采样吸气式感烟探测器。

5. 点型火灾探测器的设置数量和布置

(1) 探测区域内的每个房间至少应设置一只火灾探测器。

(2) 感烟探测器、感温探测器的保护面积和保护半径，应按表 2-9-4 确定。

表 2-9-4　探测器的保护半径和保护面积

火灾探测器种类	地面面积 S /m²	房间高度 h /m	一只探测器的保护面积 A 和保护半径 R					
			房间坡度 θ					
			$\theta \leqslant 15°$		$15° < \theta \leqslant 30°$		$\theta > 30°$	
			A/m²	R/m	A/m²	R/m	A/m²	R/m
感烟探测器	$S \leqslant 80$	$h \leqslant 12$	80	6.7	80	7.2	80	8.0
	$S > 80$	$6 < h \leqslant 12$	80	6.7	100	8.0	120	9.9
		$h \leqslant 6$	60	5.8	80	7.2	100	9.0
感温探测器	$S \leqslant 30$	$h \leqslant 8$	30	4.4	30	4.9	30	5.5
	$S > 30$	$h \leqslant 8$	20	3.6	30	4.9	40	6.3

注：① 感烟火灾探测器和A1、A2、B 型感温火灾探测器的保护面积按照本表确定；② 感温火灾探测器的保护面积和保护半径，应根据生产企业设计说明书确定，但不应超过本表的规定。

(3) 感烟探测器、感温探测器的安装间距，应根据探测器的保护面积 A 和保护半径 R 确定，并不应超过如图 2-9-38 所示探测器安装间距的极限曲线规定的范围。

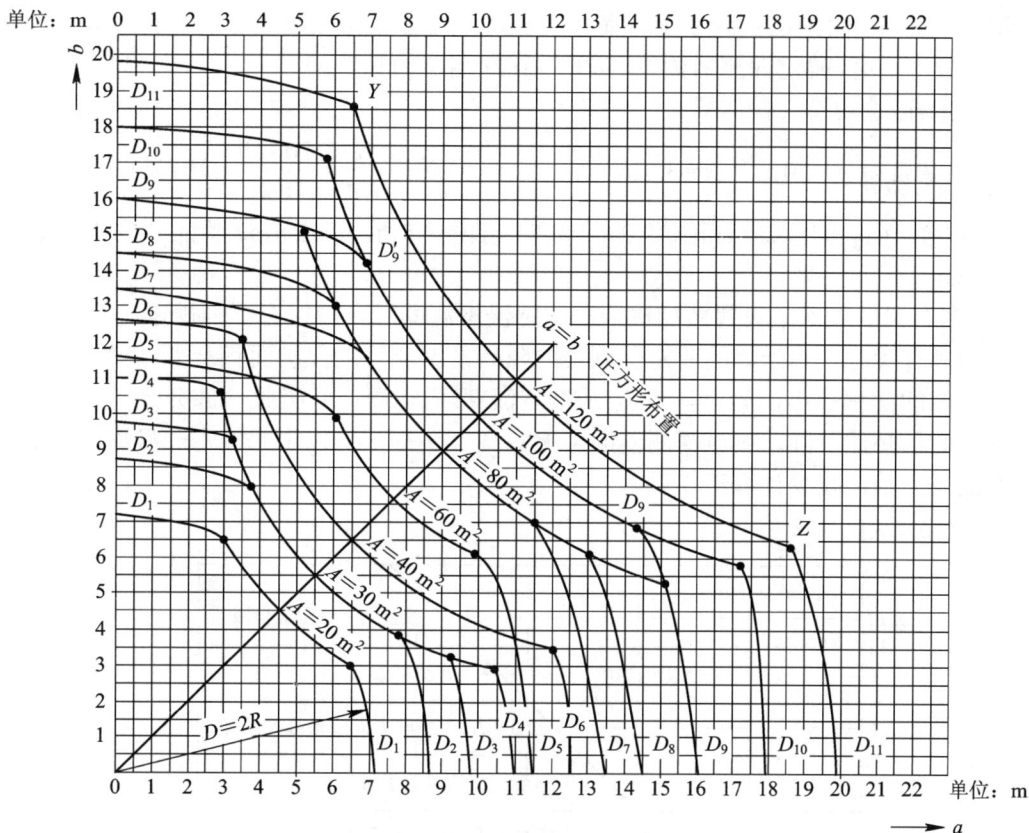

图 2-9-38　探测器安装间距曲线

(4) 一个探测区域内所需设置的探测器数量，不应小于下式的计算值：

$$N \geqslant \frac{S}{KA}(只)$$

式中：N 为一个探测区域内探测器的数量；S 为一个探测区域的地面面积(m^2)(与通风换气频率有关，可再加系数 n)；A 为探测器的保护面积(m^2)(与房屋高度和屋顶坡度有关)；K 为安全修正系数，容纳人数超过 10000 人的公共场所宜取 0.7～0.8，容纳人数为 2000～10000 人的公共场所宜取 0.8～0.9，容纳人数为 500～2000 人的公共场所宜取 0.9～1.0，其它场所可取 1.0。

例 1　某普通教室地面面积为 30 m×40 m，房间高 6.5 m，房顶为平顶，试选择探测器类型并确定探测器数量。

解　普通教室选点型感烟探测器即可；房间高 6.5 m，房顶为平顶，没有坡度，查表可知 $A=80\,m^2$；安全修正系数 $K=1$，根据公式 $N=\dfrac{S}{KA}=30\times\dfrac{40}{1\times80}=15$(只)。

布置是否合理呢？回答是肯定的，因为只要是在极限曲线内取值一定是合理的。验证如下：

所采用的探测器 $R=6.7$ m，只要每个探测器之间的半径都小于或等于 6.7 m 即可有效地进行保护。探测器间距最远的半径 $R=6.4$ m，小于 6.7 m，距墙的最大值为 5 m，不大于安装间距 10 m 的一半，显然布置合理。

例2　某锅炉房地面长为 20 m，宽为 10 m，房间高度为 3.5 m，房顶坡度为 12°。① 选择探测器类型。② 确定探测器数量。③ 进行探测器的布置。

解　① 应选用感温探测器。

② 由表查得 $A=20\,\text{m}^2$，$R=3.6\,\text{m}$，$K=1$，可得 $N \geqslant \dfrac{S}{KA} = \dfrac{20 \times 10}{1 \times 20} = 10$（只）。

③ 布置：横向间距 $a=4\,\text{m}$，$a_1=2\,\text{m}$；纵向间距 $b=5\,\text{m}$，$b_1=2.5\,\text{m}$；验证 $R=3.2\,\text{m}<3.6\,\text{m}$，布置合理。

(5) 在有梁的顶棚上设置感烟探测器、感温探测器时，应符合下列规定：

在顶棚有梁时，由于烟的蔓延受到梁的阻碍，探测器的保护面积会受到梁的影响。如果梁间区域的面积较小，梁对热气流(或烟气流)形成障碍，并吸收一部分热量，因而探测器的保护面积必然下降。梁对探测器的影响见图 2-9-39，可以由此确定一只探测器能保护的梁间区域个数，减少计算工作量。

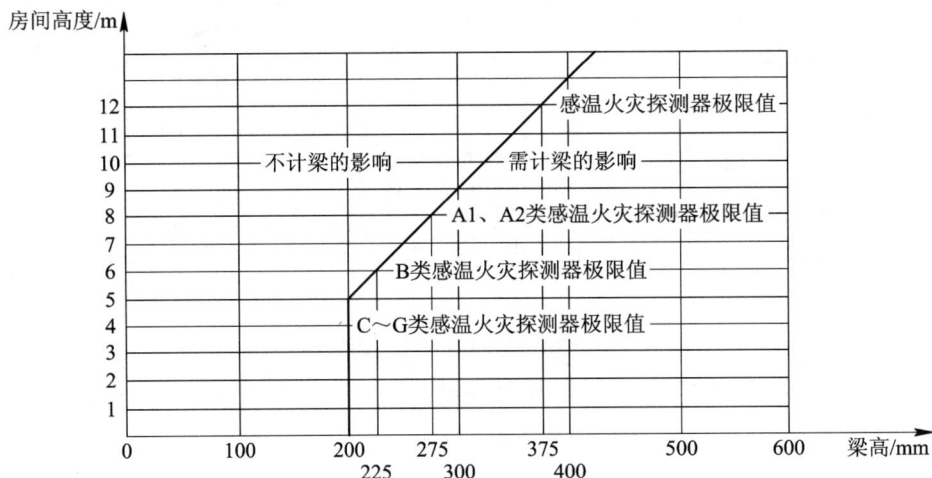

图 2-9-39　梁对探测器的影响

房间高度 5 m 以下，点型感烟(感温)探测器在梁高小于 200 mm 时，无须考虑梁的影响；房间高度 5 m 以上，梁高大于 200 mm 时，探测器的保护面积受房高影响，可按房间高度与梁高的线性关系考虑。当梁突出顶棚的高度超过 600 mm 时，被梁阻断的部分需单独划为一个探测区域，即每个梁间区域应至少设置一只探测器。当被梁阻断区域面积超过一只探测器的保护面积时，则应将被阻断的区域视为一个探测区域，并应按《火灾自动报警系统设计规范》有关规定计算探测器的设置数量。梁间净距小于 1 m 时，可视为平顶棚。

由表 2-9-3 和图 2-9-39 可知，三级(C-G 类)感温探测器房间高度极限值为 4 m，梁高限度为 200 mm；二级(B 类)感温探测器房间高度极限值为 6 m，梁高限度为 225 mm；一级(A1、A2 类)感温探测器房间高度极限值为 8 m，梁高限度为 275 mm。感烟探测器房间高度极限值为 12 m，梁高限度为 375 m。在线性曲线左边部分均无须考虑梁的影响。

可见，当梁凸出顶棚高度为 200～600 mm 时，应按图 2-9-39 和表 2-9-5 确定梁的影响和一只探测器能够保护的梁间区域的数目。当梁凸出顶棚高度大于 600 mm 时，被梁隔断的每个梁间区域应至少设置一只探测器。

表 2-9-5　按梁间区域面积确定一只探测器保护的梁间区域的个数

探测器的保护面积 A/m^2		梁隔断的梁间区域面积 Q/m^2	一只探测器保护的梁间区域个数
感温探测器	20	$Q>12$	1
		$8<Q\leqslant12$	2
		$6<Q\leqslant8$	3
		$4<Q\leqslant6$	4
		$Q\leqslant4$	5
	30	$Q>18$	1
		$12<Q\leqslant18$	2
		$9<Q\leqslant12$	3
		$6<Q\leqslant9$	4
		$Q\leqslant6$	5
感烟探测器	60	$Q>36$	1
		$24<Q\leqslant36$	2
		$18<Q\leqslant24$	3
		$12<Q\leqslant18$	4
		$Q\leqslant12$	5
	80	$Q>48$	1
		$32<Q\leqslant48$	2
		$24<Q\leqslant32$	3
		$16<Q\leqslant24$	4
		$Q\leqslant16$	5

当被梁隔断的区域面积超过一只探测器的保护面积时，被隔断的区域应按计算公式 $N=\dfrac{S}{KA}$ 确定探测器的设置数量，如图 2-9-40 所示。

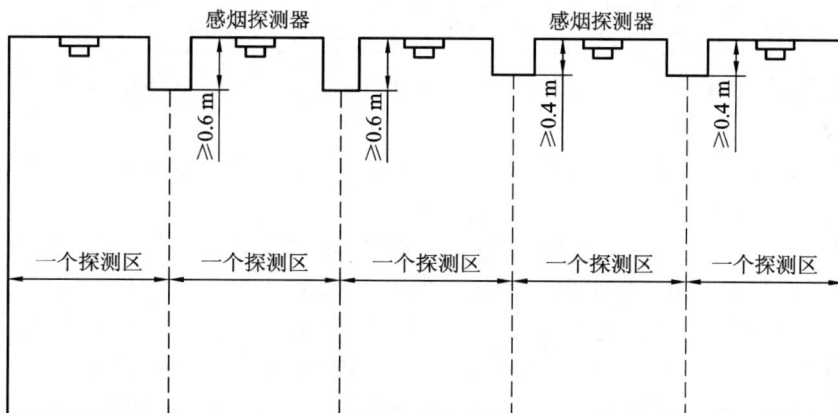

图 2-9-40　探测器的设置

感温探测器安装在梁上时，探测器下端到安装面必须在 0.3 m 以内，感烟探测器安装在梁上时，探测器下端到安装面在 0.6 m 以内。

6. 在特殊场合安装时注意事项

(1) 宽度小于 3 m 的内走道顶棚设置时，应居中布置，感温探测器的安装间距不应超过 10 m，感烟探测器安装间距不应超过 15 m，探测器至端墙的距离不应大于安装间距的一半，在内走道的交叉和汇合区域上，必须安装 1 只探测器。

(2) 被书架、贮藏架或设备分隔，其顶部至顶棚或梁的距离小于房间净高 5% 时，则每个被隔开的部分至少安装一只探测器。

例 3 书库地面面积为 40 m^2，房间高度为 3 m，内有两书架分别安在房间，书架高度为 2.9 m，问应选用几只感烟探测器？

解 房间高度减去书架高度等于 0.1 m，为净高的 3.3%，可见书架顶部至顶棚的距离小于房间净高 5%，所以应选用 3 只探测器，即每个被隔开的部分均应安装一只探测器。

(3) 在空调机房内，探测器应安装在离送风口 1～5 m 以上的地方，离多孔送风顶棚孔口的距离不应小于 0.5 m。

(4) 宜水平安装，如倾斜安装，角度不应大于 45°。

(5) 电梯井、升降机井设置时，不可安装在每层封闭的管道井(竖井)等处，其位置宜在井道上方的机房顶棚上。

(6) 房屋顶部有热屏障时，感烟探测器下表面至顶棚或屋顶的距离应符合表 2-9-6 所示距离。

表 2-9-6 感烟探测器下表面至顶棚或屋顶的距离

探测器的安装高度 h/m	感烟探测器下表面至顶棚或屋顶的距离 d/mm					
	顶棚或屋顶坡度 θ					
	θ≤15°		15°<θ≤30°		θ>30°	
	最小	最大	最小	最大	最小	最大
h≤6	30	200	200	300	300	500
6<h≤8	70	250	250	400	400	600
8<h≤10	100	300	300	500	500	700
10<h≤12	150	350	350	600	600	800

(7) 顶棚较低(小于 2.2 m)、面积较小(不大于 10 m^2)的房间，安装感烟探测器时，宜设置在入口附近。

(8) 楼梯间、走廊安装探测器时，宜安装在不直接受外部风吹入的位置处。安装光电感烟探测器时，应避开日光或强光直射的位置。

(9) 在浴室、厨房、开水房等房间连接的走廊安装探测器时，应避开其入口边缘 1～5 m。

(10) 煤气探测器，墙上安装时，距煤气灶 4 m 以上，距地面大于 0.3 m；顶棚上安装时，距煤气灶 8 m 以上；当屋内有排气口时，允许装在排气口附近，应距煤气灶 8 m 以上，梁高大于 0.8 m 时，应装在煤气灶一侧；在梁上安装时，与顶棚的距离小于 0.3 m。

(11) 探测器在厨房中的设置，在顶棚上使用隔板可防止热气流冲击探测器。

(12) 探测器在带有网格结构的吊装顶棚下的设置：① 如果有一半以上的网格面积是通风

的，可把烟的进入看成是开放式的，只在吊装顶棚内部设置感烟探测器。② 如网格结构的吊装顶棚开孔面积相当小，可看成是封闭式顶棚，在顶棚上方和下方空间须单独地监视，可采取二级探测方式，在吊装顶棚下方采用光电感烟探测器，在上方，采用离子感烟探测器。

(13) 下列场所可不设置探测器：

厕所、浴室及其类似场所；不能有效探测火灾的场所；不便维修、使用(重点部位除外)的场所。

7. 火焰探测器和图像型火灾探测器的设置

(1) 应考虑探测器的探测视角及最大探测距离，可通过选择探测距离长、火灾报警响应时间短的火焰探测器，满足保护面积要求和报警时间要求。

(2) 探测器的探测视角内不应存在遮挡物。

(3) 应避免光源直接照射在探测器的探测窗口上。

(4) 单频火焰探测器不应设置在平时有阳光、白炽灯等光源直接或间接照射的场所。

8. 线型光束感烟火灾探测器的设置

(1) 探测器的光束轴线距顶棚的垂直距离宜为 0.3～1.0 m，距地面高度不宜超过 20 m。

(2) 相邻两组探测器的水平距离不应大于 14 m。探测器距侧墙水平距离不应大于 7 m，且不应小于 0.5 m。探测器的发射器和接收器之间的距离不宜超过 100 m。

(3) 探测器应设置在固定结构上。

(4) 探测器的设置应保证其接收端避开日光和人工光源直接照射。

(5) 选择反射式探测器时，应保证在反射板与探测器间任何部位进行模拟试验时，探测器均能正确响应。

9. 线型感温火灾探测器的设置

(1) 探测器在保护电缆、堆垛等类似保护对象时，应采用接触式布置；在各种皮带输送装置上设置时，宜设置在装置的过热点附近。

(2) 设置在顶棚下方的线型感温火灾探测器，至顶棚的距离宜为 0.1 m。探测器的保护半径应符合点型感温火灾探测器的保护半径要求；探测器至墙壁的距离宜为 1～1.5 m。

(3) 光栅光纤感温火灾探测器每个光栅的保护面积和保护半径，应符合点型感温火灾探测器的保护面积和保护半径要求。

(4) 设置线型感温火灾探测器的场所有联动要求时，应采用两只不同种类的火灾探测器进行报警联动。

(5) 与线型感温火灾探测器连接的模块不宜设置在长期潮湿或温度变化较大的场所。

10. 管路采样式吸气感烟火灾探测器的设置

(1) 非高灵敏型探测器的采样管网安装高度不应超过 16 m；高灵敏型探测器的采样管网安装高度可超过 16 m；采样管网安装高度超过 16 m 时，灵敏度可调的探测器应设置为高灵敏度，且应减小采样管长度和采样孔数量。

(2) 探测器的每个采样孔的保护面积、保护半径，应符合点型感烟火灾探测器的保护面积、保护半径的要求。

(3) 一个探测单元的采样管总长不宜超过 200 m，单管长度不宜超过 100 m，同一根采样管不应穿越防火分区。采样孔总数不宜超过 100 个，单管上的采样孔数量不宜超过 25 个。

(4) 当采样管道采用毛细管布置方式时，毛细管长度不宜超过 4 m。

(5) 吸气管路和采样孔应有明显的火灾探测器标识。

(6) 有过梁、空间支架的建筑中，采样管路应固定在过梁、空间支架上。

(7) 当采样管道布置形式为垂直采样时，每 2℃温差间隔或 3 m 间隔(取最小者)应设置一个采样孔，采样孔不应背对气流方向。

(8) 采样管网应按经过确认的设计软件或方法进行设计。

(9) 探测器的火灾报警信号、故障信号等信息应传送给火灾报警控制器，涉及消防联动控制时，探测器的火灾报警信号还应传送给消防联动控制器。

11. 感烟火灾探测器在格栅吊顶场所的设置

(1) 镂空面积与总面积的比例小于 15%时，探测器应设置在吊顶下方。

(2) 镂空面积与总面积的比例为 15%～30%时，探测器的设置部位应根据实际试验结果确定。

(3) 镂空面积与总面积的比例大于 30%时，探测器应设置在吊顶上方。

(4) 探测器设置在吊顶上方且火警确认灯无法观察时，应在吊顶下方设置火警确认灯。

(5) 地铁站台等有活塞风影响的场所，镂空面积与总面积的比例为 30%～70%时，吊顶上方和下方均应设置探测器。

五、火灾报警控制器及其它设备

1. 火灾报警控制器

火灾报警控制器是火灾自动报警系统的心脏，是消防系统的指挥中心。火灾报警控制器的主要作用有：可为火灾探测器供电；可接收、处理和传递探测点的故障及火警信号，并能发出声、光报警信号，同时显示及记录火灾发生的部位和时间；能向联动控制器发出联动通知信号。

1) 火灾报警控制器的类型

火灾报警控制器按结构形式分可分为壁挂式、台式和柜式三种，如图 2-9-41 所示。

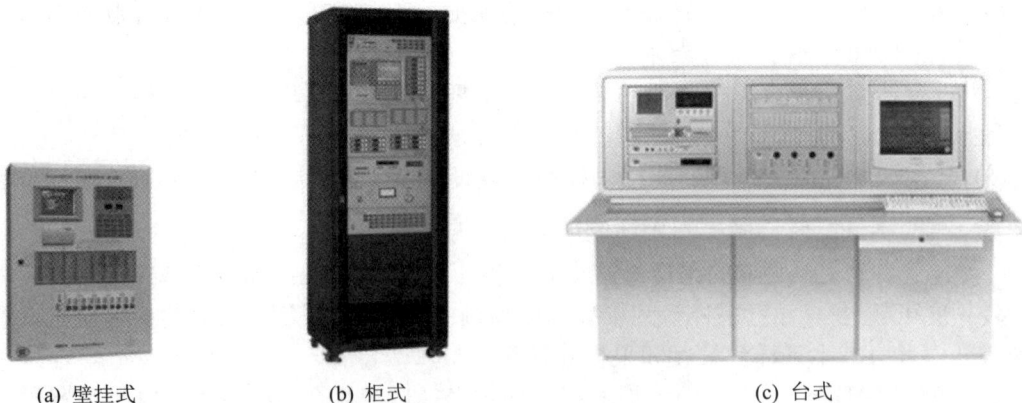

(a) 壁挂式　　　　　　(b) 柜式　　　　　　(c) 台式

图 2-9-41　火灾报警控制器

火灾报警控制器主要技术性能有容量、工作电压、输出电压、空载功耗、满载功耗、使用环境条件。火灾报警控制器的基本工作原理如图 2-9-42 所示。

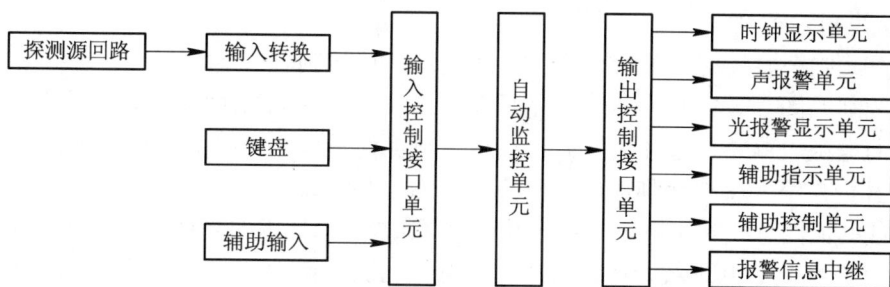

图 2-9-42　火灾报警控制器的基本工作原理

2) 火灾报警控制器的构成

火灾报警控制器主要包括电源部分和主机部分。目前，大多数设计采用线性调节稳压电路，同时在输出部分增加相应的过压、过流保护环节。通常，火灾报警控制器电源的首选模式是开关型线性稳压电路。主机部分承担着对火灾探测器输出信号的采集、处理、火警判断、报警及中继等功能。

(1) 电源部分。

① 主电源、备用电源自动切换；② 备用电源充电功能；③ 电源故障监测功能；④ 电源工作状态指示功能；⑤ 给火灾探测器回路供电功能。

(2) 主机部分。

对火灾报警控制器主机部分而言，其常态是监测火灾探测器回路的变化情况，遇有火灾报警信号时执行相应的操作。火灾报警控制器主机部分的主要功能如下：① 火灾报警。② 故障报警。③ 火警优先。④ 时钟锁定，记录着火时间。⑤ 调显火警。⑥ 自动巡检。⑦ 自动打印。⑧ 测试。⑨ 部位的开放及关闭。⑩ 显示被关闭部位。⑪ 联机控制。⑫ 阈值设定。

3) 火灾报警控制器的线制

线制主要是指火灾报警装置(火灾报警控制器)与触发器件(火灾探测器、报警按钮、输入模块等)、联动输出装置之间的传输线的线数。按线制分，火灾自动报警系统主要分为多线制和总线制。

(1) 多线制。

早期的多线制有 $n+4$ 线制，如图 2-9-43 所示，n 为探测器数，4 指公用线，分别为电源线(+24 V)、地线(G)、信号线(S)和自诊断线(T)，另外每个探测器设一根选通线(ST)。

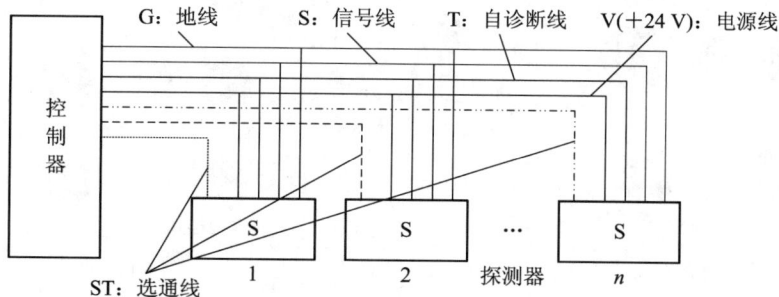

图 2-9-43　多线制控制方式

(2) 总线制。

根据总线制公共线路数量可分为四总线制和二总线制。

四总线制如图 2-9-44 所示,图中的四条总线(P、T、S、G)均为并联方式连接,P 线给出探测器的电源、编码、选址信号;T 线给出自检信号以判断探测部位或传输线是否有故障;控制器从 S 线上获得探测部位的信息;G 为公共地线。

二总线制比四总线制又进了一步,用线量更加少,但技术的复杂性和难度也提高了。二总线制中的 G 线为公共地线,P 线则完成供电、选址、自检、获取信息等功能。二总线制的特点是设备技术复杂、安装简单、成本低、检测维修方便。链式二总线制的连接方式如图 2-9-45 所示,这种系统的 P 线对各探测器是串联的,对探测器而言为三根线,而对控制器而言还是两根线。

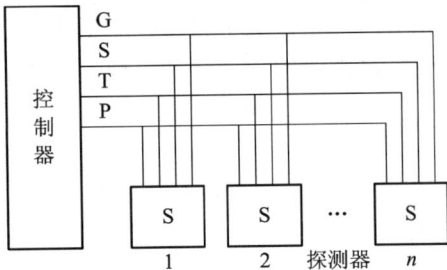

图 2-9-44　四总线控制方式　　　　图 2-9-45　二总线连接方式

二总线制连接方式常用的还有树形和环形,如图 2-9-46 所示。

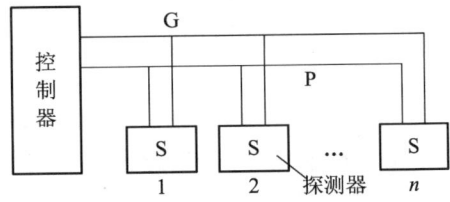

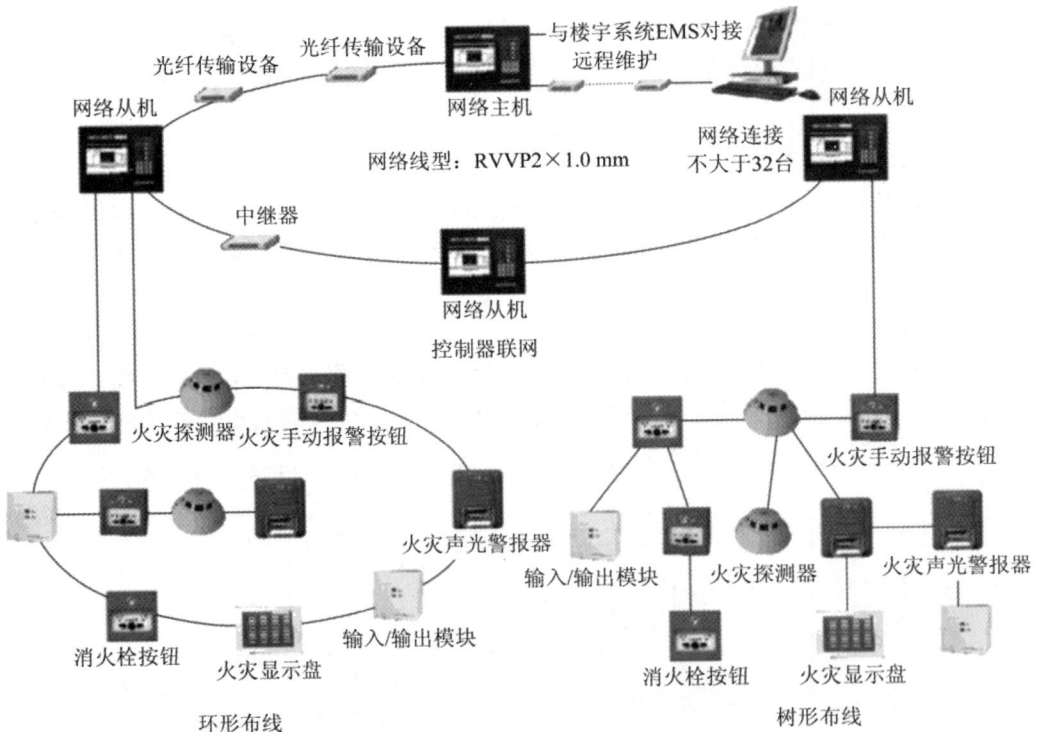

图 2-9-46　环形、树形总线连接方式

树形接线方式为多数系统所采用,采用这种接线方式时,如果发生断线,可以自动判

断故障点，但故障点后的探测器不能工作。

环形接线方式则要求输出的两根总线再返回控制器的另两个输出端子，这对控制器而言变成了四根线。此种接线方式的优点在于，当探测器发生诸如短路、断路等故障时，不影响系统的正常工作。

4）火灾自动报警控制器的容量

被选用的火灾报警控制器容量不得小于现场所需容量。区域报警控制器的容量应不小于报警区域的探测区域总数。集中报警控制器的部位号(M)应不小于系统内最大容量的区域报警控制器的容量。区域号(层号 N)应不小于系统内所连接区域报警控制器的数量。

(1) 任一台火灾报警控制器所连接的火灾探测器、火灾手动报警按钮和模块等设备总数和地址总数，均不应超过 3200 点，其中每一总线回路连接设备的总数不宜超过 200 点，且应留有不少于额定容量 10%的余量。

(2) 任一台消防联动控制器地址总数或火灾报警控制器(联动型)所控制的各类模块总数不应超过 1600 点，每一联动总线回路连接设备的总数不宜超过 100 点，且应留有不少于额定容量 10%的余量。

(3) 系统总线上应设置总线短路隔离器，每只总线短路隔离器保护的火灾探测器、火灾手动报警按钮和模块等消防设备的总数不应超过 32 点；总线穿越防火分区时，应在穿越处设置总线短路隔离器。

5）设备示例

海湾 JB—QB—GST200 火灾报警控制器(联动型)主要特点如下：

该控制器为小点数系列产品，有多种容量配置方式可供选择；不论对联动类还是报警类总线设备，控制器都设有不掉电备份，保证系统调试完成时注册到的设备全部受到监控；该控制器开机自检时，不仅自动检测本机设备(指示灯、功能键等)，同时还逐条检测外部设备的注册信息及联动公式信息，如信息发生变化系统将做相应的处理；该控制器最多可配置 6 路多线制控制卡，控制卡不需与 GST—LD—8302C 切换模块配接使用就可实现对输出线断路、短路检测功能，这些检测功能可最大限度的保障控制模块本身及其与重要设备之间连接的可靠性；该控制器对具有特殊重要意义的气体喷洒设备提供了独立的控制密码和联动编程空间，并有相应的声光指示，使气体喷洒设备受到了更严格的监控；该控制器可外接火灾报警显示盘及彩色 CRT 显示系统并标配手动盘及多线制控制卡等设备，满足各种系统配置要求；该控制器具有强大的面板控制及操作功能，各种功能设置全面、简单、方便；该控制器采用全模具化结构，外形美观，如图 2-9-47 所示。

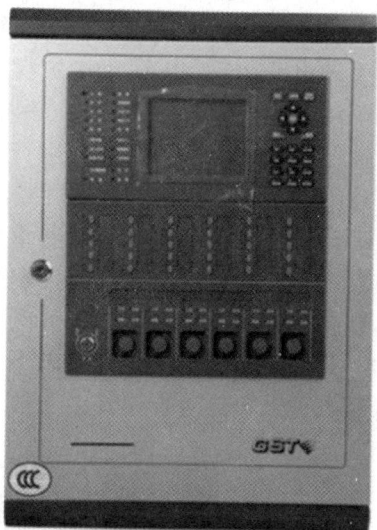

图 2-9-47　JB—QB—GST200
火灾报警控制器(联动型)

该控制器的主要技术指标为：

(1) 液晶屏规格为 240 × 160 点，可同屏显示 150 个汉字信息。

(2) 控制器容量：

① 最大容量为 242 个地址编码点。

② 可外接 64 台火灾显示盘；联网时最多可接 32 台其它类型控制器。

③ 30 个直接手动操作总线制控制点。

④ 配置 6 个多线制控制点。

(3) 线制：

① 控制器与探测器间采用无极性信号二总线连接。

② 多线制控制点与现场设备采用四线直接连接，其中两线用于控制启停设备，另两线用于接收现场设备的反馈信号，输出控制和反馈输入均具有检线功能。

③ 控制器与各类编码模块采用四总线连接(无极性信号二总线、无极性 DC 24 V 电源线)。

④ 控制器与火灾显示盘采用四总线连接(有极性通信二总线、无极性 DC 24 V 电源线)。

⑤ 与彩色 CRT 系统通过 RS232 标准接口连接，最大连接线长度不宜超过 15 m。

(4) 使用环境：

① 温度：0～+40℃。

② 相对湿度≤95%，不结露。

③ 电源：主电为 AC 220 V，电压变化范围+10%～-15%，内装 DC 12 V 10 Ah 密封铅电池作备电，功耗≤25 W。

④ 外形尺寸：380 mm×143 mm×534 mm。

2. 报警按钮

火灾自动报警系统中的报警按钮分为手动报警按钮和消火栓按钮。

(1) 手动报警按钮。手动报警按钮又称消防报警按钮，是手动触发的报警装置。编码型手动报警按钮和编码型火灾探测器一样，直接接入报警二总线，占用一个编码地址。编码手动报警按钮分为两种，一种为不带电话插孔的，另一种为带电话插孔的。编码手动报警按钮一般采用电子编码器进行编码，如图 2-9-48 所示。

(2) 消火栓按钮。消火栓按钮是手动触发的报警装置，集启动、报警、反馈显示于一体，在消火栓报警系统中起着重要作用。它可以安装在消火栓箱外，但一般放置于消火栓箱内，其表面装有一按片，当发生火灾时可直接按下按片，此时消火栓按钮的红色启动指示灯亮，通过连接的一些外部电路便可实现启动消防泵的功能。消火栓按钮如图 2-9-49 所示，其主要功能是在火灾状态下远程启动消火栓泵，而手动火灾报警按钮的功能是在火灾状态下将报警信号传送到中央控制室，由中央控制室发出指令，启动相关消防设施。

图 2-9-48　手动报警按钮

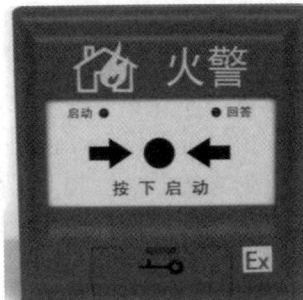

图 2-9-49　消火栓按钮

3. 消防模块

消防模块是火灾自动报警系统和消防联动系统的重要组成部分，是消防自动报警系统中不可或缺的左膀右臂。消防模块分为隔离模块、输入模块、输入/输出模块、中继模块、切换模块、多线控制模块等。

1) 隔离模块

在总线制火灾自动报警系统中，往往会出现某一局部总线出现故障(例如短路)造成整个报警系统无法正常工作的情况。隔离器的作用是当总线发生故障时，将发生故障的总线部分与整个系统隔离开来，以保证系统的其它部分能够正常工作，同时便于确定发生故障的总线部位。当故障部分的总线修复后，隔离器可自行恢复工作，将被隔离出去的部分重新纳入系统。海湾 GST—LD—8313 隔离器如图 2-9-50 所示。

图 2-9-50　GST—LD—8313 隔离器

2) 输入模块

输入模块用于接收消防联动设备输入的常开或常闭开关量信号，并将联动信息传回火灾报警控制器(联动型)。主要用于配接现场各种主动型设备如水流指示器、压力开关、位置开关、信号阀及能够送回开关信号的外部联动设备等，输入模块与其它设备的连接如图 2-9-51 所示。

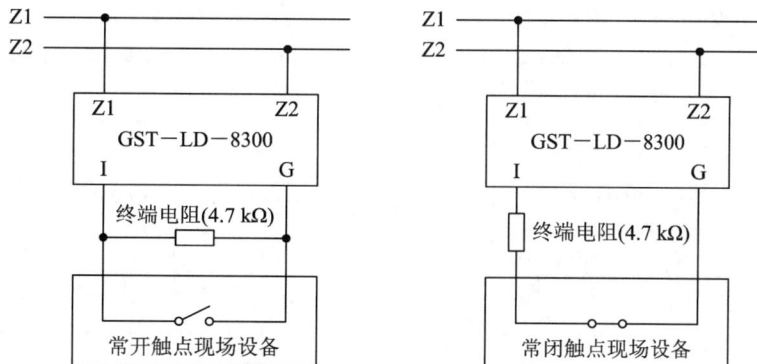

图 2-9-51　输入模块与其它设备的连接

3) 输入/输出模块

输入/输出模块在有的场合也称为控制模块，在有控制要求时可以输出信号，或者提供一个开关量信号，使被控设备动作，同时可以接收设备的反馈信号，以向主机报告，是火灾报警联动系统中重要的组成部分。输入/输出模块提供一对无源常开/常闭触点，用以控制被控设备，有些输入/输出模块可以通过参数设定，设置成有源输出，相对应的还有双输入/输出模块、多输入/输出模块等。例如，可完成对二步降防火卷帘门、水泵、排烟风机等双动作设备的控制。海湾 GST—LD—8301 输入/输出模块如图 2-9-52 所示，输入/输出模块与设备的连接如图 2-9-53 所示。

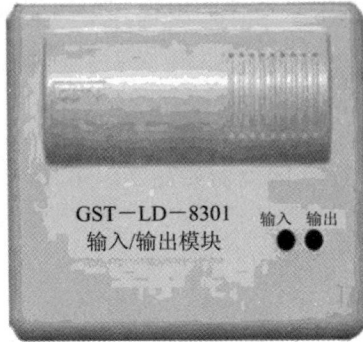

图 2-9-52　海湾 GST—LD—8301 输入/输出模块

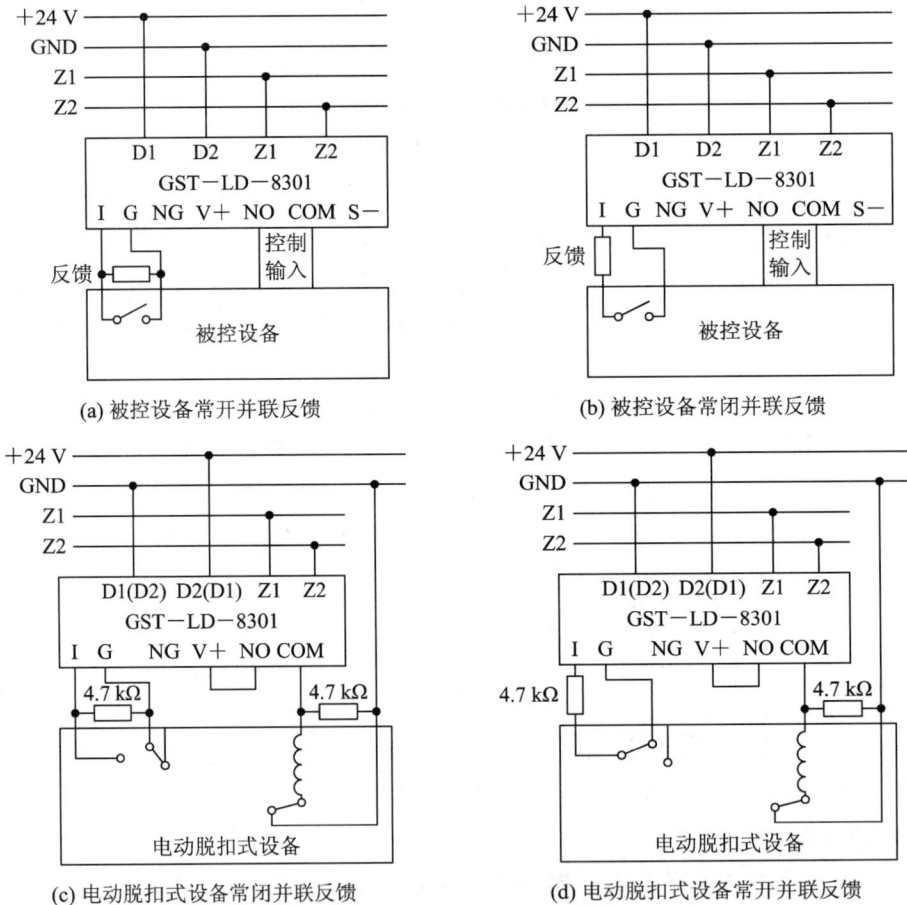

(a) 被控设备常开并联反馈

(b) 被控设备常闭并联反馈

(c) 电动脱扣式设备常闭并联反馈

(d) 电动脱扣式设备常开并联反馈

图 2-9-53　输入/输出模块与设备的连接

4. 警报器

1) 火灾光警报器

火灾光警报器用于显示室内火灾探测器报警情况。火灾光警报器应设置在每个楼层的楼梯口、消防电梯前室、建筑内部拐角等处的明显部位，巡视观察方便的地方，如会议室、餐厅、房间等门口上方，但不宜与安全出口指示标志灯具设置在同一面墙上。当房间内探测器报警时，警报器上的指示灯根据警报器设置的设备类型可以自动闪亮，也可以通过控制器联动启动闪亮，使工作人员在不进入室内的情况下就可知道室内的探测器已触发报警。海湾 GST—MD—M9514 火灾光警报器如图 2-9-54 所示。

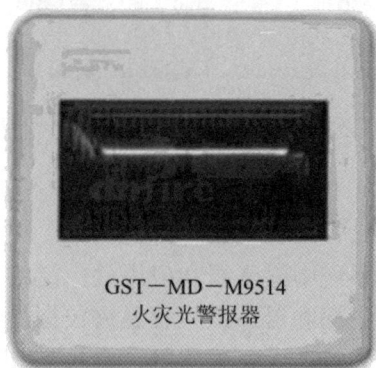

图 2-9-54　海湾 GST—MD—M9514 火灾光警报器

2) 火灾声光警报器

火灾声光警报器又称声光讯响器，当现场发生火灾并确认后，安装在现场的声光警报器可由消防控制中心的火灾报警控制器启动，发出强烈的声光警报信号，以达到提醒现场人员注意的目的。海湾 HX—100B/T 火灾声光警报器如图 2-9-55 所示，火灾声光警报器的连接如图 2-9-56 所示。

图 2-9-55　海湾 HX—100B/T
火灾声光警报器

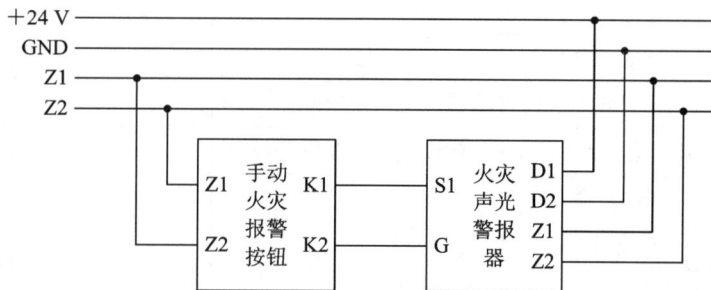

图 2-9-56　火灾声光警报器的连接

5. 火灾显示盘

火灾显示盘也称楼层显示器或区域显示器。当建筑物内发生火灾后，消防控制中心的火灾报警控制器产生报警，同时把报警信号传输到失火区域的火灾显示盘上，火灾显示盘将报警的火灾探测器或手动报警按钮编号及相关信息显示出来，同时发出声光报警信号，以通知失火区域的人员。当用一台报警控制器同时监控数个楼层或防火分区时，可在每个楼层或防火分区设置火灾显示盘以取代区域报警控制器。火灾显示盘可分为数字式、汉字/英文式、图形式三种显示方式。海湾 ZF—500 火灾显示盘如图 2-9-57 所示。

图 2-9-57　海湾 ZF—500 火灾显示盘

学生活动

　　火灾自动报警系统是消防系统中最重要和应用最广泛的系统之一。火灾自动报警系统常用设备和器件有点型感烟火灾探测器、点型感温火灾探测器、可燃气体探测器、缆式线型定温火灾探测器、红外火焰型感光火灾探测器、输入/输出模块、火灾报警控制器等。简述上述设备和器件的功能、设备特点和应用场合。火灾自动报警系统常用控制方式为总线式控制方式，对比多线制控制方式具有多种优势，请加以说明，并完成火灾自动报警系统的基本知识任务书。

火灾自动报警系统的基本知识任务书				
1. 根据要求完成下列内容				
常用设备	功　能	特　点	应　用	备注
点型感烟火灾探测器				
点型感温火灾探测器				
可燃气体探测器				
缆式线型定温火灾探测器				
红外火焰型感光火灾探测器				
输入/输出模块				
火灾报警控制器				
2. 总线制火灾报警系统的特点				

任务评价

根据对火灾自动报警系统常用设备功能、特点和应用的描述，根据学生对火灾自动报警系统的总线制控制方式的特点的回答情况酌情给分。

火灾自动报警系统的基本知识评分表					
1. 简述火灾自动报警系统常用设备功能、特点和应用(70 分)					
常用设备	重点检查内容	评分标准	分值	得分	备注
点型感烟火灾探测器	功能、特点、应用	错误一项扣 1 分	10		
点型感温火灾探测器	功能、特点、应用	错误一项扣 1 分	10		
可燃气体探测器	功能、特点、应用	错误一项扣 1 分	10		
缆式线型定温火灾探测器	功能、特点、应用	错误一项扣 1 分	10		
红外火焰型感光火灾探测器	功能、特点、应用	错误一项扣 1 分	10		
输入/输出模块	功能、特点、应用	错误一项扣 1 分	10		
火灾报警控制器	功能、特点、应用	错误一项扣 1 分	10		
小　计					
2. 简述总线制火灾报警系统的特点(30 分)					
序　号	重点检查内容	评分标准	分值	得分	备注
1	论述是否正确	是否正确	15		
2	内容完整性	完整性	15		
小　计					
总　计					

任务拓展

中国知名消防企业简介

1. 中国消防企业集团有限公司

中国消防企业集团有限公司简称 CFE，目前员工近 5000 人，于 2002 年 8 月在香港联合交易所上市，是中国消防行业首家上市企业。

CFE 不仅具有雄厚的资金基础，而且有跨越亚、欧、美三大洲的强大股东阵容：包括位居全球 500 强的美国联合技术公司(UTC)，世界领先消防车制造商日本 MORITA 森田株式会社，法国 CLSA 里昂银行的新兴证券市场集团等机构。这成为 CFE 在管理、技术、人才等各方面不断发展的坚实后盾。

CFE 现在中国北京、上海、成都、福州设有专业研发、制造基地，业务范围遍布世界各地，目前已在全球多个国家和地区建立了 293 个分支机构和代理商，初步形成完整的销售渠道和服务保障体系。CFE 不仅提供高品质的消防产品，还为客户提供最专业的消防系统"一站式"解决方案。它是中国最大的制造商；中国最大的消防应急照明系统研发生产供应商；中国最大的消防装备进口商；中国最大的消防专业施工企业；中国唯一形成全国性联网远程自动监控的企业。

2. 海湾安全技术公司

海湾安全技术公司简称 GST，是国内主要的火灾探测报警及消防整体解决方案供应商之一。自 1993 年成立以来，GST 已成为中国消防行业的主要品牌，广受用户认可。

GST 经营火灾自动报警系统、电气火灾监控系统、消防电源监控系统、气体灭火系统、应急照明疏散指示系统、防火门监控系统、可燃气体监控系统、消防应急疏散余压监控系统、智慧消防物联网等监控系统、涉外消防报警系统及相关消防各类系统维修检测等服务。

GST 不仅拥有二十多条先进的电子产品生产线，还拥有卓越的生产管理体系和严谨的质量控制流程。海湾消防公司是开利全球公司(Carrier Global Corporation)建筑智能电子产品生产基地之一。其不同产品根据不同需求分别通过了 CCC、UL、LPCB、CE、SAI、EAC 等一项或多项国内和国际认证。

GST 拥有强大的技术研发实力和持续创新能力，在中国北京和秦皇岛分别设有产品研发中心和博士后科研工作站，着眼于行业技术与标准，与时俱进地开发新技术和新产品。产品线覆盖从火灾前期预警到后期灭火，再到智能逃生等各个环节，不断为保护人民生命财产安全提供优质的产品。

GST 在中国 150 多个城市设有专业的销售服务联络网点，同时依托开利全球公司的全球销售网络将产品与服务扩展到全球多个国家和地区，工程涵盖商业楼宇、住宅楼宇、公共设施、医疗、金融、酒店、教育及工业等多个领域。

自 2009 年 8 月海湾安全技术公司加入开利全球公司以来，结合其在国际市场和国内市场上的品牌、资本、技术和管理优势，公司致力于为客户提供全面高效的一站式消防解决方案，提升整体生活质量，带动现代化城市发展。

3. 上海金盾实业集团有限公司

上海金盾实业集团有限公司简称上海金盾集团，是以上海金盾消防安全设备有限公司为旗舰的集团公司，创建于 1986 年，位于有着东方明珠之称的上海浦东——周浦繁荣工业区，注册资本 1.2 亿，下辖上海金盾消防安全设备有限公司、上海安盾消防安全智能工程有限公司、太仓金盾消防产业园有限公司、上海威探电子有限公司、浙江瑞安坚盾消防装备有限公司、上海欧盾消防安全科技有限公司六家全资子公司，在上海浦东、浙江瑞安、江苏太仓拥有 25 万平方米的生产、研发基地和工业园区。自 1998 年以来连续被中国消防产业评为中国消防产业 30 强企业，中国消防协会理事单位、上海消防产业委员会副主任单位，是国内消防行业的领军企业之一。

上海金盾集团以专业生产、销售各类消防设备为主，集科研、制造、成套设备供应、国际贸易、设计、施工安装、维保为一体。主要产品有：火灾自动报警系统、气体灭火系统、泡沫灭火系统、细水雾自动灭火系统、自动喷水灭火系统、预作用系统、电磁阀、安全信号蝶阀，比例式减压阀、各类规格的消防枪、消防炮等消防装备产品，如消防供水设备、高楼逃生设备、消防泵、灭火器等六大类一百多个品种规格消防产品，并且多次在国家重点项目如浦东国际机场、渤海石油开发等项目中中标，被客户誉为消防行业的金色盾牌。产品在欧洲、中东等海外市场深受客户青睐，是崛起在国际消防行业市场的又一块中国制造。

上海金盾集团时刻信奉以技术改良产品的宗旨，坚持以核心技术打造核心竞争力为方向，先后与中国科技大学、华中科技大学等国内高校建立了科技战略合作伙伴关系，并与中科大建立产学研联盟，在国内消防率先建立消防火灾实验室。同时集团拥有一大批老、中、青三代高级技术人才，在他们的努力下，企业的产品不断创新。知识产权(专利)给企业和社会带来了巨大的经济和社会效益，被上海市政府授予高新技术企业。同时公司拥有完善的管理体系，2000 年建立了 ISO9001 质量管理体系，并通过德国莱茵公司 TüV 认证。自动喷水灭火系统率先在国内通过 3C 认证。为了更好地打造金盾的信誉和品牌，上海金盾集团在质量保障上时刻不放松源头和过程质量控制。集团拥有先进的质量检测设备和仪器，拥有国家 B 级的产品检测中心。

上海金盾集团始终坚持以诚立本、以信立人的生产经营理念。多年来，被政府和相关行业授予 AAA 级信用单位、诚信单位等荣誉称号。集团在全国 32 个省、直辖市、重点城市建立了销售、服务机构，做到为客户提供设计、施工、服务、维保等一条龙服务，并在德国、俄罗斯、中东等国家和地区建立了分公司，使金盾集团的销售、服务、诚信网络形成了国际化的格局。对待客户，上海金盾集团始终坚持"完美、适宜、快捷、保障、双赢"的宗旨。对待同行业，金盾集团始终坚信百花争艳、百家争鸣，有竞争才能有发展的真理。

4. 天广消防股份有限公司

天广消防股份有限公司是国内消防行业首家也是唯一一家深圳证券交易所中小板上市公司。公司总部位于福建泉州市南安成功科技工业区，始创于 1986 年，是国内最早获批生产消防器材的民营企业之一。公司注册资本 4.56 亿元，拥有福建和天津 2 个基地，是中国消防行业十大民族品牌企业及国内规模最大、品种最全、技术力量最强，集消防产品的研发、生产、销售及消防工程设计、施工与服务于一体的现代化企业之一。公司先后荣膺"国家高新技术企业""国家火炬计划重点高新技术企业""国家企事业知识产权示范创建单位""国家级知识产权优势企业""福建省首批创新型企业""福建省守合同重信用单位""福建省农行 AAA 级信用企业""福建省工商信用优异企业""中国消防协会首批信用等级评价 AAA 级企业"等多种荣誉。

公司科研和创新力量雄厚，创建了福建省消防行业首家企业博士后科研工作站及"福建省级消防器材行业技术创新中心""福建省省级企业技术中心"，先后引进了国家消防科研所研究员(气体灭火系统国家标准主编)、北京大学博士后等一批中高级科技和管理人才，承担了包括国家火炬计划及福建省重点科技项目等 30 多项，累计获得有效专利授权 60 余项，其中 1 项发明专利荣获"国家优秀专利奖"，23 项新产品经福建省科技成果鉴定，位居国内领先或先进水平，10 项产品被认定为"福建省自主创新产品"，并多次参与消防产品国家行业标准及全国民用建筑工程消防设计规范的制定与修编。

"天广"商标 1989 年经国家商标局核准注册，1998 年被认定为"福建省著名商标"，多项"天广"产品荣获"全国质量稳定合格产品""福建省名牌产品""福建省优质产品"等荣誉。公司营销网络遍布全国各大中城市，"天广"牌系列产品被广泛应用于众多国家级重点工程、大型公众场所和专业市场，并远销意大利、法国、德国、阿尔及利亚、印度、伊朗、新加坡、中东等三十多个国家和地区。

公司已通过 ISO9001、ISO14001、OHSAS18001 认证，是行业率先通过三体系认证的企业之一。全部产品都经公安部消防产品型式认可与中国认监委消防产品强制性认证，并经国家检测中心检验合格。公司目前能够生产包括大空间自动灭火系统、消防水炮、洁净气体自动灭火系统、自动喷水灭火系统、室外(防撞)消火栓、水泵接合器、高低倍泡沫灭火系统、车用自动灭火装置、船用灭火设备、消火栓箱、灭火器材及新型防火门等在内的100多个品种的产品，是国内消防行业生产品种最多、配套能力最强的企业之一。

公司旗下拥有多家消防工程公司，具备消防工程设计与施工一体化资质，致力于为包括工业、交通、房地产、公共设施等在内的各领域提供消防产品供给、消防工程系统设计、安装及维保在内的一体化、一站式服务。

▶ 任务小结 ▶

在火灾发展到猛烈燃烧阶段，火灾所造成的损失将是极大的，为了在火灾初起阶段及时发现火灾，最大限度地减小火灾所造成的损失，可以在建筑物中设置火灾自动报警系统，用以监测建筑物火灾的发生。

火灾自动报警系统是实现火灾早期探测、发出火灾报警信号、并向各类消防设备发出控制信号完成各项消防功能的系统。

火灾自动报警系统的作用是：

(1) 早期发现火灾。

(2) 组织人员有序疏散。

(3) 启动与疏散有关的消防设施，辅助疏散。

(4) 启动与灭火有关的消防设施，控制或扑灭初期火灾。

感烟火灾探测器是火灾自动报警系统中常用的探测器。由于建筑物室内火灾大多数都是固体可燃物引发的火灾，通常具有 5~20 min 的阴燃过程，而对火灾初期有阴燃阶段，产生大量的烟和少量的热，很少或没有火焰辐射的场所，感烟火灾探测器是最理想的。感烟探测器的研究与发展就代表着火灾自动报警系统的进步与发展。

任务 10　火灾自动报警系统的安装与调试

▶ 任务目标

(1) 掌握火灾自动报警系统的功能和结构及其工作原理。

(2) 掌握火灾自动报警系统各主要设备的端子功能，并能按图接线。

(3) 能够拟定安装调试方案，进行火灾自动报警系统的安装与调试。

▶ 任务描述与分析

按照要求完成火灾自动报警系统的接线、安装和调试：

(1) 依次设置各个模块、探测器等总线设备的原码地址，要求地址码统一且有规律。

(2) 设备联动功能要求：任何火灾探测器动作或手动报警按钮、消火栓按钮按下，立即启动声光警报器；感烟探测器动作，立即启动排烟机，延时 5 s 启动消防泵，延时 10 s 降下防火卷帘门；感温探测器动作或消火栓按钮按下，立即启动消防泵，降下防火卷帘门；感烟探测器动作，并且手动报警按钮按下，立即启动消防泵。

▶ 相关知识

一、设备器件安装相关知识

火灾自动报警系统是建筑智能化工程实训系统的一个组成部分，具有独立性。它主要由火灾报警控制器、输入/输出模块及模拟消防设备(消防泵、排烟机、防火卷帘门)和多种消防探测器(感烟探测器、感温探测器)等组成。

火灾自动报警系统框图如图 2-10-1 所示。

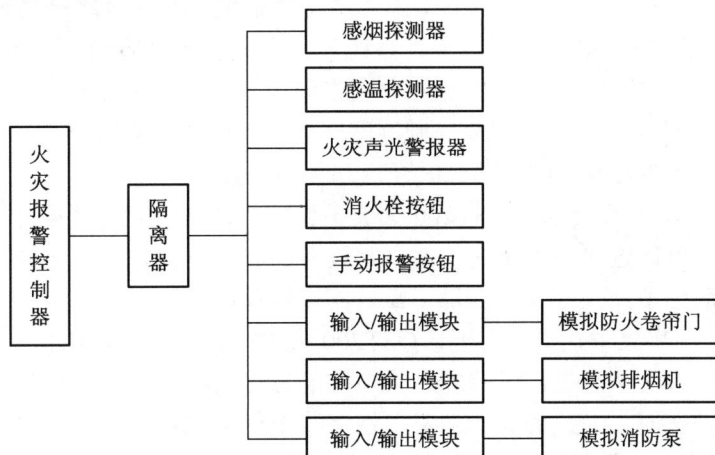

图 2-10-1　火灾自动报警系统框图

1. JB—QB—GST200 火灾报警控制器

JB—QB—GST200(以下简称 GST200)火灾报警控制器(联动型)是海湾公司推出的主流火灾报警控制器，为适应工程设计的需要，该控制器兼有联动控制功能，它可与海湾公司的其它产品配套使用，组成配置灵活的报警联动一体化控制系统，因而具有较高的性价比，特别适用于中小型火灾报警及消防联动一体化控制系统。其外形如图 2-10-2 所示。GST200火灾报警控制器安装效果图如图 2-10-3 所示。

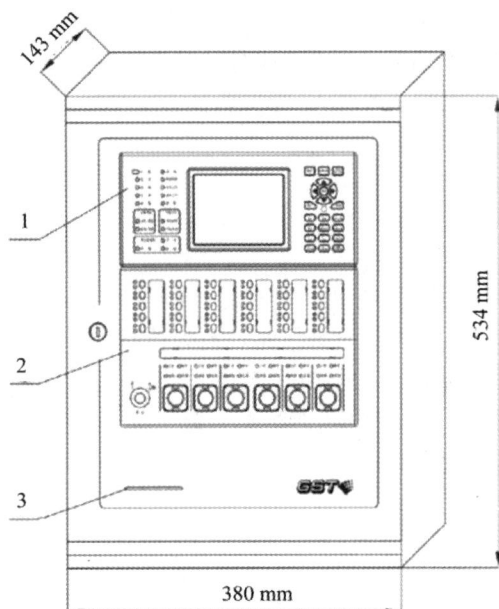

1—显示操作盘；2—智能手动操作盘；3—打印机。

图 2-10-2　GST200 火灾报警控制器　　　　图 2-10-3　GST200 火灾报警控制器安装效果图

1) 产品特点

(1) 配置灵活、可靠性高。GST200 火灾报警控制器是采用双微处理器并行处理的系列产品，包括 16 点、32 点、64 点、96 点、128 点、192 点、242 点火灾报警控制器以及火灾报警联动型等十四种控制器，能满足小型工程的不同需要。不论对联动类还是报警类总线设备，控制器都设有不掉电备份，以保证系统调试完成后所注册到的设备全部受到监控。

(2) 功能强、控制方式灵活。GST200 火灾报警控制器为一个完全开放的系统，通过扩展接口连接数字化网络系统，能完成控制器网络通信的要求。同时，该控制器可挂接防盗模块，并设有自动防盗功能，可自动定时开启和关闭防盗模块。

(3) 智能化操作、简单方便。GST200 火灾报警控制器具有智能化操作的特点，即在特定的信息屏幕下，可通过快捷键来实现对外部设备的相关操作，而不需要输入设备的二次编码，从而大大简化了操作过程，提供了良好的人机界面。

(4) 窗口化、汉字菜单式显示界面。GST200 火灾报警控制器采用窗口化菜单式命令，增加了每屏中所包含的信息量，当有多种类型的信息存在时，通过 "◁" "▷" 键操作，可以方便地看到各种全面、细致的显示信息，汉字菜单做到明白易懂方便直观。通过简单的操作(选择数字或移动光条)就可实现系统所提供的多种功能。

(5) 全面的自检功能。GST200 火灾报警控制器开机自检时，不仅能自动检测本机设备(指示灯、功能键等)，而且还能逐条检测外部设备的注册信息及联动公式信息，如信息发生变化，系统将做相应地处理。

(6) 配备智能化手动消防启动盘。GST200 火灾报警控制器配接的智能化手动消防启动盘，操作方便、可靠性高，手动消防启动盘上的每一个启/停键均可通过定义与系统所连接的任意一个总线设备关联，完成对该总线制联动设备的启/停控制，从而解决了报警联动一体化系统的工程布线、设备配置及安装调试存在的固有问题。

(7) 独立的气体喷洒控制密码和联动公式编程。GST200 火灾报警控制器为具有特殊重要意义的气体喷洒设备提供了独立的控制密码和联动编程空间，并有相应的声光指示，使气体喷洒设备受到了更严格的监控。

(8) 配接汉字式火灾显示盘。GST200 火灾报警控制器可配接海湾公司生产的汉字式火灾显示盘，汉字信息无须下载，方便可靠，并可以通过对火灾显示盘的设备定义，灵活地实现火灾显示盘的分楼区及分楼层的显示功能。

(9) 低压开关电源。GST200 火灾报警控制器的供电电源为低压开关电源，对主、备电均作稳压处理，保证低压时系统仍能正常工作。充电部分采用开关恒流定压充电，保证交流最低电压达 187 V 时，仍能使电池快速充电。该控制器具有备电保护功能，备电供电时，如备电电压低于 10 V，系统将自动切断备电。

2) 显示操作盘面板

GST200 火灾报警控制器(联动型)显示操作盘面板由指示灯区、液晶显示屏及按键区三部分组成，如图 2-10-4 所示。

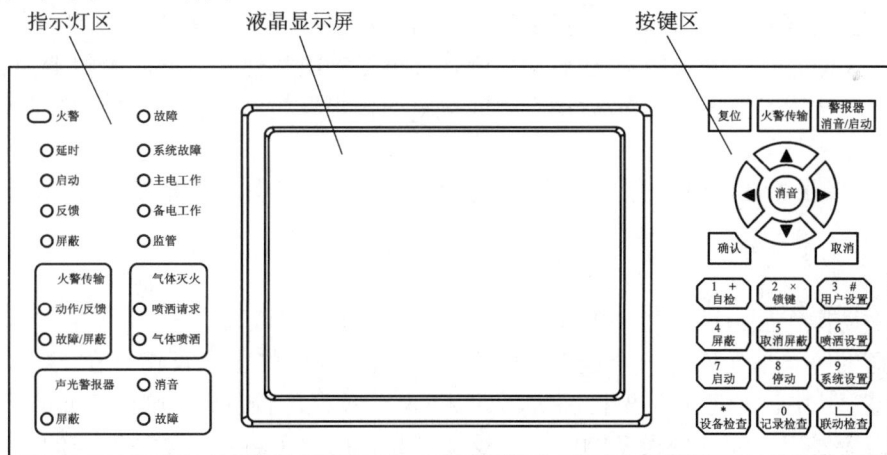

图 2-10-4　操作盘面板示意图

• 火警灯：红色，此灯亮表示控制器检测到外接探测器、手动报警按钮等处于火警状态。控制器进行复位操作后，此灯熄灭。

• 延时灯：红色，指示控制器处于延时状态。

• 启动灯：红色，当控制器发出启动命令时，此灯闪亮；在启动过程中，当控制器检测到反馈信号时，此灯常亮。控制器进行复位操作后，此灯熄灭。

• 反馈灯：红色，此灯亮表示控制器检测到外接被控设备的反馈信号。反馈信号消失或控制器进行复位操作后，此灯熄灭。

- 屏蔽灯：黄色，有设备处于被屏蔽状态时，此灯点亮，此时报警系统中被屏蔽设备的功能丧失。控制器没有屏蔽信息时，此灯自动熄灭。
- 故障灯：黄色，此灯亮表示控制器检测到外部设备(探测器、模块或火灾显示盘)有故障或控制器本身出现故障。除总线短路故障需要手动清除外，其它故障排除后可自动恢复。当所有故障被排除或控制器进行复位操作后，此灯会随之熄灭。
- 系统故障灯：黄色，此灯亮，指示控制器处于不能正常使用的故障状态。
- 主电工作灯：绿色，控制器使用主电源供电时点亮。
- 备电工作灯：绿色，控制器使用备用电源供电时点亮。
- 监管灯：红色，此灯亮表示控制器检测到总线上的监管类设备报警，控制器进行复位操作后，此灯熄灭。
- 火警传输动作/反馈灯：红色，此灯闪亮表示控制器对火警传输线路上的设备发出启动信息；此灯常亮表示控制器接收到火警传输设备反馈回来的信号；控制器进行复位操作后，此灯熄灭。
- 火警传输故障/屏蔽灯：黄色，此灯闪亮表示控制器检测到火警传输线路上的设备故障；此灯常亮表示控制器屏蔽掉火警传输线路上的设备；当设备恢复正常后此灯自动熄灭。
- 气体灭火喷洒请求灯：红色，此灯亮表示控制器已发出气体启动命令，启动命令消失或控制器进行复位操作后，此灯熄灭。
- 气体灭火/气体喷洒灯：红色，气体灭火设备喷洒后，控制器收到气体灭火设备的反馈信息后此灯亮。反馈信息消失或控制器进行复位操作后，此灯熄灭。
- 声光警报器屏蔽灯：黄色，指示声光警报器屏蔽状态。声光警报器屏蔽时，此灯点亮。
- 声光警报器消音灯：黄色，指示报警系统内的警报器是否处于消音状态。当警报器处于输出状态时，按"警报器消音/启动"键，警报器输出将停止，同时警报器消音指示灯点亮。如再次按下"警报器消音/启动"键或有新的警报发生时，警报器将再次输出，同时警报器消音指示灯熄灭。
- 声光警报器故障灯：黄色，指示声光警报器故障状态，声光警报器故障时，此灯点亮。

3) 手动盘

智能手动操作盘由手动盘和多线制构成，如图 2-10-5 所示。

手动盘的每一单元均有一个按键、两个指示灯(启动灯在上，反馈灯在下，均为红色)和一个标签。其中，按键为启/停控制键，如按下某一单元的控制键，则该单元的启动灯亮，并有控制命令发出，如被控设备响应，则反馈灯亮。用户可将各按键所对应的设备名称书写在设备标签上面，然后与膜片一同固定在手动盘上。

多线制控制盘每路的输出都具有短路和断路检测功能，并有相应的灯光指示。每路输出均有相应的手动直接控制按键，整个多线制控制盘具有手动控制锁，只有手动锁处于允许状态时，才能使用手动直接控制按键。多线制控制盘采用模块化结构，由手动操作部分和输出控制部分构成，手动操作部分包含手动允许锁和手动启停按键，输出控制部分包含6 路输出。它与现场设备采用四线连接，其中两线用于控制启停设备，另两线用于接收现场设备的反馈信号，输出控制和反馈输入均具有检线功能。每路提供一组 DC 24 V 有源输出和一组无源触点反馈输入。

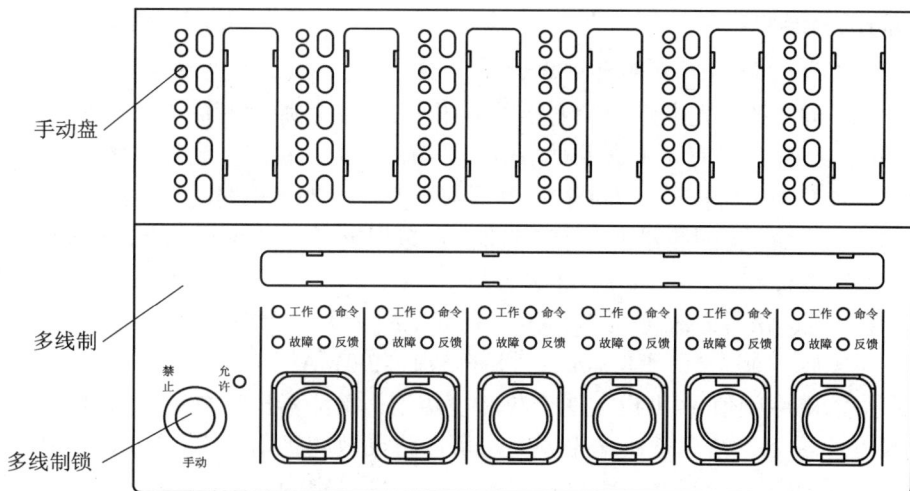

图 2-10-5　智能手动操作盘

4) 接线端子

控制器外接端子如图 2-10-6 所示。

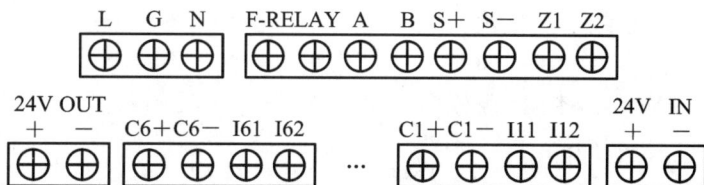

图 2-10-6　控制器外接端子

L、G、N：交流 220 V 接线端子及交流接地端子。

F-RELAY：故障输出端子，当主板上 NC 短接时，为常闭无源输出；当 NO 短接时，为常开无源输出。

A、B：连接火灾显示盘的通信总线端子。

S+、S−：警报器输出端子，带检线功能，终端需要接 0.25 W 的 4.7 kΩ 电阻，输出时的电源容量为 DC 24 V/0.15 A。

Z1、Z2：无极性信号二总线端子。

24 V IN(+、−)：外部 DC 24 V 输入端子，可为辅助电源输出提供电源。

24 V OUT(+、−)：辅助电源输出端子，可为外部设备提供 DC 24 V 电源，当采用内部 DC 24 V 供电时，最大输出容量为 DC 24 V/0.3 A，当采用外部 DC 24 V 供电时，最大输出容量为 DC 24 V/2 A。

O：直接控制输出线。

COM：直接控制输出与反馈输入的公共线。

I：反馈输入线。

O、COM：组成直接控制输出端，O 为输出端正极，COM 为输出端负极，启动后 O 与 COM 之间输出 DC 24 V。

I、COM：组成反馈输入端，接无源触点；为了检线，I 与 COM 之间接 4.7 kΩ 的终端电阻。

2. 消防探测器

1) JTY—GD—G3 智能光电感烟探测器

JTY—GD—G3 智能光电感烟探测器采用红外线散射的原理探测火灾。在无烟状态下，只接收很弱的红外光，当有烟尘进入时，由于散射的作用，使接收光信号增强；当烟尘达到一定浓度时，便输出报警信号。为减少干扰及降低功耗，发射电路采用脉冲方式工作，以提高发射管的使用寿命。该探测器占一个节点地址，采用电子编码方式，通过编码器读/写地址。

(1) 技术参数。

- 工作电压：信号总线电压为 24 V，允许范围为 16～28 V。
- 工作电流：监视电流≤0.8 mA；报警电流≤2.0 mA。
- 灵敏度(响应阈值)：可设定 3 个灵敏度级别，探测器出厂灵敏度级别为 2 级。当现场环境需要在少量烟雾情况下快速报警时，可以将灵敏度级别设定为 1 级；当现场环境灰尘较多时或者风沙较多的情况下，可以将灵敏度级别设定为 3 级。
- 响应阈值：0.11～0.27 dB/m。
- 报警确认灯：红色，巡检时闪烁，报警时常亮。
- 编码方式：电子编码(编码范围为 1～242)。
- 线制：信号二总线，无极性。
- 使用环境：温度为 −10～+50℃；相对湿度≤95%，不凝露。
- 壳体材料和颜色：ABS，象牙白。
- 安装孔距：45～75 mm。

(2) 探测器外形。

探测器外形示意图如图 2-10-7 所示。

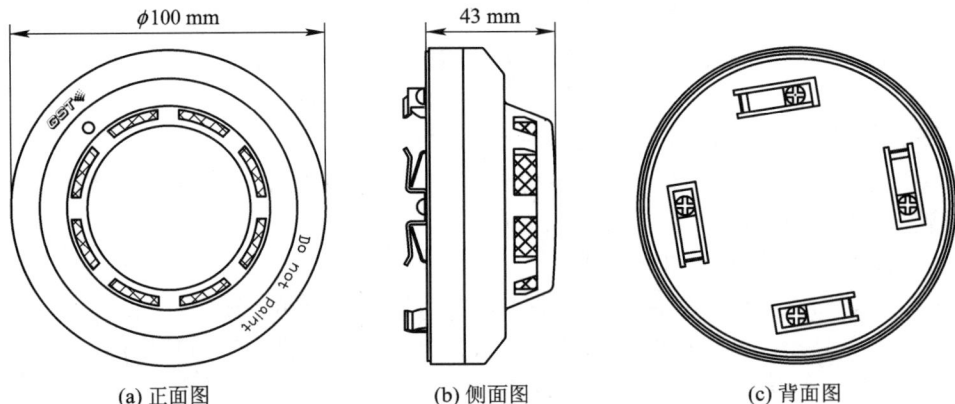

| (a) 正面图 | (b) 侧面图 | (c) 背面图 |

图 2-10-7　探测器外形示意图

2) JTW—ZCD—G3N 智能电子差定温感温探测器

JTW—ZCD—G3N 智能电子差定温感温探测器采用热敏电阻作为传感器，传感器输出的电信号经变换后输入到单片机，单片机利用智能算法进行信号处理。当单片机检测到火警信号后，向控制器发出火灾报警信息，并通过控制器点亮火警指示灯。

(1) 技术参数。

- 工作电压：信号总线电压为 24 V，允许范围为 16～28 V。

- 工作电流：监视电流≤0.8 mA；报警电流≤2.0 mA。
- 报警确认灯：红色(巡检时闪烁，报警时常亮)。
- 编码方式：十进制电子编码，编码范围为1～242。
- 壳体材料和颜色：ABS，象牙白。
- 重量：约 115 g。
- 安装孔距：45～75 mm。

(2) 探测器安装。

该消防探测器可安装在各个房间的天花板上，安装效果如图2-10-8所示。

图 2-10-8　点型感温探测器安装效果图

3. 手动报警按钮、消火栓按钮

1) J—SAM—GST9122 编码手动报警按钮

J—SAM—GST9122 手动火灾报警按钮(含电话插孔)一般安装在公共场所，当人工确认发生火灾后，按下报警按钮上的有机玻璃片，即可向控制器发出报警信号。控制器接收到报警信号后，将显示出报警按钮的编号或位置并发出报警声响，此时只要将消防电话分机插入电话插座即可与电话主机通信。

报警按钮采用按压报警方式，通过机械结构进行自锁，可减少人为误触发现象。报警按钮内置单片机，具有完成报警检测及与控制器通信的功能。单片机内含 EEPROM 用于存储地址码、设备类型等信息，地址码可通过 GST—BMQ—2 型电子编码器进行现场更改。

(1) 技术参数。

- 工作电流：监视电流≤0.8 mA；报警电流≤2.0 mA。
- 输出容量：额定 DC 60 V/100 mA 无源输出触点信号，接触电阻≤100 mΩ。
- 启动方式：人工按下有机玻璃片。
- 复位方式：用吸盘手动复位。
- 指示灯：红色，正常巡检时约 3 s 闪亮一次，报警后快速闪亮。
- 编码方式：电子编码，编码范围在 1～242 之间任意设定。
- 线制：与控制器采用无极性信号二总线连接，与总线制编码电话插孔采用四线制连接。

(2) 手动报警按钮外形。

手动报警按钮的外形示意图如图2-10-9所示。

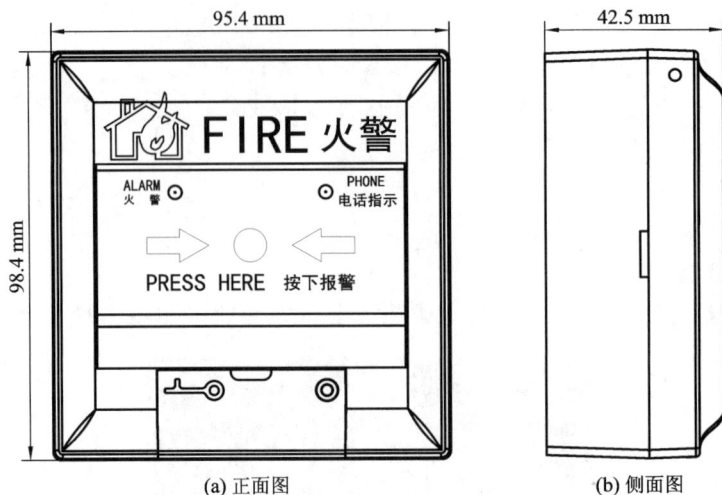

(a) 正面图   (b) 侧面图

图 2-10-9 手动报警按钮外形示意图

2) J—SAM—GST9123 消火栓按钮

J—SAM—GST9123 消火栓按钮(以下简称按钮)安装在公共场所,当人工确认发生火灾后,按下此按钮,即可向火灾报警控制器发出报警信号,火灾报警控制器接收到报警信号,将显示出与按钮相连的防爆消火栓接口的编号,并发出报警声响。

(1) 技术特性。

消火栓按钮不允许直接与直流电源连接,否则有可能损坏内部器件。

- 工作电流:报警电流≤30 mA。
- 启动方式:人工按下有机玻璃片。
- 复位方式:用吸盘手动复位。
- 指示灯:红色,报警按钮按下时此灯点亮;绿色,消防水泵运行时此灯点亮。

(2) 结构特征。

按钮端子示意图如图 2-10-10 所示。其中,Z1、Z2 为无极性信号二总线端子;K1、K2 为常开输出端子。

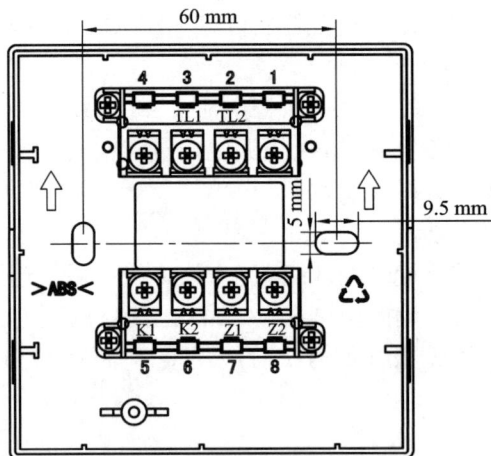

图 2-10-10 按钮端子示意图

(3) 按钮安装。

要求消防报警按钮、手动报警按钮分别装在"智能大楼"室内的墙上,以便于操作。消火栓按钮安装效果图如图 2-10-11 所示。

图 2-10-11　消火栓按钮安装效果图

4. 声光警报器

HX—100B 火灾声光警报器(以下简称警报器),用于在火灾发生时提醒现场人员注意。警报器是一种安装在现场的声光报警设备,当现场发生火灾并被确认后,可由消防控制中心的火灾报警控制器启动,也可通过安装在现场的手动报警按钮直接启动。启动后警报器发出强烈的声光警报,以达到提醒现场人员注意的目的。

(1) 技术特性。

· 工作电压:信号总线电压为 24 V,允许范围为 16～28 V;电源总线电压为 DC 24 V,允许范围为 DC 20～28 V;电源动作电流≤160 mA。

· 编码方式:采用电子编码方式,占一个总线编码点,编码范围可在 1～242 之间任意设定。

· 线制:四线制,与控制器采用无极性信号二总线连接,与电源线采用无极性二线制连接。

(2) 警报器外形。

警报器的外形示意图如图 2-10-12 所示。

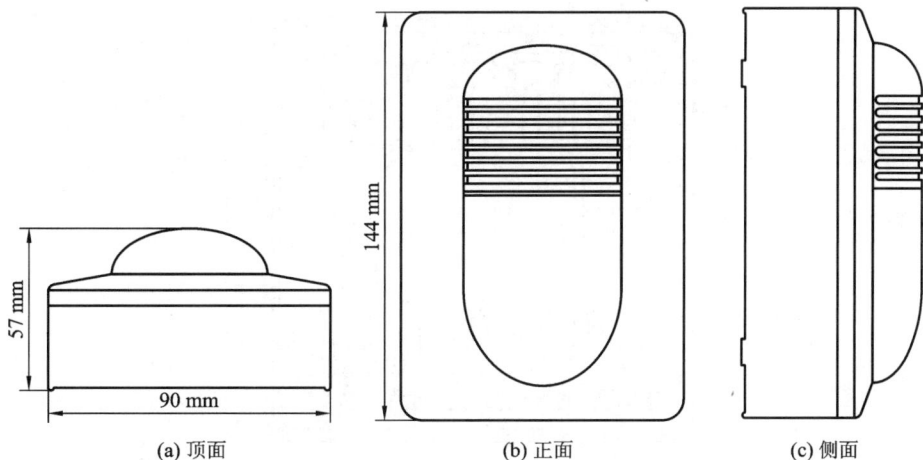

(a) 顶面　　　　　　　　(b) 正面　　　　　　　　(c) 侧面

图 2-10-12　警报器外形示意图

（3）工作原理。

警报器内嵌微处理器，它能实现与火灾报警控制器的通信、电源总线掉电的检测、声光信号的启动。警报器接收到火灾报警控制器的启动命令后，会发出声光信号。经音效芯片的处理和晶体管与变压器的放大，推动扬声器发出声响；采用定时电路控制 6 只超高发光二极管发出闪亮的光信号，也可通过外控触点直接启动声光信号。

（4）警报器安装。

要求声光警报器安装在楼道中的合适位置，不低于 2.2 m，声光警报器安装效果图如图 2-10-13 所示。

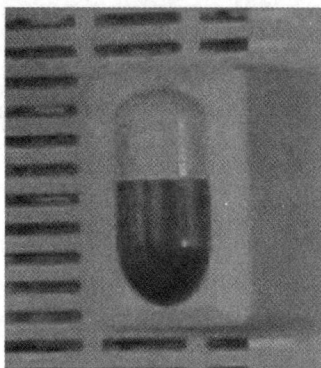

图 2-10-13　声光警报器安装效果图

5. LD—8301 输入/输出模块

LD—8301 输入/输出模块采用电子编码器进行编码，模块内有一对常开、常闭触点。模块具有直流 24 V 电压输出，用于与继电器的触点接成有源输出，以满足现场的不同需求。另外模块还设有开关信号输入端，用来和现场设备的开关触点连接，以便确认现场设备是否动作。

LD—8301 输入/输出模块主要用于各种一次动作并有动作信号输出的被动型设备，如排烟阀、送风阀、防火阀等接入到 LD—8301 输入/输出模块的控制总线 Z1、Z2 上。

LD—8301 底座端子示意图如图 2-10-14 所示。

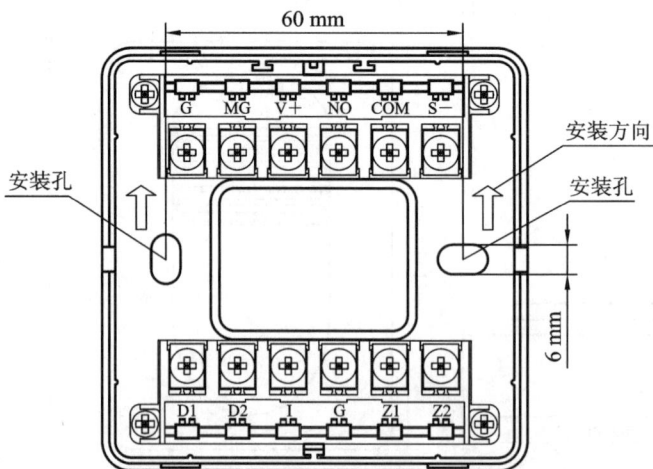

图 2-10-14　LD—8301 输入/输出模块的底座端子示意图

(1) 端子说明。

Z1、Z2：接控制器两总线，无极性。

D1、D2：DC 24 V 电源，无极性。

G、NG、V+、NO：DC 24 V 有源输出辅助端子，将 G 和 NG 短接、V+ 和 NO 短接(注意：出厂默认已经短接好，若使用无源常开输出端子，请将 G、NG、V+、NO 之间的短路片断开)，用于向输出触点提供 +24 V 信号以便实现有源 DC 24 V 输出。无论模块启动与否，V+、G 间一直有 DC 24 V 输出。

I、G：与被控制设备无源常开触点连接，用于实现设备动作回答确认(也可通过电子编码器设为常闭输入或自回答)。

COM、S-：有源输出端子，启动后输出 DC 24 V，COM 为正极、S- 为负极。

COM、NO：无源常开输出端子。

(2) 技术参数。

- 工作电压：信号总线电压为 24 V，允许范围为 16～28 V。

电源总线电压为 DC 24 V，允许范围为 DC 20～28 V。

- 工作电流：总线监视电流≤1 mA，总线启动电流≤3 mA。

电源监视电流≤5 mA，电源启动电流≤20 mA。

- 输入检线：常开检线时线路发生断路(短路为动作信号)、常闭检线输入时输入线路发生短路(断路为动作信号)，模块将向控制器发送故障信号。

- 输出检线：输出线路发生短路、断路，模块将向控制器发送故障信号。

- 输出容量：无源输出，容量为 DC 24 V/2 A，正常时触点阻值为 100 kΩ，启动时闭合，适用于 12～48 V 直流或交流。

- 有源输出：容量为 DC 24 V/1 A。

- 输出控制方式：脉冲、电平(继电器常开触点输出或有源输出，脉冲启动时继电器吸合时间为 10 s)。

- 指示灯：红色(输入指示灯巡检时闪亮，动作时常亮；输出指示灯启动时常亮)。

- 编码方式：电子编码方式，占用一个总线编码点，编码范围可在 1～242 之间任意设定。

- 线制：与火灾报警控制器采用无极性信号二总线连接，与电源线采用无极性二线制连接。

(3) 器件安装。

要求输入/输出模块安装在"智能大楼"室内墙上。要便于与模拟消防设备的连接，输入/输出模块安装效果如图 2-10-15 所示。

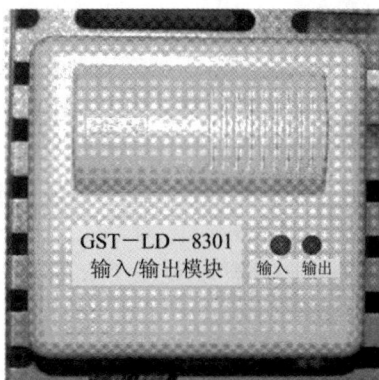

图 2-10-15　输入/输出模块安装效果图

6. 隔离器

LD—8313 隔离器用于隔离总线上发生短路的部分，以保证总线上其它的设备能正常工作。待故障修复后，总线隔离器会自行将被隔离的部分重新纳入系统。此外，使用隔离器还能便于确定总线发生短路的位置。

(1) 工作原理。

当隔离器输出所连接的电路发生短路故障时，隔离器内部电路中的自复熔丝断开，同时内部电路中的继电器吸合，将隔离器输出所连接的电路完全断开。总线短路故障修复后，继电器释放，自复熔丝恢复导通，隔离器输出所连接的电路重新纳入系统。

总线隔离器底座端子示意图如图 2-10-16 所示。

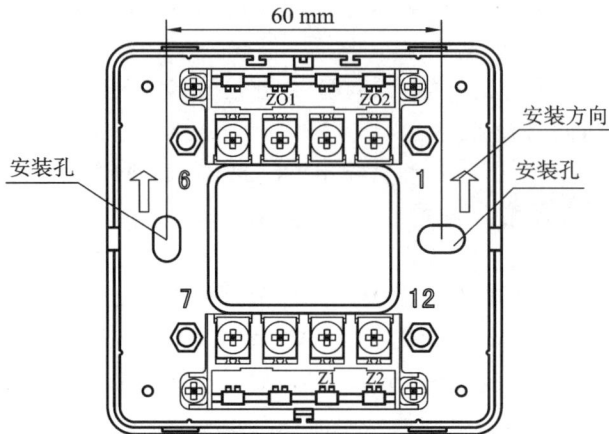

图 2-10-16　总线隔离器的底座端子示意图

(2) 端子说明。

Z1、Z2：输入信号总线，无极性。

ZO1、ZO2：输出信号总线，无极性。

安装孔：用于固定底壳，两安装孔中心距为 60 mm。

安装方向：指示底壳安装方向，安装时要求箭头向上。安装时按照隔离器的铭牌将总线接在底壳对应的端子上，把隔离器插入底壳上即可。

(3) 技术参数。

· 工作电流：动作电流≤170 mA。

· 动作指示灯：红色(正常监视状态不亮，动作时常亮)。

· 负载能力：总线 24 V，170 mA。

(4) 器件安装。

要求隔离器安装在"管理中心"室内墙上，如图 2-10-17 所示。

图 2-10-17　隔离器安装效果图

7. 光电开关

WT100—N1412(或 E3Z—LS61)为反射式光电开关，可以检测金属、非金属等反光物体。顶部旋钮用于调节光灵敏度(顺时针调节灵敏度增高，逆时针调节灵敏度降低)，底部旋钮用于切换工作方式(类似于继电器的常开、常闭触点)。

每个模拟防火卷帘门有高、低两个光电开关，分别用于检测防火卷帘门的高、低位置。出厂时，光电开关灵敏度旋钮一般处在最大状态，可以不用调节。工作方式旋钮调节：将高位光电开关工作方式旋钮调到 L，低位光电开关工作方式旋钮调到 D。

接线说明为：

棕线：电源正极，接 DC 24 V+。

蓝线：电源负极，接 DC 24 V-。

黑线：控制端，当光电开关动作后，与蓝线(DC 24 V-)导通。

8. 消防控制箱

消防控制箱主要由电源、继电器等设备组成，和输入/输出模块配合使用，完成火灾自动报警系统模拟机电设备控制。

消防控制箱接线端子如图 2-10-18 所示。

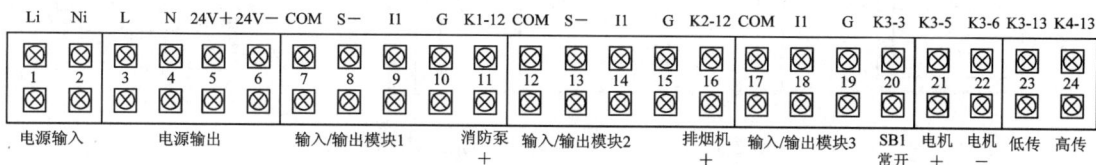

图 2-10-18　消防控制箱接线端子

Li、Ni：AC 220 V 电源输入，来自接总电源控制箱。

L、N：AC 220 V 电源输出，接火灾报警控制器。

24 V+、24 V-：DC 24 V/3 A 电源输出。

COM、S-：DC 24 V 输入端，分别接输入/输出模块 1、2、3 的 COM、S-。

I1、G：常开触点输出端，接输入/输出模块 I1、G。

K1-12、K2-12：继电器 K1、K2 常开输出端(DC 24 V)，接消防泵、排烟机输入＋极。

K3-3：继电器 K3 第 3 脚常闭输出端，接 SB1(上行按钮)常开端。

K3-5、K3-6：继电器 K3 第 5、6 脚(正、负 DC 24 V)，分别接防火卷帘门电机+、-极。

K3-13、K4-13：继电器 K3、K4 第 13 脚(DC 24 V-)，分别接低位、高位光电开关(即卷帘门的低位、高位行程控制传感器)控制端。

二、调试相关知识

1. 设备编码

本系统布好线路后，即可对设备进行系统调试。调试内容主要有：设备编码和设置火灾报警控制器参数。火灾报警控制器参数很多，主要操作包括设备定义(手动盘定义、总线设备定义)、联动编程(常规编程)、设备注册(外部设备注册)等。

1) 设备编码

本系统的输入/输出模块、探测器、报警按钮等总线设备均需要编码，用到的编码工具为电子编码器，其结构示意图如图 2-10-19 所示。

(1) 电源开关：完成系统硬件开机和关机操作。

(2) 液晶屏：显示有关探测器的一切信息和操作人员输入的相关信息，并且当电源欠压时给出指示。

(3) 总线插口：编码器通过总线插口与探测器或模块相连。

(4) 火灾显示盘接口(I^2C)：通过此接口与火灾显示盘相连，并进行各灯的二次码的编写。

(5) 复位键：当编码器由于长时间不使用而自动关机后，按下复位键，可以使系统重新上电并进入工作状态。

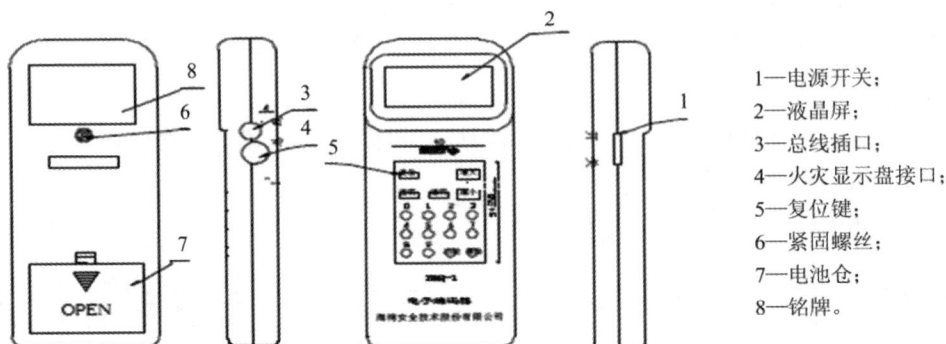

图 2-10-19　电子编码器的功能结构示意图

2) 电子编码器的使用

编码器可对探测器的地址码、设备类型、灵敏度进行设定，同时也可对模块的地址码、设备类型、输入设定参数等信息进行设定。

编码前，将编码器连接线的一端插在编码器的总线插口内(如图 2-10-19 所示的 3 处)，另一端的两个夹子分别夹在探测器或模块的两根总线端子"Z1""Z2"(不分极性)上。开机(将图 2-10-19 所示的 1 处的开关打到"ON"的位置)后可对编码器做如下操作，实现各参数的写入设定。

(1) 读码。按下"读码"键，液晶屏上将显示探测器或模块的已有地址编码，按"增大"键，将依次显示脉宽、年号、批次号、灵敏度、探测器类型号(对于不同的探测器和模块，其显示内容有所不同)；按"清除"键后，回到待机状态。如果读码失败，屏幕上将显示错误信息"E"，按"清除"键清除。

(2) 地址码的写入。在待机状态，输入探测器或模块的地址编码，按下"编码"键，应显示符号"P"，表明编码完成，按"清除"键，则回到待机状态。

(3) 探测器灵敏度或模块输入设定参数的写入(此步骤只需了解，不建议操作，因相关参数在产品出厂前均已设置好)。为防止非专业人员误修改一些重要数据，编码器加有密码锁，开锁密码为"456"，加锁密码为"789"，请不要随便操作。

3) 编码设置

(1) 将电子编码器连接线的一端插在编码器的总线插口内，另一端的两个夹子分别夹在光电感烟探测器的两根总线端子"Z1""Z2"(不分极性)上。

(2) 将电子编码器的开关打到"ON"的位置，然后按下编码器上的"清除"键，让编码器回到待机状态，然后用编码器上的数字键输入"1"，再按下"编码"键，此时编码器若显示符号"P"，则表明编码完成。

(3) 按下编码器上的"清除"键，让编码器回到待机状态，然后按下编码器的"读码"键，此时液晶屏上将显示探测器的已有地址编码。

学会编码器的使用后，把本系统各个模块、探测器等总线设备按表 2-10-1 所示地址进行编码。

表 2-10-1　设备地址

序号	设备型号	设备名称	编码
1	GST—LD—8301	输入/输出模块	01
2	GST—LD—8301	输入/输出模块	02
3	GST—LD—8301	输入/输出模块	03
4	HX—100B	讯响器	04
5	J—SAM—GST9123	消火栓按钮	05
6	J—SAM—GST9122	手动报警按钮	06
7	JTW—ZCD—G3N	智能电子差定温感温探测器	07
8	JTY—GD—G3	智能光电感烟探测器	08
9	JTW—ZCD—G3N	智能电子差定温感温探测器	09
10	JTY—GD—G3	智能光电感烟探测器	10
11	JTW—ZCD—G3N	智能电子差定温感温探测器	11
12	JTY—GD—G3	智能光电感烟探测器	12

注意：在操作过程中，如果液晶屏前部有"LB"字符显示，表明电池已经欠压，应及时进行更换。更换前应关闭电源开关，从电池扣上拔下电池时不要用力过大。

2. 火灾报警控制器参数的设置和使用

1) 密码设定操作

(1) 密码的分类。

除"消音""设备检查""记录检查""联动检查""锁键""取消""确认"及"△""▽""◁""▷"键外，其它功能键被按下后，都会显示一个要求输入密码的画面(密码由 8 位 0～9 的字符组成)，输入正确的密码后，才可进行进一步地操作。按照系统的安全性，密码权限从低到高分为用户密码、气体灭火操作密码、系统管理员密码三级，高级别密码可以替代低级别密码。

用户密码打开的操作包括复位、自检、火警传输、警报器消音/启动、用户设置、启动、停动、屏蔽、取消屏蔽等。

输入气体灭火操作密码(也可以是系统管理员密码)后可进行喷洒控制菜单操作，但如需进行系统设置菜单操作，必须输入系统管理员密码(不能进入"调试状态"选项)。

当输入正确的用户密码(或更高级别密码)后，进行任何用户密码级操作均可不用输入密码。

(2) 密码的更改。

按下"系统设置"键，进入系统设置操作菜单，如图 2-10-20 所示。

在图 2-10-20 系统设置操作状态下按"2"键，则进入图 2-10-21 所示的修改密码操作状态。

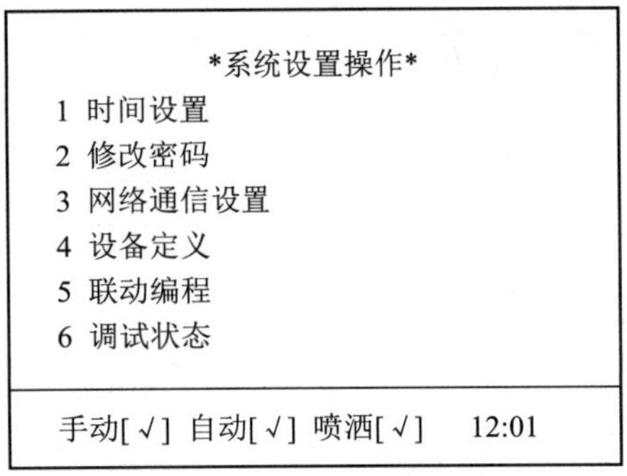

图 2-10-20　系统设置操作菜单

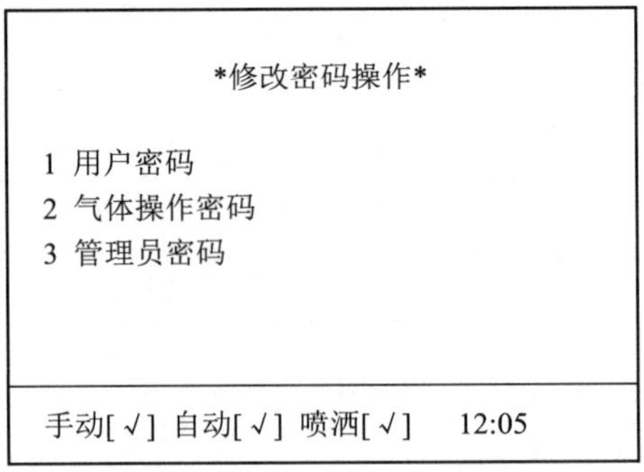

图 2-10-21　修改密码操作

选择欲修改的密码，屏幕提示"请输入密码"，如图 2-10-22 所示，此时输入新密码并按"确认"键，为防止按键失误，控制器要求将新密码重复输入一次加以确认，如图 2-10-23 所示，此时再输入一次新密码，并按下"确认"键。

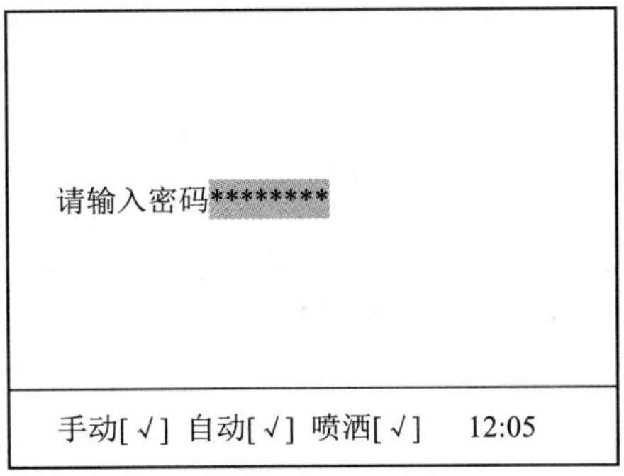

图 2-10-22　输入密码

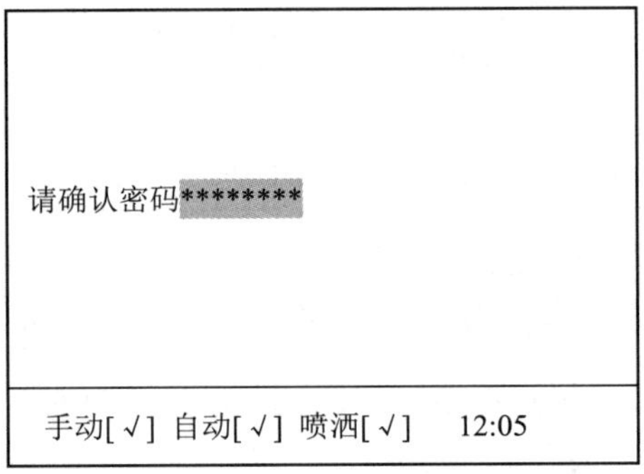

图 2-10-23　确认密码

若两次输入的密码相同，则会退出当前的操作，回到"系统工作正常"屏幕，表明新密码输入成功。若出现错误，屏幕显示"操作处理失败"，需重新进行密码输入操作。

本控制器为满足多个值班员操作的需要，在用户密码一级设置了五个用户号码(1～5)，每个用户号码可对应于自己的用户密码，当需更改用户密码时，要求先输入用户号码，如图 2-10-24 所示，按"确认"键后，屏幕提示输入密码，此时可输入新密码并加以确认。

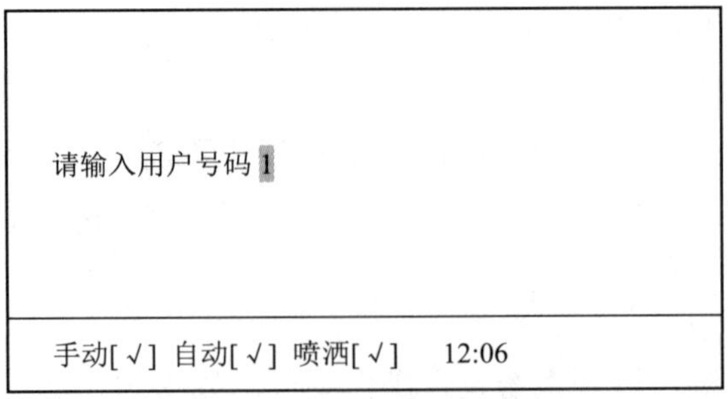

图 2-10-24　用户号码输入界面

2) 修改系统时间

在图 2-10-20 所示的系统设置操作状态下,按 1 键进入"时间设置"界面,屏幕上会出现如图 2-10-25 所示的内容。

```
请输入当前时间
07 年 11 月 05 日 12 时 02 分 14 秒




手动[√] 自动[√] 喷洒[√]    12:02
```

图 2-10-25 "时间设置"界面

通过按"△""▽"键,选择欲修改的数据块(年、月、日、时、分、秒的内容);按"◁""▷"键,使光标停在数据块的第一位,逐个输入数据。修改完毕后,按"确认"键,便得到了新的系统时间。时间(时、分)在屏幕窗口的右下角显示。

3) 设备定义

(1) 设备定义的内容。

控制器外接的设备包括火灾探测器、联动模块、火灾显示盘、网络从机、光栅机、多线制控制设备(直控输出定义)等,这些设备均需进行编码设定,每个设备对应一个原始编码和一个现场编码,设备定义就是对设备的现场编码进行设定。被定义的设备既可以是已经注册在控制器上的,也可以是未注册在控制器上的。典型的设备定义界面如图 2-10-26 所示。

```
            *外部设备定义*
原码:001 号键值:01
二次码:031001—22 防火阀
设备状态:1  [脉冲启]
注释信息:
5560476341721724000000000000
总线设备


手动[√] 自动[√] 喷洒[√]    12:23
```

图 2-10-26 典型的设备定义界面

"原码":为该设备所在的自身编码号,外部设备(火灾探测器、联动模块)原码号为 1~242;火灾显示盘原码号为 1~64;网络从机原码号为 1~32;光栅机测温区域原码号为 1~64,对应 1~4 号光栅机的探测区域,从 1 号光栅机的 1 通道的 1 探测区顺序递增;直控输出(多线制控制的设备)原码号为 1~60。

"键值":当为模块类设备时,是指与设备对应的手动盘按键号。当无手动盘与该设备相对应时,键值设为"00"。

原始编码与现场布线没有关系。现场编码包括二次码、设备类型和设备汉字信息。

"二次码":即为用户编码,由六位 0 到 9 的数字组成,它是人为定义用来表达这个设备所在的特定的现场环境的一组数，用户通过此编码可以很容易地知道被编码设备的位置以及与位置相关的其它信息。推荐对用户编码规定如下：

第 1～2 位对应设备所在的楼层号，取值范围为 0～99。为方便建筑物地下部分设备的定义，规定地下一层为 99，地下二层为 98，以此类推。

第 3 位对应设备所在的楼区号，取值范围为 0～9。所谓楼区是指一个相对独立的建筑物，例如，一个花园小区由多栋写字楼组成，每一栋楼可视为一个楼区。

第 4～6 位对应总线制设备所在的房间号或其它可以标识特征的编码。对火灾显示盘编码时，第 4 位为火灾显示盘工作方式设定位，第 5、6 位为特征标志位。

用户编码输入区"—"符号后的两位数字为设备类型代码，可参照表 2-10-2 进行设置，如光栅机测温区域的类型应设置成 01 光栅测温。输入完成后，在屏幕的最后一行将显示刚刚输入数字对应的设备类型汉字描述。如果输入的设备类型超出设备类型表范围，将显示"未定义"。

表 2-10-2 外部设备定义代码

代码	设备类型	代码	设备类型	代码	设备类型	代码	设备类型
00	未定义	22	防火阀	44	消防电源	66	故障输出
01	光栅测温	23	排烟阀	45	紧急照明	67	手动允许
02	点型感温	24	送风阀	46	疏导指示	68	自动允许
03	点型感烟	25	电磁阀	47	喷洒指示	69	可燃气体
04	报警接口	26	卷帘门中	48	防盗模块	70	备用指示
05	复合火焰	27	卷帘门下	49	信号碟阀	71	门灯
06	光束感烟	28	防火门	50	防排烟阀	72	备用工作
07	紫外火焰	29	压力开关	51	水幕泵	73	设备故障
08	线型感温	30	水流指示	52	层号灯	74	紧急求助
09	吸气感烟	31	电梯	53	设备停动	75	时钟电源
10	复合探测	32	空调机组	54	泵故障	76	警报输出
11	手动按钮	33	柴油发电	55	急启按钮	77	报警传输
12	消防广播	34	照明配电	56	急停按钮	78	环路开关
13	讯响器	35	动力配电	57	雨淋泵	79	未定义
14	消防电话	36	水幕电磁	58	上位机	80	未定义
15	消火栓	37	气体启动	59	回路	81	消火栓
16	消火栓泵	38	气体停动	60	空压机	82	缆式感温
17	喷淋泵	39	从机	61	联动电源	83	吸气感烟
18	稳压泵	40	火灾示盘	62	多线制锁	84	吸气火警
19	排烟机	41	闸阀	63	部分设备	85	吸气预警
20	送风机	42	干粉灭火	64	雨淋阀		
21	新风机	43	泡沫泵	65	感温棒		

"设备状态"：一些具有可变配置的设备，可以通过更改此设置改变配置。可变配置的设备包括：

• 点型感温：可改变点型感温探测器类别，可设置成 1＝A1S，2＝A1R，3＝A2S，4＝A2R，5＝BS，6＝BR，分别对应表 2-10-3 所示特性。

表 2-10-3　探测器应用温度和动作温度

探测器类别	应用温度/℃		动作温度/℃	
	典型	最高	下限值	上限值
A1	25	50	54	65
A2	25	50	54	70
B	40	65	69	85

注：(1) S 型探测器即使对较高升温速率在达到最小动作温度前也不能发出火灾报警信号。

(2) R 型探测器具有差温特性，对于高升温速率，即使从低于典型应用温度以下开始升温也能满足响应时间要求。

• 点型感烟：可改变点型感烟探测器探测烟雾的灵敏程度，可设置成 1＝阈值 1，2＝阈值 2，3＝阈值 3；分别对应如表 2-10-4 所示阈值。

表 2-10-4　阈值类别和探测器阈值

阈值类别	探测器阈值/dBm^{-1}
阈值 1	0.1～0.21
阈值 2	0.21～0.35
阈值 3	0.35～0.56

注：阈值数字越小，探测器越灵敏，可以对较少的烟雾报警。

• 输出模块：可以改变模块的输出方式，如表 2-10-5 所示。

表 2-10-5　模块的输出方式

分类	输出方式	输 出 信 号
1	脉冲启	10 s 左右的脉冲信号
2	电平启	持续信号
3	脉冲停	10 s 左右的脉冲信号
4	电平停	持续信号

注：设置为 3 脉冲停、4 电平停时，表示为停动类设备，即为平时处于"回答"状态的设备。此类设备的"回答"信号不点亮"动作"指示灯，同时也不在信息屏上显示，但记入运行记录器。

"注释信息"：可以输入表示该设备的位置或其它相关汉字提示信息，最多可输入七个汉字。如果非本系统的汉字库汉字，屏幕将显示"①"符号。

(2) 设备定义操作。

在图 2-10-20 所示的系统设置操作状态下按"4"键，屏幕将显示如图 2-10-27 所示的设备定义选择菜单，此菜单有两个可选项："设备连续定义"及"设备继承定义"。每个选项均分为外部设备定义、显示盘定义、1 级网络定义、光栅测温定义、2 级网络定义、多线制输出定义六种，如图 2-10-28 所示。

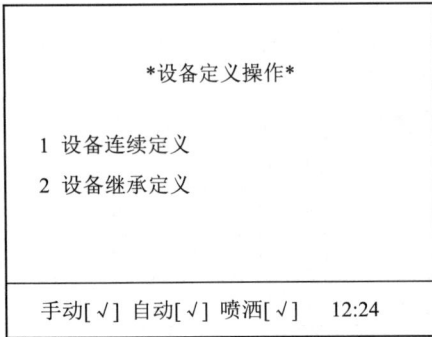

```
        *设备定义操作*

  1 设备连续定义
  2 设备继承定义

手动[√] 自动[√] 喷洒[√]    12:24
```

图 2-10-27　设备定义选择菜单

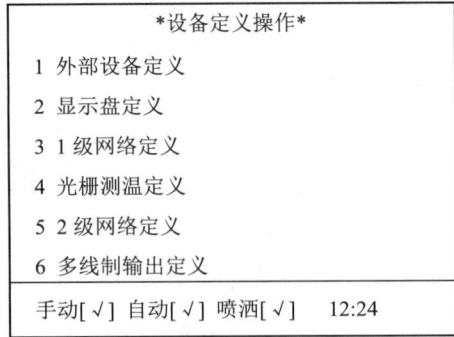

```
        *设备定义操作*
  1 外部设备定义
  2 显示盘定义
  3 1 级网络定义
  4 光栅测温定义
  5 2 级网络定义
  6 多线制输出定义

手动[√] 自动[√] 喷洒[√]    12:24
```

图 2-10-28　设备定义操作

① 设备连续定义。

在图 2-10-27 的屏幕状态下按"1"，则进入设备连续定义状态。在此状态下，系统默认设备是未曾定义过的。在输入第一个设备结束后，以后设备定义会默认上一个设备的定义，提供如下方便：

- 原码中的设备号在小于其最大值时，会自动加一。
- 键值为非"00"时，会自动加一。
- 二次码自动加一。
- 设备类型不变。
- 特性不变。
- 汉字信息不变。

在图 2-10-28 的屏幕状态下按"1"后，便进入外部设备定义菜单，此时输入正确的原码后，按"确认"键，液晶屏显示如图 2-10-29 所示的内容。

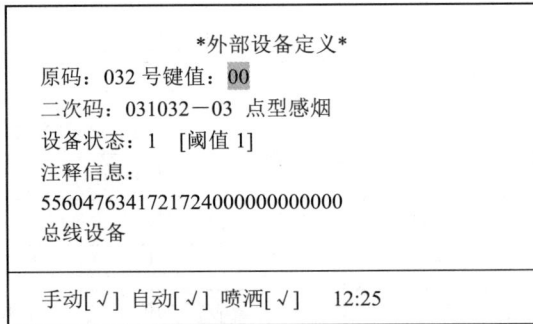

```
        *外部设备定义*
原码：032 号键值：00
二次码：031032－03 点型感烟
设备状态：1  [阈值 1]
注释信息：
556047634172172400000000000000
总线设备

手动[√] 自动[√] 喷洒[√]    12:25
```

图 2-10-29　外部设备定义

上图中，在设备定义的过程中，可通过按"△""▽""◁""▷"键及数字键进行定义操作。当设备定义完成后，按"确认"键保存，再进行新的定义操作。

注意：在进行设备定义时，如定义的用户码已经存在，将提示"操作处理失败"；当定义完最大值设备号的设备后，再按"确认"键，亦将提示"操作处理失败"。

② 设备继承定义。

设备继承定义是将已经定义的设备信息从系统内调出，可对设备定义进行修改。

　　例如，已经定义 032 号外部设备是二次码为 031032 的点型感烟探测器；033 号外部设备是二次码为 031033 用于启动喷淋泵的模块，且其对应的手动盘按键号为 16 号，现进行设备继承定义操作：

* 选择设备继承定义的外部设备定义项，输入原码为 032 后按确认键，液晶屏显示的二次码为 031032 的点型感烟探测器的信息(见图 2-10-29)。
* 按两次"确认"键后，液晶屏显示的是原码为 033、二次码为 031033，用于启动喷淋泵的模块的信息，如图 2-10-30 所示。

③ 设备定义实例。

* 现场设备的定义实例。

图 2-10-31 中定义了一个第二楼区第八层楼 16 号房间的点型感烟探测器，它的原码为 36 号。

```
          *外部设备定义*
原码：001 号键值：16
二次码：031033－17 喷淋泵
设备状态：1  [脉冲启]
注释信息：
5560476341721724000000000000
总线设备

手动[√] 自动[√] 喷洒[√]   12:23
```

图 2-10-30　启动喷淋泵的模块的信息

```
          *外部设备定义*
原码：036 号键值：00
二次码：082016－03 点型感烟
设备状态：1  [阈值 1]
注释信息：
2294340516431867421433892331

二楼八层十六房

手动[√] 自动[√] 喷洒[√]   12:28
```

图 2-10-31　现场设备定义

* 手动消防启动盘控制一般性设备的定义实例。

原码为 112 号的控制模块用于控制位于第三楼区第二层的排烟机的启动，现将其用户编码设定为 032072 号，并由手动消防启动盘的 2 号键直接控制。因为排烟机带有启动自锁功能，所以控制模块给出一个脉冲控制信号，即可完成排烟机的启动，故其设备特性设置应为脉冲方式。具体设备定义操作如图 2-10-32 所示。

```
          *外部设备定义*
原码：112 号键值：02
二次码：032072－19 排烟机
设备状态：1  [脉冲启]
注释信息：
5560476341721724000000000000
总线设备

手动[√] 自动[√] 喷洒[√]   12:50
```

图 2-10-32　手动消防启动

* 手动消防启动盘控制气体灭火设备启动定义实例。

为保障气体喷洒设备受到控制器专门为它们提供的可靠性保护，气体灭火控制盘的启动点、停动点二个控制码必须对应地定义为"气体启动""气体停动"类，并且都应该设成电平型控制输出。另外为方便在中控室对气体设备进行控制，可以将"气体启动"和"气体停动"点分别定义为对应的手动键。图 2-10-33 为二楼机房的气体灭火启动设备的定义实例，按下手动消防启动盘的对应按键，控制器即可发出启动气体灭火设备的命令。

```
              *外部设备定义*
原码：022 号键值：08
二次码：022054－37 气体启动
设备状态：2  [电平启]
注释信息：
5560476341721724000000000000
二楼机房
─────────────────────────────
手动[√] 自动[√] 喷洒[√]     12:55
```

图 2-10-33　手动消防启动示例

4) 联动编程

(1) 联动公式。

联动公式是用来定义系统中报警信息与被控设备间联动关系的逻辑表达式。当系统中的探测设备报警或被控设备的状态发生变化时，控制器可按照这些逻辑表达式自动地对被控设备执行"立即启动""延时启动"或"立即停动"操作。本系统联动公式由等号分成前后两部分，前面为条件，由用户编码、设备类型及关系运算符组成；后面为被联动的设备，由用户编码、设备类型及延时启动时间组成。

例 1　01001103＋02001103＝01001213 0001001319 10

该联动公式表示：当 010011 号光电感烟探测器或 020011 号光电感烟探测器报警时，010012 号讯响器立即启动，010013 号排烟机延时 10 s 启动。

例 2　01001103＋02001103＝×01205521 00

该联动公式表示：当 010011 号光电感烟探测器或 020011 号光电感烟探测器报警时，012055 号新风机立即停动。

注意：

◇ 联动公式中的等号有四种表达方式，分别为"＝""＝＝""＝×""＝＝×"。联动条件满足时，表达式为"＝""＝×"时，被联动的设备只有在"全部自动"的状态下才可进行联动操作，表达式为"＝＝""＝＝×"时，被联动的设备在"部分自动"及"全部自动"状态下均可进行联动操作。"＝×""＝＝×"代表停动操作，"＝""＝＝"代表启动操作。等号前后的设备都要求由用户编码和设备类型构成，类型不能缺省。关系符号有"与"、"或"两种，其中"＋"代表"或"，"×"代表"与"。等号后面的联动设备的延时时间为 0～99 s，不可缺省，若无延时需输入"00"来表示，联动停动操作的延时时间无效，默认为 00。

◇ 联动公式中允许有通配符，用"*"表示，可代替 0～9 之间的任何数字。通配符既可出现在公式的条件部分，也可出现在联动部分。通配符的运用可合理简化联动公式。当其出现在条件部分时，这样一系列设备之间隐含"或"关系，例如，0*001315 即代表：01001315＋02001315＋03001315＋04001315＋05001315＋06001315＋07001315＋08001315＋09001315＋00001315；而在联动部分，则表示有这样一组设备。在输入设备类型时也可以使用通配符。

◇ 编辑联动公式时，要求联动部分的设备类型及延时启动时间之间(包括某一联动设备的设备类型与其延时启动时间及某一联动设备的延时启动时间与另一联动设备的设备类型之间)必须存在空格;在联动公式的尾部允许存在空格;除此之外的位置不允许有空格存在。

(2) 联动公式的编辑。

选择系统设置菜单(如图 2-10-20 所示)的第五项,则进入"联动编程操作"界面,如图 2-10-34 所示。此时可通过键入"1""2"或"3"来选择欲编辑的联动公式的类型。

联动公式的输入方法见图 2-10-35 所示的界面。

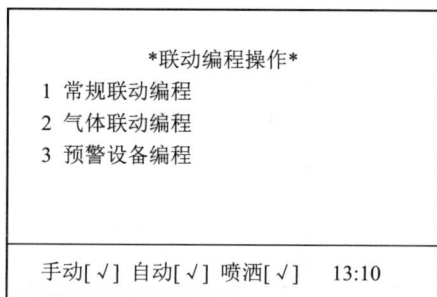

```
        *联动编程操作*
1  常规联动编程
2  气体联动编程
3  预警设备编程



手动[√] 自动[√] 喷洒[√]    13:10
```

```


新建编程   第 002 条   共 001 条
10102103 + 10102003 = 10100613 00




手动[√] 自动[√] 喷洒[√]    13:10
```

图 2-10-34 联动编程操作界面   图 2-10-35 联动公式的输入方法

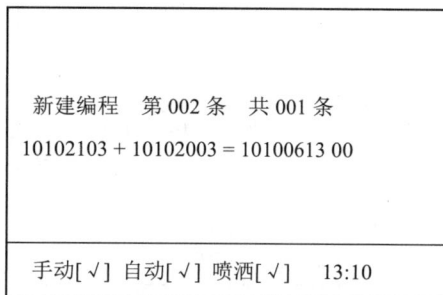

在联动公式编辑界面,反白显示的为当前输入位置,当输入完 1 个设备的用户编码与设备类型后,光标处于逻辑关系位置,可以按 1 键输入+号,按 2 键输入×号,按 3 键进入条件选择界面,按屏幕提示可以按键选择"=""==""=×""==×";公式编辑过程中在需要输入逻辑关系的位置,只有按标有逻辑关系的 1、2、3 按键可有效输入逻辑关系;公式中需要空格的位置,按任意数字键均可插入空格。

在编辑联动公式的过程中,可利用"◁""▷"键改变当前的输入位置,如果下一位置为空,则回到首行。

选择图 2-10-34 的第一项,则进入"常规联动编程操作"界面,如图 2-10-36 所示,通过选择 1、2、3 可对联动公式进行新建、修改及删除。

"新建联动公式":系统自动分配公式序号,如图 2-10-37 所示,输入欲定义的联动公式并按"确认"键,则将联动公式存储;按"取消"退出。本系统设有联动公式语法检查功能,如果输入的联动公式正确,按"确认"键后,此条联动公式将存于存储区末端,此时屏幕显示与图 2-10-35 相同的画面,只是显示的公式序号自动加一;如果输入的联动公式存在语法错误,按"确认"键后,液晶屏将提示操作失败,等待重新编辑,且光标指向第一个有错误的位置。

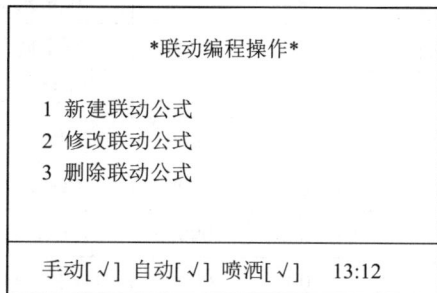

```
        *联动编程操作*

1  新建联动公式
2  修改联动公式
3  删除联动公式


手动[√] 自动[√] 喷洒[√]    13:12
```

```


新建编程第 002 条   共 001 条




手动[√] 自动[√] 喷洒[√]    13:12
```

图 2-10-36 常规联动编程操作界面   图 2-10-37 新建联动公式

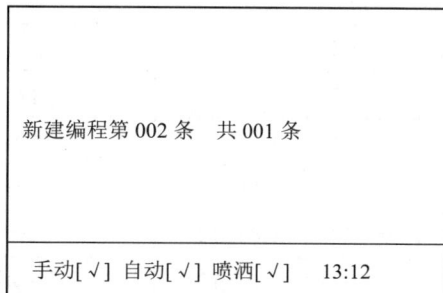

"修改联动公式"：输入要修改的公式序号，确认后控制器将此序号的联动公式调出显示，等待编辑修改，如图 2-10-38 所示。

与新建联动公式相同，在更改联动公式时也可利用"◁""▷"键使光标指向欲修改的字符，然后再进行相应的编辑即可。

"删除联动公式"：输入要删除的公式号，按"确认"键执行删除，按"取消"键放弃删除，如图 2-10-39 所示。

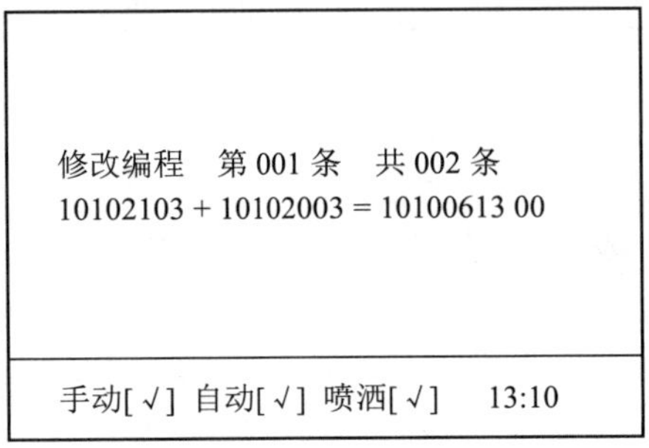

```
┌─────────────────────────────┐
│                             │
│                             │
│ 修改编程  第 001 条  共 002 条 │
│ 10102103 + 10102003 = 10100613 00 │
│                             │
│                             │
│                             │
│                             │
│ 手动[√] 自动[√] 喷洒[√]    13:10 │
└─────────────────────────────┘
```

图 2-10-38　修改联动公式

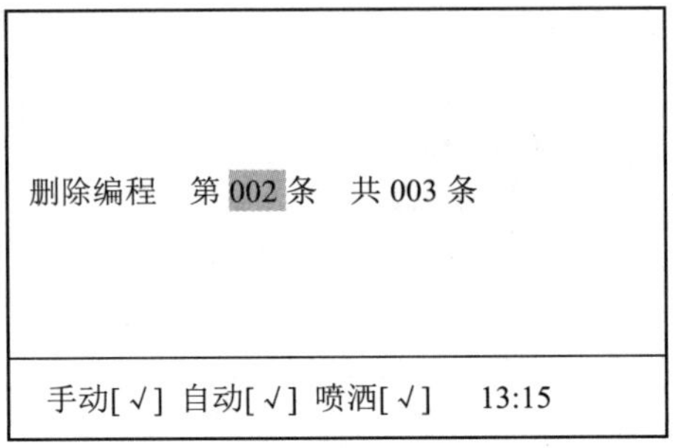

```
┌─────────────────────────────┐
│                             │
│                             │
│ 删除编程  第 002 条  共 003 条 │
│                             │
│                             │
│                             │
│                             │
│                             │
│ 手动[√] 自动[√] 喷洒[√]    13:15 │
└─────────────────────────────┘
```

图 2-10-39　删除联动公式

注意：当输入的联动公式序号为"255"时，将删除系统内所有的联动公式，同时屏幕提示确认删除信息，如图 2-10-40 所示，连按三次"确认"键删除，按"取消"键退出。

```
┌─────────────────────────────┐
│                             │
│ 删除编程  第 255 条  共 003 条 │
│                             │
│ 此操作将删除所有联动公式！   │
│ 按确认键删除，按取消键退出   │
│                             │
│                             │
│ 手动[√] 自动[√] 喷洒[√]    13:15 │
└─────────────────────────────┘
```

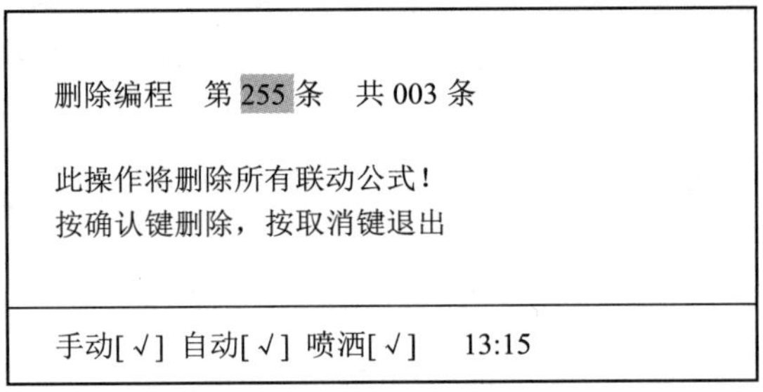

图 2-10-40　删除信息

5) 编程设置

学会设备的使用后即可对本系统进行编程设置。

先参照第 3)小节将总线设备按表 2-10-6 进行设备定义。

表 2-10-6　设 备 定 义

序号	设备型号	设 备 名 称	原码	二次码	设备定义
1	GST—LD—8301	单输入单输出模块	001	000001	16(消防泵)
2	GST—LD—8301	单输入单输出模块	002	000002	19(排烟机)
3	GST—LD—8301	单输入单输出模块	003	000003	27(卷帘门下)
4	HX—100B	声光警报器(讯响器)	004	000004	13(讯响器)
5	J—SAM—GST9123	消火栓按钮	005	000005	15(消火栓)
6	J—SAM—GST9122	手动报警按钮	006	000006	11(手动按钮)
7	JTW—ZCD—G3N	智能电子差定温感温探测器	007	000007	02(点型感温)

序号	设备型号	设 备 名 称	原码	二次码	设备定义
8	JTY—GD—G3	智能光电感烟探测器	008	000008	03(点型感烟)
9	JTW—ZCD—G3N	智能电子差定温感温探测器	009	000009	02(点型感温)
10	JTY—GD—G3	智能光电感烟探测器	010	000010	03(点型感烟)
11	JTW—ZCD—G3N	智能电子差定温感温探测器	011	000011	02(点型感温)
12	JTY—GD—G3	智能光电感烟探测器	012	000012	03(点型感烟)

定义完毕，即可进行编程设置。参照第 4)小节作如下设置：

(1) ******02+******03+******11+******15=******13 00。

(2) ******03=******19 00******16 05******27 10。

(3) ******02+******15=******16 00******27 00。

(4) ******03×******11=******16 00。

6) 设备注册操作

在系统设置操作状态下(如图 2-10-20 所示)，键入"6"，便进入调试操作状态，如图 2-10-41 所示。调试状态提供了设备直接注册、数字命令操作、总线设备调试、更改设备特性、恢复出厂设置五种操作。

```
              *调试状态操作*
   1 设备直接注册
   2 数字命令操作
   3 总线设备调试
   4 更改设备特性
   5 恢复出厂设置

   手动[√] 自动[√] 喷洒[×]    15:26
```

图 2-10-41　调试状态操作

在图 2-10-41 界面下选择"设备直接注册"，系统可对外部设备、显示盘、手动盘、从机、多线制盘重新进行注册并显示注册信息，而不影响其它信息，如图 2-10-42 所示。

```
              *设备直接注册*
   1 外部设备注册
   2 通讯设备注册
   3 控制操作盘注册
   4 从机注册

   手动[√] 自动[√] 喷洒[×]    15:26
```

图 2-10-42　设备直接注册

例如，外部设备的注册如图 2-10-43 所示。

```
            ---总线设备注册---

    编码 001    数量 001
    总数        重码




  手动[√] 自动[√] 喷洒[×]      15:26
```

图 2-10-43　总线设备注册

　　注：外部设备注册时显示的编码为设备的原始编码，后面的数量为检测到相同原始编码设备的数量，当有设备原始编码重码时，在显示重码设备数量的同时，还将重码事件写入运行记录器中，可在注册结束后查看。重码记录中，在用户编码位置为 3 位原始编码号、3 位重码数量，事件类型为"重复码"。注册结束后显示注册到的设备总数及重码设备的个数，两个数相加，可以得出实际的设备数量。其它设备的注册操作类似，均在注册结束后，显示注册结果。

　　7) 实现功能

　　如上设置完毕，即可实现如下功能：

　　(1) 任何消防探测器动作或消防报警按钮(手动报警按钮、消火栓按钮)按下，立即启动声光报警器。

　　(2) 感烟探测器动作，立即启动排烟机，延时 5 s 启动消防泵，延时 10 s 降下防火卷帘门。

　　(3) 感温探测器动作或者消火栓按钮按下，立即启动消防泵，降下防火卷帘门。

　　(4) 感烟探测器动作，并且手动按钮按下，立即启动消防泵。

▶ 学生活动 ▶

对火灾自动报警系统进行器件安装和系统调试。

1. 器件安装

　　将智能光电感烟探测器(3 个)、智能电子差定温感温探测器(3 个)、手动报警按钮、消火栓报警按钮、火警讯响器、输入/输出模块(3 个)、总线隔离器、模拟消防泵、模拟排烟机、模拟卷帘门安装在"智能大楼"和"管理中心"区域内的正确位置(在"智能大楼"一层、二层及"管理中心"各分别安装一个烟感和温感)。

　　消防控制箱内的电源、变压器、继电器等器件，已提前安装。

2. 系统接线图绘制、接线与布线

　　按接线图在建筑模型上设计布线路径，完成消防报警联动系统的布线与各器件的接线(包含消防控制箱内的接线)，各导线连接处要求套入热缩管作绝缘处理，消防控制箱内的接线要求标注线号。

3. 参数设置

按照表 2-10-7 的要求，对各消防模块进行编码设置。

表 2-10-7　消防模块编码设置表

序号	设备型号	设 备 名 称	编码	二次码	设备定义
1	JTW—ZCD—G3N	智能电子差定温感温探测器（"管理中心"）	01	000001	02(点型感温)
2	JTY—GD—G3	智能光电感烟探测器（"管理中心"）	02	000002	03(点型感烟)
3	JTW—ZCD—G3N	智能电子差定温感温探测器（"智能大楼二层)	03	000003	02(点型感温)
4	JTY—GD—G3	智能光电感烟探测器（"智能大楼二层)	04	000004	03(点型感烟)
5	JTW—ZCD—G3N	智能电子差定温感温探测器（"智能大楼"一层)	05	000005	02(点型感温)
6	JTY—GD—G3	智能光电感烟探测器（"智能大楼一层)	06	000006	03(点型感烟)
7	GST—LD—8301	输入/输出模块	07	000007	16(消防泵)
8	GST—LD—8301	输入/输出模块	08	000008	19(排烟机)
9	GST—LD—8301	输入/输出模块	09	000009	27(卷帘门下)
10	J—SAM—GST9123	消火栓按钮	10	000010	15(消火栓)
11	HX—100B	讯响器	11	000011	13(讯响器)
12	J—SAM—GST9122	手动报警按钮	12	000012	11(手动按钮)

4. 系统功能要求

(1) 按下手动盘按键 11～14，能够分别启动对应的讯响器、排烟机、消防泵、卷帘门。

(2) 触发"智能大楼"一层感温探测器，则立即启动卷帘门。

(3) 按下消火栓按钮，联动启动消防泵。

(4) 触发"智能大楼"一层的感烟探测器，延时 10 s 启动卷帘门；在延时时间内若按下手动报警按钮，则立即启动卷帘门。

(5) 触发"智能大楼"二层的感烟探测器延时 5 s 启动排烟机。

(6) 触发任意探测器或者按下手动报警按钮，联动启动讯响器。

5. 系统接线

根据图 2-10-44，完成系统接线。

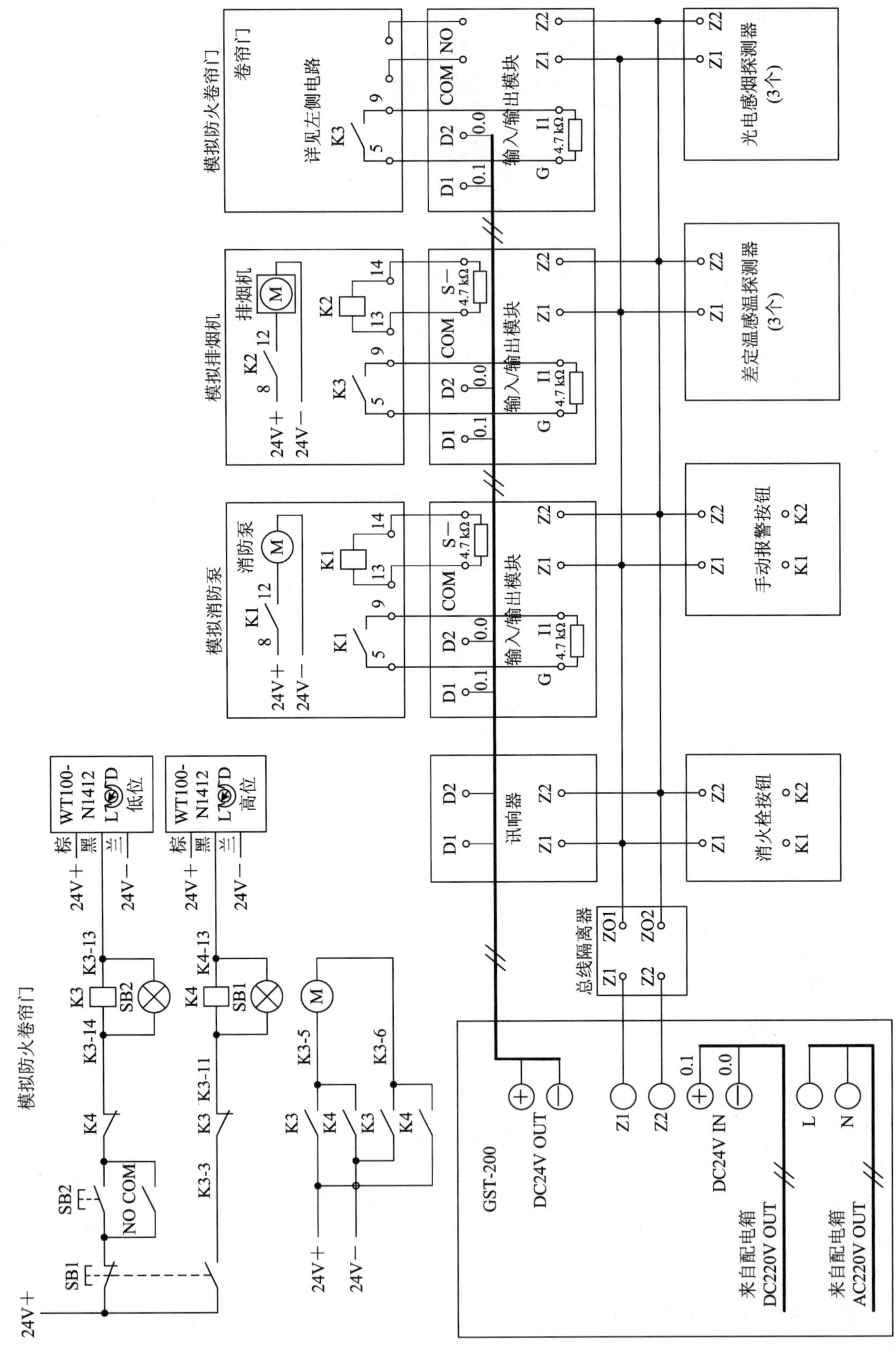

图2-10-44　火灾自动报警系统

任务评价

根据任务完成情况，对火灾自动报警系统的器件安装、功能调试、施工工艺等方面进行评分。

火灾自动报警系统训练考核评分表					
序号	重点检查内容	评 分 标 准	分值	得分	备注
器件安装：共 27.5 分		器件安装得分：			
1	火灾报警控制器安装	器件选择正确、安装位置正确、器件安装后无松动。	3.5		
2	总线隔离器安装		3		
3	消火栓报警按钮安装		3		
4	手动报警按钮(带电话孔)安装		3		
5	探测器通用底座安装		3		
6	输入/输出模块安装		3		
7	智能电子差定温探测器安装		3		
8	智能光电感烟探测器安装		3		
9	通信转换模块安装		3		
小 计					
功能要求：共 50 分		功能要求得分：			
1	消防模块编码	符合编码表要求	10		
2	手动盘控制	各个的手动盘按键能启动相应的模拟设备	5		
3	各种联动编程公式	一个探测器联动一个消防设备	5		
		一个探测器联动多个消防设备	5		
		探测器与消防按钮联动一个消防设备	10		
		探测器与消防按钮联动多个消防设备			
		消防按钮联动一个消防设备	10		
		消防按钮联动多个消防设备			
		消防按钮或探测器联动多个消防设备时的延时时间不同	5		
小 计					
接线与布线：共 15 分		接线与布线得分：			
1	差定温感温探测器(3 个)接线	接通 2 根连接线	3		

序号	重点检查内容	评分标准	分值	得分	备注
2	光电感烟探测器 (3个)接线	接通2根连接线	3		
3	手动报警按钮接线	接通2根连接线	1		
4	消火栓按钮接线	接通2根连接线	1		
5	声光警报器接线	接通4根连接线	2		
6	输入/输出模块(3个)	接通6根连接线	2.5		
7	总线隔离器	接通4根连接线	2.5		
小　计					
安装工艺：共7.5分		安装工艺得分：			
1	布线与接线工艺	线路连接、插针压接质量可靠；线槽、桥架工艺布线规范；各器件接插线与延长线的接头处套入热缩管作绝缘处理。	7.5		
小　计					

任务拓展

JB—QB—GST200 火灾报警控制器多线制控制盘

JB—QB—GST200 火灾报警控制器(联动型)配接多线制。消防泵、排烟机、送风机等重要设备的控制应该使用多线制控制盘进行直接控制。多线制控制盘满足国标《GB16806 消防联动控制系统》中的各项要求，每路输出具有短路和断路检测功能，并有相应的灯光指示，每路输出均有相应的手动直接控制按键，整个多线制控制盘具有手动控制锁，只有手动锁处于允许状态，才能使用手动直接控制按键。

多线制控制盘采用模块化结构，由手动操作部分和输出控制部分构成。手动操作部分包含手动允许锁和手动启停按键，输出控制部分包含6路输出。

与现场设备采用四线连接，其中两线用于控制启停设备，另两线用于接收现场设备的反馈信号，输出控制和反馈输入均具有检线功能。每路提供一组 DC 24 V 有源输出和一组无源触点反馈输入。多线制输出与外部内控设备连接如图 2-10-45 所示。

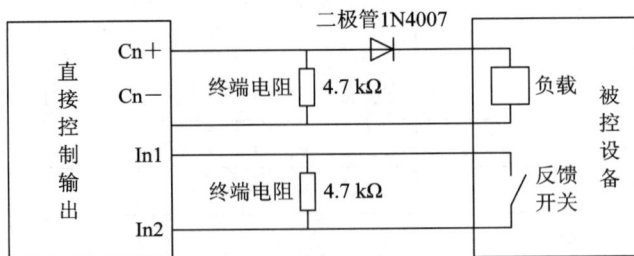

图 2-10-45　多线制输出与外部内控设备连接

对外接线端子如图 2-10-46 所示。其中：Cn+、Cn-(n = 1～6)为直接控制输出端子，当采用内部 DC 24 V 供电时，输出容量为 DC 24 V/ 100 mA，当采用外部 DC 24 V 供电时，输出容量为 DC 24 V/1 A。带检线功能，需接 0.25 W、4.7 kΩ 终端电阻。In1、In2(n = 1～6)为无源反馈输入端子。带检线功能，需接 0.25 W、4.7 kΩ 终端电阻。接线宜采用 BV 铜芯导线，导线截面积≥1.0 mm²。

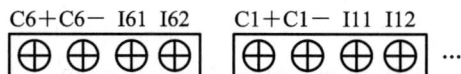

图 2-10-46 对外接线端子

多线制控制盘面板的多线制部分具有手动锁以及对应的指示灯，设有 6 路控制功能，每路包括 4 只指示灯、1 只按键，如图 2-10-47 所示，含义分别如下：

(1) 手动锁：用于选择手动启动方式，可设置为手动禁止或手动允许。

(2) 手动允许指示灯：绿色，当手动锁处于允许状态时，此灯点亮。

(3) 工作灯：绿色，正常上电后，该灯亮。

(4) 故障灯：黄色，该路外控线路发生短路或断路时，该灯亮。

(5) 命令灯：红色，发出命令信号时该灯点亮，如果 10 s 内未收到反馈信号，该灯闪烁。

(6) 反馈灯：红色，接收到反馈信号时，该灯点亮。

(7) 按键：此键按下，向被控设备发出启动或停动的命令。

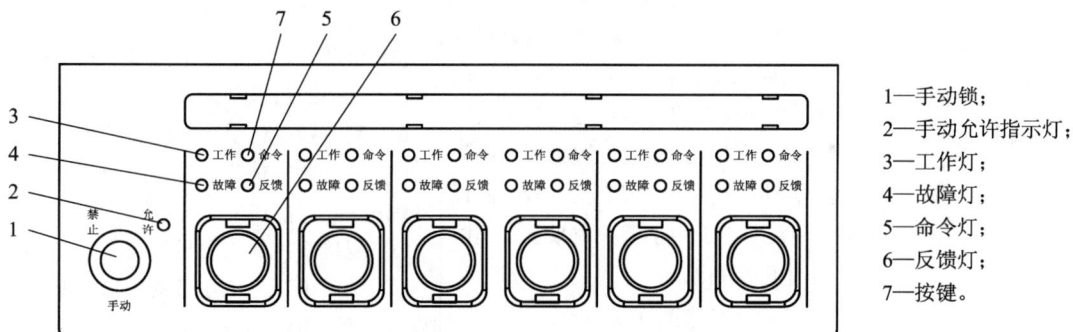

1—手动锁；
2—手动允许指示灯；
3—工作灯；
4—故障灯；
5—命令灯；
6—反馈灯；
7—按键。

图 2-10-47 多线制控制盘面板

画板的使用说明如下：

手动锁：处于"允许"位置时，可通过面板上的多线制按键完成对外接设备的直接启动及停动控制；处于"禁止"位置时，面板上的多线制按键无效。

启动操作：按下面板上的多线制按键，对应输出线路上发出启动命令，"命令"指示灯点亮；如果收到被控设备反馈信号，"反馈"指示灯点亮，如果发出启动命令后 10 s 内未收到反馈信号，"命令"指示灯闪动。

停动操作：在电平输出方式下，当"命令"指示灯点亮时，再次按下该路多线制按键，对应输出线路上停止输出启动命令，"命令"指示灯熄灭，被控设备将停止动作；在脉冲输出方式下，当"命令"指示灯点亮时，再次按键无作用，启动命令输出约 3 s 后停止输出。

注意：一次按键操作完成后，需等 2 s 以后才能再次操作该按键，否则可能操作无效。平时应将手动锁设置为"禁止"状态，以免误操作。

维修：发生故障时应首先检查外部接线是否正确，然后检查内部电路。

手动方式不启动：如所有路均不启动，检查手动锁是否在允许状态或损坏；如某一路不启动，检查相应路输出部分。

任务小结

对火灾自动报警系统常用器件的器件用途、器件特点及技术参数总结如表2-10-8所示。

表2-10-8　常用器件的器件用途、器件特点及技术参数

器件名称	器 件 用 途	器件特点及技术参数
消防控制箱	消防控制箱主要由电源、继电器等设备组成，和输入/输出模块配合使用，完成消防系统模拟机电设备控制	(1) Li、Ni：AC 220 V 电源输入，来自总电源控制箱； (2) L、N：AC 220 V 电源输出，接火灾报警控制器； (3) 24 V+、24 V-：DC 24 V/3 A 电源输出； (4) COM、S-：DC 24 V 输入端，分别接输入/输出模块1、2、3 的 COM、S-
火灾报警控制器	JB—QB—GST200 火灾报警控制器(联动型)是海湾公司推出的新一代火灾报警控制器，为适应工程设计的需要，该控制器兼有联动控制功能，它可与海湾公司的其它产品配套使用，组成配置灵活的报警联动一体化控制系统，因而具有较高的性价比，特别适用于中小型火灾报警及消防联动一体化控制系统	(1) 配置灵活、可靠性高； (2) 功能强、控制方式灵活； (3) 智能化操作、简单方便； (4) 窗口化、汉字菜单式显示界面； (5) 全面的自检功能； (6) 配备智能化手动消防启动盘； (7) 独立的气体喷洒控制密码和联动公式编程； (8) 配接汉字式火灾显示盘； (9) 供电电源为低压开关电源，充电部分采用开关恒流定压充电
隔离器	LD—8313 隔离器，用于隔离总线上发生短路的部分，以保证总线上其它的设备能正常工作。待故障修复后，总线隔离器会自行将被隔离的部分重新纳入系统。此外，使用隔离器还能便于确定总线发生短路的位置	(1) 工作电流：动作电流≤170 mA； (2) 动作指示灯：红色(正常监视状态不亮，动作时常亮)； (3) 负载能力：总线 24 V，170 mA
J—SAM—GST9122 手动报警按钮 (带电话插孔)	J—SAM—GST9122手动火灾报警按钮(含电话插孔)一般安装在公共场所，当人工确认发生火灾后，按下报警按钮上的有机玻璃片，即可向控制器发出报警信号。控制器接收到报警信号后，将显示出报警按钮的编号或位置并发出报警声响，此时只要将消防电话分机插入电话插座即可与电话主机通信	(1) 工作电流：监视电流≤0.8 mA；报警电流≤2.0 mA； (2) 输出容量：额定 DC 60 V/100 mA 无源输出触点信号； (3) 接触电阻≤100 m

续表一

器件名称	器件用途	器件特点及技术参数
J—SAM—GST9123 消火栓按钮	J—SAM—GST9123 消火栓按钮(以下简称按钮)安装在公共场所,当人工确认发生火灾后,按下此按钮,即可向火灾报警控制器发出报警信号,火灾报警控制器接收到报警信号,将显示出与按钮相连的防爆消火栓接口的编号,并发出报警声响	(1) 工作电流:报警电流≤30 mA; (2) 启动方式:人工按下有机玻璃片; (3) 复位方式:用吸盘手动复位; (4) 指示灯:红色,报警按钮按下时此灯点亮;绿色,消防水泵运行时此灯点亮; 注:不允许直接与直流电源连接,否则有可能损坏内部器件
声光警报器	HX—100B 火灾声光警报器(以下简称警报器),用于在火灾发生时提醒现场人员注意。警报器是一种安装在现场的声光报警设备,当现场发生火灾并被确认后,可由消防控制中心的火灾报警控制器启动,也可通过安装在现场的手动报警按钮直接启动。启动后警报器发出强烈的声光警号,以达到提醒现场人员注意的目的	(1) 工作电压: 信号总线电压:24 V,允许范围:16~28 V,电源总线电压:DC 24 V,允许范围:DC 20~28 V,电源动作电流:≤160 mA; (2) 编码方式:采用电子编码方式,占一个总线编码点,编码范围可在1~242之间任意设定; (3) 线制:四线制,与控制器采用无极性信号二总线连接,与电源线采用无极性二线制连接
JTY—GD—G3 智能光电感烟探测器	在无烟状态下,只接收很弱的红外光,当有烟尘进入时,由于散射的作用,接收光信号增强;当烟尘达到一定浓度时,便输出报警信号。为减少干扰及降低功耗,发射电路采用脉冲方式工作,以提高发射管的使用寿命。该探测器占一个节点地址,采用电子编码方式,通过编码器读/写地址	(1) 工作电压:总线 24 V; (2) 工作电流:监视电流≤0.8 mA;报警电流≤2.0 mA; (3) 灵敏度(响应阈值):可设定 3 个灵敏度级别,探测器出厂灵敏级别为2级。当现场环境需要在少量烟雾情况下快速报警时,可以将灵敏度级别设定为1级;当现场环境灰尘较多或者风沙较多时,可以将灵敏度级别设定为3级
JTW—ZCD—G3N 智能电子差定温感温探测器	JTW—ZCD—G3N 智能电子差定温感温探测器采用热敏电阻作为传感器,传感器输出的电信号经变换后输入到单片机,单片机利用智能算法进行信号处理。当单片机检测到火警信号后,向控制器发出火灾报警信息,并通过控制器点亮火警指示灯	(1) 工作电压:信号总线电压为24 V,允许范围为16~28 V; (2) 工作电流:监视电流≤0.8 mA;报警电流≤2.0 mA; (3) 报警确认灯:红色(巡检时闪烁,报警时常亮)

续表二

器件名称	器件用途	器件特点及技术参数
LD—8301 输入/输出模块	LD—8301 输入/输出模块采用电子编码器进行编码，模块内有一对常开、常闭触点。模块具有直流 24 V 电压输出，用于与继电器的触点接成有源输出，以满足现场的不同需求。另外模块还设有开关信号输入端，用来和现场设备的开关触点连接，以便确认现场设备是否动作	(1) 工作电压：信号总线电压 24 V，允许范围：16～28 V，电源总线电压为 DC 24 V，允许范围为 DC 20～28 V； (2) 工作电流：总线监视电流≤1 mA，总线启动电流≤3 mA，电源监视电流≤5 mA，电源启动电流≤20 mA

　　通过消防报警联动系统的器件安装、接线、编码与调试等工作，实现智能光电感烟探测器、智能电子差定温探测器的信号检测，通过联动编程，实现消防泵、排烟风机、卷帘门等模拟联动设备的启动。系统由报警控制器、火灾探测器、手动报警按钮、控制模块、输入模块等组成。一般一台火灾报警控制器有 1 个回路的、2 回路的、4 回路的等。可以根据工程的实际情况选择。简单的逻辑控制可以通过输入模块实现。

任务 11   自动喷水灭火系统

任务目标

(1) 掌握自动喷水灭火系统的功能和结构及工作原理。

(2) 掌握自动喷水灭火系统各主要设备的端子功能，并能按图接线。

(3) 能够拟定安装调试方案，进行自动喷水灭火系统的安装与调试。

任务描述与分析

自动喷水灭火系统是一种能在发生火灾时自动喷水的灭火系统，主要由洒水喷头、报警阀组、水流报警装置(如水流指示器或压力开关)以及管道、供水设施等组件组成。本任务对多种自动喷水灭火系统进行学习，并对自动喷水灭火系统的常用器件、系统组成、工作原理等进行系统学习。能够掌握自动喷水灭火系统的分类和组成及设备器件工作原理，了解自动喷水灭火系统设备接线端子，可完成简单的安装调试工作。

相关知识

一、湿式自动喷水灭火系统

1. 湿式自动喷水灭火系统的组成

湿式自动喷水灭火系统由闭式洒水喷头、水流指示器、湿式报警阀、末端试验装置、报警控制装置等组成，如图 2-11-1 所示。

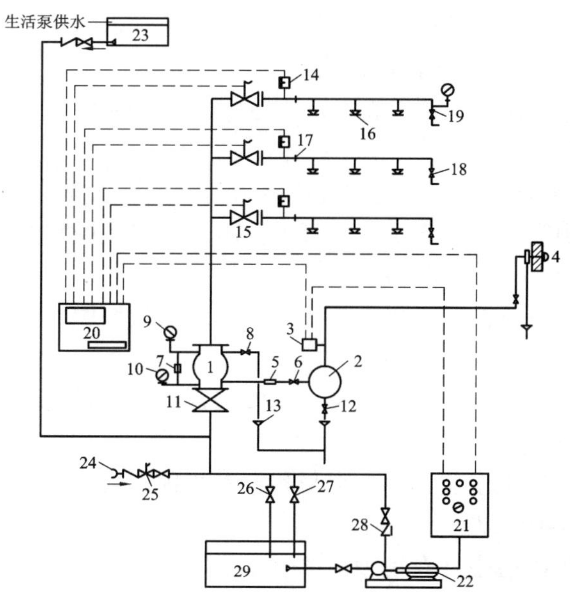

1—湿式报警阀；
2—延时器；
3—压力开关；
4—水力警铃；
5—过滤器；
6—水力警铃控制阀；
7—补偿器；
8—试验阀；
9—阀后压力表；
10—阀前压力表；
11—供水总阀；
12—漏水小孔；
13—漏斗；
14—水流指示器；
15—信号阀；
16—闭式洒水喷头；
17—减压孔板；
18—末端试验阀；
19—末端试验装置；
20—报警控制装置；
21—水泵控制柜；
22—消防水泵；
23—屋顶水箱；
24—水泵接合器；
25—安全阀；
26—消防水泵试验阀；
27—泄压阀；
28—止回阀；
29—消防水池。

图 2-11-1   湿式自动喷水灭火系统系统的组成

1) 洒水喷头

(1) 洒水喷头的分类。

在自动喷水灭火系统中，洒水喷头担负着探测火灾、启动系统和喷水灭火的任务，它是系统中的关键组件。洒水喷头有多种不同形式的分类，如图 2-11-2 所示。

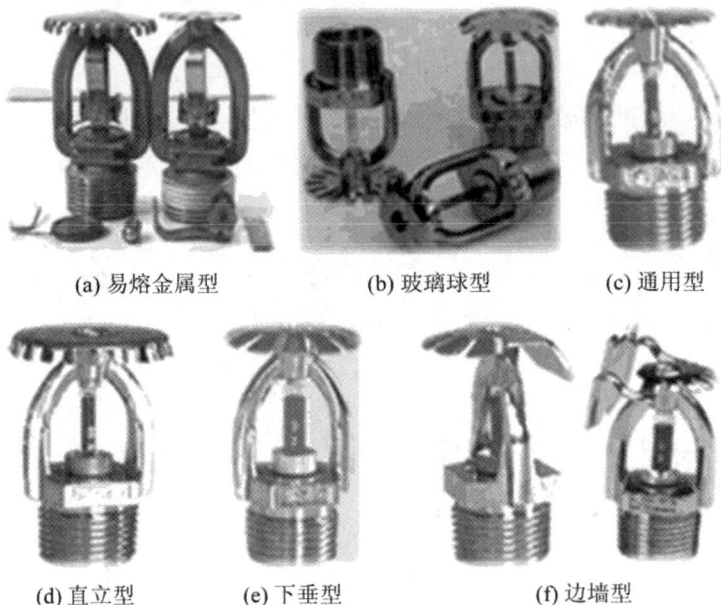

(a) 易熔金属型　　　　　(b) 玻璃球型　　　　　(c) 通用型

(d) 直立型　　　　　(e) 下垂型　　　　　(f) 边墙型

图 2-11-2　洒水喷头

① 按结构形式分类。按结构形式，洒水喷头可分为闭式洒水喷头(具有释放机构的洒水喷头)和开式洒水喷头(无释放机构的洒水喷头)。

② 按热敏感元件分类。按热敏元件，洒水喷头可分为以下两类：

a. 玻璃球洒水喷头：释放机构中的热敏感元件为玻璃球的洒水喷头。喷头受热时，由于玻璃球内的工作液发生作用，使球体炸裂而开启。

b. 易熔元件洒水喷头：释放机构中的热敏感元件为易熔元件的洒水喷头。喷头受热时，由于易熔元件的熔化、脱落而开启。

③ 按安装方式和洒水形状分类。按安装方式和洒水形状，洒水喷头可分为以下五类：

a. 直立型洒水喷头：喷头直立安装于供水支管上，洒水形状为抛物体形，它将水量的 60%～80%向下喷洒，同时还有一部分喷向顶棚。

b. 下垂型洒水喷头：喷头下垂安装于供水支管上，洒水形状为抛物体形，它将水量的 80%以上向下喷洒。

c. 普通型洒水喷头：喷头既可直立安装也可下垂安装，洒水形状为球形，它将水量的 40%～60%向下喷洒，同时还有一部分喷向顶棚。

d. 边墙型洒水喷头：喷头靠墙安装，分为水平和直立两种形式。喷头的洒水形状为半抛物体形，它将水直接洒向保护区域。

e. 吊顶型洒水喷头：喷头隐蔽安装在吊顶内的供水支管上，分为平齐型、半隐蔽型和隐蔽型三种形式。喷头的洒水形状为抛物体形。

④ 特殊类型的洒水喷头。

a. 干式洒水喷头：具有一段无水的特殊辅助管件的洒水喷头。

b. 自动启闭洒水喷头：具有在预定温度下自动启闭性能的洒水喷头。

(2) 洒水喷头的工作原理。

以常闭玻璃球洒水喷头为例，在正常情况下，喷头处于封闭状态。发生火灾时，开启喷水是由感温部件(充液玻璃球)控制的，当装有热敏液体的玻璃球达到动作温度(57℃、68℃、79℃、93℃、141℃、182℃、227℃、260℃)时，球内液体膨胀，使内部压力增大，玻璃球炸裂，密封垫脱开，喷出压力水。喷水后，由于压力降低而使压力开关动作，将水压信号变为电信号向喷淋泵控制装置发出启动喷淋泵信号，保证喷头有水喷出。同时，流动的消防水使主管道分支处的水流指示器电接点动作，接通延时电路(延时 20～30 s)，通过继电器触点发出声光信号给控制室，以识别火灾区域。

为了更清楚地区分不同动作温度的喷头，将易熔合金喷头的轭臂和玻璃球中的液体饰以不同颜色加以区分。喷头的公称动作温度和色标见表 2-11-1。

表 2-11-1 喷头的公称动作温度和色标

玻璃球喷头		易熔元件喷头	
公称动作温度/℃	工作液色标	公称动作温度/℃	轭臂色标
57	橙色	57～77	本色
68	红色	80～107	白色
79	黄色	121～149	蓝色
93	绿色	162～1191	红色
141	蓝色	206～246	绿色
182	淡紫色	260～302	橙色
277	黑色	320～343	橙色

2) 水流指示器

(1) 水流指示器的作用。

水流指示器是把水的流动转换成电信号报警的部件。其电接点既可直接启动消防水泵(水流指示器起水流监视作用，不联动其它设备)，也可接通声光警报器等消防报警装置。

水流指示器作为观察管道的必要附件，随时监控液体(或者气体等)的流动速度。水流指示器对消防救援至关重要，是消防管道的必要部件，不可或缺。

水流指示器也可用于自动喷水灭火系统，一般安装在每层的水平分支干管或某区域的分支干管上，给出某小区域水流动的电信号，此电信号可送到电控箱用于监控水流，但通常不用作启动消防水泵的控制开关。

(2) 水流指示器的分类。

按叶片形状分类，水流指示器可分为板式和桨式两种。按安装方式分类，水流指示器可分为丝口式、法兰式、马鞍式和焊接式四种。

不同类型的水流指示器如图 2-11-3 所示。

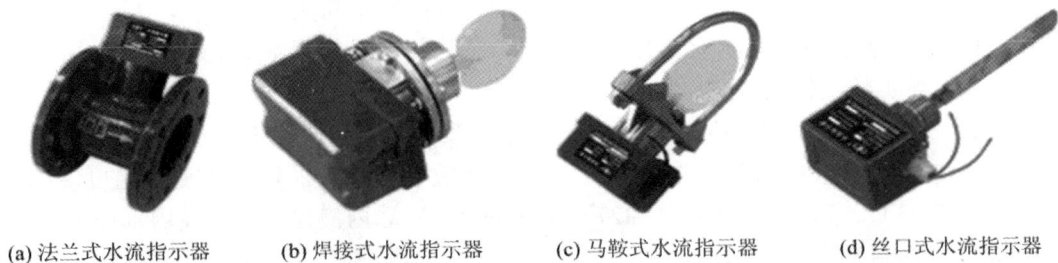

(a) 法兰式水流指示器   (b) 焊接式水流指示器   (c) 马鞍式水流指示器   (d) 丝口式水流指示器

图 2-11-3   不同类型的水流指示器

(3) 水流指示器的工作原理。

当发生火灾时，报警阀自动开启后，流动的消防水使桨片摆动，带动其电接点动作，火灾报警器接到该信号后，发出指令启动报警系统或启动消防水泵等电气设备，并可显示火灾发生区域。一般通过输入/输出模块与系统总线相连。

(4) 水流指示器的安装要求。

应根据水流指示器安装尺寸预留足够的安装调试空间；水流指示器应在管道经冲洗试压完成后，才可进行安装；安装水流指示器时，应保证其动作方向与水流方向一致，切勿装反；安装时，应避免剧烈碰撞，以免损坏工作部件，使原调定的工作参数发生漂移；安装焊接式水流指示器时，应将水流指示器本体及叶片从焊接座上拆下后，再进行焊接。

马鞍式水流指示器的安装效果如图 2-11-4 所示。

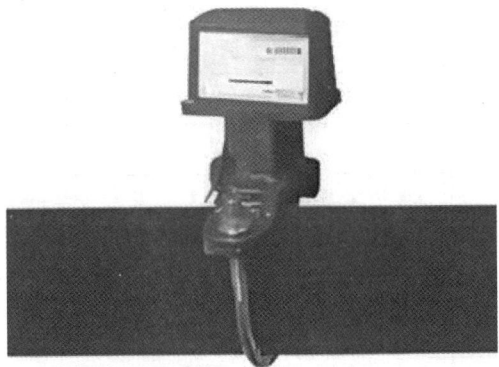

图 2-11-4   马鞍式水流指示器安装效果图

3) 湿式报警阀组

湿式报警阀组由湿式报警阀、压力开关、水力警铃、延时器及阀门压力表组成。湿式报警阀组在火灾发生时能够迅速启动消防设备并发出警报信号。湿式报警阀组如图 2-11-5 所示。

图 2-11-5   湿式报警阀组

(1) 湿式报警阀组的组成。

① 水力警铃。水力警铃是由水流驱动发出声响的报警装置，通常作为自动喷水灭火

系统的报警阀配套装置，如图 2-11-6 所示。水力警铃由警铃、铃锤、转轴等组成。当自动喷水灭火系统的任一喷头动作或试验阀开启后，系统报警阀自动打开，将有一小股水流通过输水管，冲击水轮机转动，使铃锤不断冲击警铃，发出连续不断的报警声响。水力警铃易于安装，通常安装在建筑物外墙上，当水流经湿式报警阀、干式报警阀、预作用阀或雨淋阀至水力警铃时，警铃即鸣响。水力警铃应安装在人多且靠近报警阀的位置。

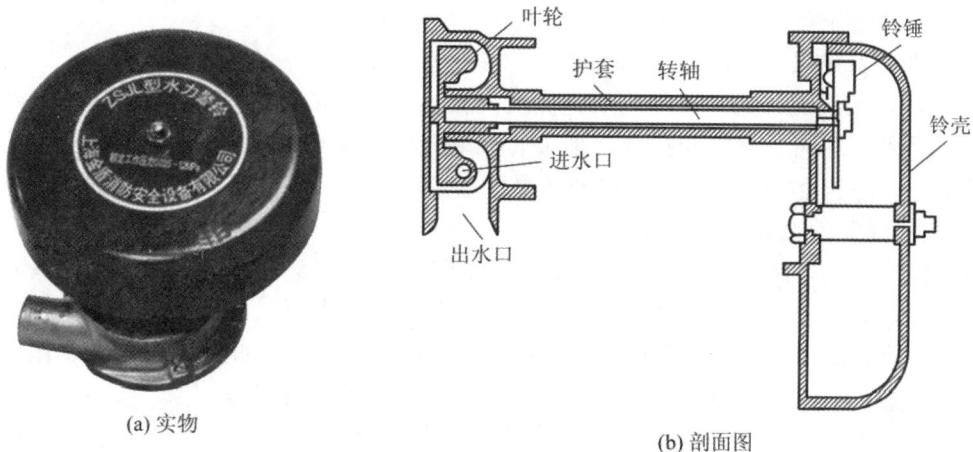

(a) 实物　　(b) 剖面图

图 2-11-6　水力警铃

② 压力开关。压力开关是一种压力型水流探测开关，安装在延时器和水力警铃之间的报警管路上，如图 2-11-7 所示。当湿式报警阀阀瓣开启后，压力开关触点动作，发出电信号至报警控制箱从而启动消防泵。压力开关有一对常开触点，作为自动报警时自动控制用。

③ 延时器。延时器是一个罐式容器，安装于报警阀与水力警铃(或压力开关)之间，如图 2-11-8 所示。延时器可以防止由于水压波动原因引起报警阀短时开启而导致的误报。报警阀开启后，水流需经 30 s 左右充满延时器后方可冲打水力警铃，底部配有节流孔，可串接使用。除防止由于水源压力突然发生变化引起误报外，延时器还可以对因报警阀局部渗漏而进入警铃管道的水流起一个暂时容纳作用，避免虚假报警。

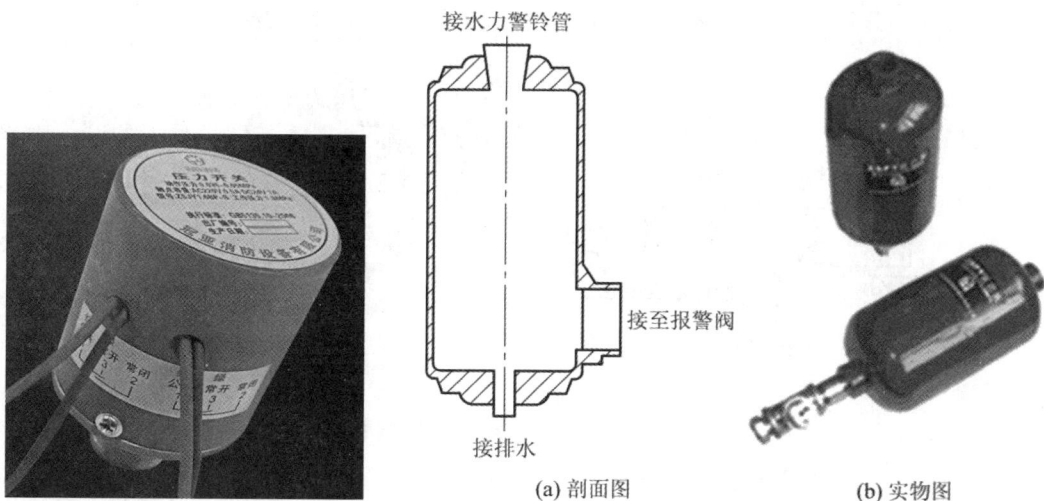

(a) 剖面图　　(b) 实物图

图 2-11-7　压力开关　　图 2-11-8　延迟器

④ 湿式报警阀。湿式报警阀是湿式报警阀组的核心部件，是一种只允许水单向流入喷水系统并在规定流量下报警的单向阀。湿式报警阀平时阀瓣前后水压相等(水通过导向管中的水压平衡小孔，保持阀瓣前后水压平衡)，湿式报警阀一般由生产厂家组装成湿式报警阀组配套出售。

(2) 湿式报警阀组的作用及工作过程。

① 湿式报警阀组的作用。

a. 防止随着供水水源压力波动而开闭，虚发警报(延迟器)。

b. 管网内水质因长期不流动会腐化变质，如让它流回水源将产生污染(单向阀)。

c. 当系统开启时，报警阀打开，接通水源和配水源，同时部分水流通过阀座上的环形槽，经信号管道送至水力警铃，发出音响报警信号。

② 湿式报警阀组的工作过程。

湿式报警阀组有两种工作状态：准工作状态和工作状态，如图2-11-9所示。

a. 在准工作状态时，阀瓣上下充满水，水的压强近似相等。

由于阀瓣上面与水接触的面积大于下面与水接触的面积，因此阀瓣受到的水压合力向下。在水压力及自重的作用下，阀瓣坐落在阀座上，处于关闭状态。

b. 当水源压力出现波动或冲击时，通过补偿器(或补水单向阀)使上、下腔压力保持一致，水力警铃不发生报警，压力开关不接通，阀瓣仍处于准工作状态。

c. 补偿器具有防止误报或误动作功能，当水源压力出现波动或冲击时，补偿器能够使上、下腔压力保持一致，从而防止系统误动作。补偿器还可以通过平衡系统侧和供水侧的压力，防止系统在准工作状态下因微渗或少量泄漏而误报警。在日常准工作状态下，系统侧可能会出现微渗或少量泄漏的情况，补偿器通过向下腔补水，始终维持上下腔的压力水平，确保系统正常运行。

d. 闭式喷头喷水灭火时，湿式报警阀组进入工作状态。补偿器来不及补水，阀瓣上面的水压下降，当其下降到使下腔的水压足以开启阀瓣时，下腔的水便向洒水管网及动作喷头供水，同时水沿着报警阀的环形槽进入报警口，流向延迟器、水力警铃，警铃发出声响报警，压力开关开启，给出电接点信号并启动自动喷水灭火系统的给水泵。

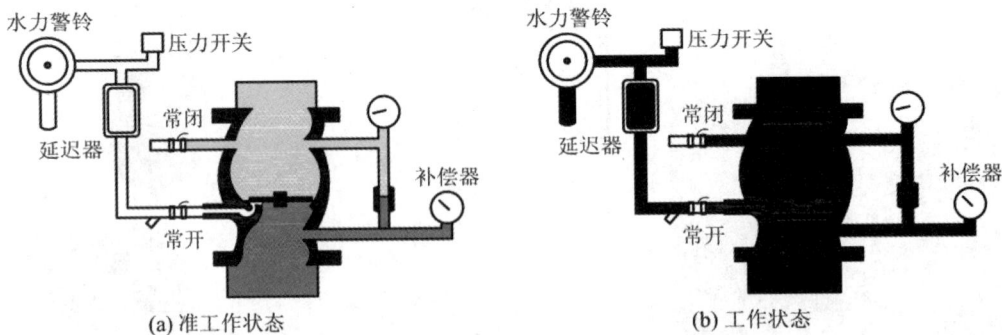

图 2-11-9 湿式报警阀组的准工作状态和工作状态

(3) 湿式报警阀组的特点和安装。

① 湿式报警阀组的特点。

a. 湿式报警阀的进出口公称直径为 50 mm、65 mm、80 mm、100 mm、125 mm、150 mm、

200 mm、250 mm、300 mm。湿式报警阀、延迟器、水力警铃的额定工作压力应符合 1.2 MPa，1.6 MPa 等系列压力等级。

b. 湿式报警阀安装在总供水干管上，连接供水设备和配水管网。当管网中即使有一个喷头喷水，破坏了阀门上下的静止平衡压力，就必须立即开启，任何延迟都会耽误报警的发生，它一般采用止回阀的形式，即只允许水流向管网，不允许水流回水源。

c. 湿式报警阀阀体和阀盖应采用耐腐蚀性能不低于铸铁的材料制作。阀座应采用耐腐蚀性能不低于青铜的材料制作。

d. 湿式报警阀要求转动或滑动的零件应采用青铜、黄铜、奥氏体不锈钢等耐腐蚀材料制作。若采用耐腐蚀性能低于上述要求的材料制作，应在有相对运动处加入上述耐腐蚀材料制造的衬套件。延迟器设置的过滤网，采用耐腐蚀性能不低于黄铜的材料制作。水力警铃喷嘴和过滤网应采用耐腐蚀性能不低于黄铜的材料制作。

② 湿式报警阀组的安装要求。

a. 结构、间隙和连接尺寸结构。湿式报警阀阀体上应设有放水口，放水口公称直径不应小于 20 mm。在湿式报警阀报警口和延迟器之间应设置控制阀，并能在开启位置锁紧。湿式报警阀应设置报警试验管路，当湿式报警阀处于伺应状态时，阀瓣组件无须启动，应能手动检验报警装置功能。延迟器进水口直径小于或等于 6 mm 时，应设置耐腐蚀的过滤网。网孔最大尺寸不应大于保护孔径的 0.6 倍，过滤网总面积不应小于保护面积的 20 倍。水力警铃进水口公称直径不应小于 20 mm，排水孔面积不应小于喷嘴面积的 50 倍。水力警铃喷嘴直径不应小于 3 mm，过滤网孔最大尺寸不应大于喷嘴直径的 0.6 倍，过滤网总面积不应小于喷嘴面积的 10 倍。

b. 湿式报警阀的间隙，除阀全开位置外，阀瓣组件与阀体内壁之间的间隙对于铸铁阀体不应小于 12 mm，对于有色金属或不锈钢阀体不应小于 6 mm。阀在关闭位置，阀瓣或阀瓣上金属零件与阀座内缘之间至少有 6 mm 的径向间隙。阀座外可能卡住碎屑的环形空间深度不应小于 3 mm。

c. 连接尺寸。湿式报警阀采用法兰连接方式时，法兰连接尺寸、法兰密封面型式和尺寸应符合 GB/T 9112 的规定。湿式报警阀采用沟槽式连接或其它连接方式时，应符合相应的通用标准。额定工作压力为 1.2 MPa、1.6 MPa 的湿式报警阀配套使用的管件，其结构尺寸应符合 GB/T 3287 的规定，湿式报警阀采用紧固件机械性能应符合 GB/T 3098.1～GB/T 3098.3《紧固件机械性能》的规定，其设计载荷应满足要求。

d. 安装要点。湿式报警阀、延迟器和水力警铃的安装位置周围应留有充分的维修空间，以保证在最短的停机时间内修复，报警阀距地面的高度为 1.2 m。水力警铃是湿式报警阀的一个主要部件。水力警铃应设在有人值班的地点附近。其与报警阀的连接管道，管径为 20 mm，总长不宜大于 20 m，安装高度不宜超过 2 m，并应设排水设施。湿式报警阀、延迟器和水力警铃之间的安装距离、安装高度及管路直径应保证其功能符合相关要求。湿式报警阀、延迟器和水力警铃应能使用通用工具进行安装和现场维修。火灾时，闭式喷头喷水，由于水压平衡小孔来不及补水，报警阀上面的水压下降，此时阀下水压大于阀上水压，于是阀板开启，向洒水管网及洒水喷头供水，同时水沿着报警阀的环形槽进入延迟器、压力继电器及水力警铃等设施，发出火警信号并启动消防水泵等设施。

e. 湿式报警阀安装及操作注意事项。湿式报警阀在安装时，应注意阀体的方向，并在安装前进行管道冲洗，避免泥沙污物沉积，防止堵塞环形槽。

安装时，如果发现湿式报警阀即使处于关闭状态，仍有水不断从延时器的排水口流出，说明阀瓣密封不严，应检查修理或更新。应定期检查报警系统的工作状态，一般可通过自动喷淋系统的末端试验装置进行放水，以确认压力开关、水力警铃和湿式报警阀是否正常通水。经常检查管路系统有无堵塞情况。检查方法是：关闭通至延时器、水力警铃管道上的阀门，打开主排水管的球阀，如有大量水流出说明管道通畅。

4) 信号阀

为了让消防控制室及时了解系统中阀门的关闭情况，在每一层和每个分区的水流指示器前需安装一个信号阀，如图 2-11-10 所示。信号阀由闸阀或蝶阀与行程开关组成，当阀门打开 3/4 时，才有信号输出，表明此阀门打开；当阀门关上 1/4 时，就有信号输出，表明此阀门关闭。

(a) 信号蝶阀　　　　　　(b) 信号闸阀

图 2-11-10　信号蝶阀和信号闸阀

5) 末端试验装置

末端试验装置出水，应采用孔口出水的方式排入排水管道，如图 2-11-11 所示。

末端试验装置是安装在系统管网最不利点喷头处，检验系统启动、报警及联动等功能的装置。自动喷水灭火系统末端试验装置是喷洒系统的重要组成部分。末端试验装置在喷洒系统中起到了监测和检测作用，其重要意义不可忽视，因此设计和安装人员在这一环节上应该给予重视。

喷水管网的末端应设置末端试验装置。宜与水流指示器一一对应。图中流量表直径与喷头相同，连接管道直径不小于 20mm。

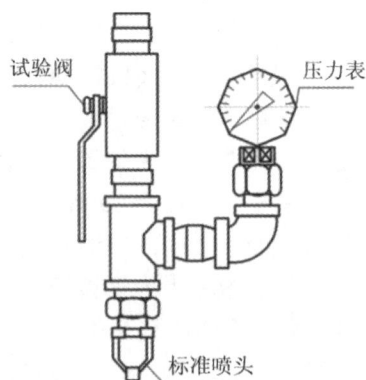

图 2-11-11　末端试验装置

利用末端实验装置对系统进行定期检查,可以确定系统是否正常工作。末端试验阀可采用电磁阀或手动阀。当设有消防控制室时,采用电磁阀可直接从控制室启动试验阀,给检查带来方便。

2. 湿式自动喷水灭火系统的工作原理

湿式自动喷水灭火系统包括两种状态:准工作状态和工作状态。

(1) 准工作状态。

在准工作状态下,由高位水箱或气压罐、稳压泵提供扑救初期火灾所需的水量和水压。在湿式报警阀后无任何系统组件出水时,系统管网内的水应处于相对静止状态;湿式自动喷水灭火系统在准工作状态时,允许供水系统有微小的波动,末端压力小于 0.14 MPa,末端试验装置小于 15 L/min 流量放水时,系统不会发出报警信号。系统准工作状态如图 2-11-12 所示。

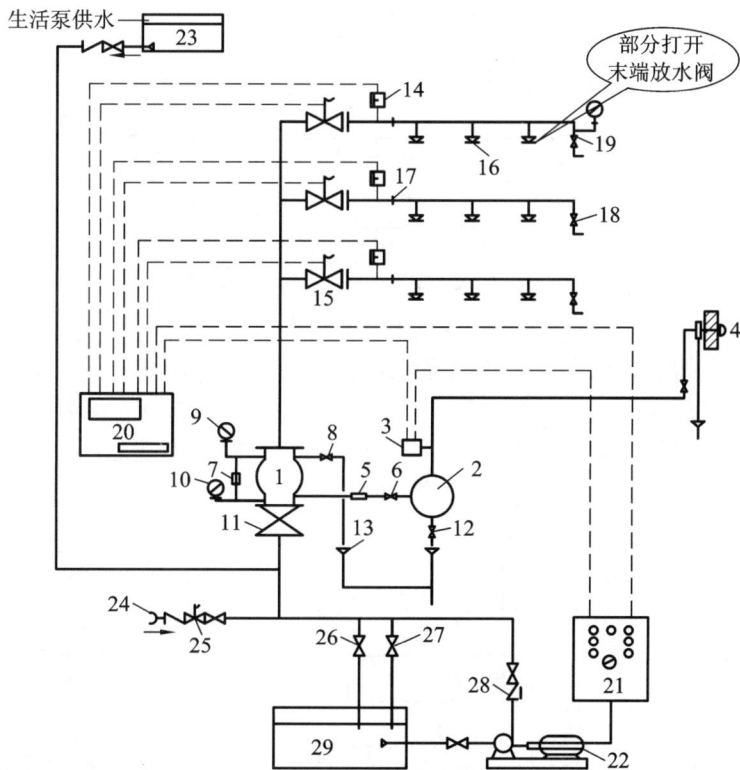

图 2-11-12　准工作状态

(2) 工作状态。

当湿式自动喷水灭火系统保护区域内的室温由于火灾或其它原因突然升高,达到闭式喷头热敏元件的公称动作温度时,玻璃球喷头的球体便炸裂而致使喷头开启。这时湿式报警阀阀前供水压力大于阀后压力(产生压差),使湿式报警阀阀瓣打开(湿式报警阀开启),其中一路压力水通过配水立管、配水干管、配水管、配水支管流向洒水喷头,对保护区域进行喷水灭火;另一路压力水由湿式报警阀的报警管路通过延时器流向水力警铃,发出持续铃声报警。系统工作状态如图 2-11-13 所示。

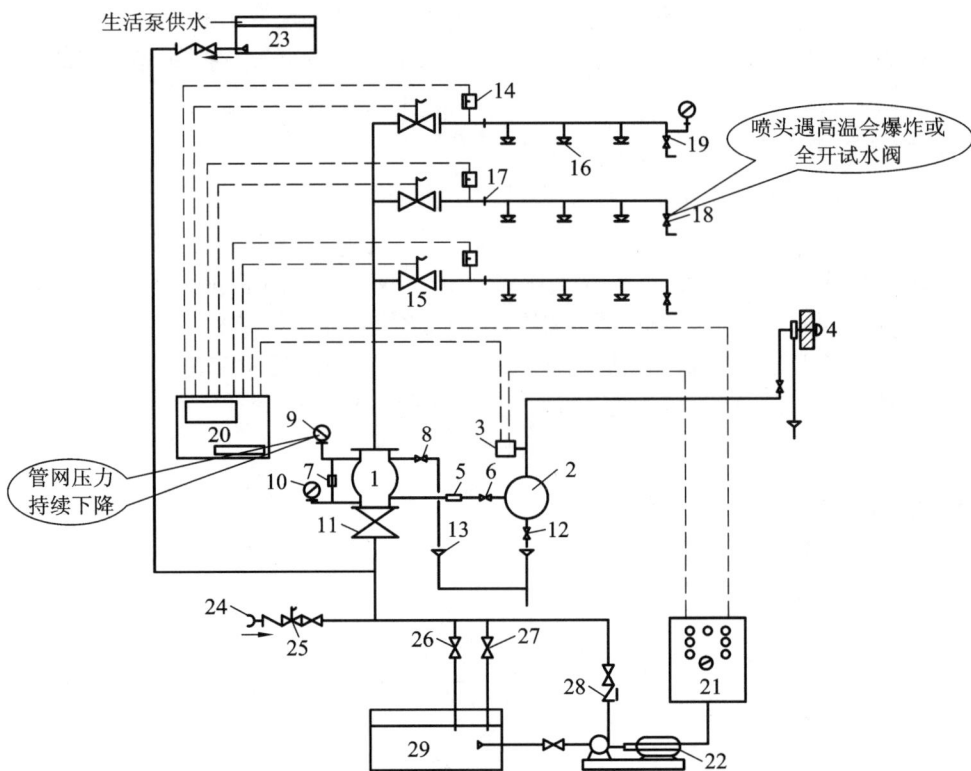

图 2-11-13 工作状态

处于工作状态的湿式自动喷水灭火系统，由于管网中压力水的流动，使配置在配水干管上的水流指示器动作，以电信号送至报警控制器发出区域报警信号；同时由湿式报警阀报警口流经报警管路的压力水，经延时器延时后触发延时器上端的压力开关动作，以电信号的方式送至水泵控制箱，启动消防水泵，向管网加压供水，以达到持续自动加压供水的目的。其工作原理框图见图 2-11-14。

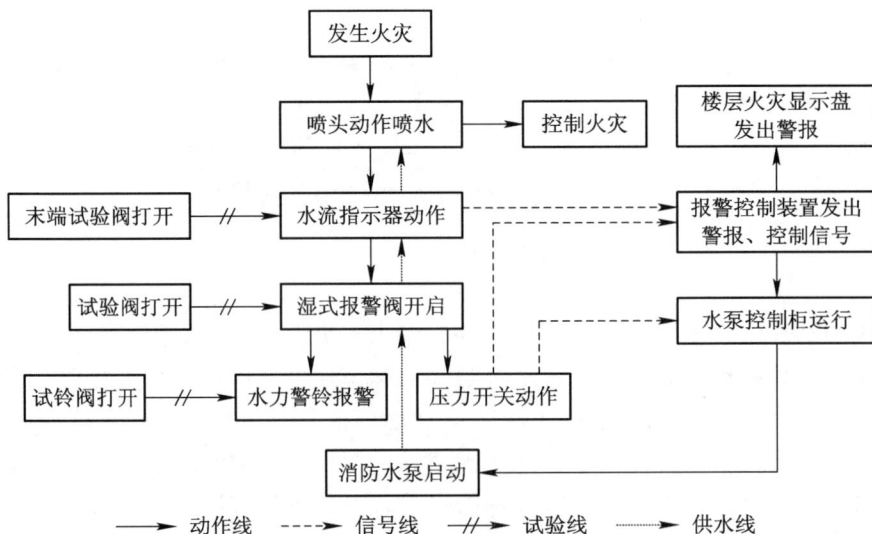

图 2-11-14 湿式自动喷水灭火系统工作原理

3. 湿式自动喷水灭火系统的适用场合

湿式自动喷水灭火系统具有结构简单、施工和管理维护方便、使用可靠、灭火速度快、控火效率高等优点。但由于其管路在喷头中始终充满水，所以应用受环境温度的限制，适合安装在环境温度不低于 4℃，不高于 70℃的新建、扩建、改建民用与工业建筑物和场所(不能用水扑救的建筑物和场所除外)。

二、干式自动喷水灭火系统

1. 干式自动喷水灭火系统的组成

干式自动喷水灭火系统是由闭式喷头、干式报警阀、水力警铃等报警装置、水泵等供水设备等组成的消防系统。该系统与湿式自动喷水灭火系统类似，只是控制信号阀的结构和作用原理不同，配水管网与供水管间设置干式控制信号阀将它们隔开，而在配水管网中平时充满有压气体。火灾时，喷头首先喷出气体，致使管网中压力降低，供水管道中的压力水打开控制信号阀而进入配水管网，接着从喷头喷出灭火，如图 2-11-15 所示。

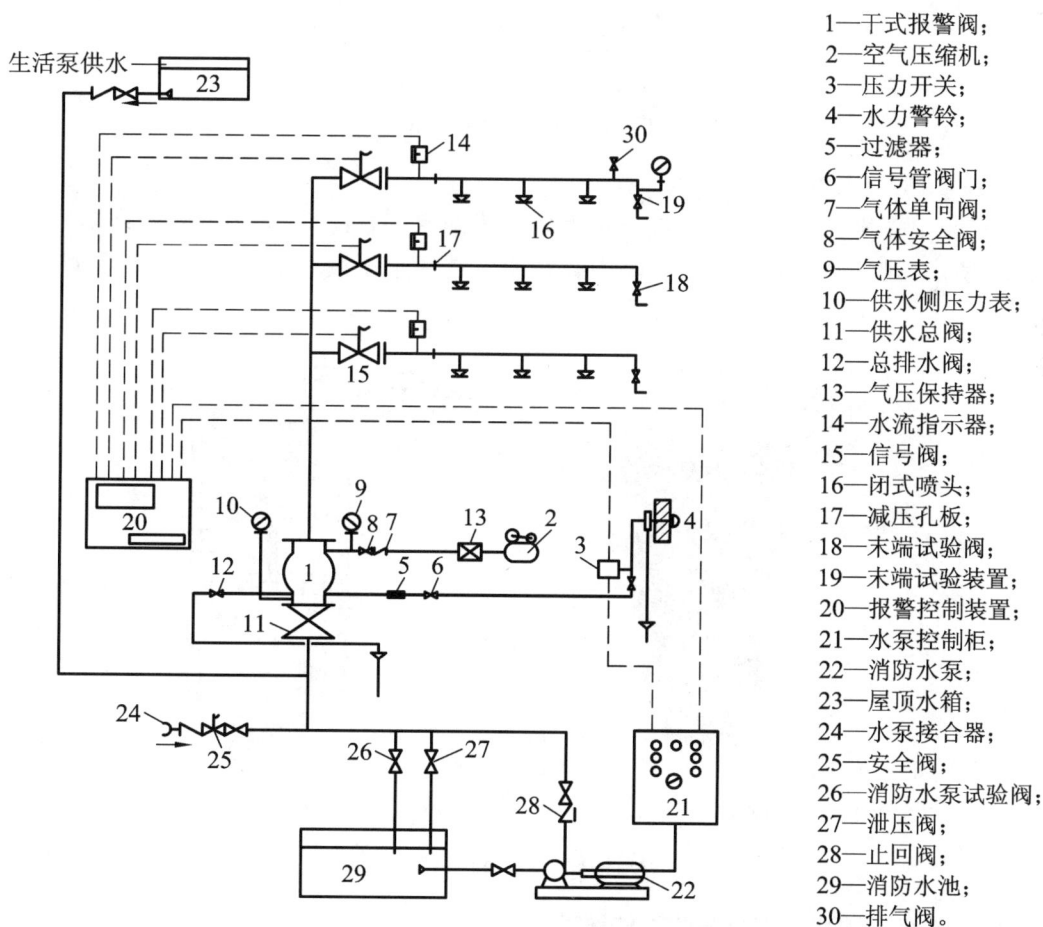

1—干式报警阀；
2—空气压缩机；
3—压力开关；
4—水力警铃；
5—过滤器；
6—信号管阀门；
7—气体单向阀；
8—气体安全阀；
9—气压表；
10—供水侧压力表；
11—供水总阀；
12—总排水阀；
13—气压保持器；
14—水流指示器；
15—信号阀；
16—闭式喷头；
17—减压孔板；
18—末端试验阀；
19—末端试验装置；
20—报警控制装置；
21—水泵控制柜；
22—消防水泵；
23—屋顶水箱；
24—水泵接合器；
25—安全阀；
26—消防水泵试验阀；
27—泄压阀；
28—止回阀；
29—消防水池；
30—排气阀。

图 2-11-15　干式自动喷水灭火消防系统

1) 干式报警阀

干式报警阀的构造如图 2-11-16 所示。其中，阀瓣是一个差动双盘阀板，下阀板的作用是阻止水从供水管进入喷水管网，上阀板的作用是承受喷水管网中空气的压力，保持干式报警阀处于关闭状态。上阀板的面积为下阀板的 8 倍，因此，为了使上、下阀板上的作用力达到平衡而使阀瓣处于关闭状态，就要求喷水管内的空气压力应大于水压的 1/8，并应使空气压力保持恒定。

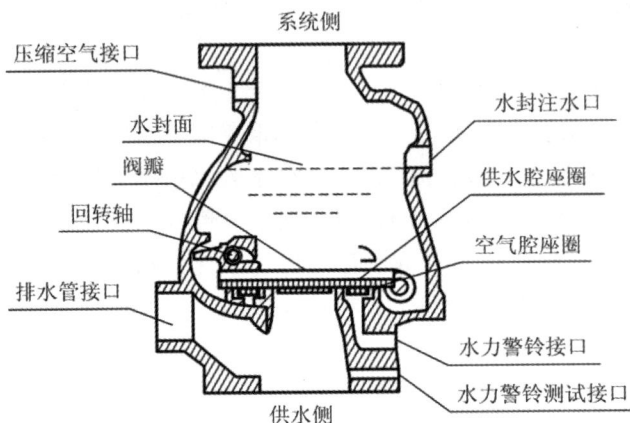

系统侧

压缩空气接口
水封面
阀瓣
回转轴
排水管接口

水封注水口
供水腔座圈
空气腔座圈
水力警铃接口
水力警铃测试接口

供水侧

图 2-11-16　干式报警阀

2) 排气阀

排气阀用来排空管道内的空气，垂直安装于配水干管的顶端或管道等高部位，如图 2-11-17 所示。排气阀可防止由于管路中存在空气造成水压波动引起报警阀开启而导致的泄漏。

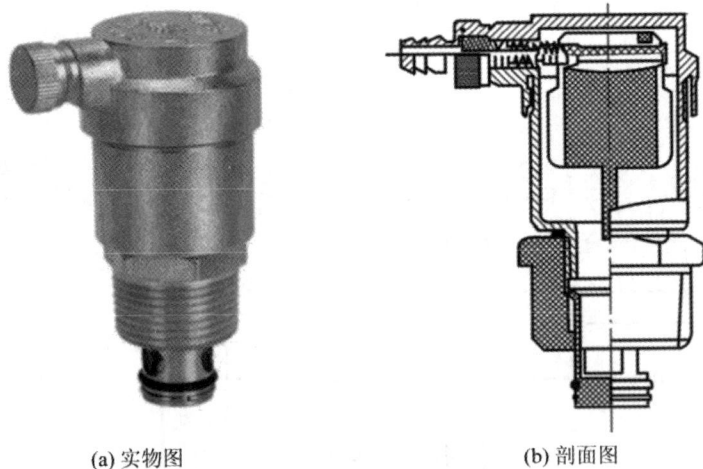

(a) 实物图　　　　　　　　(b) 剖面图

图 2-11-17　排气阀

2. 干式自动喷水灭火系统的工作原理

干式自动喷水灭火系统工作原理是：发生火灾时，火源处温度上升，使火源上方喷头开启，首先排出管网中的压缩空气，于是报警阀后管网压力下降，干式报警阀阀前的压力大于阀后压力，干式报警阀开启，水流向配水管网，并通过已开启的喷头喷水灭火，其工作原理框图如图 2-11-18 所示。

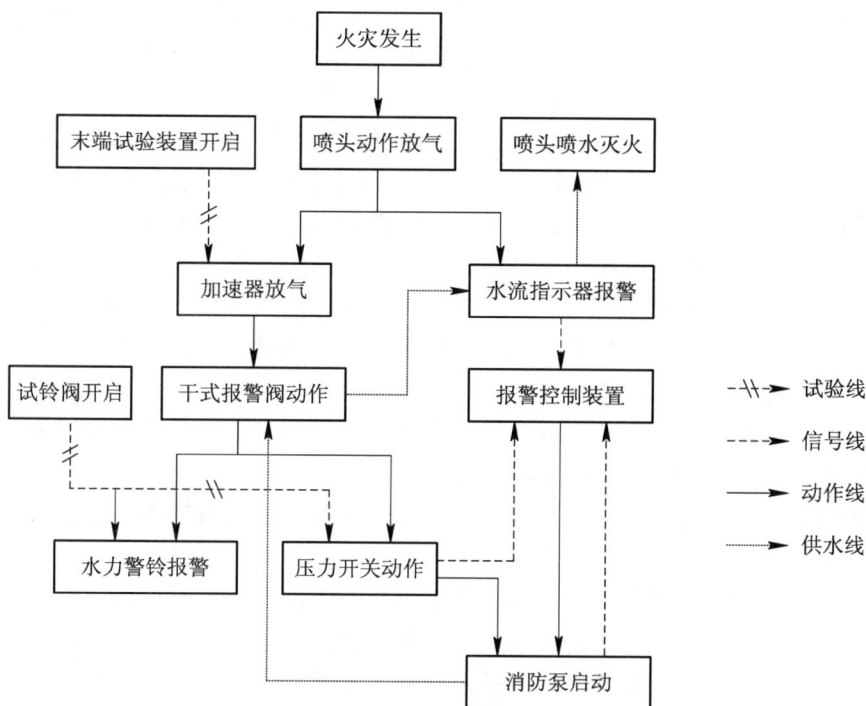

图 2-11-18　干式自动喷水灭火系统工作原理

3. 干式自动喷水灭火系统的特点及适用场所

干式自动喷水灭火系统具有如下特点：

(1) 干式系统在报警阀后的管网内无水，故可避免冻结和水汽化的危险，不受环境温度的制约，可用于一些无法使用湿式自动喷水灭火系统的场所。

(2) 比湿式自动喷水灭火系统投资高。因需充气，增加了一套充气设备，因而提高了系统造价。

(3) 干式自动喷水灭火系统的施工和维护管理较复杂，对管道的气密性有较严格的要求，管道平时的气压应保持在一定的范围，当气压下降到一定值时，就需进行充气。

(4) 干式自动喷水灭火系统的喷水灭火速度不如湿式自动喷水灭火系统快，因为喷头受热开启后，首先要排除管道中的气体，然后再出水，这就延误了灭火的时机，这也是干式自动喷水灭火系统不如湿式自动喷水灭火系统灭火效率高的原因。

干式自动喷水灭火系统的主要特点是在报警阀后管路内无水，不怕冻结，不怕环境温度高。因此，干式自动喷水灭火系统是为了满足寒冷和高温场所安装自动喷水灭火系统的需要，在湿式自动喷水灭火系统的基础上发展起来的，适用于环境温度低于 4℃，或高于 70℃ 的场所。干式自动喷水灭火系统虽然解决了湿式系统不适用于高、低温环境场所的问题，但由于准工作状态时配水管道内没有水，喷头动作、系统启动时必须经过一个管道排气充水的过程，因此会出现滞后喷水现象，不利于系统及时控火灭火。

三、预作用自动喷水灭火系统

湿式自动喷水灭火系统是应用最为广泛的自动喷水灭火系统，适合在环境温度不低于4℃且不高于70℃的环境中使用。低于4℃的场所使用湿式系统，存在系统管道和组件内充水冰冻的危险；高于70℃的场所采用湿式系统，存在系统管道和组件内产生的水蒸气压力过高而破坏管道的危险。干式自动喷水灭火系统适用于环境温度低于4℃，或高于70℃的场所。干式系统虽然解决了湿式系统不适用于高、低温环境场所的问题，但由于准工作状态时配水管道内没有水，喷头动作、系统启动时必须经过一个管道排气充水的过程，因此会出现滞后喷水现象，不利于系统及时控火灭火。预作用系统可消除干式系统在喷头开放后延迟喷水的弊病，因此预作用系统可在低温和高温环境中替代干式系统。系统处于准工作状态时，严禁管道漏水，严禁系统误喷的忌水场所，应采用预作用系统。

预作用系统将火灾自动探测报警技术和自动喷水灭火系统有机地结合起来，对保护对象起到了双重保护作用。预作用系统由闭式喷头、管道系统、雨淋阀、湿式阀、火灾探测器、报警控制装置、充气设备、控制组件和供水设施部件组成。这种系统平时呈干式，在火灾发生时能实现对火灾的初期报警，并立刻使管网充水将系统转变为湿式。系统的这种转变过程包含着预备动作的功能，故称为预作用自动喷水灭火系统。

非工作状态下，系统在雨淋阀之后的管道内，有不充气和充满低压气体两种情况，火灾发生时，安装在保护区的感温、感烟火灾探测器首先发出火警信号，控制器在将报警信号作声光显示的同时开启雨淋阀，使水进入管路，并在很短时间内完成充水过程，使系统转变成湿式系统，以后的动作与湿式系统相同。

1. 预作用自动喷水灭火系统的特点

(1) 与湿式系统比较，这种系统在预作用阀以后的管网中平时不充水，而充低压空气或氮气，或是干管。只有在发生火灾时，火灾探测系统自动打开预作用阀，使管道充水变成湿式系统。管网平时无水，可避免因系统破损而造成的水渍损失。另外，这种系统有早期报警装置，能在喷头动作之前及时报警，以便及早组织扑救。

(2) 这种系统具有干式喷水灭火系统必须平时管道无水的优点，适合于冬季结冰和不能采暖的建筑物内。同时它又没有干式喷水灭火必须待喷头动作后，完成排气才能喷水灭火，从而延迟喷头喷水时间的缺点。

(3) 本系统与雨淋系统比较，虽然都有早期报警装置，但雨淋系统安装的是开式喷头，而且雨淋阀后的管道平时通常为空管，而充气的预作用系统可以配合自动监测装置发现系统中是否有渗漏现象，以提高系统的安全可靠性。

2. 预作用自动喷水灭火系统的工作原理

预作用系统主要由闭式喷头、预作用报警阀、水泵等供水设施、火灾探测器、报警控制装置等组成。其系统示意图如图 2-11-19 所示。

预作用自动喷水灭火系统的配水管道应设快速排气阀，以便火灾时配水管尽快排气充水，在排气阀入口前应设电动阀，该阀平时常闭，系统开始充水时打开，工作原理框图如图 2-11-20 所示。

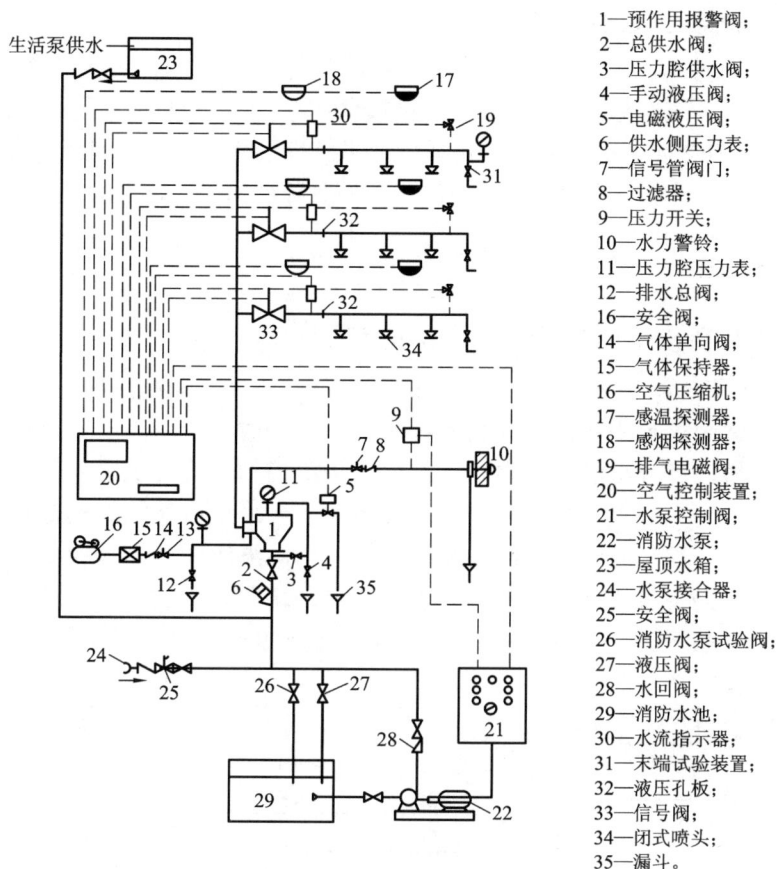

1—预作用报警阀;
2—总供水阀;
3—压力腔供水阀;
4—手动液压阀;
5—电磁液压阀;
6—供水侧压力表;
7—信号管阀门;
8—过滤器;
9—压力开关;
10—水力警铃;
11—压力腔压力表;
12—排水总阀;
16—安全阀;
14—气体单向阀;
15—气体保持器;
16—空气压缩机;
17—感温探测器;
18—感烟探测器;
19—排气电磁阀;
20—空气控制装置;
21—水泵控制阀;
22—消防水泵;
23—屋顶水箱;
24—水泵接合器;
25—安全阀;
26—消防水泵试验阀;
27—液压阀;
28—水回阀;
29—消防水池;
30—水流指示器;
31—末端试验装置;
32—液压孔板;
33—信号阀;
34—闭式喷头;
35—漏斗。

图 2-11-19　预作用自动喷水灭火系统

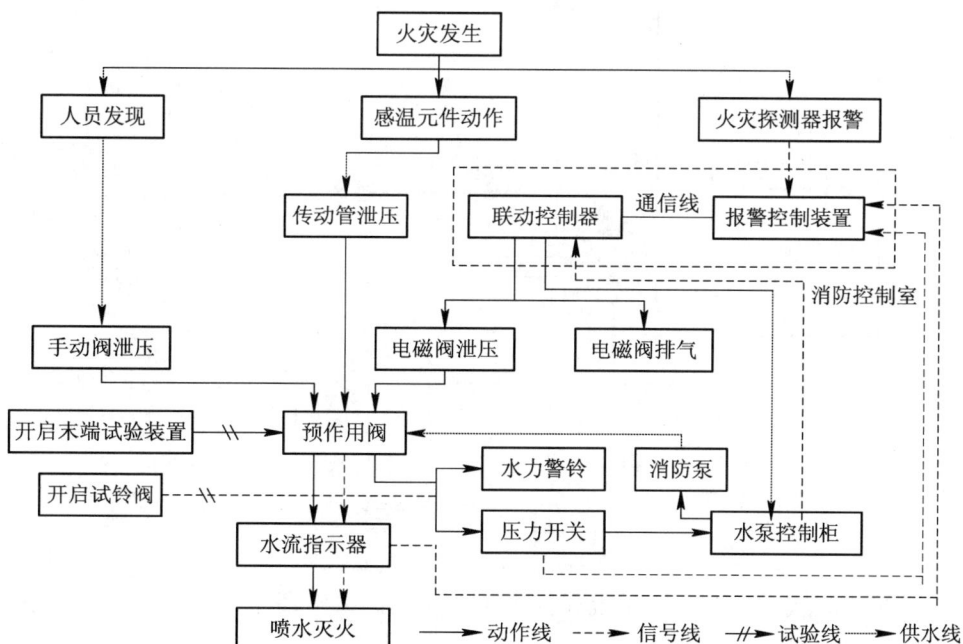

图 2-11-20　预作用自动喷水灭火系统工作原理

3. 预作用自动喷水灭火系统的适用场所

预作用系统同时具备了干式系统和湿式系统的特点，可以代替干式系统提高灭火速度，也可代替湿式系统避免由于管道和喷头被损坏而产生喷水和漏水所造成的严重水渍损失，还可用于对自动喷水灭火系统安全可靠性要求较高的建筑物中。因此，预作用系统可以用在干式系统、湿式系统所能使用的任何场所，而且还能用于这两个系统都不适宜的场所。

四、雨淋系统

雨淋系统有系统灭火控制面积大、出水量大等特点。

1. 雨淋系统的组成

雨淋系统通常由火灾探测传动控制系统、自动控制成组作用阀门系统和带开式喷头的自动喷水灭火系统三部分组成。其中，火灾探测传动控制系统可采用火灾探测器、传动管网、易熔锁封等自动完成火灾探测和控制系统启动。当采用自动控制装置时，还应设手动控制装置备用。自动控制成组作用阀门系统，可采用雨淋阀或雨淋阀加湿式报警阀。

雨淋系统可分为空管式雨淋系统和充水式雨淋系统两大类型。充水式雨淋系统的灭火速度比空管式雨淋系统快，实际应用时，可根据保护对象的要求来选择合适的系统形式。雨淋系统组成示意图如图 2-11-21 所示。

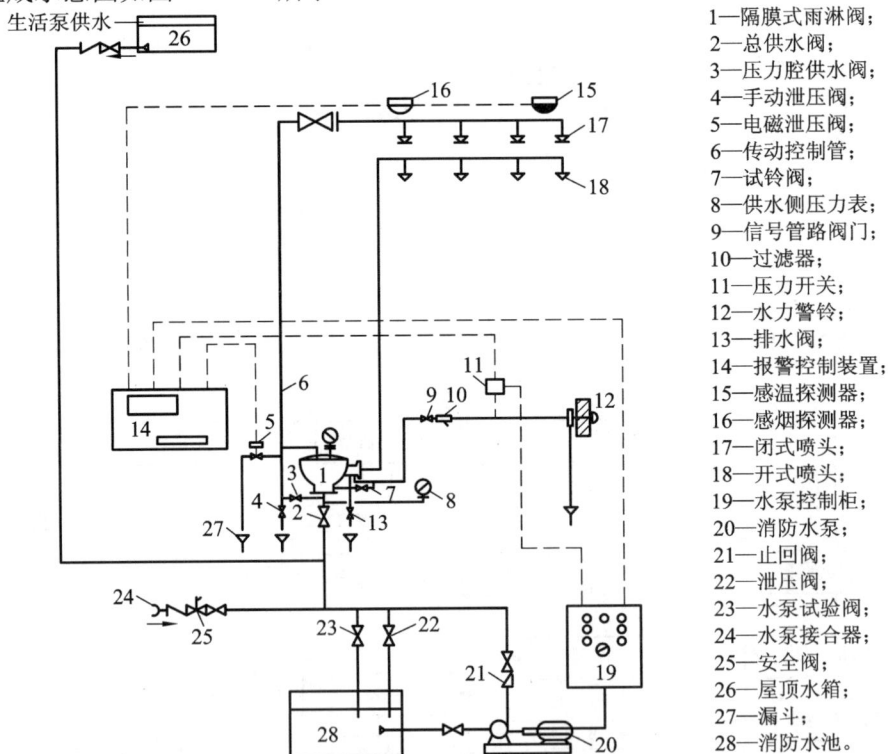

1—隔膜式雨淋阀；
2—总供水阀；
3—压力腔供水阀；
4—手动泄压阀；
5—电磁泄压阀；
6—传动控制管；
7—试铃阀；
8—供水侧压力表；
9—信号管路阀门；
10—过滤器；
11—压力开关；
12—水力警铃；
13—排水阀；
14—报警控制装置；
15—感温探测器；
16—感烟探测器；
17—闭式喷头；
18—开式喷头；
19—水泵控制柜；
20—消防水泵；
21—止回阀；
22—泄压阀；
23—水泵试验阀；
24—水泵接合器；
25—安全阀；
26—屋顶水箱；
27—漏斗；
28—消防水池。

图 2-11-21　雨淋系统的组成

雨淋系统与湿式系统、干式系统和预作用系统的最大区别是采用开式喷头，系统一旦动作，保护面积内将全面喷水。

湿式系统、干式系统和预作用系统对于火势迅猛、蔓延迅速的火灾无效，原因是喷头的开放速度明显慢于火灾燃烧速度，只有雨淋系统一启动就达到设计作用面积内全面喷水，才能有效地控制和扑灭此类火灾。

2. 隔膜式雨淋阀

隔膜式雨淋阀的构造如图 2-11-22 所示。其构造与双圆盘成组作用阀基本相同，所不同的是其上阀板是一个与阀体相连的夹布橡胶隔膜，隔膜将 B、C 两室完全隔开，即使在阀门开启时，B、C 室也不相通。

另外，隔膜式雨淋阀在灭火工作完成后，能通过关闭通往传动管网的阀门手动复位，操作简单易行。同时由于隔膜式雨淋阀只需单盘封闭，阀板与阀座之间的封闭性能好。

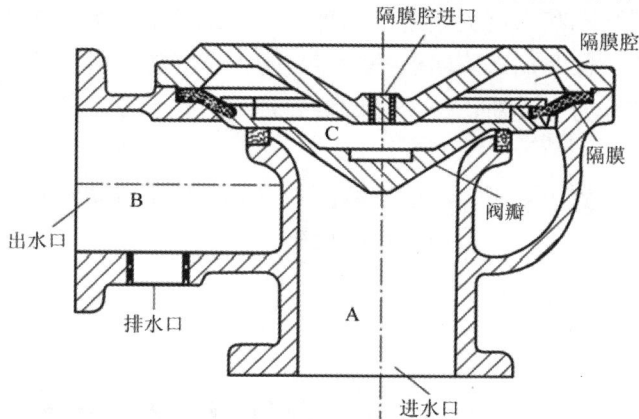

图 2-11-22　隔膜式雨淋阀

3. 雨淋系统的工作原理

在实际应用中，雨淋系统可能有许多不同的组成形式，但其工作原理大致相同，如图 2-11-23 所示。发生火灾时，由火灾探测传动系统感知到火灾，控制雨淋阀开启，接通水源和供水管网，喷头出水灭火。由于雨淋系统采用的是开式喷头，所以系统一旦动作，整个保护区域内所有喷头同时喷水。

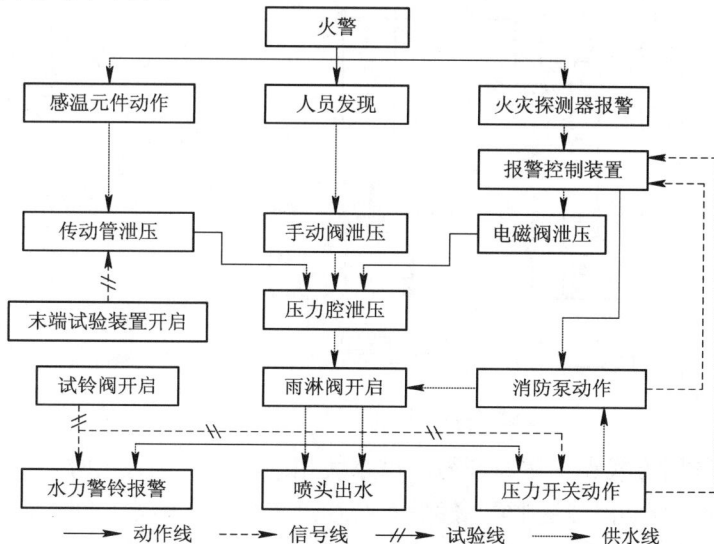

图 2-11-23　雨淋系统的工作原理

4. 雨淋系统的适用场所

雨淋系统适用于燃烧猛烈、蔓延迅速的严重危险级建筑物或场所，如剧院舞台上部、大型演播室、电影摄影棚等。如果在这些建筑物中采用闭式自动喷水灭火系统，发生火灾时，只有火焰直接影响到的喷头才能开启喷水，且闭式喷头开启的速度慢于火灾蔓延的速度，因此不能迅速出水控制火灾。

五、水幕系统

水幕系统是开式自动喷水灭火系统的一种。水幕系统不直接用来扑灭火灾，而是用作防火隔断或进行防火分区及局部降温保护，多与防火幕或防火卷帘配合使用。在某些大空间，既不能用防火墙作防火隔断，又无法做防火幕和防火卷帘，只能用水幕系统来做防火分隔或进行防火分区。

水幕系统的开启装置可采用自动或手动两种方式，采用自动开启装置时应同时设有手动开启装置。图 2-11-24 为水幕系统组成示意图。

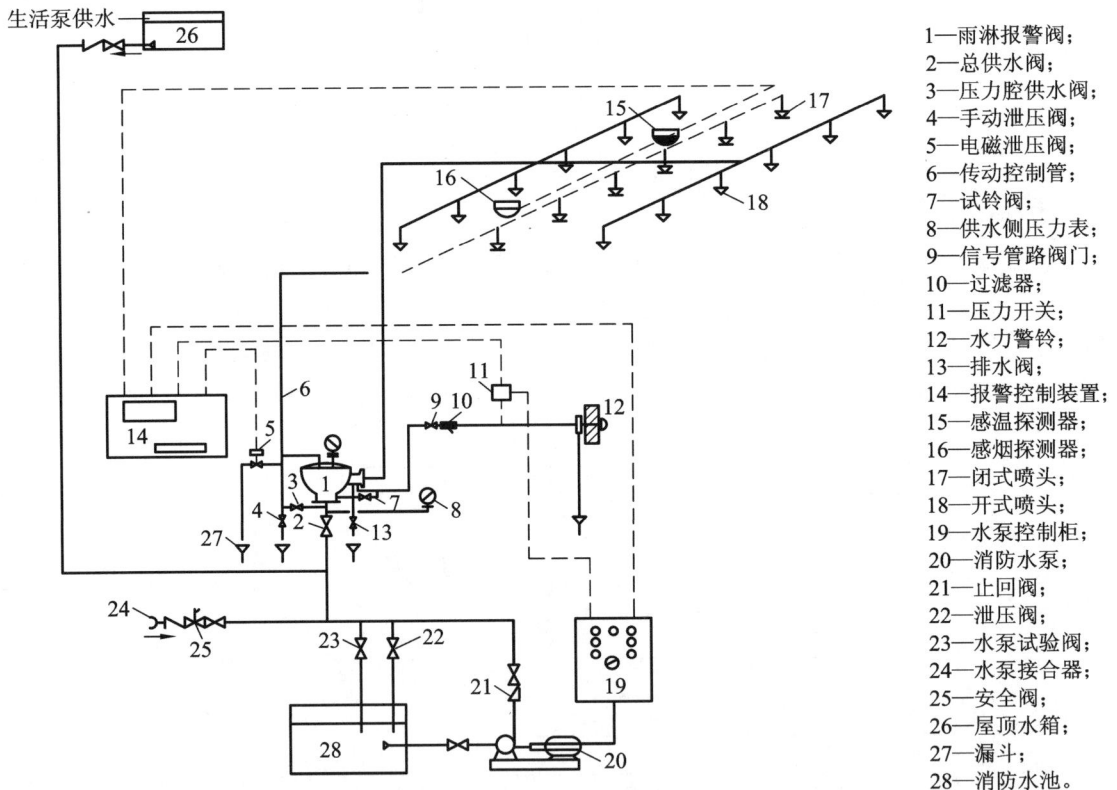

1—雨淋报警阀；
2—总供水阀；
3—压力腔供水阀；
4—手动泄压阀；
5—电磁泄压阀；
6—传动控制管；
7—试铃阀；
8—供水侧压力表；
9—信号管路阀门；
10—过滤器；
11—压力开关；
12—水力警铃；
13—排水阀；
14—报警控制装置；
15—感温探测器；
16—感烟探测器；
17—闭式喷头；
18—开式喷头；
19—水泵控制柜；
20—消防水泵；
21—止回阀；
22—泄压阀；
23—水泵试验阀；
24—水泵接合器；
25—安全阀；
26—屋顶水箱；
27—漏斗；
28—消防水池。

图 2-11-24　水幕系统的组成

水幕系统的作用方式和工作原理与雨淋系统相同，当发生火灾时，由火灾探测器或人发现火灾，电动或手动开启控制阀，然后系统通过水幕喷头喷水，进行阻火、隔火或冷却防火隔断物。控制阀可以是雨淋阀、电磁阀或手动闸阀。

　　水幕系统是自动喷水灭火系统中唯一的一种不以灭火为主要目的的系统。水幕系统可安装在舞台口、门窗口、孔洞口用来阻火、隔断火源，使火灾不致通过这些通道蔓延。水幕系统还可以配合防火卷帘、防火幕等一起使用，用来冷却这些防火隔断物，以增强它们的耐火性能。水幕系统还可作为防火分区的手段，在建筑面积超过防火分区的规定要求，而工艺要求又不允许设防火隔断物时，可采用水幕系统来代替防火隔断设施。

▶ **学生活动** ▶

　　自动喷水灭火系统常用设备和器件有湿式报警阀组、水力警铃、洒水喷头、水流指示器、压力开关、延时器、信号阀、末端试验装置。对上述设备和器件的工作原理和特点应用进行简要描述。对于湿式自动喷水灭火系统、干式自动喷水灭火系统、雨淋系统、水幕系统等不同的灭火系统的工作原理、系统特点和应用场合进行简答，完成以下任务书。

自动喷水灭火系统任务书				
1. 根据要求完成下列内容				
器件种类	工作原理	特 点	应 用	备 注
湿式报警阀组				
水力警铃				
洒水喷头				
水流指示器				
压力开关				
延时器				
信号阀				
末端试验装置				
2. 根据要求完成下列内容				
系统名称	工作原理	系统特点	适用场所	
湿式自动喷水灭火系统				
干式自动喷水灭火系统				
预作用自动喷水灭火系统				
雨淋系统				
水幕系统				

▶ **任务评价** ▶

　　根据自动喷水灭火系统的常用器件的原理、特点、应用描述回答情况；对五种自动喷水灭火系统的原理、特点和应用场所的描述回答情况评分。

自动喷水灭火系统评分表

1. 自动喷水灭火系统常用器件的原理、特点及应用(45分)

常用器件	重点检查内容	评分标准	分值	得分	备注
湿式报警阀组	器件的原理、特点、应用	错误一项扣1分	10		
水力警铃	器件的原理、特点、应用	错误一项扣1分	5		
洒水喷头	器件的原理、特点、应用	错误一项扣1分	5		
水流指示器	器件的原理、特点、应用	错误一项扣1分	5		
压力开关	器件的原理、特点、应用	错误一项扣1分	5		
延时器	器件的原理、特点、应用	错误一项扣1分	5		
信号阀	器件的原理、特点、应用	错误一项扣1分	5		
末端试验装置	器件的原理、特点、应用	错误一项扣1分	5		
小　计					

2. 自动喷水灭火系统的原理、特点及应用场所(55分)

自动喷水灭火系统	重点检查内容	评分标准	分值	得分	备注
湿式自动喷水灭火系统	系统的原理、特点、应用场所	错误一项扣1分	15		
干式自动喷水灭火系统	系统的原理、特点、应用场所	错误一项扣1分	10		
预作用自动喷水灭火系统	系统的原理、特点、应用场所	错误一项扣1分	10		
雨淋系统	系统的原理、特点、应用场所	错误一项扣1分	10		
水幕系统	系统的原理、特点、应用场所	错误一项扣1分	10		
小　计					
总　计					

▶ **任务拓展** ◣

大空间智能水炮

　　大空间建筑形式的出现和发展，为社会带来效益同时，也给社会带来隐患。人群密集的地方，如果发生火灾，后果不堪设想，这就需要在设计中设置灭火系统。明确规定单层楼建筑高度不小于 8 m 时，设置一个消防栓灭火系统和自动喷水灭火系统。而大空间建筑超过 12 m 时，喷淋灭火系统因喷头喷洒的灭火用水穿越热气流的时间过长产生汽化，而大大削弱其灭火能力。这就需要找一个适用于大空间建筑的火灾灭火系统装置进行灭火，大空间智能水炮(自动寻的喷水灭火装置)正好能满足上述需求。智能水炮适用于体育馆、会展中心、影剧院、购物中心、候车(机)大厅等人流量大、人员密集的大空间场所，主要针对火灾蔓延速度较慢的场所。大空间智能水炮如图 2-11-25 所示。

图 2-11-25　大空间智能水炮(自动寻的喷水灭火装置)

　　大空间智能水炮灭火系统主要由中心控制软件、集中控制装置、区域控制装置、消防水炮、控制设备、电动阀门、水流指示器或压力感应器、管道、消防泵组、末端试验装置等组成，在火灾发生时，能自动定位着火点并实施自动喷水灭火。

　　大空间智能水炮的主要特点是在无人值守的场所，火灾探测报警后系统能够驱动消防水炮本体做水平方向和垂直方向两自由度的扫描运动，实现对着火点的空间定位，然后喷射水或泡沫液进行定点扑救灭火，真正做到"炮口打准、早期扑灭"的灭火目标，使火灾造成的损失减少到最低水平。消防水炮的驱动控制以及炮口出水落水点的控制是能否实现"打准"灭火目标的重要决定因素，因此共安智能就该方面给出了设计和实施方案，应用了此方案的自动跟踪定位寻的灭火装置产品较好地实现了准确喷水灭火。大空间智能水炮系统图如图 2-11-26 所示。

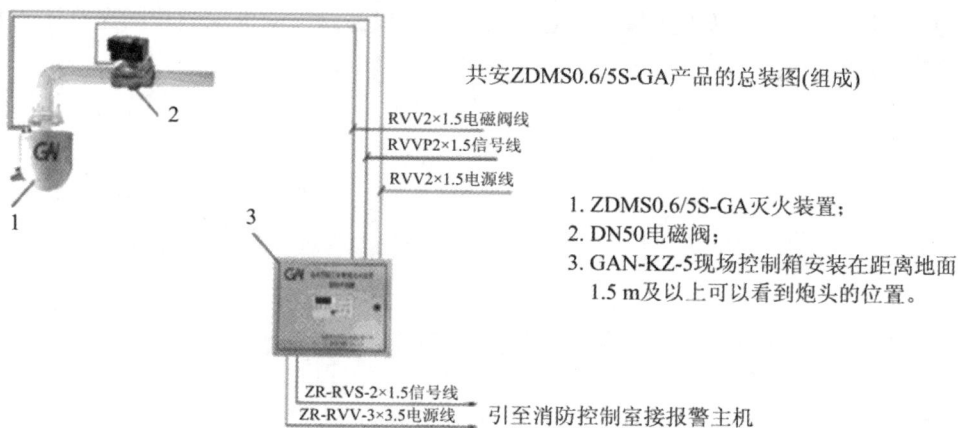

共安ZDMS0.6/5S-GA产品的总装图(组成)

RVV2×1.5电磁阀线
RVVP2×1.5信号线
RVV2×1.5电源线

1. ZDMS0.6/5S-GA灭火装置；
2. DN50电磁阀；
3. GAN-KZ-5现场控制箱安装在距离地面
　 1.5 m及以上可以看到炮头的位置。

ZR-RVS-2×1.5信号线
ZR-RVV-3×3.5电源线
引至消防控制室接报警主机

图 2-11-26　大空间智能水炮系统图

　　大空间智能水炮系统具有三种控制方式：① 全自动控制，自动探测定位，自动灭火；② 现场应急控制，即在火灾现场人员发现着火后，可以直接运用装设在消防炮附近的"系统现场区域控制箱"内的手动控制面板对水炮进行操纵实施灭火，并自动向主控台报警。③ 中控室远程控制，值班人员可通过视频系统和远程操作系统对消防炮进行远程控制，操纵消防炮进行灭火。另外，该系统还具有两大功能：① 大空间火灾探测功能，可全天候红外探测，保护范围内无死角，无盲区，不误报；② 监控功能，可对现场实时监控并长时间录像记录备案。

　　大空间智能水炮灭火系统较以往的灭火系统算是先进的灭火系统，在一些大空间建筑中应用也取得一定成效。然而，大空间自动灭火系统可靠性、稳定性低和使用时间短仍是一大问题。一旦大空间建筑发生火灾，人员混乱，势必会出现空间掩盖或是报警延时现象。为了减少大空间建筑火灾隐患，仍需要对大空间自动扫描灭火系统进行可行性研究。

▶ 任务小结 ▶

　　自动喷水灭火系统按照喷头的开闭形式分为闭式自动喷水灭火系统和开式自动喷水灭火系统。闭式自动喷水灭火系统是采用闭式洒水喷头的自动喷水灭火系统。闭式喷头平时处于常闭状态，它的感温、闭锁装置只有在预定的温度环境下，才会脱落开启喷头。开式自动喷水灭火系统是采用开式喷头的自动喷水灭火系统。开式喷头不带感温闭锁装置，处于常开状态。发生火灾时，系统保护区域内的所有开式喷头一起出水灭火。

　　自动喷水灭火系统按照报警阀组的形式，可分为湿式系统、干式系统、预作用系统和雨淋系统。湿式系统的报警阀组是湿式报警阀组。报警阀组两侧管网平时充满带有压力的水，呈现"湿"的状态。干式系统的报警阀组是干式报警阀组。报警阀组的供水侧管网充有压力水，而系统侧管网充有压缩空气，呈现"干"的状态。预作用系统的报警阀组是预作用报警阀组。报警阀组的供水侧管网充有压力水，而系统侧充有压缩空气，呈现"干"的状态。与干式系统不同的是，预作用系统可以通过火灾探测及控制系统在火灾初起时打开系统侧管网上安装的快速排气阀将管网中的压缩空气排出，使管网由"干"变为"湿"，以提高响应火灾的时间。雨淋系统的报警阀组是雨淋阀组。报警阀组的供水侧管网充有压力水，系统侧管网敞开，呈开式状态。

任务 12　消火栓系统

任务目标

(1) 学习消火栓系统的功能、结构及工作原理。
(2) 了解消火栓系统各主要设备构件特点及功能。
(3) 能够拟定安装调试方案，进行消火栓系统的安装与调试。

任务描述与分析

　　消火栓系统在建筑物内使用广泛，用于扑灭初期火灾。在建筑高度超过消防车供水能力时，室内消火栓系统除扑救初期火灾外，还要扑救较大火灾。消火栓系统按照应用场合可分为室外消火栓系统和室内消火栓系统两大类。本任务分别从室外消火栓系统和室内消火栓系统的系统组成、技术标准、应用场合等方面进行学习。掌握消火栓系统的分类和组成及设备器件工作原理，能够了解消火栓系统设备安装，可完成简单的安装调试工作。

相关知识

一、室外消火栓系统

　　室外消火栓系统的任务是通过室外消火栓为消防车等消防设备提供消防用水，或通过进户管为室内消防给水设备提供消防用水。

　　室外消火栓系统由消防水源、消防供水设备、室外消防给水管网和室外消火栓灭火设施组成。室外消防给水管网包括进水管、干管和相应的配件、附件；室外消火栓灭火设施包括室外消火栓、水带、水枪等。

　　室外消火栓系统主要供消防人员使用，主要起到三个方面的作用：扑救室外火灾，控制"飞火"，向室内消防给水系统、消防车等提供水源。按照室外消防给水管网平时是否充水，分为干式和湿式两种；根据使用水源性质及服务对象的不同又可分为城乡市政消火栓系统、建筑物室外消火栓、构筑物或堆场室外消火栓。地上式室外消火栓如图 2-12-1 所示。

图 2-12-1　地上式室外消火栓

1. 室外消火栓的设置范围

(1) 在城市、居住区、工厂、仓库等的规划和建筑设计中，必须同时设计消防给水系统。城镇(包括居住区、商业区、开发区、工业区等)应沿可通行消防车的街道设置市政消火栓系统。

(2) 民用建筑、厂房(仓库)、储罐(区)、堆场周围应设室外消火栓。

(3) 用于消防救援和消防车停靠的屋面上，应设置室外消火栓系统。

(4) 耐火等级≥二级，且建筑物体积≤3000 m³的戊类厂房；或居住区人数≤500人，且建筑物层数≤两层的居住区，可不设置室外消火栓系统。

2. 室外消火栓的设置要求

(1) 市政消火栓宜采用地上式室外消火栓；在严寒、寒冷等冬季结冰地区宜采用干式地上式室外消火栓，严寒地区宜增设消防水鹤，如图2-12-2所示。

图 2-12-2　消防水鹤

水鹤最早是应用在铁路上给蒸汽机车加水的装置，上部伸出横向的输水管能左右旋转，管的前端弯下来的部分像鹤的头部。消防用水鹤应用在我国北方寒冷地区，消防车在扑火过程中需要进行加水补给，消防水鹤能在各种天气条件下，通过消防专用工具的操作，对消防车进行快速给水。

(2) 室外消火栓除地上式消火栓之外还有地下式消火栓。地下式消火栓安装于地下，不影响市容和交通，冬季防冻效果好，但需要建地下井室，且使用时消防队员要到井内接水。为方便取水，地下式消火栓取水口均向上。地下式室外消火栓如图 2-12-3 所示。

(a) 实物图

(b) 应用场景图

图 2-12-3 地下式室外消火栓

当采用地下式室外消火栓时，地下消火栓井的直径不宜小于 1.5 m，且当地下式室外消火栓的取水口在冰冻线以上时，应采取保温措施。地下式市政消火栓应有明显的永久性标志。

(3) 市政消火栓宜在道路的一侧设置，并宜靠近十字路口，但当市政道路宽度超过 60 m 时，应在道路的两侧交叉错落设置市政消火栓。市政桥桥头和城市交通隧道出入口等市政公用设施处，应设置市政消火栓，其保护半径不应超过 150 m，间距不应大于 120 m。

(4) 市政消火栓应布置在消防车易于接近的人行道和绿地等地点，且不应妨碍交通。应避免设置在机械易撞击的地点，确有困难时，应采取防撞措施；距路边不宜小于 0.5 m，并不应大于 2.0 m，距建筑外墙或外墙边缘不宜小于 5.0 m。

(5) 当市政给水管网设有市政消火栓时，其平时运行工作压力不应小于 0.14 MPa，火灾时水力最不利市政消火栓的出流量不应小于 15 L/s，且供水压力从地面算起不应小于 0.10 MPa。

(6) 建筑室外消火栓的数量应根据室外消火栓设计流量和保护半径计算确定，保护半径不应大于 150 m，每个室外消火栓的出流量宜按 10～15 L/s 计算。室外消火栓宜沿建筑周围均匀布置，且不宜集中布置在建筑一侧；建筑消防扑救面一侧的室外消火栓数量不宜少于 2 个。

(7) 人防工程、地下工程等建筑应在出入口附近设置室外消火栓，距出入口的距离不宜小于 5 m，且不宜大于 40 m；停车场的室外消火栓宜沿停车场周边设置，与最近一排汽车的距离不宜小于 7 m，距加油站或油库不宜小于 15 m。

(8) 甲、乙、丙类液体储罐区和液化烃罐罐区等构筑物的室外消火栓，应设在防火堤或防护墙外，数量应根据每个罐的设计流量计算确定，但距罐壁 15 m 范围内的消火栓不应计算在该罐可使用的数量内。

(9) 工艺装置区等采用高压或临时高压消防给水系统的场所，其周围应设置室外消火栓，数量应根据设计流量计算确定，且间距不应大于 60 m。当工艺装置区宽度大于 120 m 时，宜在该装置区内的路边设置室外消火栓。

二、室内消火栓系统

室内消火栓实际上是室内消防给水管网向火场供水的带有专用接口的阀门，其进水端与消防管道相连，出水端与水带相连，如图 2-12-4 所示。

图 2-12-4　室内消火栓

1. 系统组成

室内消火栓系统由消防给水基础设施、消防给水管网、室内消火栓设备、报警控制设备及系统附件等组成，如图 2-12-5 所示。

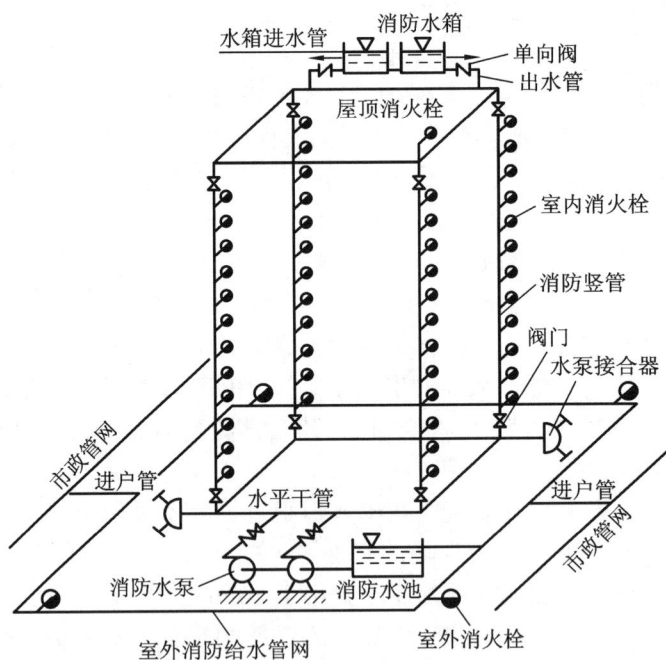

图 2-12-5　室内消火栓系统

2. 室内消火栓系统的应用

(1) 应设室内消火栓系统的建筑如下：

① 建筑占地面积大于 300 m² 的厂房(仓库)。

② 体积大于 5000 m³ 的车站、码头、机场的候车(船、机)楼以及展览建筑、商店建筑、旅

馆建筑、医疗建筑和图书馆建筑等单、多层建筑。

③ 特等、甲等剧场，超过 800 个座位的其它等级的剧场和电影院等，超过 1200 个座位的礼堂、体育馆等单、多层建筑。

④ 建筑高度大于 15 m 或体积大于 $10000\,\text{m}^3$ 的办公建筑、教学建筑和其它单、多层民用建筑。

⑤ 高层公共建筑和建筑高度大于 21 m 的住宅建筑。

⑥ 对于建筑高度不大于 27 m 的住宅建筑，当确有困难时，可只设置干式消防竖管和不带消火栓箱的 DN65 室内消火栓。

⑦ 国家级文物保护单位的重点砖木或木结构的古建筑，宜设置室内消火栓系统。

(2) 可不设室内消火栓系统的建筑如下：

① 存有与水接触能引起燃烧、爆炸的物品的建筑物和室内没有生产、生活给水管道，室外消防用水取自储水池且建筑体积不大于 $5000\,\text{m}^3$ 的其它建筑。

② 耐火等级为一、二级且可燃物较少的单层、多层丁、戊类厂房(仓库)，耐火等级为三、四级且建筑体积小于或等于 $3000\,\text{m}^3$ 的丁类厂房和建筑体积小于或等于 $5000\,\text{m}^3$ 的戊类厂房(仓库)。

③ 粮食仓库、金库以及远离城镇且无人值班的独立建筑。

3. 系统类型

(1) 低层建筑室内消火栓系统及其给水方式。

① 直接给水方式。当室外给水管网所供水量和水压在全天任何时候均能满足系统最不利点消火栓设备所需水量和水压时，可采用这种供水方式，如图 2-12-6 所示。

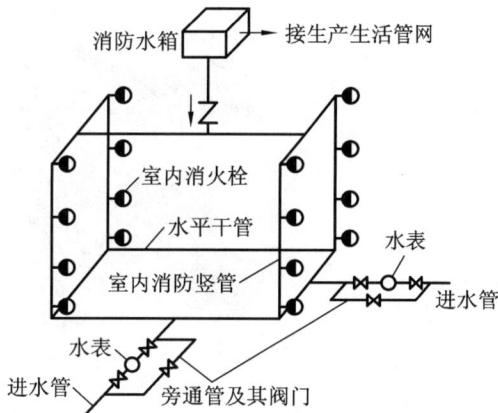

② 设有消防水箱的给水方式。当全天内大部分时间室外管网的压力能够满足要求，在用水高峰时室外管网的压力较低，满足不了室内消火栓的压力要求时，可采用这种给水方式，如图 2-12-7 所示。

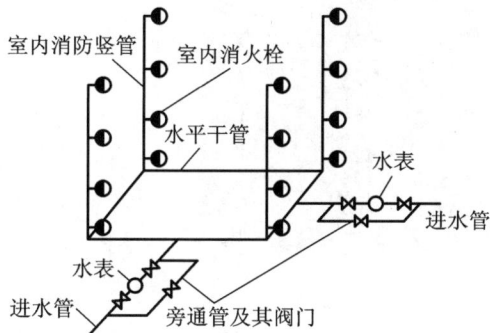

图 2-12-6　直接给水方式　　　　图 2-12-7　设有消防水箱的给水方式

③ 设有消防水泵和消防水箱的给水方式。最常用的给水方式。当室外消防给水管网的水压经常不能满足室内消火栓给水系统所需水压时，宜采用这种给水方式，如图 2-12-8 所示。

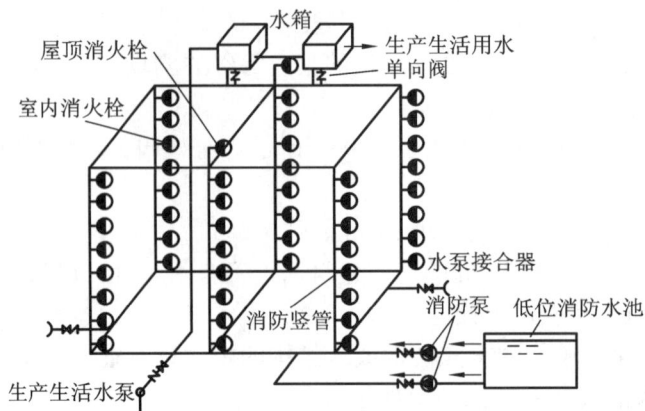

图 2-12-8   设有消防水泵和消防水箱的给水方式

(2) 高层建筑室内消火栓系统及其给水方式。

高层建筑的室内消火栓系统应采用独立的消防给水系统。

① 不分区消防给水方式。整栋大楼采用一个区供水，系统简单，设备少。当高层建筑最低消火栓栓口处的静水压力≤1.0 MPa，或系统工作压力≤2.40 MPa 时，可采用此种给水方式。

② 采用减压阀减压分区供水。当阀门从进口端给水时，水流过针阀进入主阀控制室，出口压力通过导管作用到导阀上。当出口压力高于导阀弹簧设定值时，导阀关闭，控制室停止排水，此时主阀控制室内压力升高并关闭主阀，出口压力不再升高。当阀门出口压力降到导阀弹簧设定压力时，导阀开启，控制室向下游排水。由于导阀系统排水量大于针阀的进水量，主阀控制室压力下降。进口压力使主阀开启。在稳定状态下，控制室进水、排水相同，主阀开度不变，出口压力稳定，调节导阀弹簧即可设定出口压力。减压阀如图 2-12-9 所示。

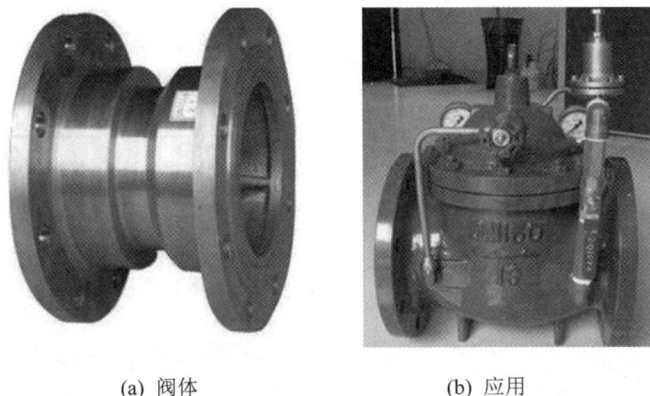

(a) 阀体   (b) 应用

图 2-12-9   减压阀

实际应用中应根据消防给水设计流量和压力选择是否应用减压阀，且设计流量应在减压阀流量压力特性曲线的有效段内，并校核在 150%设计流量时，减压阀的出口动压不应小于设计值的 65%。每一供水分区应设不少于两组减压阀组，每组减压阀组宜设置备用减压阀。减压阀仅应设置在单向流动的供水管上，不应设置在双向流动的输水干管上。减压阀宜采用比例式减压阀，当压力超过 1.20 MPa 时，宜采用先导式减压阀。减压阀的阀前阀后压力比值不宜大于 3:1，当一级减压阀减压不能满足要求时，可采用减压阀串联减压，但串联减压不应大于两级，第二级减压阀宜采用先导式减压阀，阀前后压力差不宜超过 0.40 MPa。减压阀后应设置安全阀，安全阀的开启压力应能满足系统安全要求，且不应影响系统的供水安全性。

4. 室内消火栓的设置

(1) 应采用 DN65 室内消火栓，并可与消防软管卷盘或轻便水龙设置在同一箱体内。配置公称直径 65 mm 有内衬里的消防水带，长度不宜超过 25 m；宜配置喷嘴当量直径 16 mm 或 19 mm 的消防水枪，但当消火栓设计流量为 2.5 L/s 时，宜配置喷嘴当量直径 11 mm 或 13 mm 的消防水枪。

(2) 设置室内消火栓的建筑，包括设备层在内的各层均应设置消火栓。

(3) 屋顶设有直升机停机坪的建筑，应在停机坪出入口处或非电气设备机房处设置消火栓，且距停机坪机位边缘的距离不应小于 5.0 m。

(4) 消防电梯前室应设置室内消火栓，并应计入消火栓使用数量。

(5) 室内消火栓的布置应满足同一平面有 2 支消防水枪的 2 股充实水柱(充实水柱是指由水枪喷嘴起至射流 90% 的水柱水量穿过直径为 380 mm 圆孔处的一段射流长度)，同时达到任何部位的要求。但

① 建筑高度≤24.0 m 且体积≤5000 m³ 的多层仓库；

② 建筑高度≤54 m 且每单元设置一部疏散楼梯的住宅

可采用一支消防水枪的一股充实水柱到达室内任何部位。

(6) 建筑室内消火栓栓口的安装高度应便于消防水带的连接和使用，其距地面高度宜为 1.1 m；其出水方向应便于消防水带的敷设，并宜与设置消火栓的墙面成 90° 或向下。

(7) 室内消火栓宜按直线距离计算其布置间距，对于消火栓按两支消防水枪的两股充实水柱布置的建筑物，消火栓的布置间距不应大于 30.0 m；对于消火栓按一支消防水枪的一股充实水柱布置的建筑物，消火栓的布置间距不应大于 50.0 m。

(8) 建筑高度不大于 27 m 的住宅，当设置消火栓系统时，可采用干式消防竖管。干式消防竖管宜设置在楼梯间休息平台，且仅应配置消火栓栓口，干式消防竖管应设置消防车供水接口，消防车供水接口应设置在首层便于消防车接近和安全的地点，竖管顶端应设置自动排气阀。

5. 室内消火栓栓口压力

消火栓栓口动压不应大于 0.50 MPa，当大于 0.70 MPa 时，必须设置减压装置。高层建筑、厂房、库房和室内净空高度超过 8 m 的民用建筑等场所，消火栓栓口动压不应小于 0.35 MPa，且消防水枪充实水柱应达到 13 m；其它场所的消火栓栓口动压不应小于 0.25 MPa，且消防水枪充实水柱应达到 10 m。

▶ 学生活动 ▶

消火栓系统是消防系统中普遍应用的一种系统，分为室内消火栓系统和室外消火栓系统两类。室内消火栓系统又根据建筑高度等不同特点有多种供水方式，对几种不同的供水方式的应用场景和特点进行描述，并简述室内消火栓系统的设置要求，完成消火栓系统任务书。

消火栓系统任务书			
1. 根据要求完成下列内容			
供水方式	应用场所	特　点	备注
直接给水			
设有消防水箱的给水			
设有消防水泵和消防水箱的给水			
不分区消防给水			
采用减压阀减压分区供水			
2. 简述室内消火栓的设置要求			

任务评价

　　对室内消火栓系统因建筑特点不同的五种供水方式的特点和应用场所进行描述，错误一处扣一分；根据室内消火栓系统的设置要求的回答情况酌情给分。

消火栓系统评分表					
1. 五种供水方式的特点和应用场景(50 分)					
供水方式	重点检查内容	评分标准	分值	得分	备注
直接给水	应用场所、特点描述是否正确	错误一项扣 1 分	10		
设有消防水箱的给水	应用场所、特点描述是否正确	错误一项扣 1 分	10		
设有消防水泵和消防水箱的给水	应用场所、特点描述是否正确	错误一项扣 1 分	10		
不分区消防给水	应用场所、特点描述是否正确	错误一项扣 1 分	10		
采用减压阀减压分区供水	应用场所、特点描述是否正确	错误一项扣 1 分	10		
小　计					
2. 简述室内消火栓的设置要求(50 分)					
序　号	重点检查内容	评分标准	分值	得分	备注
1	消火栓、消防软管、消防水枪的配置要求	错误一处扣 2 分，扣完为止	10		
2	建筑设备层消火栓设置，建筑设有停机坪消火栓设置，消防电梯消火栓设置	错误一处扣 2 分，扣完为止	8		

续表

序　号	重点检查内容	评分标准	分值	得分	备注
3	室内消火栓的布置要求	错误一处扣 2 分,扣完为止	8		
4	消火栓栓口的安装高度要求	错误一处扣 2 分,扣完为止	8		
5	室内消火栓布置间距	错误一处扣 2 分,扣完为止	8		
6	干式消防竖管应用	错误一处扣 2 分,扣完为止	8		
小　计					
总　计					

▶ 任务拓展 ▷

消火栓的使用方法

通常来说,使用消火栓一般需要两人以上配合。一人负责操作消火栓,另一人负责连接水带并控制水流方向,这样可以更快速有效地进行灭火。消火栓的具体使用方法如下:

(1) 一人打开消火栓门,按下内部火警按钮(按钮就是报警与启动消防泵的)。

(2) 两人操作,一人取出消防水带,接好枪头与水带奔向起火点。另一人接好水带与阀门口,连接水源。

(3) 一人逆时针打开阀门,记住要慢慢拧开,大声提示另一人(水压极大,快速打开阀门时握水枪的人可能被打到),另一人手握水枪头及水管即可灭火。

(4) 停止旋转阀门,立即协助水枪手灭火。

(5) 灭火以后,晾干水带,按照安装方式安装到位,贴好封条。

▶ 任务小结 ▷

消火栓系统是指用于灭火的一种设备,它是建筑物消防系统中基础和重要的一环。消火栓系统可以分为室内消火栓系统和室外消火栓系统两种。

室内消火栓系统是指安装在建筑物内部的消火栓系统,通常安装在楼道或走廊等易于操作的地方。室内消火栓系统通常由消火栓泵房、消火栓、消火栓阀、水泵、水箱等组成。室内消火栓系统的优点是操作方便、使用灵活、可靠性高,但相对而言,成本较高。

室外消火栓系统是指安装在建筑物外部的消火栓系统,通常安装在固定位置,以便消防人员在火灾发生时能够快速地找到和操作。室外消火栓系统通常由消火栓箱、消火栓、消火栓阀等组成。室外消火栓系统的优点是成本低、维护简单、使用方便,但相对而言,操作难度较大。

任务 13 气体灭火系统

任务目标

(1) 掌握气体灭火系统的功能、结构及工作原理。

(2) 了解气体灭火系统各主要设备的端子功能，并能按图接线。

(3) 能够拟定安装调试方案，进行气体灭火系统的安装与调试。

任务描述与分析

气体灭火系统是指平时灭火剂以液体、液化气体或气体状态存储于压力容器内，灭火时以气体(包括蒸汽、气雾)状态喷射作为灭火介质的灭火系统。气体灭火系统能在防护区空间内形成各方向均一的气体浓度，而且至少能保持该灭火浓度达到一定的浸渍时间，实现扑灭该防护区的空间、立体火灾。本任务主要学习建筑气体灭火系统的基本概念、组成、工作原理、分类和适用场所，同时还学习各类气体灭火系统的安装、调试、日常使用操作与维护保养工作。通过本任务的学习，对气体灭火系统有一定的认识，了解各类气体灭火剂系统的应用，了解气体灭火系统在建筑工程中的作用和操作。

相关知识

一、气体灭火系统的分类

1. 按灭火剂的种类分类

(1) 卤代烷灭火剂。烷烃分子中的部分或者全部氢原子被卤素原子取代得到的一类有机化合物总称为卤代烷。其灭火机理属于化学灭火的范畴，通过灭火剂的热分解产生含氟的自由基，与燃烧反应过程中产生支链反应的 $H+$、$OH-$、$O-$ 活性自由基发生气相作用，从而抑制燃烧过程中的化学反应来实施灭火。20 世纪 50 年代以来，卤代烷 1301 和卤代烷 1211 是应用最广泛的卤代烷灭火剂。但是这两种卤代烷灭火剂中的 Br 原子会对大气臭氧层造成破坏，作为卤代烷 1301 和卤代烷 1211 灭火系统的替代物，七氟丙烷(FM-200)是一种新型高效的卤代烷灭火剂。七氟丙烷气体灭火系统按气体灭火剂输送压力的来源可分为内贮压式灭火系统和外贮压式(又称备压式)灭火系统。

(2) 二氧化碳灭火剂。二氧化碳在常温下无色无味，是一种不燃烧、不助燃、不导电的气体，是应用较广的灭火剂之一。根据储存压力的不同，二氧化碳灭火系统可分为高压二氧化碳气体灭火系统(储存压力为 5.17 MPa)和低压二氧化碳气体灭火系统(储存压力为 2.07 MPa)。其灭火机理为：气体二氧化碳在高压或低温下被液化，喷放时，气体体积急剧膨胀，同时吸收大量的热，可降低灭火现场或保护区内的温度，并通过高浓度的二氧化碳气体，稀释被保护空间的氧气，达到窒息灭火的效果，灭火效果稍差于卤代烷灭火剂。

(3) IG541 灭火剂。IG541 灭火剂是由 52%的氮气、40%的氩气和 8%的二氧化碳混合而成的灭火气体，是一种无毒、无色、无味、不导电的混合惰性气体。其灭火机理为纯物理灭火方式，是靠释放后将保护区的氧气浓度降低到 12.5%并把 CO_2 的浓度提高到 4%。而氧气浓度降低到 15%以下，大多数普通可燃物可停止燃烧。

(4) 气溶胶灭火剂。气溶胶灭火剂由氧化剂、还原剂、燃烧速度控制剂和黏合剂组成。通常所说的气溶胶，是指以空气为分散介质，以固态或液态的微粒为分散质的胶体体系。气溶胶主要分为热气溶胶和冷气溶胶。其中热气溶胶主要包括：K 型气溶胶——发生剂采用 KNO 作主氧化剂，S 型气溶胶——发生剂采用 $Sr(NO_2)$ 作主氧化剂。

(5) 细水雾灭火剂。细水雾是使用经过特殊加工的喷嘴，通过水与不同雾化介质产生的水微粒。其灭火机理为：由于细水雾表面积相对较大，吸收热量快，迅速气化，大量的气化潜热会降低气相燃料及氧化剂的温度，同时大量水蒸气的存在也会降低反应区的氧气及可燃气体的浓度，从而达到物理作用灭火的目的。细水雾灭火系统有单流体系统(高压、中压和低压)和双流体系统两个基本类型。

(6) SDE 灭火剂。SDE 灭火剂及其灭火系统是由国内民营企业昆山宁华阻燃化学材料有限公司自行研发、生产的哈龙替代产品。工程上比较常用的气体灭火剂为七氯丙烷、二氧化碳和 IG541。

2. 按灭火方式分类

(1) 全淹没气体灭火系统。全淹没气体灭火系统是指在规定的时间内，向防护区喷射一定浓度的气体灭火剂，并使其均匀地充满整个防护区的灭火系统。全淹没气体灭火系统的喷头均匀布置在防护区的顶部，火灾发生时，灭火剂会释放到整个防护区，并保持灭火剂浓度一段时间，通过灭火剂气体将封闭空间淹没实施灭火。全淹没气体灭火系统如图 2-13-1 所示。

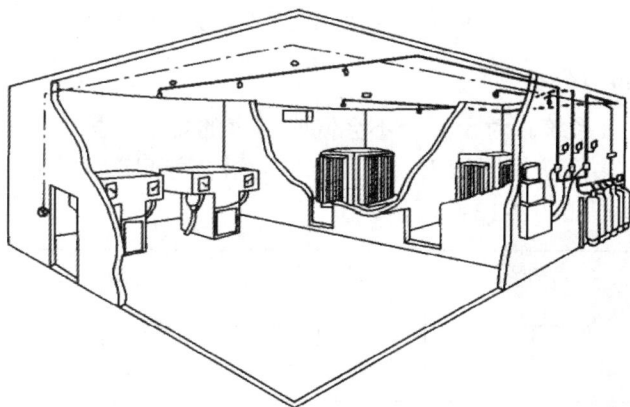

图 2-13-1　全淹没气体灭火系统

(2) 局部应用气体灭火系统。局部应用气体灭火系统是指在规定的时间内向保护对象以设计喷射率直接喷射气体，在保护对象周围形成局部高浓度，并持续一定时间的灭火系统。局部应用气体灭火系统的喷头均匀布置在保护对象的四周，在保护对象周围局部范围内达到较高的灭火剂气体浓度实施灭火。局部应用气体灭火系统如图 2-13-2 所示。

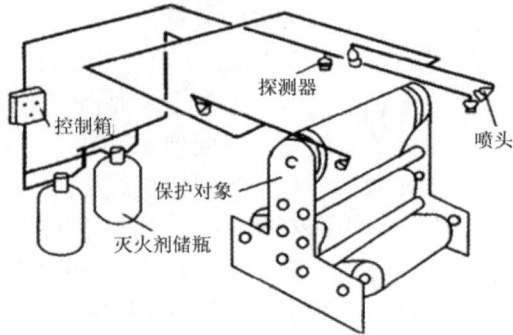

图 2-13-2　局部应用气体灭火系统

(3) 手持软管灭火系统。手持软管灭火系统仅有二氧化碳一种形式，由盘管轮或架、软管、喷嘴等组成，通过固定管路连接到二氧化碳供给单元，如图 2-13-3 所示。

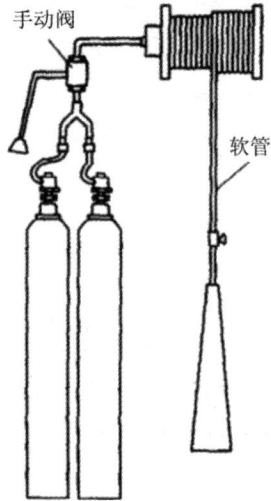

图 2-13-3　手持软管二氧化碳灭火系统

3. 按系统结构特点分类

(1) 组合分配灭火系统。对于几个不会同时着火的相邻防护区或保护对象，使用一组灭火剂储存装置保护多个防护区的灭火系统，称为组合分配灭火系统，如图 2-13-4 所示。组合分配灭火系统原理如图 2-13-5 所示。

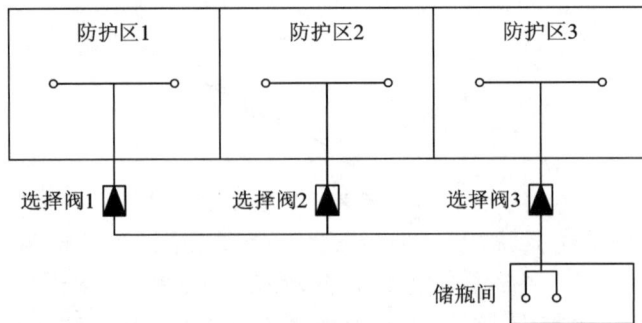

图 2-13-4　组合分配灭火系统示意图

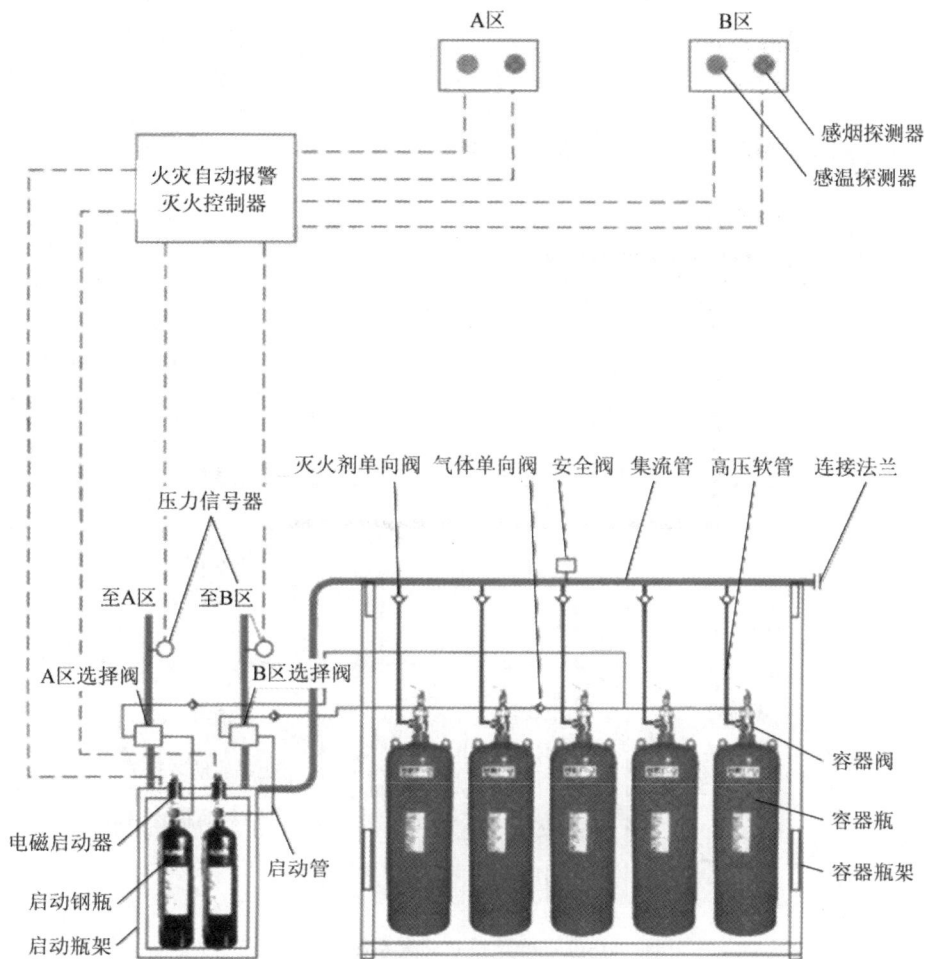

图 2-13-5　组合分配灭火系统原理图

(2) 单元独立灭火系统。只保护一个防护区或保护对象的灭火系统叫作单元独立灭火系统，如图 2-13-6 所示，单元独立灭火系统原理图如图 2-13-7 所示。

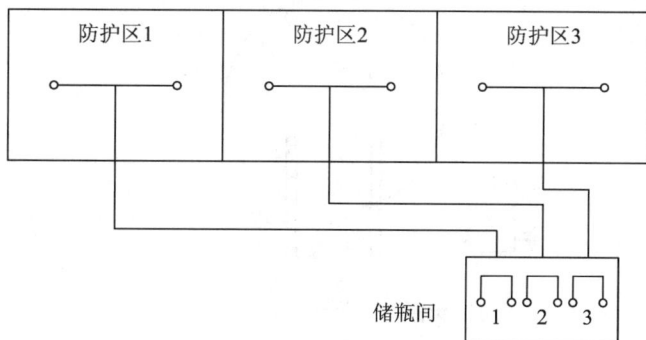

图 2-13-6　单元独立灭火系统示意图

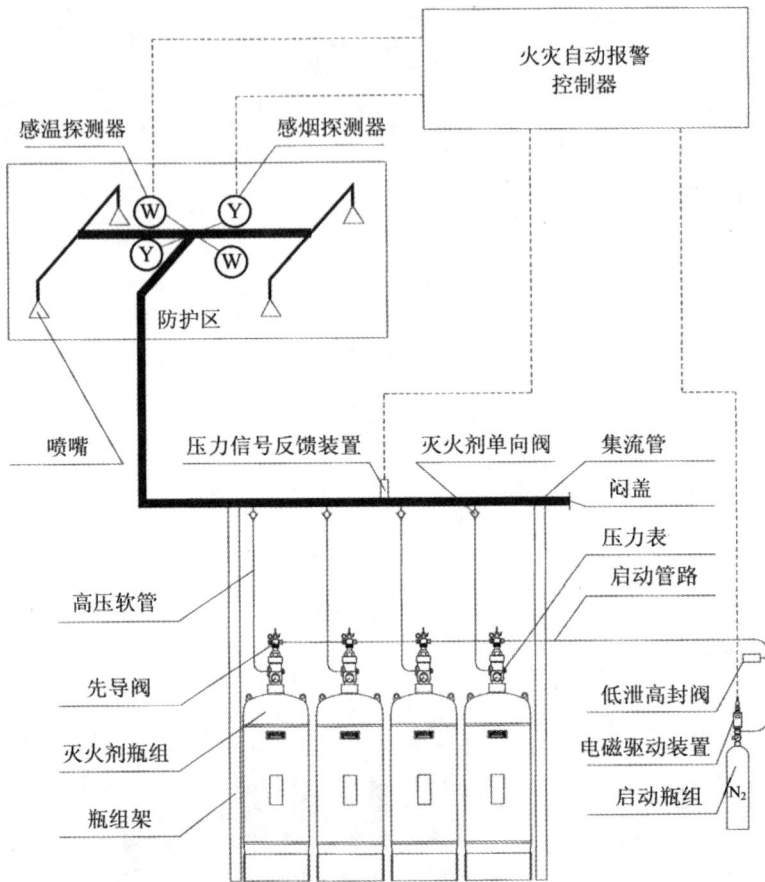

图 2-13-7　单元独立灭火系统原理图

(3) 无管网灭火系统。将灭火剂储存容器、控制和释放部件等组合装配在一起的小型、轻便的灭火系统，如图 2-13-8 所示，系统无管网连接或仅有一段短管，因此称为无管网灭火系统。

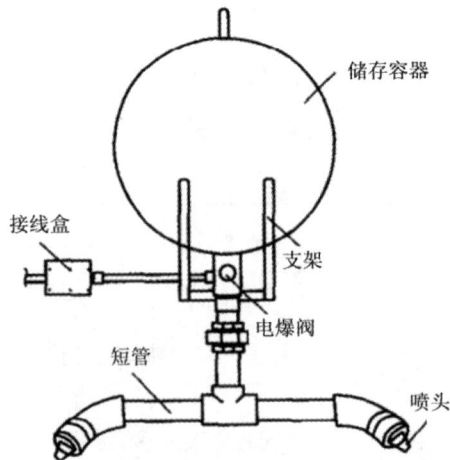

图 2-13-8　无管网灭火系统

二、气体灭火系统的工作原理和组成

1. 气体灭火系统的工作原理

气体灭火系统防护区发生火灾后，首先火灾探测器动作，并向火灾报警灭火控制器报警，确认后发出声、光报警信号，同时启动联动装置(关闭防护区开口、停止空调和通风机等)，延时一定时间(一般为 30 s)后打开启动气瓶的瓶头阀，利用气瓶中的高压氮气将灭火剂储存容器上的容器阀打开，灭火剂经管道输送到喷头喷出实施灭火。

灭火剂施放时，压力开关动作发出反馈信号，灭火控制器同时发出施放灭火剂的声、光报警信号。延时一定时间主要有三个方面的作用，一是考虑防护区内人员的疏散；二是及时关闭防护区的开口；三是判断有没有必要启动气体灭火系统。气体灭火系统工作程序如图 2-13-9 所示。

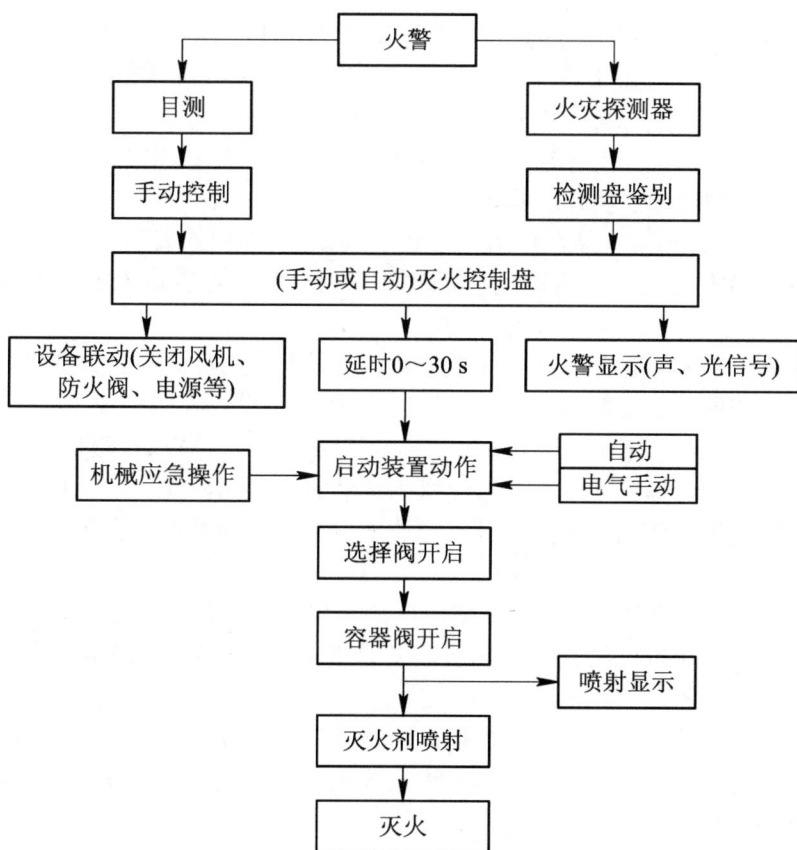

图 2-13-9 气体灭火系统工作程序图

2. 气体灭火系统的组成

气体灭火系统一般由灭火剂储存容器、容器阀、电磁瓶头阀、压力开关等组成，如图 2-13-10 所示。

图 2-13-10   气体灭火系统的组成

(1) 灭火剂储存容器。灭火剂储存容器长期处于充压工作状态，它是气体灭火系统的主要组件之一，对系统能否正常工作影响很大。灭火剂储存容器既要储存灭火剂，同时又是系统工作的动力源，为系统正常工作提供足够的压力。

(2) 容器阀。容器阀是指安装在灭火剂储存容器出口的控制阀门，其作用是平时用来封存灭火剂，火灾时自动或手动开启释放灭火剂。

(3) 电磁瓶头阀。该阀安装在启动钢瓶上，用以密封瓶内的启动气体。火灾时，控制器发出灭火指令，打开电磁阀，启动气体释放打开灭火剂储存容器上的容器阀及相应的选择阀。

(4) 选择阀。选择阀是组合分配系统中用来控制灭火剂释放到起火防护区的阀门。选择阀平时都是关闭的，选择阀的启动方式有气动式和电动式。无论电动式还是气动式选择阀，均应设手动执行机构，以便在自动失灵时，仍能将阀门打开。该选择阀是一种气动快开阀，其工作原理为当控制气体推动驱动气缸活塞，带动曲柄动作，使转轴旋转，主阀处于可开启状态，在灭火剂压力作用下主阀打开，释放灭火剂。应急时，可直接扳动手柄打开选择阀，释放灭火剂。

(5) 单向阀。单向阀是用来控制介质流向的。单向阀分为液流单向阀和气流单向阀。液流单向阀可防止灭火剂回流到空瓶或从卸下的储瓶接口处泄漏灭火剂。气流单向阀用以控制启动气体来开启相应阀门。

(6) 压力开关。压力开关安装在选择阀的出口部位，对于单元独立系统则安装在集流管上。当灭火剂释放时，压力开关动作，送出灭火剂释放信号给控制中心，起到反馈灭火系统的动作状态的作用。

(7) 安全泄压阀。安全泄压阀通常设置在组合分配系统的集流管上。在组合分配系统的集流管中，由于选择阀平时处于关闭状态，在容器阀的出口处至选择阀的进口端之间形成了一个封闭的空间，因而在此空间内容易形成一个储压区域，安全泄压阀当压力超过规定值时自动开启泄压，保证管网系统的安全。

(8) 喷嘴。喷嘴是安装在灭火释放管道的末端，用来控制灭火剂的释放速度和喷射方向，将灭火剂释放到防护区的关键组件。因灭火剂的不同，喷头有各种类型，但基本要求是必须保证耐压、耐腐蚀，具有一定强度。

三、气体灭火系统的安装与调试

1. 施工安装前的检查

施工安装前需要先对气体灭火系统的各部件进行下列检查：

(1) 对灭火剂储存容器、容器阀、选择阀、液体单向阀、喷嘴和阀驱(启)动装置等系统组件进行外观检查。

(2) 储存容器内灭火剂充装量不应小于设计充装量，且不得超过设计量的 1.5%，卤代烷灭火系统储存容器内的实际压力不应低于相应温度下的储存压力，且不应超过该储存压力的 5%。

2. 灭火剂储存装置的安装

(1) 储存容器可单排布置，也可双排布置，如图 2-13-11 所示。

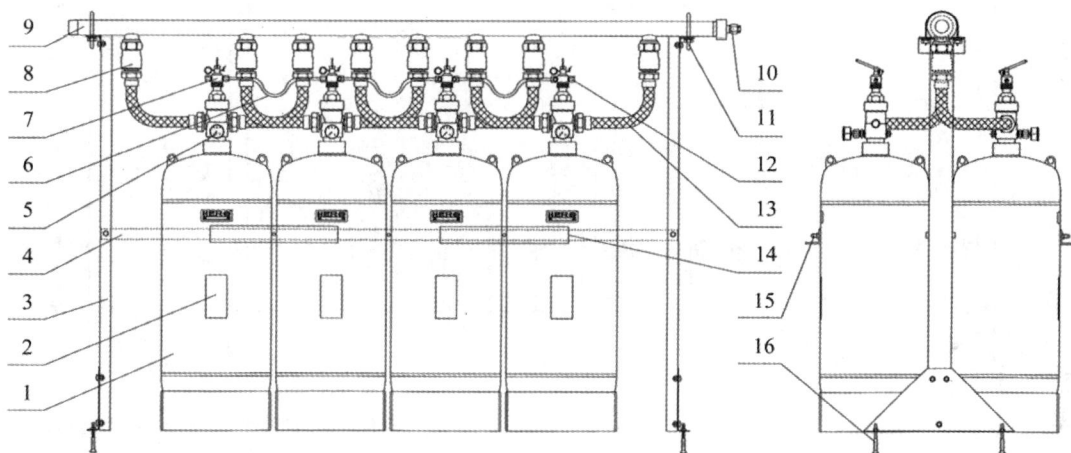

1—灭火剂瓶组；2—标贴；3—支撑架；4—横梁；5—压力表；6—启动管件先导阀；8—灭火剂单向阀；9—集流管；10—安全泄放装置；11—集流管抱箍；12—气路堵头；13—高压软管；14—压板；15—拉杆；16—地脚螺栓(M10钢膨胀螺栓)。

注：双排4瓶组、6瓶组与8瓶组安装方式相同(横梁及集流管规格不相同)。

图 2-13-11　双排 8 瓶组七氟丙烷瓶装图

(2) 灭火剂储存装置安装后，泄压装置的泄压方向不应朝向操作面。

(3) 储存容器和汇集管的支架、框架应固定牢靠，并应作防腐处理。

(4) 储存容器和集流管外表面宜涂红色油漆，储存容器正面应标明设计规定室外灭火剂名称和储存容器的编号。

(5) 连接储存容器与汇集管之间的单向阀的流量指示箭头应指向介质流动方向。

(6) 系统安装前应对汇集管、选择阀、液体单向阀、高压软管和阀驱(启)动装置等系统组件进行外观检查。

(7) 施工单位和人员应按照灭火器储存容器检查记录表规定的内容做好施工记录。对装置中的气体单向阀逐个进行水压强度试验和气压严密性试验。

3. 启动分配装置的安装

(1) 选择阀操作手柄应布置在操作面的一侧，安装高度超过 1.7m 时应有便于操作的措施。

(2) 采用螺纹连接的操作阀，与管网连接处宜采用活接头。

(3) 拉索式机械驱动装置的安装应符合规定。

(4) 安装以重力式机械驱动装置时，应保证重物在下落行程中无阻挡，其下落行程应保证驱动所需距离，且不得小于 25mm。

(5) 电子驱动装置驱动器的电气连接线应沿固定灭火剂储存容器的支架、框架或墙面固定。

(6) 气动驱动装置的安装应符合相应规定。

(7) 气动驱动装置的管道安装应符合设计及相应规定，图 2-13-12 为启动瓶组装图。

(8) 气动驱动装置的管道安装后应作气压严密性试验，并合格。

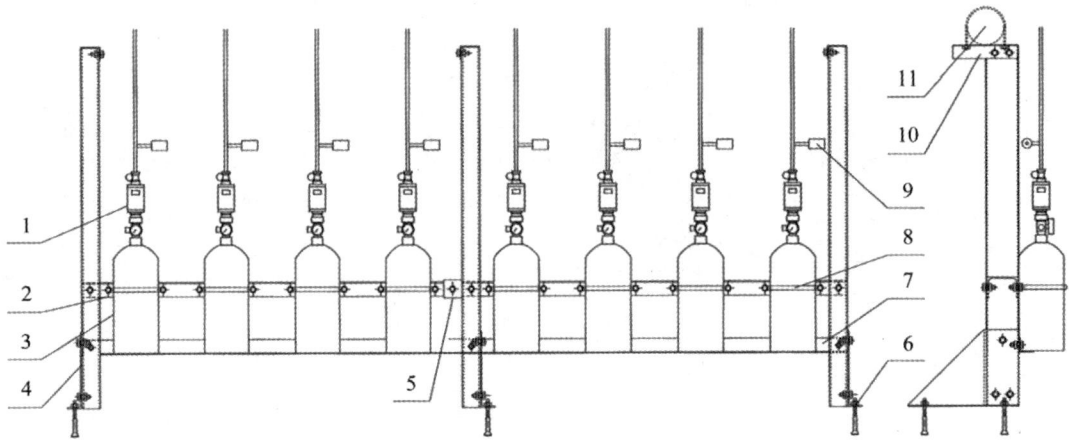

1—电磁驱动装置；2—连接档；3—启动瓶组；4—支撑架；5—连接附件；6—地脚螺栓(M10钢膨胀螺栓)；
7—瓶组托挡；8—抱箍；9—低泄高封阀；10—分流管连接件；11—分流管。

图 2-13-12 启动瓶组装图

4. 输送释放装置的安装

(1) 喷嘴应均匀分布，以保证防护区内灭火剂分布均匀，设置在有粉尘场所的喷嘴应增设不影响喷射效果的防尘罩。

(2) 喷嘴一般向下安装，当封闭空间的高度较小时，可侧向安装或向上安装。

(3) 安装在吊顶下的不带装饰罩的喷嘴，其连接管管径螺纹不应露出吊顶。

(4) 灭火剂输送管道连接应符合相应规定。

(5) 管道穿过墙壁、楼板处应安装套管。

(6) 管道支架、吊架应符合相应规定。

(7) 灭火剂输送管道的外表面宜涂红色油漆。

(8) 灭火剂输送管道安装完毕后，应进行强度试验和气压严密性试验，并合格。

5. 监测装置的安装

(1) 灭火监测装置的安装应符合设计要求，防护区内火灾探测器的安装应符合现行国家标准《火灾自动报警系统施工及验收规范》的规定。

(2) 设置在防护区处的手动、自动转换开关和手动启动、停止按钮应安装在防护区入口便于操作的部位，安装高度为中心点距地(楼)面 1.5 m；防护区的声光报警装置安装应符合设计要求，并应安装牢固，不得倾斜。

(3) 气体喷放指示灯宜安装在防护区入口的正上方。

6. 气体灭火系统的调试

(1) 调试时，应对所有防护区或保护对象按照《气体灭火系统施工及验收规范》E.2 的规定进行手动、自动模拟启动实验，并应合格。

(2) 调试时，应对所有防护区或保护对象按照《气体灭火系统施工及验收规范》E.3 的规定进行模拟喷气试验，并应合格。

(3) 设有灭火剂备用量且储存容器连接在同一汇集管上的系统应按照《气体灭火系统施工及验收规范》E.4 的规定进行模拟切换操作实验，并应合格。

7. 气体灭火系统的适用场所

(1) 适宜用气体灭火系统扑救的火灾有：

① 电气火灾；

② 固体表面火灾及棉毛、织物、纸张等部分固体深位火灾；

③ 液体火灾或石蜡、沥青等可熔化的固体火灾；

④ 灭火前能切断气源的气体火灾。

(2) 不适宜用气体灭火系统扑灭的火灾有：

① 硝化纤维、硝酸钠等氧化剂或含氧化剂的化学制品火灾；

② 钾、钠、镁、钛、锆、铀等活泼金属火灾；

③ 氢化钾、氢化钠等金属氢化物火灾；

④ 过氧化氢、联胺等能自行分解的化学物质火灾；

⑤ 可燃固体物质的深位火灾；

⑥ 热气溶胶预制灭火系统不应设置在人员密集场所、有爆炸危险性的场所及有超净要求的场所。

(3) 常用的具体场所：

① 重要场所；

② 怕水污损的场所；

③ 甲、乙、丙类液体和可燃气体储藏室或具有这些危险物的工作场所；

④ 电气设备场所。

▶ 学生活动 ▶

气体灭火系统由于灭火剂不同分为多个种类，对于不同灭火剂构成的气体灭火系统，其特点和灭火原理也有所不同，请对其进行描述。二氧化碳灭火系统主要由灭火剂储存容器、容器阀、电磁瓶头阀、单向阀、选择阀、压力开关等器件组成，对其特点原理和作用进行描述，完成气体灭火系统任务书。

气体灭火系统任务书

1. 根据要求完成下列内容

灭　火　剂	种　类	特　点	灭火原理	备注
卤代烷灭火剂				
二氧化碳灭火剂				
IG541 灭火剂				
气溶胶灭火剂				
细水雾灭火剂				
SDE 灭火剂				

2. 根据要求完成下列内容

器　件	特　点	原　理	作　用	备注
灭火剂储存容器				
容器阀				
电磁瓶头阀				
选择阀				
单向阀				
压力开关				
安全泄压阀				
喷嘴				

任务评价

　　对于气体灭火系统不同灭火剂的特点和灭火原理，描述错误一处扣一分；对于二氧化碳灭火系统的组成主要器件的原理、特点及作用的描述，错误一处扣一分。

气体灭火系统评分表

1. 不同灭火剂的种类、特点及灭火原理(60 分)

灭　火　剂	重点检查内容	评分标准	分值	得分	备注
卤代烷灭火剂	灭火剂种类、特点、灭火原理	错误一项扣 1 分	10		
二氧化碳灭火剂	灭火剂种类、特点、灭火原理	错误一项扣 1 分	10		
IG541 灭火剂	灭火剂种类、特点、灭火原理	错误一项扣 1 分	10		
气溶胶灭火剂	灭火剂种类、特点、灭火原理	错误一项扣 1 分	10		
细水雾灭火剂	灭火剂种类、特点、灭火原理	错误一项扣 1 分	10		
SDE 灭火剂	灭火剂种类、特点、灭火原理	错误一项扣 1 分	10		
小　计					

续表

2. 二氧化碳灭火系统主要组成器件的原理、特点及作用(40 分)					
器　件	重点检查内容	评分标准	分值	得分	备注
灭火剂储存容器	器件原理、特点、作用	错误一项扣 1 分	5		
容器阀	器件原理、特点、作用	错误一项扣 1 分	5		
电磁瓶头阀	器件原理、特点、作用	错误一项扣 1 分	5		
选择阀	器件原理、特点、作用	错误一项扣 1 分	5		
单向阀	器件原理、特点、作用	错误一项扣 1 分	5		
压力开关	器件原理、特点、作用	错误一项扣 1 分	5		
安全泄压阀	器件原理、特点、作用	错误一项扣 1 分	5		
喷嘴	器件原理、特点、作用	错误一项扣 1 分	5		
小　计					
总　计					

任务拓展

气体灭火系统的控制逻辑和日常维护

1. 气体灭火系统的使用操作

气体灭火系统有三种控制方式：自动控制、手动控制和机械应急操作。自动控制是指在采用系统保护的防护区内，设有火灾感烟和感温探测器，与火灾自动报警控制器组成自动探测、报警、控制系统，对灭火系统实施自动控制。

手动控制是用人工实施电气控制，即在有人值班的情况下，自动报警控制器设置在手动挡，当接到火灾报警时，值班人员可通过视频或到防护区现场查看火情，认为需启动灭火系统时，可操作控制器上的手动控制装置，或设在防护区门外的紧急手动启动装置，立即启动灭火系统，实施灭火。

当自动控制和手动控制失灵或不能实施时，才采用机械应急操作，操作前应通知防护区内人员撤离，并人工关闭防护区内应关闭的设施，然后实施机械应急操作。对已喷放的灭火剂瓶组、启动瓶组要进行再充装，对系统进行安装、复位、调试合格后，才可开通，投入运行。

2. 气体灭火系统的日常维护

1) 常(运行)时的维护、保养

(1) 保持瓶组间和控制室内清洁、干燥、通风良好。

(2) 灭火设备和报警控制设备表面清洁无尘。

(3) 启动瓶组上手动手柄，灭火剂瓶组上先导阀手启动手柄的保险销及铅封应完整无损。

(4) 选择阀上手动开启手柄无损，位置正确、无松动。

(5) 统牌、警示牌无损，清洁可视。

2) 月季度维护、保养

(1) 检查启动瓶组压力，压力表示值应在绿区内。

(2) 逐个对灭火剂瓶组进行压力检测，压力表示值应在绿区内。

(3) 逐个对灭火剂瓶组和启动瓶组进行检查，瓶体表面应无严重腐蚀、裂纹、变形(凸瘤等)，如有上述问题，应及时更换并释放瓶内气体。

3) 年度维护、保养

(1) 对灭火设备进行全面检查：瓶组架稳固，各部件连接可靠无松动，并全面做好清洁工作。

(2) 对系统进行报警和启动模拟试验，火灾探测、报警、灭火控制按其产品说明书进行；灭火设备检查电磁驱动装置(脱离被启动瓶组)，经自动、手动(包括紧急启动、紧急停止试验)，应动作正常；延时时间、现场声光报警等应正常。

(3) 对压力信号反馈装置进行检查，卸下该装置，人工推动活塞(模拟灭火剂喷放受压)，喷放指示灯应亮，信号应正常反馈，并能自动复位。

(4) 对灭火剂输送管网及其附件进行检查，连接可靠、安装稳固，表面无严重锈蚀，并全面做好清洁工作。

(5) 检查喷嘴，不应堵塞，并做好清洁工作。

3. 气体灭火系统的使用安全要求

为保障人员在火灾发生或平时工作的安全，气体灭火系统应符合以下安全要求：

(1) 防护区应有保证人员在30 s疏散完毕的通道和出口。

(2) 防护区的疏散通道及出口，应设置应急照明与疏散指示标志。

(3) 防护区的门应向疏散方向开启，并能自行关闭；用于疏散的门必须能从防护区内打开。

(4) 灭火后的防护区应通风换气，地下防护区和无窗或设固定窗扇的地上防护区，应设置机械排风装置，排风口宜设在防护区的下部并应直通室外。通信机房、电子计算机机房等场所的通风换气次数应不少于每小时5次。

(5) 经过有爆炸危险和变电、配电场所的管网，以及布设在以上插锁的金属箱体等，应设防静电接地。

(6) 防护区内设置的预定灭火系统的充压压力不应大于2.5 MPa。

(7) 灭火系统的手动控制与应急操作应有防止误操作的警示显示和措施。

(8) 设有气体灭火系统的场所，宜配置空气呼吸器。

任务小结

气体灭火系统的优点是灭火效率高，灭火速度快。气体灭火系统多为自动控制，探测、启动及时，对火的抑制速度快，可以快速将火灾控制在初期，几秒到几分钟就可以将火扑灭，适应范围广。根据灭火方式不同，气体灭火系统可分为全淹没系统和局部应用系统；根据管网布置方式不同，气体灭火系统可分为有管网灭火系统和无管网应用系统；根据气体灭火剂的种类不同，可分为采用卤代烃、二氧化碳、IG541气体、气溶胶等多种气体灭火系统。工程上常用的三种气体灭火剂为七氟丙烷、二氧化碳和IG541气体，熟悉这三种气体灭火系统不同灭火方式、不同管网布置情况下的系统工作内容。

任务 14　防 排 烟 系 统

任务目标

(1) 了解防排烟系统的功能、结构及其工作原理。

(2) 掌握防排烟系统各主要设备的功能。

(3) 能够拟定安装调试方案，进行防排烟系统的安装与调试。

任务描述与分析

　　火灾中对人体伤害最严重的是烟雾，是由固体、液体粒子和气体所形成的混合物，含有有毒、刺激性气体。火灾死伤者中相当数量的人是因为中毒或窒息而死亡。建筑物发生火灾后，烟气在建筑物内不断流动传播，不仅导致火灾蔓延，也引起人员恐慌，影响疏散与扑救。防排烟系统是设置在建筑物内，用于有效地控制火灾烟气，为安全疏散、消防扑救创造有利条件，并且可有效控制火势蔓延扩大的消防设施，是建筑内的用以防止火灾烟气蔓延扩大的防烟系统和排烟系统的总称。本任务对防烟系统和排烟系统进行系统学习，掌握防烟系统和排烟系统常用设备和器件的工作原理及使用方法，了解气体灭火系统在建筑工程中的作用和操作。

相关知识

一、防排烟的分类

　　防烟系统是指通过采用自然防烟方式，防止火灾烟气在楼梯间、前室、避难层(间)等空间内积聚，或通过采用机械加压送风方式阻止火灾烟气侵入楼梯间、前室、避难层(间)等空间的系统。该系统可以阻止烟气侵入，控制烟气蔓延，为安全疏散创造有利条件，保证人员安全疏散。

　　排烟系统是指采用自然排烟或机械排烟的方式，将房间、走道等空间的火灾烟气排至建筑外的系统。该系统可在建筑中某部位起火时排除大量烟气和热量，起到控制烟气和火势蔓延的作用，如表 2-14-1 所示。

表 2-14-1　防 排 烟 系 统

系　统	名　称	特　点
防烟系统	自然防烟	利用建筑本身的防烟设施和通风口，起到防止烟气进入安全区域的作用
	机械加压送风防烟	利用送风机对安全区域进行加压，使其保持一定的正压，防止烟气侵入
排烟系统	自然排烟	利用火灾产生的热烟气的浮力和外部风力作用，通过建筑物的对外开口把烟气排至室外
	机械排烟	利用排烟风机把着火区域的热烟气通过排烟口排至室外

二、防烟系统

1. 自然防烟

自然防烟是利用外建筑本身的墙体、防火门、防火卷帘门等防止烟气进入楼梯间、避难层等人员密集的场所，保证人员的安全。

1) 防火门

防火门又称防烟门，是用来维持走火通道的耐火完整性及提供逃生途径的门。其目的是要确保在一段合理时间(通常是逃生时间)内，保护走火通道内正在逃生的人免受火灾的威胁，包括阻隔浓烟及热力。

防火门是消防设备中的重要组成部分，是社会防火中的重要一环，防火门应安装防火门闭门器或设置让常开防火门在火灾发生时能自动关闭门扇的闭门装置。除了一些特殊的部位，如管道井门这些不需要安装闭门器外，其它的部位都是需要安装防火门闭门器的。防火门结构如图 2-14-1 所示。

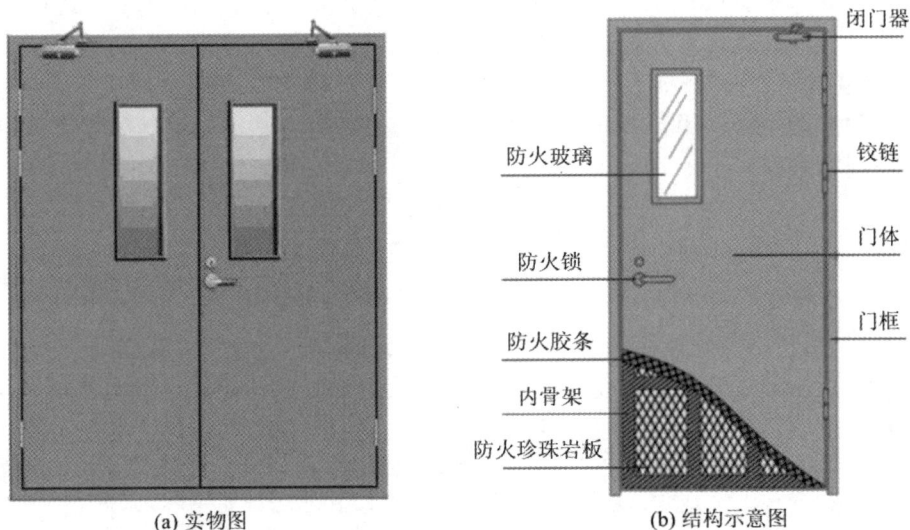

(a) 实物图   (b) 结构示意图

图 2-14-1 防火门结构

根据制作材质、耐火极限及隔热性能、启闭特征，防火门可分为以下三个类别：

(1) 按制作材质划分为钢质防火门、木质防火门、钢木质防火门、全玻璃防火门。其中，木质防火门结构如图 2-14-1 所示。

(2) 按耐火极限及隔热性能划分为甲级防火门(不小于 1.5 h)、乙级防火门(不小于 0.9 h)、丙级防火门(不小于 0.6 h)。

(3) 按启闭特征划分为常闭防火门和常开防火门。

可以根据建筑物的需求选择不同层次的防火门。

新版标准从国际标准中引入了部分隔热防火门和非隔热防火门的概念和要求，对防火门的分类由原来仅按隔热防火门分类，改为完全隔热防火门(A 类)、部分隔热防火门(B 类)和非隔热防火门(C 类)。同时，将原来的甲、乙、丙级防火门的耐火极限调整为

1.5 h、1.0 h 和 0.5 h，丰富了我国防火门产品的种类，增加了实际应用的选择。对于仅需要防火门具有部分隔热性或耐火完整性要求的应用场合，可以选用部分隔热或非隔热的防火门。

A 类防火门又称为完全隔热防火门，在规定的时间内能同时满足耐火隔热性和耐火完整性要求，耐火等级分别为 0.5 h(丙级)、1.0 h(乙级)、1.5 h(甲级)和 2.0 h、3.0 h。

B 类防火门又称为部分隔热防火门，其耐火隔热性要求为 0.5 h，耐火完整性等级分别为 1.0 h、1.5 h、2.0 h、3.0 h。

C 类防火门又称为非隔热防火门，对其耐火隔热性没有要求，在规定的耐火时间内仅满足耐火完整性的要求，耐火完整性等级分别为 1.0 h、1.5 h、2.0 h、3.0 h。英国 BS 标准中，就有非隔热防火门的内容。

2) 防火卷帘门

防火卷帘门同防火墙的作用一样，起到水平防火分隔的作用。它由帘板、导轨、控制箱等组成，如图 2-14-2 所示。

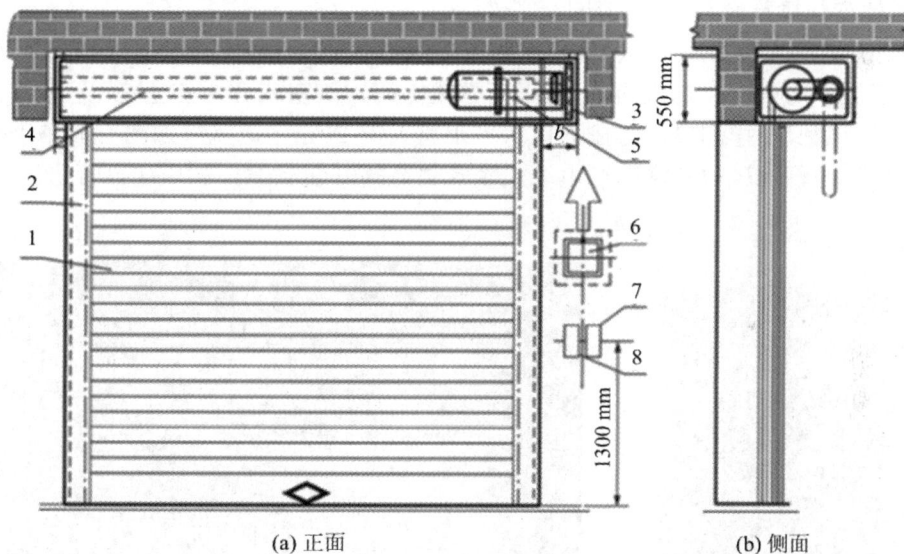

1—帘板；2—导轨；3—方型罩壳；4—卷筒机构；5—电动驱动机构；6—控制箱；7—控制按钮；8—按钮盒。

图 2-14-2　防火卷帘门

防火卷帘门的种类主要有复合型钢质防火卷帘(防火防烟)、无机特级防火卷帘(双轨双帘)、钢质复合型水喷气雾式防火卷帘、钢质复合型侧向式防火卷帘、钢质复合型水平式防火卷帘、无机特级折叠式防火卷帘以及带各种帘中门的防火卷帘。

(1) 按材质分，有钢质、复合、无机等防火卷帘门。

(2) 按安装形式分，有墙中和墙侧(或称洞内、洞外)防火卷帘门。

(3) 按开启方向分，有上卷式和侧卷式防火卷帘门。

在使用过程中一旦发现异常情况应立即采取紧急措施，切断输入电源，排除故障。防火卷帘门应建立定期保养制度，并做好每樘卷帘的保养记录工作，备案存档。长期不启闭的卷帘门每半年必须保养一次，内容为消除尘埃，涂刷油漆，对传动部分的链轮滚子链加润滑油等；检查电器线路和电器设备是否损坏，运转是否正常，是否符合各项指令，如有损坏或不符合要求时应立即检修。

2. 机械加压送风防烟

1) 机械加压送风防烟系统的适用范围

根据《建筑设计防火规范》的规定，建筑的下列部位应设置独立的机械加压送风防烟设施：防烟楼梯间及其前室；消防电梯间前室或合用前室；避难走道的前室、避难层(间)。

建筑高度不大于 50 m 的公共建筑、厂房、仓库和建筑高度不大于 100 m 的住宅建筑，当其防烟楼梯间的前室或合用前室符合下列条件之一时，楼梯间可不设置防烟系统：

(1) 前室或合用前室采用敞开的阳台、凹廊。

(2) 前室或合用前室具有不同朝向的可开启外窗，且可开启外窗的面积满足自然排烟口的面积要求(通常不小于该区域建筑面积的 2%)。

2) 机械加压送风防烟系统的组成

机械加压送风防烟系统一般由新风口、加压送风口、风道及风机等组成。具体由送风口、送风管道、防火阀、送风机和防烟部位(楼梯间、前室或合用前室)以及风机控制柜等组成。新风口应低于排烟口，与排烟口水平距离大于 20 m。送风口如图 2-14-3 所示(为某建筑电梯前室的百叶风口及常闭型电动式多叶调节阀安装实例)。加压送风管道一般为金属管道。

(a) 百叶风口   (b) 常闭型电动式多叶调节阀

图 2-14-3 百叶风口及常闭型电动式多叶调节阀

机械加压送风机可采用轴流风机或中、低压普通离心式风机，如图 2-14-4 所示。加压送风机应设置在不受建筑物内火灾影响的送风机房内。机房的位置可根据供电条件，风量分配均衡和新风入口不受火、烟威胁等因素确定。机械加压送风机的全压，除计算最不利环路管路的压头损失外，尚应留有余压；当所有门均关闭时，余压值应符合下列要求：防烟楼梯间为 40～50 Pa，前室、合用前室、消防电梯间前室、封闭避难层(间)余压值为 25～30 Pa。

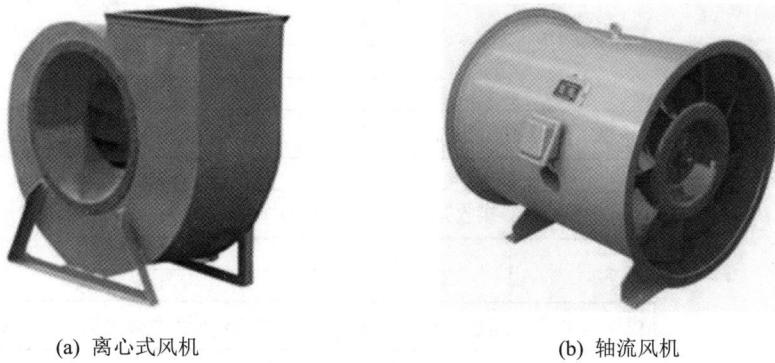

(a) 离心式风机　　　　　　　　　(b) 轴流风机

图 2-14-4　机械加压送风机

3) 机械加压送风防烟系统的运行方式与压力控制

机械加压送风防烟系统按照运行方式可以分为两种：一段式运作和二段式运作，如图 2-14-5 和图 2-14-6 所示。

(1) 一段式运作：只在发生火灾时投入运行，在平时则停止运行。

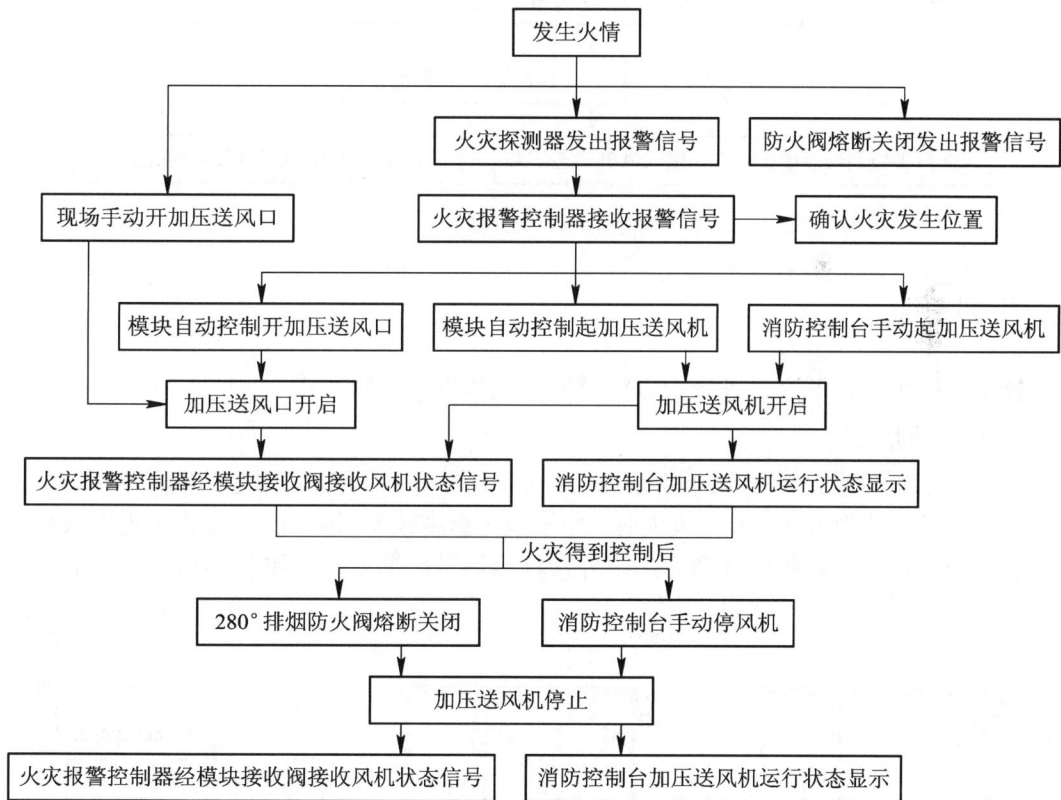

图 2-14-5　一段式运作

(2) 二段式运作：平时可为满足建筑物内调节空气的需要，以较低空气压力连续地送风换气，当发生火灾时能立即投入增加空气压力的运转。

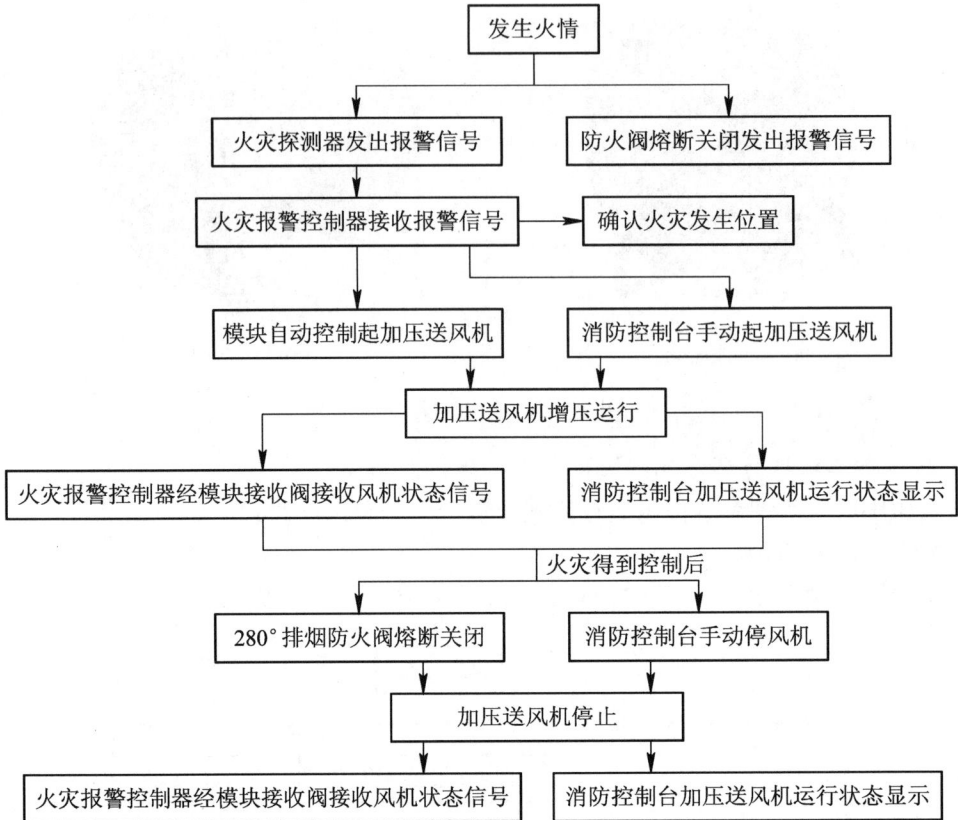

图 2-14-6　二段式运作

三、排烟系统

排烟系统根据排烟方式可分为自然排烟方式和机械排烟方式。

1. 自然排烟

自然排烟是利用火灾产生的烟气流的浮力和外部风力作用，通过建筑物的对外开口，把烟气排至室外的排烟方式。发生火灾时，由于室内温度较大幅度上升，室内外温差较大，形成烟囱效应，成为排烟的一种动力，国外常称为烟塔排烟方式，如图 2-14-7 所示。

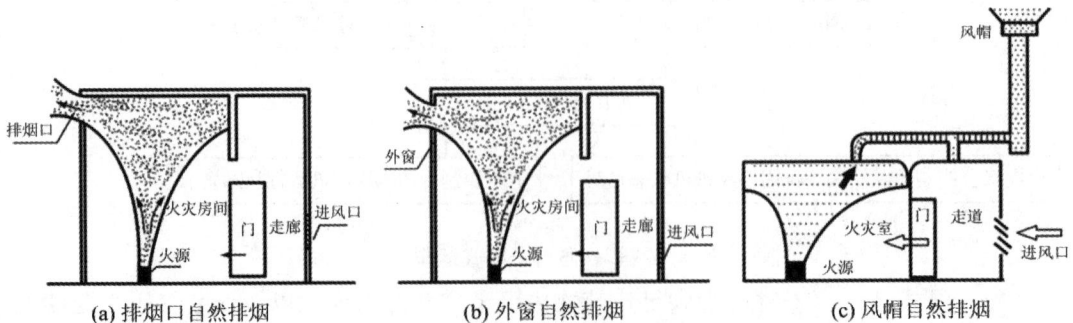

(a) 排烟口自然排烟　　　(b) 外窗自然排烟　　　(c) 风帽自然排烟

图 2-14-7　自然排烟方式

2. 机械排烟

机械排烟方式分为机械加压送风排烟和机械排烟两类。

1) 机械加压送风排烟系统的组成

机械加压送风排烟系统一般由进风口、送风机、排烟口(排烟口无风机)组成,如图 2-14-8 所示。

机械加压送风排烟系通过送风机所产生的气体流动和压力差来控制烟气的流动。在建筑内发生火灾时,对着火区以外的有关区域进行送风加压,使其保持一定正压,以防止烟气侵入。机械排烟可为安全疏散创造有利条件,为消防扑救创造有利条件,可控制火势蔓延扩大,减少烟害造成的财产损失。

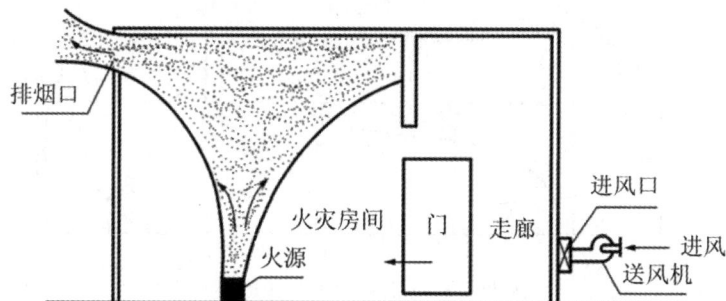

图 2-14-8　机械加压送风排烟系统

2) 机械加压送风排烟系统的工作原理

为保证疏散通道不受烟气侵害,使人员安全疏散,发生火灾时,从安全角度出发,高层建筑内可分为四个安全区(见图 2-14-9):第一类安全区为防烟楼梯间、避难层;第二类安全区为防烟楼梯间前室、消防电梯间前室或合用前室;第三类安全区为走道;第四类安全区为房间。

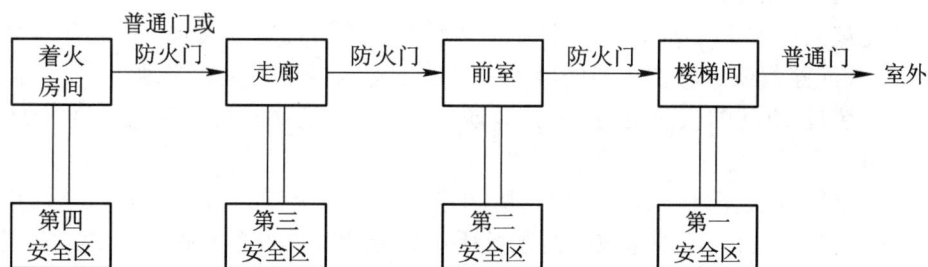

图 2-14-9　疏散通路的安全分区

依据上述原则,加压送风时应使防烟楼梯间压力>前室压力>走道压力>房间压力,同时还要保证楼梯间与非加压区的压差不要过大,以免造成开门困难影响疏散。我国现行规范规定,防烟楼梯间与非加压区的设计压差为 40~50 Pa,防烟楼梯间前室、合用前室、消防电梯间前室、封闭避难层(间)为 25~30 Pa。一般来说,机械加压送风防烟是向防烟楼梯间及其前室加压送风,造成与走道之间一定的压力差,防止烟气入侵。楼梯、前室双机械加压送风排烟如图 2-14-10 所示,前室机械加压送风排烟如图 2-14-11 所示。

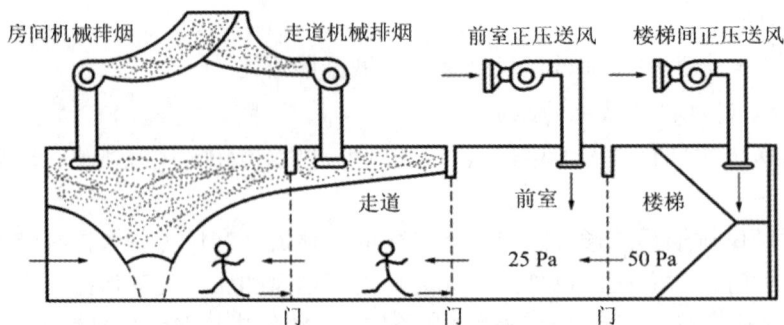

图 2-14-10 走道机械排烟、前室加压送风、楼梯间加压送风

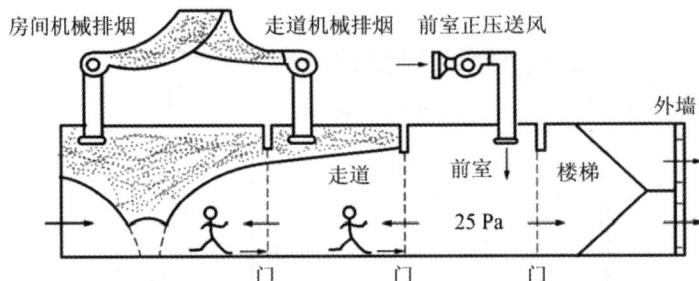

图 2-14-11 走道机械排烟、前室加压送风、楼梯间自然排烟(楼梯间靠外)

3. 机械排烟系统

机械排烟是指采用排烟风机将烟气排至建筑物外的系统。机械排烟方式一般都是利用排风机把着火区域中产生的高温烟气通过排烟口强制排至室外,为受灾人员的疏散和物资财产的转移在时间上和空间上创造条件。

1) 机械排烟系统的设置范围

(1) 高层建筑面积超过 $100\,m^2$、非高层公共建筑中建筑面积大于 $300\,m^2$ 且经常有人停留或可燃物较多的地上房间。

(2) 总建筑面积大于 $200\,m^2$、经常有人停留或可燃物较多,或一个房间建筑面积大于 $50\,m^2$、经常有人停留或可燃物较多的地下、半地下建筑或地下室、半地下室。

(3) 长度超过 20 m 的疏散走道;多层建筑中的公寓、通廊式居住建筑长度大于 40 m 的地上疏散走道。

(4) 多层建筑设置在一、二、三层且房间建筑面积大于 $200\,m^2$,或设置在四层及四层以上或地下、半地下的歌舞娱乐放映游艺场所;高层建筑内设置在首层或二、三层以及设置在地下一层的歌舞娱乐放映游艺场所。

(5) 非高层建筑及高度大于 24 m 的单层公共建筑中,建筑占地面积大于 $1000\,m^2$ 的地上丙类仓库。

(6) 汽车库。

2) 机械排烟系统的分类

高层建筑在机械排烟的同时还要向房间内补充室外的新风,根据补风形式的不同,机械排烟又可分为两种方式:机械送风和自然进风。

(1) 机械送风利用设置在建筑物最上层的排烟风机,通过设置在防烟楼梯间、前室或消防电梯前室上部的排烟口及与其相连的排烟竖井排至室外，或通过房间(或走道)上部的排烟口排至室外；由室外送风机通过竖井和设于前室(或走道)补充室外的新风。各层的排烟口及送风口的开启与排烟风机及室外送风风机相联锁，如图 2-14-12(a)所示。

(2) 自然进风排烟系统同机械送风系统相似，不同的是室外风向前室(或走道)的补充并不依靠风机，而是依靠排烟风机所造成的负压，通过自然进风竖井和进风口补充到前室(或走道)内，如图 2-14-12(b)所示。

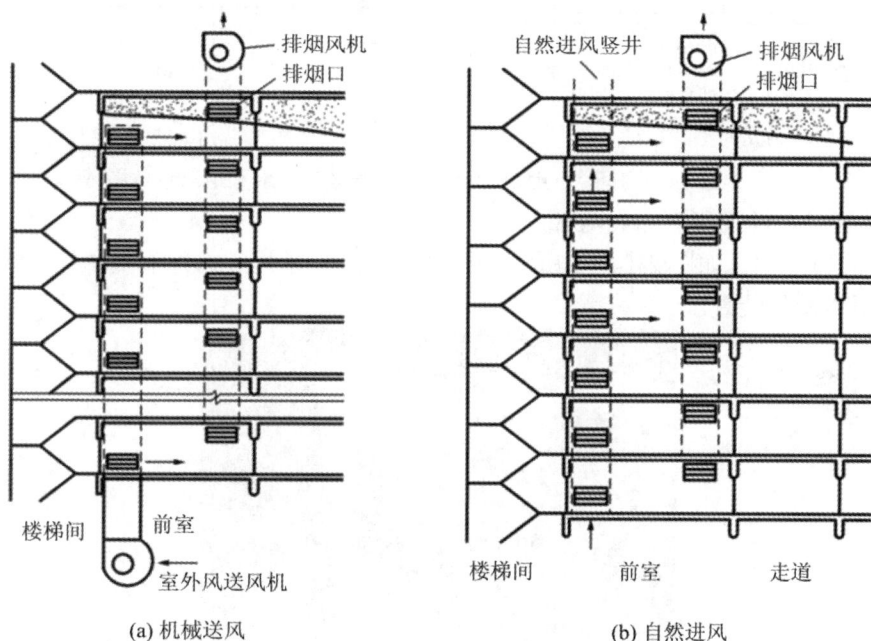

(a) 机械送风　　　　　　　　　　　　(b) 自然进风

图 2-14-12　机械排烟的机械送风和自然进风

3) 机械排烟系统的组成

机械排烟系统由隔烟设施、排烟口、排烟风机等组成。

(1) 隔烟设施一般指挡烟垂壁和挡烟梁。当建筑横梁的高度超过 50 cm 时，该横梁可作为挡烟梁使用，挡烟垂壁与挡烟梁起到相同的挡烟效果。在火灾发展初期，挡烟垂壁和挡烟梁对阻止烟气的水平扩散很有效，若及时启动排烟装置，则烟气能被有效地控制在本区域内；若没有及时排烟，烟气将越聚越多，烟气层的厚度增大，烟气将越过垂壁下端继续沿水平方向扩散。挡烟垂壁分为固定式挡烟垂壁和活动(自动)式挡烟垂壁两种，如图 2-14-13 所示。

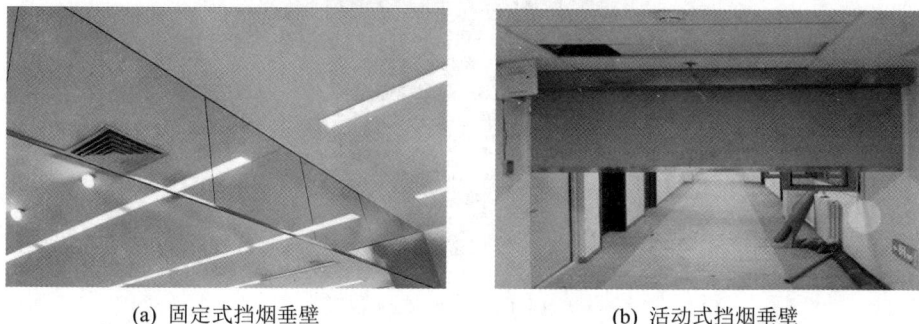

(a) 固定式挡烟垂壁　　　　　　　　　　(b) 活动式挡烟垂壁

图 2-14-13　挡烟垂壁

挡烟垂壁的设计和安装要求是挡烟垂壁形成的防烟分区不大于 $500\,m^2$，排烟口至最远点水平距离不大于 30 m，如图 2-14-14 所示。

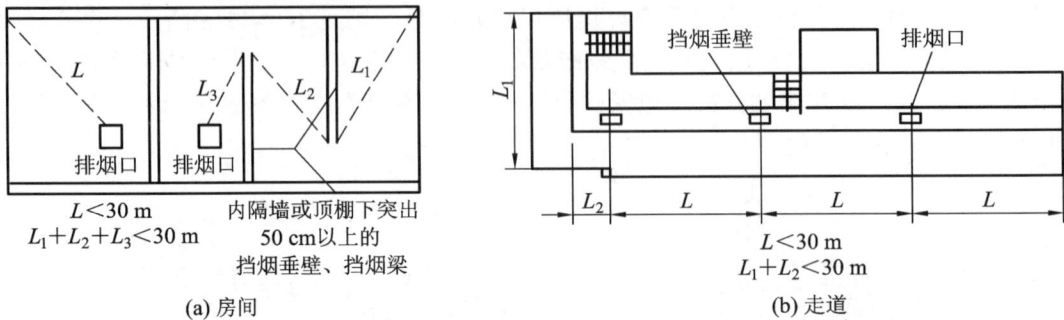

L＜30 m
$L_1+L_2+L_3$＜30 m

(a) 房间

内隔墙或顶棚下突出
50 cm 以上的
挡烟垂壁、挡烟梁

L＜30 m
L_1+L_2＜30 m

(b) 走道

图 2-14-14　房间、走道排烟口至防烟分区最远水平距离示意图

(2) 排烟口有板式和多叶式两种。

① 板式排烟口。如图 2-14-15 所示，板式排烟口的开关形式为单横轴旋转式，其手动方式为远距离操作装置。

图 2-14-15　板式排烟口

② 多叶式排烟口。如图 2-14-16 所示，多叶式排烟口的开关形式为多横轴旋转式，其手动方式分为就地操作和远距离操作两种。

图 2-14-16　多叶式排烟口

当烟道内烟气温度达到 280℃时，温度熔断器动作，排烟口自动关闭；温度熔断器更

换后，可手动复位。阀门开启后，可发出电信号至消防控制中心。根据要求，还可以与其它设备联锁。图 2-14-17 所示为某品牌排烟口实物图。

(a) 实物　　　　　(b) 内部结构

图 2-14-17　排烟口实物图

用于排烟的风机主要有离心风机和轴流风机，并应在其机房入口处设有当烟气温度超过 280℃时能自动关闭的排烟口。另外，还有自带电源的专用排烟风机。机械排烟控制程序如图 2-14-18 所示。

在图 2-14-18(a)中，排烟口和排烟风机联锁，属基本的控制程序图；在图 2-14-18(b)中，当火灾报警器动作后，活动式挡烟垂壁动作，并有信号传到值班室，同时排烟口和排烟风机启动。

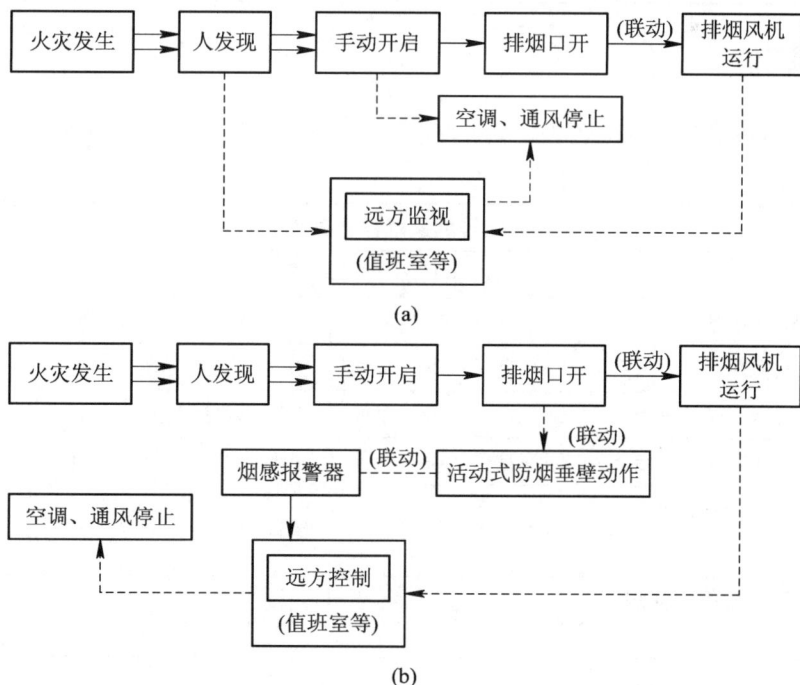

(a)

(b)

图 2-14-18　排烟控制流程

学生活动

对于防排烟系统的烟气危害性、防烟的方式、排烟的方式等十个方面的问题进行简要论述，通过学习研讨完成防排烟系统任务书。

防排烟系统任务书	
根据要求完成下列内容	
火灾烟气的危害性	
什么是自然防烟？简述其特点	
什么是自然排烟？简述其特点	
什么是机械加压送风防烟？简述其特点	
什么是机械排烟系统？简述其特点	
简述 A 类防火门、B 类防火门、C 类防火门	
防火卷帘门由哪几部分组成	
简述机械加压送风防烟系统的一段式运作和二段式运作	
机械排烟系统中挡烟垂壁和挡烟梁所起的作用	
机械排烟系统的应用范围	

任务评价

根据防排烟系统的烟气危害性、防烟的方式、排烟的方式等十个方面的问题回答情况评分。

防排烟系统评分表					
(100 分)					
问 题 描 述	重点检查内容	评分标准	分值	得分	备注
火灾烟气的危害性	回答是否正确、全面	错误一项扣 1 分	10		
什么是自然防烟？简述其特点	回答是否正确、全面	错误一项扣 1 分	10		
什么是自然排烟？简述其特点	回答是否正确、全面	错误一项扣 1 分	10		
什么是机械加压送风防烟？简述其特点	回答是否正确、全面	错误一项扣 1 分	10		
什么是机械排烟系统？简述其特点	回答是否正确、全面	错误一项扣 1 分	10		
简述 A 类防火门、B 类防火门 C 类防火门	回答是否正确、全面	错误一项扣 1 分	10		

续表

问 题 描 述	重点检查内容	评分标准	分值	得分	备注
防火卷帘门由哪几部分组成	回答是否正确、全面	错误一项扣 1 分	10		
简述机械加压送风防烟系统的一段式运作和二段式运作	回答是否正确、全面	错误一项扣 1 分	10		
机械排烟系统中挡烟垂壁和挡烟梁所起的作用	回答是否正确、全面	错误一项扣 1 分	10		
机械排烟系统的应用范围	回答是否正确、全面	错误一项扣 1 分	10		
小　计					

任务拓展

消 防 电 梯

1. 消防电梯的设置场所

(1) 一类公共建筑；塔式住宅。

(2) 十二层及十二层以上单元和通廊式住宅。

(3) 高度超过 32 m 的其它二类公共建筑。

2. 消防电梯的设置数量

(1) 当每层建筑面积不大于 1500 m² 时，应设 1 台。

(2) 当大于 1500 m² 但小于或等于 4500 m² 时，应设 2 台。

(3) 当大于 4500 m² 时，应设 3 台。

(4) 消防电梯可与客梯或工作电梯兼用，但应符合消防电梯的要求。

3. 消防电梯的设置规定

(1) 消防电梯的载重量不应小于 800 kg。

(2) 消防电梯轿厢内装修应采用不燃材料。

(3) 消防电梯宜分别设在不同的防火分区内。

(4) 消防电梯轿厢内应设专用电话，并应在首层设置供消防队员专用的操作按钮。

(5) 消防电梯间应设前室，其面积要求为居住建筑不应小于 4.50 m²，公共建筑不应小于 6.00 m²。

(6) 当与防烟楼梯间合用前室时，其面积要求为居住建筑不应小于 6.00 m²，公共建筑不应小于 10 m²。

(7) 消防电梯井、机房与相邻其他电梯井、机房之间应采用耐火极限不低于 2.00 h 的隔墙隔开，当在隔墙上开门时，应设甲级防火门。

(8) 消防电梯间前室宜靠外墙设置，在首层应设直通外室的出口或经过长度不超过 30 m 的通道通向室外。

(9) 消防电梯间前室的门，应采用乙级防火门或具有停滞功能的防火卷帘。

(10) 消防电梯的行驶速度，应按从首层到顶层的运行时间不超过 60 s 计算确定。

(11) 动力与控制电缆、电线应采取防水措施。

(12) 消防电梯间前室门口宜设挡水设施。

(13) 消防电梯的井底应设排水设施，排水井容量不应小于 $2.00 \mathrm{m}^2$，排水泵的排水量不应小于 10 L/s。

4. 消防电梯的控制要求

消防控制室在火灾确认后，应能控制电梯全部停于首层，并接收其反馈信号。非消防电梯停于首层，开门放人后，切断其电源。

具体做法如下：

将电梯的控制显示盘设在消防控制室，消防值班人员在必要时可直接操作。此种做法需从电梯机房敷设多芯控制电缆至消防控制室，且要与电梯厂家订货时协调，一般工程中很少采用。

消防控制室向电梯控制装置发出强制电梯下降的指令，所有电梯下行停于首层，电梯到首层后给出反馈信号。此种做法只需在电梯机房设置一控制模块，一般工程中均采用此方法。

任务小结

防排烟系统，都是由送排风管道，管井，防火阀、门开关设备，送、排风机等设备组成。防烟系统设置形式为楼梯间正压。机械排烟系统的排烟量与防烟分区有着直接的关系。高层建筑的防烟设施应分为机械加压送风的防烟设施和可开启外窗的自然排烟设施。

防排烟系统是防烟系统和排烟系统的总称。防烟系统是采用机械加压送风方式或自然通风方式，防止烟气进入疏散通道的系统；排烟系统是采用机械排烟方式或自然通风方式，将烟气排至建筑物外的系统。